普通高等教育电子信息类系列教材

Altium Designer 原理图与 PCB 设计精讲教程
第 2 版

刘　超　包建荣　俞优姝　编著

机械工业出版社
CHINA MACHINE PRESS

本书基于 Altium Designer 电子设计集成平台，全面细致地介绍了利用 Altium Designer 开展原理图和 PCB 设计的基本方法与完整流程。

本书内容全面、讲解细致、思路清晰、图文并茂、实例丰富，充分考虑了初学者的基础，按照实际电路板的设计流程一步步展开介绍，帮助读者循序渐进地掌握 Altium Designer 设计工具。

全书共 19 章，包括 Altium Designer 概述、工程与文档管理、原理图编辑环境、绘制原理图、原理图后期处理、原理图设计技巧、多图纸电路原理图设计、原理图编辑器首选项配置、印制电路板（PCB）基础、PCB 编辑环境、PCB 设计准备、设计规则、电路板布局、电路板布线、电路板进阶优化、电路板后期处理、PCB 编辑器首选项配置、创建库与元件、综合实例等内容。各章节相互独立却又前后承接，最大限度地平滑学习曲线，降低学习难度。

本书可作为高等学校电子信息、通信、自动化、计算机类专业课程的教材，也可作为读者自学的教程，同时还可作为电路设计及相关行业工程技术人员的参考资料。

本书电子资源包括电子课件、实例源文件、试卷、集成库等，欢迎选用本书作教材的教师登录 www.cmpedu.com 注册后下载，或发邮件至 jinacmp@163.com 索取。

图书在版编目（CIP）数据

Altium Designer 原理图与 PCB 设计精讲教程 / 刘超，包建荣，俞优姝编著. —2 版. —北京：机械工业出版社，2023.7（2024.9 重印）
普通高等教育电子信息类系列教材
ISBN 978-7-111-73261-7

Ⅰ.①A… Ⅱ.①刘… ②包… ③俞… Ⅲ.①印刷电路-计算机辅助设计-应用软件-高等学校-教材 Ⅳ.①TN410.2

中国国家版本馆 CIP 数据核字（2023）第 096147 号

机械工业出版社（北京市百万庄大街 22 号　邮政编码 100037）
策划编辑：吉　玲　　　　　责任编辑：吉　玲
责任校对：郑　婕　贾立萍　　封面设计：张　静
责任印制：任维东
唐山三艺印务有限公司印刷
2024 年 9 月第 2 版第 2 次印刷
184mm×260mm・25 印张・666 千字
标准书号：ISBN 978-7-111-73261-7
定价：75.00 元

电话服务　　　　　　　　　网络服务
客服电话：010-88361066　　机 工 官 网：www.cmpbook.com
　　　　　010-88379833　　机 工 官 博：weibo.com/cmp1952
　　　　　010-68326294　　金 书 网：www.golden-book.com
封底无防伪标均为盗版　　　机工教育服务网：www.cmpedu.com

第 2 版前言

时光荏苒，不知不觉距离本书第 1 版面世已经过去六年了。承蒙广大读者的厚爱，迄今为止本书已经累计重印十次，并被国内越来越多的高校采纳为教材。许多热心读者来信表达建议、意见或者肯定，笔者对此深表谢意。

近年来，Altium Designer 每年都会发布一个新版本。为了适应软件的更新速度，同时考虑教材的相对稳定性，经过反复权衡比较，笔者决定将 AD 17 作为本书第 2 版的目标版本。这样选择有以下原因：

（1）Altium Designer 不同版本一脉相承，AD 17 与当前最新版本在原理图与 PCB 设计的主要功能和操作步骤方面是基本一致的。学会了 AD 17，可以直接上手最新的 Altium Designer。

（2）AD 17 功能强大，完全能够满足复杂电路板的设计要求，且在全球市场拥有广泛的用户群体。

（3）AD 17 软件大小适中，对计算机配置要求适中，能够流畅运行在当前市场销售的主流配置计算机上，便于读者开展学习。

在第 2 版的写作过程中，笔者继续遵循由浅入深、循序渐进的原则，按照电路板设计的完整流程，精讲细说，充分考虑初学者的实际基础，力求把每一个知识点讲透，把每一个范例写清楚，使得本书不仅适合作为高校教材，还适合作为相关行业技术人员的自学教材。

相对本书第 1 版，第 2 版做了以下修改：

（1）增加了 ActiveRoute、等长布线、线长调整、金手指制作、元件分层拆解、工艺参数介绍、多边形编辑、智能拖拽选择等内容，补充了相关的操作范例，使得本书的内容更加全面，实用性更强。

（2）增加了一个综合范例——流水灯电路，给出了完整设计过程和设计结果。

（3）针对 AD 17 与 AD 10 的不同之处，修改了软件界面截图、操作说明以及选项解释等内容。

（4）对第 1 版部分内容进行了重写，例如重写了板形绘制、Keepout 区域等章节。

（5）修改了第 1 版中少量笔误之处。

（6）删除了不重要或很少用的内容，例如自动布局的部分内容以及包地等。

（7）更新了所有电子课件和范例源文件。

为方便教学与自学，第 2 版继续向读者提供以下电子资源：

（1）配套的电子课件，供教师课堂使用。

（2）书中实例的源文件，教师可利用这些源文件进行演示，也可供学生进行练习实践。

（3）集成库文件，提供了很多知名公司的常用元件集成库，读者可直接用于 PCB 设计。

（4）课后实践题所需的集成库文件。

（5）部分实例的操作演示视频。

请读者访问机工教育服务网下载。同时，采用本书作为教材的教师还可以从编著者（liuchao@hdu.edu.cn）处免费获取三套上机考试试卷。

本书得到了浙江省高等学校访问学者教师专业发展项目(No.FX2020010)的资助。

感谢韦杨和程佳祺两位优秀的工程师对本书第 2 版提供的帮助。

感谢机械工业出版社吉玲编辑给予笔者的许多指导和帮助,使本书得以顺利出版。

由于笔者水平有限,书中出现错误和疏漏在所难免,恳请广大读者批评指正,提出宝贵意见和建议,来信请发至 liuchao@hdu.edu.cn,笔者将不胜感激。

刘　超

于杭州电子科技大学信息工程学院

第 1 版前言

Altium Designer 是业内广泛使用的 Protel 的升级版本,是一套完整的板卡级设计系统。它不仅继承了 Protel 的优秀基因,而且全面扩展了其功能,包含原理图设计、PCB 设计、3D 视图、电路仿真、信号完整性分析、可编程硬件开发、嵌入式软件设计以及最终的制造组装文件输出等众多功能,支持从概念产生、设计管理到制造管理的全业务环节。Altium Designer 以其方便灵活的操作、强大先进的功能、引领潮流的创新成为电子工程师必须掌握的基本 EDA 工具之一。

Altium Designer 的功能如此之多,以至于要在一本书中详细讲解所有的功能几乎是不可能的。因此,本书选择精讲 Altium Designer 的原理图和 PCB 设计功能,这也是利用 Altium Designer 设计电路板时所要用到的最基本、最重要、最核心的功能。

从易于学习的角度出发,本书所选择的版本是 Altium Designer 10(以下简称 AD 10)。这是 Altium Designer 系列版本中的经典之作。AD 10 工作稳定,功能强大,能满足绝大多数电路板的设计要求,且对计算机的配置要求不高,占用系统资源不多,运行速度快,是一个高"性价比"的版本,也是目前应用最为广泛的版本。同时,由于 AD 10 更侧重于原理图和 PCB 设计中基础且重要的功能,剥离了其他非必要功能的干扰,更有利于初学者入门学习和使用。所有 Altium Designer 版本的原理图与 PCB 设计的基础性操作步骤都大体相同,学好了 AD 10,就能平滑地过渡到更高版本的 Altium Designer。

本书按照设计电路板的常规流程展开,在编写时充分考虑了初学者的实际基础,遵循由浅入深、循序渐进的原则,系统而详细地讲解了 Altium Designer 的工程与文档管理、原理图设计、PCB 设计、创建库与元件以及综合实例等内容,引导读者一步步掌握 Altium Designer 的基础知识。在此过程中,不仅详细介绍了 Altium Designer 的基本操作,还对操作涉及的基本概念进行了讲解,使读者不仅知其然,而且知其所以然。本书对重难点内容的阐述较为细致,力求讲深、讲透,因为只有深入到一定程度,读者才能体会到 Altium Designer 的强大功能和贴心设计。此外,除了介绍原理图和 PCB 设计的编辑环境、常用操作、基本流程、实用技巧,本书还详细介绍了如何设置编辑器的各种首选项。因为从实用角度出发,仅掌握软件的基本操作是不够的,只有熟悉有关首选项的配置及其含义,才能真正掌握该软件的精髓,从而充分发挥其优势,为自己定制个性化的设计环境,提高工作效率。本书的电路图均由 AD 软件直接输出,为方便读者学习,图中的元器件及文字表述与图标不同时,以本书的表述为准。

由于篇幅所限,由俞优姝编写的原理图仿真内容放在了本书的电子资源中,内容包括仿真常用模型、初始状态设置、各种仿真方式以及运行仿真的整个过程,读者可下载阅读。

为帮助读者更好地掌握 Altium Designer,每章均结合实例进行讲解,并配以大量插图,帮助读者理解。各章最后还附有思考题和实践题,以检查和巩固所学知识。

本书提供了丰富的电子资源,内容如下:
1)配套的电子课件,供教师课堂使用。
2)书中实例的源文件,教师可以利用这些源文件进行演示,也可供学生进行模仿练习。
3)集成库文件,提供了很多知名公司的常用器件集成库,可供读者直接用于自己的设计。
4)课后实践题所需的集成库文件。
5)原理图仿真的电子文档。

6）三套试卷，试卷考查形式为上机操作。需要的教师可以发送电子邮件至 liuchao@hdu.edu.cn 联系作者索取。

授课教师可以登录 http://www.cmpedu.com 获取以上电子资源（不包含试卷），或发邮件至 jinacmp@163.com 索取。

本书第1～14章、第16～18章由刘超执笔，第15章由俞优姝执笔，第19章由包建荣执笔，全书由刘超统稿。

感谢杭州电子科技大学通信工程学院唐向宏院长的大力支持，本书得到了"十二五"浙江省重点学科——电路与系统学科的资助。

感谢杭州电子科技大学信息工程学院王晓萍院长及其他领导的支持，没有他们创造的良好工作环境，本书无法顺利完成。

感谢机械工业出版社吉玲编辑给予作者的许多指导和帮助，使本书得以顺利出版。

本书得到了浙江省自然科学基金项目（No.LY17F010019）、国家自然科学基金（No.61471152）、浙江省教育厅科研项目（No.Y201329723）、浙江省2016年度高等教育教学改革项目（No.jg20160237）等课题的资助。

本书第一作者还想表达以下感激之情：

感谢父母的养育之恩，尤其感谢我的母亲李艳梅女士，在我遇到困难时，总是给我信心和勇气，让我体会到亲情的无价和宝贵。

感谢郑泽明、邓家明、袁达利、姚浩杰、张思雨、张道龙、熊建蓝对本书提供的帮助。

感谢余方捷、吴强、刘光然和龙波，和他们在一起的时光总是让我难忘，不管世事如何变化，希望和他们的情谊长存！

由于编者水平有限，书中出现错误和疏漏在所难免，恳请广大读者批评指正，提出宝贵意见和建议，来信请发至 liuchao@hdu.edu.cn，编者将不胜感激。

编　者

于杭州电子科技大学信息工程学院

目 录

第 2 版前言
第 1 版前言
第 1 章 Altium Designer 概述 ················ 1
  1.1 发展历史 ···································· 1
  1.2 软件版本的选择 ························· 2
  1.3 Altium Designer 的电路板设计流程 ······ 2
  1.4 软件安装 ···································· 4
    1.4.1 计算机配置要求 ················ 4
    1.4.2 安装步骤与许可证管理 ······ 4
  1.5 关于本书的若干说明 ·················· 8
  1.6 思考与实践 ································ 9
第 2 章 工程与文档管理 ························ 10
  2.1 从创建工程开始 ························· 10
  2.2 新建设计文档 ···························· 11
  2.3 保存设计文档与工程 ·················· 12
  2.4 向工程添加已有设计文档 ··········· 13
  2.5 关闭设计文档与工程 ·················· 14
  2.6 打开设计文档与工程 ·················· 15
  2.7 从工程中移除设计文档 ·············· 16
  2.8 导入其他来源的文件 ·················· 17
  2.9 设计文档的存储管理 ·················· 17
  2.10 工程管理相关面板 ···················· 19
    2.10.1 工程面板 ·························· 19
    2.10.2 文件面板 ·························· 22
  2.11 思考与实践 ······························ 24
第 3 章 原理图编辑环境 ························ 25
  3.1 原理图编辑环境简介 ·················· 25
    3.1.1 菜单栏 ······························ 25
    3.1.2 工具栏 ······························ 27
    3.1.3 面板 ·································· 31
    3.1.4 实用小工具 ······················· 33
    3.1.5 面板标签栏 ······················· 33
    3.1.6 状态栏 ······························ 34
  3.2 原理图图纸设置 ························· 34
    3.2.1 Sheet Options 选项卡 ········· 34
    3.2.2 Parameters（参数）选项卡 ···· 36
    3.2.3 Units（单位）选项卡 ········· 36
    3.2.4 Template（模板）选项卡 ···· 37
  3.3 原理图视窗操作 ························· 38
  3.4 快捷键面板 ································ 38
  3.5 思考与实践 ································ 40
第 4 章 绘制原理图 ································ 41
  4.1 放置元件 ···································· 41
    4.1.1 元件、模型和库 ················ 41
    4.1.2 Libraries（库）面板 ·········· 42
    4.1.3 加载元件库 ······················· 44
    4.1.4 搜索并放置元件 ················ 47
    4.1.5 另一种放置元件的方法 ······ 51
  4.2 元件操作 ···································· 52
    4.2.1 编辑属性 ··························· 52
    4.2.2 选择元件 ··························· 56
    4.2.3 复制粘贴 ··························· 57
    4.2.4 位置调整 ··························· 57
    4.2.5 排列对齐 ··························· 58
    4.2.6 撤销与重做 ······················· 60
    4.2.7 删除元件 ··························· 60
  4.3 放置其他电气对象 ····················· 60
    4.3.1 导线（Wire） ···················· 60
    4.3.2 网络标签（Net Label） ······ 63
    4.3.3 总线（Bus）和总线入口
        （Bus Entry） ······················· 65
    4.3.4 电源和接地 ······················· 67
    4.3.5 电气节点（Junction） ········ 69
  4.4 绘制非电气对象 ························· 70
    4.4.1 折线（Line） ···················· 70
    4.4.2 贝塞尔曲线（Bezier） ······· 72
    4.4.3 圆弧（Arc） ····················· 73
    4.4.4 椭圆弧（Elliptical Arc） ···· 74
    4.4.5 椭圆（Ellipse） ················· 74
    4.4.6 文本字符串（Text String） ···· 75
    4.4.7 文本框（Text Frame） ······· 76
    4.4.8 注释（Note） ··················· 77

4.4.9 超链接（Hyperlink）……………… 78
4.5 一个例子——简易直流电压表……… 78
    4.5.1 优秀原理图的设计原则 ……… 78
    4.5.2 绘制简易直流电压表原理图 …… 79
4.6 思考与实践………………………… 82

第5章 原理图后期处理 ……………… 84
5.1 元件自动编号 ……………………… 84
    5.1.1 基本元件编号命令 ………… 84
    5.1.2 其他元件编号命令 ………… 88
5.2 工程编译与查错 …………………… 88
    5.2.1 编译选项设置 ……………… 88
    5.2.2 编译工程与查错 …………… 90
    5.2.3 编译屏蔽 …………………… 91
5.3 Navigator 面板 ……………………… 92
5.4 生成报表…………………………… 94
    5.4.1 网表（Netlist） ……………… 94
    5.4.2 元件清单（Bill of Materials）… 95
    5.4.3 简易元件清单 ……………… 97
    5.4.4 工程层次结构报表 ………… 97
5.5 文件输出与打印 …………………… 97
    5.5.1 智能 PDF …………………… 97
    5.5.2 打印原理图 ………………… 98
5.6 思考与实践………………………… 102

第6章 原理图设计技巧 ……………… 103
6.1 网络颜色覆盖工具………………… 103
6.2 粘贴阵列…………………………… 103
6.3 Jump（跳转）功能 ………………… 104
6.4 Snippets（片段）面板 ……………… 105
6.5 SCH Inspector（SCH 检视器）面板 … 107
6.6 利用查找相似对象和 SCH 检视器
     编辑多个对象 ……………………… 108
6.7 SCH Filter 面板 …………………… 110
6.8 SCH List 面板 ……………………… 112
6.9 选择记忆面板 ……………………… 114
6.10 思考与实践……………………… 116

第7章 多图纸电路原理图设计 ……… 117
7.1 平坦式原理图设计………………… 117
7.2 层次化原理图设计………………… 121
    7.2.1 放置图纸符号及属性设置 … 121
    7.2.2 放置图纸入口及属性设置 … 122
    7.2.3 层次化图纸之间的连接关系 … 123

    7.2.4 自上而下的原理图设计 …… 124
    7.2.5 自下而上的原理图设计 …… 126
    7.2.6 Off Sheet Connector（离图
          连接器）…………………… 127
    7.2.7 多通道原理图设计………… 129
7.3 多图纸电路原理图的导航 ………… 131
7.4 思考与实践………………………… 132

第8章 原理图编辑器首选项配置…… 134
8.1 常规（General）配置……………… 134
8.2 图形编辑（Graphical Editing）配置 … 137
8.3 编译器（Compiler）配置…………… 140
8.4 自动聚焦（Auto Focus）配置……… 142
8.5 元件库自动缩放（Library AutoZoom）
    配置 ………………………………… 143
8.6 栅格（Grids）配置 ………………… 144
8.7 切割导线（Break Wire）配置 ……… 145
8.8 默认单位（Default Units）配置 …… 146
8.9 默认图元（Default Primitives）配置… 146
8.10 思考与实践……………………… 147

第9章 印制电路板（PCB）基础……… 148
9.1 印制电路板基础知识 ……………… 148
9.2 印制电路板的常用术语…………… 151
    9.2.1 封装（Package） …………… 151
    9.2.2 焊盘（Pad） ………………… 156
    9.2.3 过孔（Via） ………………… 156
    9.2.4 走线（Track） ……………… 157
    9.2.5 连接线（Connection Line） … 157
    9.2.6 板层（Layer） ……………… 158
9.3 印制电路板的基本原则…………… 160
    9.3.1 前期准备 …………………… 160
    9.3.2 布局原则 …………………… 160
    9.3.3 布线原则 …………………… 161
    9.3.4 焊盘与钻孔的大小及间距 … 163
    9.3.5 工艺参数 …………………… 164
9.4 思考题 …………………………… 164

第10章 PCB 编辑环境 ……………… 165
10.1 PCB 编辑环境简介 ……………… 165
    10.1.1 菜单栏 …………………… 165
    10.1.2 工具栏 …………………… 166
    10.1.3 状态栏 …………………… 169
    10.1.4 板层标签栏 ……………… 169

10.1.5	实用小工具 ………………………	170
10.1.6	面板标签栏 ………………………	170
10.2	PCB 视窗操作 …………………………	171
10.3	查看网络与元件 ………………………	171
10.4	单层模式 ………………………………	171
10.5	Board Insight 系统 ……………………	172
10.6	PCB 面板 ………………………………	174
10.7	PCB 视图配置 …………………………	176
10.8	层集合管理 ……………………………	182
10.9	层堆栈管理 ……………………………	184
10.10	思考与实践 ……………………………	184

第 11 章 PCB 设计准备 ……………… **185**

11.1	板形绘制 ………………………………	185
11.2	PCB 图纸设置 …………………………	188
11.3	设置板层堆栈 …………………………	188
11.4	从原理图向 PCB 的转移 ………………	191
11.5	添加封装所在的库 ……………………	193
11.6	思考与实践 ……………………………	199

第 12 章 设计规则 ……………………… **201**

12.1	创建类（Class） ………………………	201
12.2	设计规则详解 …………………………	202
12.2.1	Electrical（电气）设计规则 ……	204
12.2.2	Routing（布线）设计规则 ………	209
12.2.3	SMT（表面安装技术）设计规则 ……………………………	213
12.2.4	Mask（掩膜）设计规则 …………	214
12.2.5	Plane（电源平面）设计规则 ……	214
12.2.6	Testpoint（测试点）设计规则 …	216
12.2.7	Manufacturing（制造）设计规则 ……………………………	217
12.2.8	High Speed（高速）设计规则 ……	219
12.2.9	Placement（元件布置）设计规则 ……………………………	221
12.2.10	Signal Integrity（信号完整性）设计规则 ……………………………	222
12.3	设计规则向导 …………………………	225
12.4	思考与实践 ……………………………	228

第 13 章 电路板布局 …………………… **229**

13.1	Keepout 区域 …………………………	229
13.2	自动布局元件 …………………………	230
13.3	手工布局元件 …………………………	231

13.3.1	手工布局的常用操作 ……………	231
13.3.2	PCB 和原理图的交叉访问 ………	234
13.4	布局其他图元 …………………………	236
13.4.1	Pad（焊盘） ……………………	236
13.4.2	Via（过孔） ……………………	239
13.4.3	Line（直线） ……………………	239
13.4.4	Arc（圆弧） ……………………	240
13.4.5	Coordinate（坐标） ……………	241
13.4.6	Fill（矩形填充） ………………	242
13.4.7	Solid Region（实心区域） ……	243
13.4.8	String（字符串） ………………	245
13.4.9	实例演示 …………………………	246
13.5	思考与实践 ……………………………	247

第 14 章 电路板布线 …………………… **249**

14.1	自动布线 ………………………………	249
14.1.1	布线相关的设计规则 ……………	249
14.1.2	全局自动布线 ……………………	249
14.1.3	局部自动布线 ……………………	251
14.1.4	子网跳线命令 ……………………	252
14.1.5	扇出命令 …………………………	252
14.2	选择布线网络 …………………………	254
14.3	删除布线 ………………………………	255
14.4	交互式布线 ……………………………	255
14.5	多走线布线 ……………………………	263
14.6	差分对布线 ……………………………	265
14.7	ActiveRoute 布线 ……………………	268
14.8	等长布线 ………………………………	270
14.9	交互式长度调整 ………………………	271
14.10	调整蛇形线 ……………………………	274
14.11	调整布线 ………………………………	274
14.11.1	自动环路移除 ……………………	274
14.11.2	拖拽布线 …………………………	275
14.11.3	增加新的走线段 …………………	276
14.11.4	锁定已有布线 ……………………	276
14.11.5	延长多条走线 ……………………	276
14.11.6	复制走线 …………………………	277
14.12	思考与实践 ……………………………	278

第 15 章 电路板进阶优化 ……………… **280**

15.1	重新编号 ………………………………	280
15.2	平面层分割 ……………………………	281
15.3	布线密度图 ……………………………	283

15.4 补泪滴 ………………………………… 283
15.5 覆铜 …………………………………… 284
  15.5.1 放置覆铜 ……………………… 285
  15.5.2 编辑覆铜 ……………………… 287
  15.5.3 删除覆铜 ……………………… 287
  15.5.4 切除覆铜 ……………………… 287
  15.5.5 利用选中的对象生成覆铜 …… 288
  15.5.6 其他覆铜操作 ………………… 289
15.6 思考与实践 …………………………… 290

第16章 电路板后期处理 ……………………… 291
  16.1 尺寸标注 …………………………… 291
    16.1.1 线性标注 ……………………… 291
    16.1.2 角度标注 ……………………… 293
    16.1.3 半径标注 ……………………… 294
    16.1.4 引线标注 ……………………… 295
    16.1.5 数据线标注 …………………… 296
    16.1.6 基准线标注 …………………… 297
    16.1.7 圆心标注 ……………………… 298
    16.1.8 线状直径标注 ………………… 299
    16.1.9 放射状直径标注 ……………… 299
    16.1.10 标准标注 …………………… 300
  16.2 测量命令 …………………………… 301
  16.3 DRC ………………………………… 301
  16.4 板层堆栈表 ………………………… 306
  16.5 3D 视图显示 ……………………… 306
  16.6 生成 PCB 报表 …………………… 307
    16.6.1 网表（Netlist） ……………… 307
    16.6.2 电路板信息 …………………… 308
    16.6.3 元件清单 ……………………… 309
    16.6.4 简易元件清单 ………………… 309
  16.7 文件输出与打印 …………………… 309
    16.7.1 智能 PDF ……………………… 309
    16.7.2 工程打包 ……………………… 311
    16.7.3 打印 PCB ……………………… 312
  16.8 PCB 打样 …………………………… 316
  16.9 思考与实践 ………………………… 316

第17章 PCB 编辑器首选项配置 …………… 318
  17.1 General（常规）配置 …………… 318
  17.2 Display（显示）配置 …………… 321
  17.3 Board Insight Display 配置 …… 323
  17.4 Board Insight Modes 配置 …… 324

17.5 Board Insight Color Overrides
     配置 ……………………………… 326
17.6 Board Insight Lens 配置 ……… 327
17.7 DRC Violations Display 配置 … 328
17.8 Interactive Routing 配置 …… 330
17.9 True Type Fonts 配置 ………… 331
17.10 PCB Legacy 3D 配置 ………… 331
17.11 Defaults 配置 ………………… 332
17.12 Reports 配置 ………………… 333
17.13 Layer Colors 配置 …………… 334
17.14 Models 配置 ………………… 335
17.15 思考与实践 …………………… 336

第18章 创建库与元件 ……………………… 337
  18.1 元件及其模型 ……………………… 337
  18.2 创建集成库的基本步骤 ………… 338
  18.3 新建原理图库与元件符号 ……… 338
    18.3.1 新建原理图库文件 …………… 338
    18.3.2 原理图库编辑环境 …………… 338
    18.3.3 创建元件的原理图符号 …… 343
  18.4 新建 PCB 库与元件封装 ………… 351
    18.4.1 新建 PCB 库文件 …………… 351
    18.4.2 PCB 库编辑环境 …………… 351
    18.4.3 创建 PCB 封装 ……………… 354
  18.5 元件规则检查 …………………… 358
  18.6 生成集成库 ……………………… 359
    18.6.1 建立原理图符号与封装之间的
           链接关系 ……………………… 359
    18.6.2 生成集成库文件 …………… 361
  18.7 报表输出 ………………………… 361
  18.8 从 PCB 工程生成库 ……………… 362
  18.9 思考与实践 ……………………… 362

第19章 综合实例 …………………………… 364
  19.1 流水灯电路 ……………………… 364
    19.1.1 电路图 ………………………… 364
    19.1.2 创建一个新的工程 ………… 364
    19.1.3 安装本地集成库 …………… 364
    19.1.4 放置元件 …………………… 365
    19.1.5 自动编号 …………………… 366
    19.1.6 编译工程 …………………… 366
    19.1.7 新建 PCB 文档 ……………… 367
    19.1.8 PCB 设计前的准备工作 …… 367

19.1.9 从原理图向 PCB 转移·············367
19.1.10 定义设计规则·················367
19.1.11 电路板布局···················367
19.1.12 电路板布线···················368
19.1.13 添加覆铜·····················368
19.1.14 3D 视图······················370
19.2 FSK 通信演示系统·················370
  19.2.1 系统简介······················370

19.2.2 新建工程·····················370
19.2.3 创建元件·····················370
19.2.4 绘制电路原理图················376
19.2.5 电路原理图的后期处理··········380
19.2.6 绘制 PCB·····················380
19.2.7 PCB 设计的后期处理···········383
19.3 思考与实践·······················386
参考文献·······························**387**

第1章 Altium Designer 概述

随着电子产品功能和种类的日益丰富，电子产品的设计开发正发生日新月异地变化。产品功能性、智能化和复杂性的不断增强，迫切要求将原先松散的板级设计、FPGA（Field Programmable Gate Array，现场可编程门阵列）设计和嵌入式软件开发紧密地结合起来，形成完整统一的设计流程和数据管理，以加快产品研发进程，抢占市场先机，这给 EDA（Electronic Design Automation，电子设计自动化）工具带来了新的挑战。

在当今众多优秀的电子设计工具中，Altium Designer 无疑是居于领先地位的电路板设计软件之一，它将 PCB（Printed Circuit Board，印制电路板）工程师所需的工具整合到一个统一的开发环境中，涵盖了原理图输入、PCB 设计、3D 视图、可编程硬件开发、嵌入式软件设计以及最终的制造组装文件输出等全业务流程，大幅缩短了设计时间，提高了项目成功率，为电子工程师提供了一个强大而高效的整体解决方案。

相对于其他电路板设计工具，Altium Designer 的特色明显：UI（User Interface，用户接口）界面丰富，操作简单灵活，赋予设计者的自由度较大；具有强大的原理图与 PCB 设计功能；支持电路板的 3D 视图显示；对旧版本的兼容性强；支持多种第三方电子设计工具的文件格式；支持基于数据保险库的设计模式；能够输出丰富的报表和文档等。

对于有志于从事电子电路设计的人士，Altium Designer 是其应当学习的核心设计软件之一。熟练掌握 Altium Designer 的使用方法与实用技巧，将把设计者从枯燥无味的体力劳动中解放出来，极大提高工作效率，缩短产品研发周期，增强职业竞争力，并有利于激发创新思维。

1.1 发展历史

目前电子行业使用的 Altium Designer 版本很多，初学者往往不知道该如何选择。此外，另一种广为人知的 EDA 软件 Protel 也与 Altium Designer 关系密切。为了更好地学习 Altium Designer，有必要了解它的发展历史。

1）1985 年，Nick Martin 在澳大利亚创建了 Altium 公司的前身——Protel 国际有限公司，致力于开发基于微型计算机的印制电路板辅助设计软件，并推出了第一代基于 DOS（Disk Operating System，磁盘操作系统）的 PCB 设计软件 Protel PCB。

2）1991 年，Protel 公司将总部迁到美国并发行了 Protel for Windows。这是世界上首款基于 Microsoft Windows 操作系统的 PCB 设计软件。

3）1994 年，Protel 公司提出 EDA 设计工具集成的客户端/服务器架构 DXP 1.0（Design Explorer 1.0）。

4）1998 年，Protel 公司推出了针对 Microsoft Windows NT/95/98 的全套 32 位设计工具——Protel 98。这是世界上第一款包含原理图设计、PCB 设计（包含信号完整性分析）、自动布线器、混合信号仿真、PLD（Programmable Logic Device，可编程逻辑器件）设计五个核心模块的电子设计工具。紧随其后发布的 Protel 99 以及 Protel 99SE 性能进一步增强，使得 Protel 成为当时在中国普及最广的电子设计工具。直到今天，仍然有不少电子专业的工程师和大学生在使用 Protel 99 系列软件。

5）2000 年，Protel 公司成功整合了多家 EDA 公司，并改名为 Altium 公司。

6）2002 年，Altium 公司发布了基于 DXP 平台的新一代板卡级设计软件 Protel DXP。这是为 PCB 设计服务的完整的集成工具组件。DXP 先后发展了 2002 和 2004 两个版本，无论是操作界面还是设计功能都有明显改进。

7）2006 年，Altium 公司发布了 Protel 系列电子设计软件的高端产品——Altium Designer 6。这是世界上首个原生 3D PCB 设计软件。相对 Protel 而言，Altium Designer 6 是一款革命性的产品，它奠定了 Altium Designer 家族后续版本的基础。以此为起点，Altium 公司不断推进核心技术领域的突破，开发适应未来创新发展的电子电路 CAD 软件。

1.2 软件版本的选择

近十几年来，Altium 公司每年都推出新版本的 Altium Designer。考虑到熟悉新软件、撰写书稿、印刷出版整个周期耗时较长，特别是好的教材需要花费大量时间和心血精雕细琢，这使得教材面世与软件最新版本保持同步非常困难。此外，Altium Designer 的主要目标是解决原理图和 PCB 设计问题，而解决这些问题所采用的基本方法、核心技巧和操作流程已经非常成熟，并且在一系列版本中基本保持不变。

基于以上原因，本教材选用 Altium Designer 17（以下简称 AD 17）作为精讲对象。其具备以下特点：

1）功能强大，完全可以胜任复杂电路板设计的全流程工作；
2）对系统软硬件资源需求适中，目前市面主流计算机均可以平滑运行不卡顿；
3）操作界面简洁明了，符合大众使用软件的习惯；
4）与后续版本功能兼容，掌握好 AD 17 以后，可以轻松上手最新版本的 Altium Designer。

1.3 Altium Designer 的电路板设计流程

Altium Designer 提供了友好而强大的统一集成化电子产品开发环境，提供原理图输入、电路板设计、混合信号仿真、信号完整性分析、FPGA 硬件设计、配置与调试、软核设计、嵌入式软件开发、PCB 制造装配等电子产品所有业务环节的功能支持，用户可以在统一的环境下同时查看、编辑诸如原理图、PCB、库元件、HDL（Hardware Description Language，硬件描述语言）源代码、嵌入式源代码等多个设计任务，而不必分别使用不同的应用程序。经过授权的用户还能够通过 Altium Designer 访问数据保险库（Vault）中的成熟设计项目，提高产品的设计复用性，并能将经过验证的设计内容，包括文档、元件、模型甚至工程等发布到 Vault 中，确保设计团队的同步与设计数据的统一管理。同时，Altium Designer 还具备扩展性，能与第三方开发工具实现无缝对接。Altium Designer 集成化开发环境的总体结构如图 1-1 所示。

虽然 Altium Designer 提供了众多的功能，但其中使用最广泛，也最重要的功能还是电路原理图与 PCB 设计。这是因为 PCB 是所有电子产品的硬件基础，也是电子设计工作的重要实物成果之一。所有的数据、算法、程序等软件资源都需要在电路板上运行。高效而稳定的电路板是电子产品正常工作的前提条件，对系统性能的优劣有着至关重要的影响。

Altium Designer 电路板的设计大致分为原理图与 PCB 设计两个阶段，如图 1-2 所示。电子工程师通过对电路系统的需求分析，完成功能定义、性能指标、方案选择、元件选型后就可以开始原理图的设计工作。

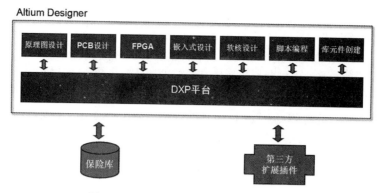

图 1-1　Altium Designer 集成化开发环境

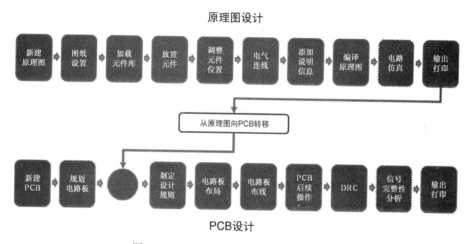

图 1-2　Altium Designer 电路板设计流程

一般而言，原理图设计工作包括以下几个步骤：
1）新建原理图：创建一个新的原理图文档，通常在 PCB 工程中创建。
2）图纸设置：设置原理图的大小、样式、栅格、颜色、度量单位等选项。
3）加载元件库：明确原理图设计中用到的所有元件，并将它们所在的库文件加载到 Altium Designer 系统中。
4）放置元件：将元件放置到图纸上。
5）调整元件位置：通过移动、旋转等方式调整元件位置，做到整洁美观、便于阅读，并利于后续的连线工作。
6）电气连线：通过导线、总线、网络标签、线束等实现元件之间的电气连接关系。
7）添加说明信息：在原理图适当地方添加注释或说明信息，以便于交流和日后的查阅。
8）编译原理图：对原理图进行编译，找出不符合电气规则的地方，并视情况进行改正。
9）电路仿真：如果原理图中所有元件的仿真模型都存在，可以通过仿真验证电路功能。但仿真结果正确仅仅代表电路设计在原理上是正确的，并不能完全代表最终电路板的实际工作情况。电路仿真是可选的步骤。
10）输出打印：输出相关的统计报表或者打印原理图文档。

在完成原理图以后，原理图数据可以通过集成化开发环境直接更新到新建的 PCB 文档中，进而开始 PCB 的设计工作。

一般而言，PCB 设计工作包括以下几个步骤：

1）准备好电路原理图。
2）新建 PCB 文档：在原理图所在的工程中新建一个 PCB 文档。
3）规划电路板：包括电路板的板层结构、板形设计（形状和尺寸）等。
4）原理图向 PCB 的转移：将原理图数据更新到 PCB 文档中。
5）制定设计规则：设计规则对 PCB 设计的各个方面进行约束，确保最终的电路板符合设计要求。
6）电路板布局：将元件按照布局原则放置在电路板的合适位置。
7）电路板布线：包括自动布线和手工布线两种方式。工程师可以先对关键线路进行手工布线，然后使用自动布线工具对剩下的部分实施自动布线，最后根据需要对布线进行手工调整。当然，也有很多工程师倾向于采用全部手工布线的做法。
8）PCB 后续操作：包括补泪滴、包地、覆铜、添加尺寸线等操作，以进一步优化电路板设计。
9）DRC（Design Rule Check，设计规则检查）：对完成布局布线的电路板进行设计规则检查，视情况对违反设计规则的地方进行修改。
10）信号完整性分析：对于高速电路板，在设计完成后还要进行信号完整性分析。对于非高速电路板可以省去这一步骤。
11）输出打印：输出统计报表或者打印 PCB 文档。设计者可以直接将 PCB 文档交给厂家加工制造，也可以按照 PCB 厂家要求的格式自行输出相应的制造装配文件。

本书就是按照上面的基本步骤详细介绍使用 Altium Designer 进行原理图和 PCB 设计的整个过程。

1.4 软件安装

1.4.1 计算机配置要求

安装 AD 17 所要求的计算机配置分为推荐配置和基本配置两种，见表 1-1。

表 1-1 安装 AD 17 所要求的计算机配置

项　目	推荐配置	基本配置
操作系统	Windows 7 以上（32 或 64 位）	Windows 7（32 位）
CPU	Intel® Core™ i5 处理器	Intel® Core™ i3 处理器
内存	8GB RAM	4GB RAM
硬盘空间	10GB 以上	3.5GB 以上
显示配置	1680×1050（宽屏）或 1600×1200（4:3）分辨率	1280×1024 分辨率

1.4.2 安装步骤与许可证管理

1. 安装步骤

AD 17 的安装非常简单。进入安装过程后，只要按照屏幕提示一步步执行即可安装成功。

1）打开 AD 17 的安装光盘，双击其中的 AltiumDesignerSetup.exe 安装文件，即可开启安装过程，屏幕上显示如图 1-3 所示的欢迎界面。

图 1-3　安装欢迎界面

2）单击 Next 按钮，进入许可证协议界面，如图 1-4 所示。选中 I accept the agreement 左边的复选框，激活 Next 按钮。

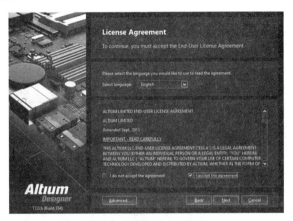

图 1-4　许可证协议界面

3）单击 Next 按钮，进入设计功能选择界面，如图 1-5 所示，选择所需功能模块。

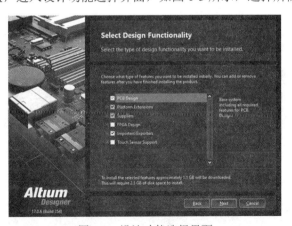

图 1-5　设计功能选择界面

4）单击 Next 按钮，进入安装路径选择界面，如图 1-6 所示。默认的程序安装路径是 C:\Program Files(x86)\Altium\AD17；默认的共享文档安装路径是 C:\Users\Public\Documents\Altium\AD17，该路径用来放置库文件、范例和模板。共享文档的安装路径非常重要，希望读者能够加以关注。如果对系统默认安装路径不满意，则可以单击路径输入栏右侧进行修改。Default 按钮用来恢复系统默认路径设置。

图 1-6　安装路径选择界面

5）单击 Next 按钮，进入软件安装准备界面，如图 1-7 所示。

图 1-7　安装准备界面

6）单击 Next 按钮，开始进行正式安装。界面下方会显示一个安装进度条，如图 1-8 所示；耐心等待一段时间即可安装完成，并显示安装完成界面，如图 1-9 所示。单击 Finish 按钮退出安装程序。

图 1-8　安装进度显示界面

图 1-9　安装完成界面

7）安装完成后，操作系统的开始菜单中会增加 Altium Designer Release 17 的菜单项，单击即可启动 AD 17。

2．注册软件许可

Altium Designer 需要获得许可证才能正常使用。首次启动 AD17，会进入如图 1-10 所示的许可证管理界面，要求用户注册许可证信息。

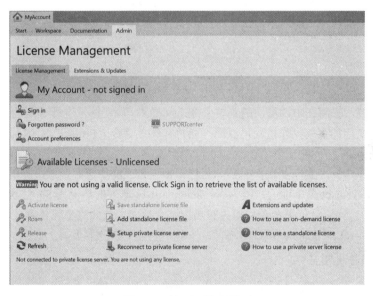

图 1-10　许可证管理界面

Altium Designer 系统具有三种不同的许可证管理类型：On-Demand、Private Server 和 Standalone。对于初学者，最方便的是 Standalone 许可证管理类型。下面只讲解这种许可证注册方式。

首先准备好扩展名为*.alf 的 Standalone 许可证文件，并复制到本地硬盘上；然后单击图 1-10 中的 Add standalone license file 链接，打开文件选择对话框，找到许可证文件所在的路径，选中该许可证文件；最后单击 OK 按钮，系统会验证该许可证文件的有效性，并根据其内容显示 AD 17 的到期时间。一旦完成许可证注册以后，只要在有效期内，下次启动 AD 17 不再需要注册，可直接使用其功能。

1.5 关于本书的若干说明

1．菜单命令和热键表述方式的说明

Altium Designer 包含大量的菜单命令且表现为多层级联的结构。例如，为了在当前工程中添加一个新的原理图文档，可以单击 Project 主菜单，接着在弹出的下拉菜单中单击 Add New to Project 菜单项，最后在弹出的级联菜单中单击 Schematic 菜单命令，如图 1-11 所示。这种表述过于烦琐，既占篇幅又不利于阅读。

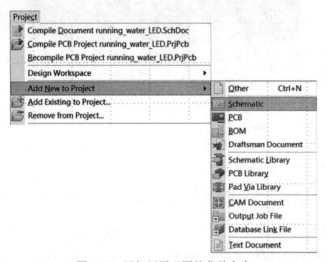

图 1-11 添加新原理图的菜单命令

因此，本书统一采用在不同层次的菜单命令之间插入"≫"符号进行分隔的表述方式。例如，上述新建原理图文档的菜单操作过程可以简写为执行菜单命令"Project ≫ Add New to Project ≫ Schematic"。

此外，很多菜单命令具有热键，即菜单名称中带下划线的字母。例如，Project 主菜单的热键为 c，Add New to Project 菜单项的热键为 N，Schematic 菜单项的热键为 S，依次按下这三个热键也可以执行同样的功能。将菜单命令和相关的热键结合起来构成的完整表述方式可以写为"Project ≫ Add New to Project ≫ Schematic[C, N, S]"。注意，热键不区分大小写。

2．鼠标的表述说明

为节约篇幅，后文中的"单击"或者"单击左键"均指"单击鼠标左键"，"单击右键"均指"单击鼠标右键"。

3．语言选择的说明

AD 17 内置了包括简体中文在内的多种语言。单击 DXP ≫ Preferences 菜单，在弹出的首选项对话框中选择左边列表 System 目录下的 General 配置页，在对话框右边的配置页具体选项中，选中 Use localized resources 复选框，如图 1-12 所示。单击 OK 按钮退出首选项对话框，重启 Altium Designer 就可进入中文界面。

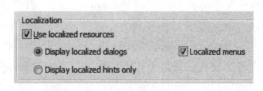

图 1-12 启用中文版本

虽然 Altium Designer 提供了中文版本，但笔者强烈建议读者使用 AD 17 的英文版本。一方面是因为在电路板设计领域，掌握必要的英语专业词汇，对进一步的能力提升很有帮助。通过使用 AD 17 英文版本，可以在学习过程中自然而然地掌握一些专业词汇。另一方面，中文版本的部分翻译并不贴切，反而不利于初学者正确理解相关概念。

4．电子资源的说明

本书电子资源包括教学幻灯片、书中实例的源文件、常用集成库、实践题集成库以及三套试卷。

1）与本书配套的幻灯片可供教师用于课堂教学。
2）书中实例的源文件可供读者模仿练习，也可供教师课堂上进行演示。
3）集成库文件包含大量常用元件的原理图符号和封装模型，方便读者学习 AD 17。
4）课后实践题所需的集成库文件。
5）部分实例的演示视频。
6）最后两章 PCB 工程的集成库等相关文件。

以上电子资源可通过本书前言所述方法获取下载链接。

7）三套试卷考查学生上机操作能力，包括创建新元件、绘制原理图和设计 PCB 三个部分的内容。

需要的教师可通过 liuchao@hdu.edu.cn 和笔者联系。

1.6　思考与实践

1．思考题

（1）Altium Designer 的发展经过了哪几个主要阶段？
（2）Altium Designer 17 的用途及特点是什么？
（3）Altium Designer 17 的软件许可证管理有哪几种类型？
（4）叙述 Altium Designer 17 的电路板设计流程。

2．实践题

（1）安装 Altium Designer 17 软件，熟悉安装过程。
（2）启动 Altium Designer 17 软件，了解其许可证管理系统。

第 2 章　工程与文档管理

2.1　从创建工程开始

在 Altium Designer 中，电路板设计是以工程的形式组织和管理的。整个设计工作从创建工程开始，然后向工程中添加原理图和 PCB 设计文档。

因此一个工程通常由若干个设计文档组成。工程本身其实也是一个文档，是用来"管理文档"的文档，其内部记录了组成该工程的所有文档的名称、路径等信息，建立起各种文档之间的链接关系，并存储与该工程设计相关的配置信息。

1．工程文档类型

Altium Designer 主要支持的工程类型见表 2-1。

表 2-1　工程类型

类　　型	扩展名	描　　　　述
PCB 工程	*.PrjPCB	用于原理图和 PCB 设计
集成库工程	*.LibPkg	用于生成用户自定义元件和封装，还可以包含仿真、3D、SI 模型等
脚本工程	*.PrjScr	包含执行一系列指令的脚本
FPGA 工程	*.PrjFpg	用于生成 FPGA 器件的编程文件，经一系列中间处理，生成器件的下载代码
软核工程	*.PrjCor	用于生成 FPGA 中功能器件的 EDIF 表达（模型）形式
嵌入式工程	*.PrjEmb	生成可以在嵌入式处理器上运行的软件应用

注意：表 2-1 中后三种类型的工程需要安装相关功能模块才能创建，不在本书讨论范围。

这些工程类型中最常用的是 PCB 工程，在该工程中可以进行原理图和 PCB 设计。这也是本书的主要内容。此外，本书还要讨论集成库工程，该工程可以用来创建用户自定义的元件和封装。

2．创建新工程

通过菜单创建工程是常用的方法，执行菜单命令 File ≫ New ≫ Project…，在弹出的对话框中选择要创建的工程类型并设置相关的参数即可。

【例 2-1】创建 PCB 工程。

（1）执行菜单命令 File ≫ New ≫ Project…，打开 New Project 对话框，如图 2-1 所示。在 Project Types 区域列出了系统当前支持的工程类型，从中选择 PCB Project。此时右侧 Project Templates 区域会列出系统提供的各种 PCB 工程模板。单击这些模板，在对话框右侧会显示其对应的电路板预览图。本例选择<Default>，即创建一个空白工程。

例 2-1

（2）在 Name 栏位中输入工程名称 MyFirstProject，同时勾选 Create Project Folder 复选框，将该工程创建于同名的文件夹内部。

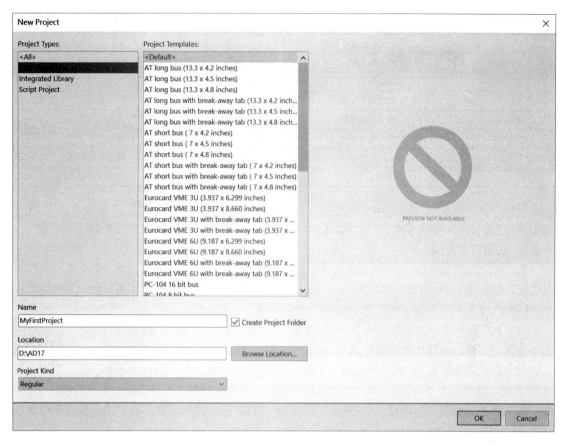

图 2-1　创建新工程对话框

（3）在 Location 栏位输入工程存放路径 D:\AD17，或通过 Browse Location 按钮选择一个路径。

（4）Project Kind 下拉列表框提供了三种工程类别：①Regular，在本地创建一个常规工程；②VCS，在版本控制系统中创建工程；③Managed，在 Altium Designer 官方保险库中创建工程。本例选择 Regular。

（5）单击 OK 按钮，即在 D:\AD17\MyFirstProject 目录下建立新的 PCB 工程 MyFirstProject.PrjPcb，同时打开工程面板（Project Pannel），显示新创建的工程，如图 2-2 所示。

为了方便日后对工程文档的阅读和修改，建议读者将每个工程放置在单独的目录下，目录名称最好能够体现工程实际内容。

图 2-2　工程面板中的新工程

2.2　新建设计文档

1. 设计文档类型

在 Altium Designer 的每类工程中，都包含多种类型的设计文档，主要的文档类型见表 2-2。

表 2-2　Altium Designer 支持的主要文档类型

文档扩展名	设计文档类型	文档扩展名	设计文档类型
*.SchDoc	原理图文档	*.c	C 文件
*.PcbDoc	PCB 文档	*.cpp	C++文件
*.SchLib	原理图库文档	*.h	C 头文件
*.PcbLib	PCB 库文档	*.cam	CAM 文档
*.IntLib	集成库文档	*.OutJob	输出作业文档
*.VHD	VHDL 文档	*.DBLink	数据库链接文档
*.v	Verilog 文档		

其中，原理图文档（*.SchDoc）、PCB 文档（*.PcbDoc）、原理图库文档（*.SchLib）、PCB 库文档的（*.PcbLib）和集成库文档（*.IntLib）是本书将要重点讲述的设计文档类型。

2．创建设计文档

在工程面板中选中工程后，可以通过菜单命令 File ≫ New 选择要新建的设计文档类型，也可以在工程名称上单击鼠标右键，然后从 Add New to Project 菜单命令的级联菜单中选择设计文档类型。

【例 2-2】在例 2-1 新建的工程中添加一个新原理图文档。

（1）执行菜单命令 File ≫ New ≫ Schematic，或者在工程名称 MyFirstProject.PrjPcb 上单击鼠标右键，在弹出的菜单中执行 Add New to Project ≫ Schematic 菜单命令。

（2）在工程面板的 MyFirstProject.PrjPcb 工程下，会出现一个 Sheet1.SchDoc 原理图文档，如图 2-3a 所示。同时，窗口右侧会打开空白的原理图编辑区。

（3）将光标指向工程面板中的 Sheet1.SchDoc 文档，单击鼠标右键，在弹出的快捷菜单中选择 Save 命令，打开 Save As 对话框。

（4）在 Save As 对话框中选择存放路径（默认路径为该工程文档所在路径，一般不要修改）并输入自定义的文档名，如 MySchDoc.SchDoc，单击"保存"按钮，原理图文档即创建成功。同时，工程面板中的原理图文档名从原来的 Sheet1.SchDoc 变成了 MySchDoc.SchDoc，如图 2-3b 所示。

 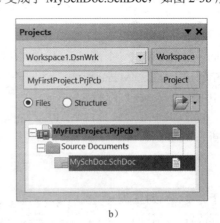

a)　　　　　　　　　　　　　　　　b)

图 2-3　新建原理图文档

2.3　保存设计文档与工程

1．状态标记

状态标记用来标识文档的各种状态，如打开、修改、关闭、隐藏等。

当工程包含的文档数量或者相关配置发生改变后，如向工程添加设计文档或者从工程移除设计文档后，工程名称右边会出现一个"*"号以及一个红色的状态标记▤，表示该工程的内容被修改了。

如果设计文档被修改，其右边也会出现一个"*"号以及一个红色的状态标记▤。

如果设计文档被打开，且未发生任何修改，则状态标记为白色的▤。

如果设计文档被隐藏，则状态标记为白色的▯。

如果设计文档被关闭，则状态标记消失。

2. 保存设计文档

在设计文档上单击鼠标右键后在弹出菜单中选择 Save 命令，或者选中要保存的设计文档后单击工具栏上的▤按钮，或者选中要保存的设计文档后按下快捷键 Ctrl + S，都可以保存设计文档。

🔔 当设计文档为新创建文档且未保存过时，执行 Save 命令会打开保存文件对话框，要求用户确定保存路径和文档名称，其余情况下会直接保存文档。

---

3. 保存工程

将光标移到工程文档名称上方，单击鼠标右键，然后在弹出菜单中选择 Save Project 命令。如果该工程中有新创建且未保存的设计文档，系统会首先打开保存设计文档对话框，保存好该设计文档后才会保存工程文档，否则直接保存工程文档。

🔔 Save Project 菜单命令并不会同时保存工程中已经保存过但当前处于修改状态的设计文档。

---

4. 另存为与重命名

如果想重命名设计文档以及工程文档，则可以使用 Save As 命令。

对于设计文档，在设计文档名称上单击鼠标右键，在弹出菜单中选择 Save As 命令，然后在打开的 Save As 对话框中设置好保存路径和设计文档的新名称，完成后保存即可。

对于工程文档，在工程文档名称上单击鼠标右键，在弹出菜单中选择 Save Project As 命令，然后在打开的 Save As 对话框中设置好保存路径和工程文档的新名称，完成后保存即可。

🔔 重命名后原文档仍然保存在硬盘上，如不再需要，可通过操作系统资源管理器删除。

2.4 向工程添加已有设计文档

在电路板设计中，如果有的模块已经实现过，则可以直接把包含该模块的设计文档添加到当前工程中，以节约开发时间和成本。

【例 2-3】添加已有原理图文档到 MyFirstProject.PrjPcb 工程中。

（1）在工程面板的 MyFirstProject.PrjPCB 工程名称上单击鼠标右键，在弹出菜单中选择 Add Existing to Project 命令，打开添加文档对话框。

例 2-3

（2）选择要添加的文档所在的路径和文档名，本例待添加的文档所在路径为 D:\AD17\Addition，文档名称为 Addition.SchDoc（此文档见本书的电子资源源文件），如图 2-4 所示。

（3）单击"打开"按钮，即可将该设计文档添加到工程 MyFirstProject.PrjPcb 中。图 2-5 所示为工程面板中显示的该工程包含的文档。不难看出，工程 MyFirstProject.PrjPcb 中包含两个设计文档，分别是 MySchDoc.SchDoc 和 Addition.SchDoc。

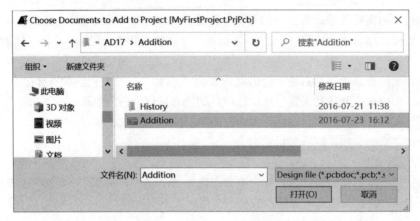

图 2-4 添加文档对话框

如果添加的文档和工程文档不在同一个目录下，该文档左侧的图标会有所不同，如图 2-5 所示。如果想显示为正常图标，需要双击打开该文档，然后选中文档，单击鼠标右键，在弹出的菜单中选择 Save As 命令，将该文档存入工程所在目录，此时该图标会恢复常规显示，如图 2-6 所示。

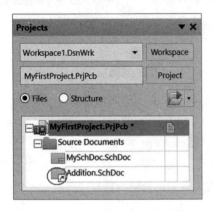

图 2-5 向工程中添加已有设计文档之一

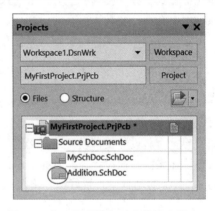

图 2-6 向工程中添加已有设计文档之二

2.5 关闭设计文档与工程

对于不再需要修改的设计文档和工程，可以将其关闭，以释放占用的内存空间。

1. 关闭设计文档

在工程面板中选中设计文档，单击鼠标右键，执行弹出菜单中的 Close 命令，如果该文档已被修改，则弹出如图 2-7 所示的对话框，单击 Yes 按钮，即可保存并关闭该文档。位于工程中的文档被关闭后仍然显示在工程面板中，但其右侧的状态标记已消失。

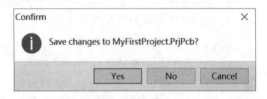

图 2-7 关闭工程时确认保存被修改的单个文档

2. 关闭工程

在工程面板中选中工程名称，单击鼠标右键，执行弹出菜单中的 Close Project 命令，会出现两种情况：

1）如果工程中只有一个文档（可以是设计文档，也可以是工程文档）被修改且没有保存，则屏幕出现确认保存对话框。例如，被修改的文档为工程文档 MyFirstProject.PrjPCB，会弹出如图 2-7 所示的对话框，这时可以单击 Yes 按钮保存后关闭工程。

2）如果有两个以上文档变动且未保存，则屏幕将出现如图 2-8 所示的对话框，要求用户对每个文档保存与否做出选择，然后才可以关闭工程。

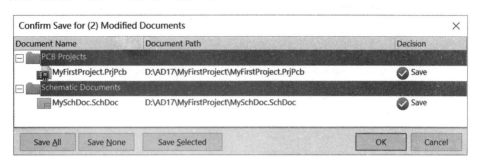

图 2-8　关闭工程时确认保存被修改的多个文档

【例 2-4】关闭 MyFirstProject.PrjPCB 工程，其中工程文档和 MySchDoc.SchDoc 均被修改。

（1）右键单击工程名称，在弹出的菜单中选择 Close Project 命令，会弹出确认保存对话框，如图 2-8 所示。

例 2-4

（2）每个文档所在行的最右边一列为该文档将执行的保存操作：Save 或者 Don't Save。

（3）单击 Save All 按钮将所有文档设为保存操作，单击 Save None 按钮将所有文档设为不保存操作，单击 Save Selected 按钮将当前选中的文档设为保存操作。此外，用鼠标单击最右边一列的保存操作栏位，可以弹出下拉列表，从中可以直接选择保存操作。

（4）设置好各文档的保存状态后，单击 OK 按钮即可保存并关闭工程。

（5）工程关闭后，将从工程面板中消失。

2.6　打开设计文档与工程

1．打开已有工程

执行菜单命令 File ≫ Open Project 即可打开工程。

【例 2-5】打开 MyFirstProject.PrjPCB 工程。

（1）执行菜单命令 File ≫ Open Project，弹出打开工程对话框，定位到工程所在的目录，在文件列表中会列出该目录下的所有工程文档。

（2）双击 MyFirstProject.PrjPCB 文档，即可打开工程，并显示在工程面板中。

例 2-5

2．打开并显示设计文档内容

如果某个设计文档显示在工程面板中，且其右边有修改标记，表示该文档已经被打开，直接单击该文档即可在编辑窗口显示具体内容；如果其右边没有修改标记，表示该文档还没有被打开，需要双击该文档才可打开并显示。

如果某个设计文档没有显示在工程面板中，则需要执行打开文档的相关操作。

【例 2-6】打开一个原理图设计文档。

（1）执行菜单命令 File ≫ Open，或者单击标准工具栏上的 按钮，也可以使用 Ctrl + O 快捷键，启动打开文档对话框，如图 2-9 所示。

例 2-6

图 2-9 打开设计文档

（2）该对话框可以打开 Altium Designer 支持的各种文件类型。在文件类型下拉列表中选择 Projects and Documents，切换到待打开文档所在的路径，本例中该路径为 D:\AD17\DocOpen（此文件见本书的电子资源源文件），在文件列表中双击 SchDoc1.SchDoc，即可在工程面板中打开该文档并显示在编辑窗口中。

（3）如果打开的文档不属于工程面板中的任何一个工程，则该文档会放入 Free Documents（自由文档）目录下，如图 2-10 所示。

每个打开的文档在编辑窗口上方都有一个标签，单击该标签将对应的文档置为当前文档并显示，在标签的图标处停留光标片刻会弹出文档的预览图（如无显示，请按照 2.10.1 小节中 Design Insight 的方法进行设置），如图 2-11 所示。右键单击文档标签，弹出隐藏文档、关闭文档、水平或者垂直排列文档窗口、平铺文档窗口等菜单命令。标签太多时，同类型的文档标签会组合在一起形成下拉列表，可通过该下拉列表选择要显示的文档。

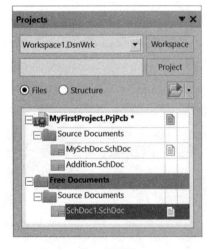

图 2-10 打开的自由文档

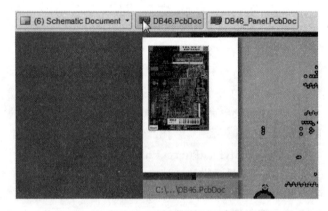

图 2-11 设计文档预览图

2.7 从工程中移除设计文档

设计文档可以从工程中移除。在工程面板中选择某个设计文档，单击鼠标右键，在弹出的菜单中选择 Remove From Project 命令，即可将该设计文档从工程中移到 Free Documents（自由文档）

目录下，这表明该文档不再属于任何工程。

另一种更快捷的方法是用鼠标直接将要移除的设计文档向下拖离工程，释放鼠标左键后，该文档会自动移到 Free Documents 目录下。反过来，将 Free Documents 目录下的设计文档用鼠标拖到某个工程目录下，即可将该设计文档加入工程。

> 🛆 移除操作并不删除文档，如果确实要删除文档，则需要利用操作系统的资源管理器，进入该文档所在的目录进行删除。

2.8 导入其他来源的文件

除了可以直接编辑设计文档以外，Altium Designer 还支持导入其他设计软件产生的文件，并将它们映射为能够处理的格式。这些文件类型包括 Protel 99SE、Allegro、PADS 和 OrCAD 等常见电子设计软件产生的文件。

1）执行菜单命令 File ≫ Import Wizard，打开导入向导开始界面，单击 Next 按钮，进入文件类型选择界面，如图 2-12 所示，里面列出了各种可以导入的文件类型。

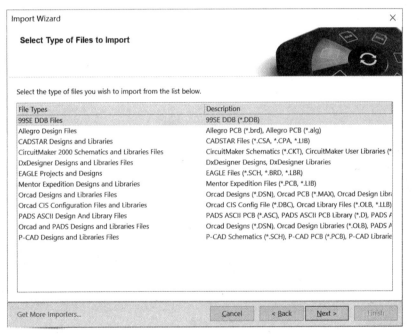

图 2-12　选择导入文件类型

2）选中要导入的文件类型，单击 Next 按钮，进入具体导入过程，一般是要求用户选择要导入的具体文件，然后执行映射过程，将导入文件映射为 Altium Designer 工程和设计文档。限于篇幅，在此不再赘述，感兴趣的读者可以自行尝试。

2.9 设计文档的存储管理

存储管理是几乎所有设计类软件必备的功能。一方面是因为难以避免的异常情况（如死机或者断电）会造成数据丢失，甚至文件损坏；另一方面在设计过程中，可能需要重新利用以前的版本。

Altium Designer 为用户提供以下几种文件存储与管理功能。

1．文档备份（Backup）

执行菜单命令 DXP ≫ Preference，打开首选项对话框，选择左边列表中 Data Management 目录下的 Backup 子项，打开 Backup 配置页，如图 2-13 所示。选中 Auto save every 左边的复选框，即可激活自动备份功能。系统会按照设定的时间间隔，在指定的目录下自动保存当前打开的所有文档的多个版本，版本号通过文件名称后面附加的数字进行标识，如 MyProject～（2）.PrjPcb 表示为工程文档 MyProject.PrjPcb 保存的第 2 个版本，版本号越小的文档保存的时间距今越近。

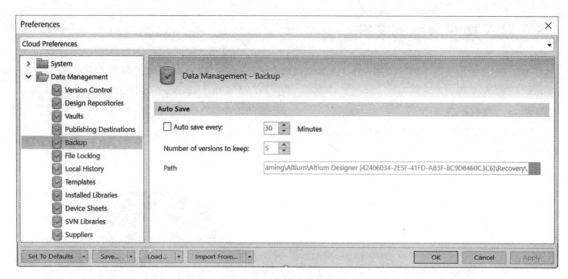

图 2-13　Backup 配置页

2．本地历史（Local History）

执行菜单命令 DXP ≫ Preference，打开首选项对话框，选择左边列表中 Data Management 目录下的 Local History（本地历史）子项，打开 Local History 配置页，如图 2-14 所示。

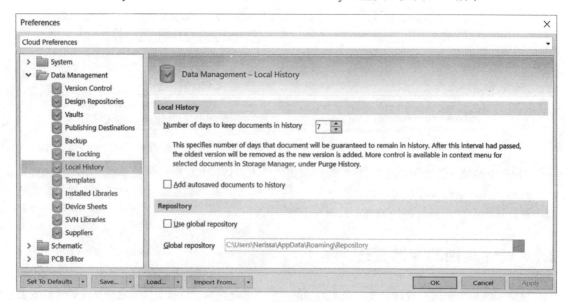

图 2-14　Local History 配置页

用户每次保存文档时，系统自动将上次保存的版本进行一次备份，所有的备份将放在与工程文档相同目录下的 History 子目录下，并压缩为 Zip 文件格式。用户在本地历史配置页中可以设定对历史文件的维护天数，默认为 7 天，超过该天数，当新版本被保存时，最老的版本将被删除。

3．外部版本控制

AD 17 还可以使用外部版本控制工具管理电子设计工程的各类文档。执行菜单命令 DXP » Preferences，打开首选项对话框，选中左边列表中 Data Management 目录下的 Version Control（版本控制）子项，打开 Version Control 配置页，如图 2-15 所示。

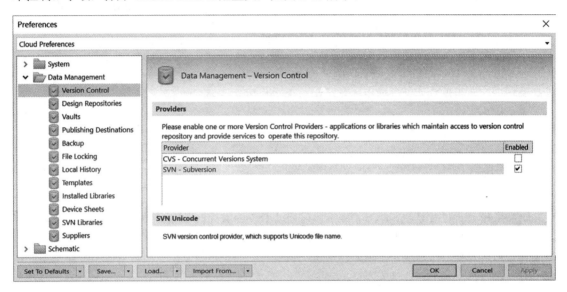

图 2-15　Version Control 配置页

AD 17 支持 CVS（Concurrent Version System，并行版本系统）和 SVN（Subversion）两种类型的版本控制系统。默认情况下启用 AD 17 内建的 SVN 系统。如果要使用版本控制系统，除了需要启动相应的后台服务进程，还需要用户执行相关命令将文档提交到版本控制系统内部进行管理，否则文档仍然处于非受控状态。

对于初学者来说，没有必要使用版本控制系统，文档备份和本地历史配合存储管理器面板已经能够很好地进行文档的维护和跟踪管理。当需要团队协作进行工程设计时，可采用外部版本控制系统。

2.10　工程管理相关面板

面板是 Altium Designer 中非常有特色的组成部分，每个面板都具有独门绝技。灵活掌握面板的使用，将帮助读者更加高效便捷地进行电路设计工作。

在前面提到了和工程管理相关的工程面板，但是着墨不多。本节将对工程面板进行详细讲解。同时，还介绍另一个非常重要的面板——文件面板。

2.10.1　工程面板

工程（Projects）面板是大家经常使用的一个面板，当创建或者打开工程时，工程面板就会打开，如图 2-16 所示。如果不小心关闭了工程面板，则可以通过菜单命令 View » Workspace Panels » System » Projects 重新打开。

从工程面板中可以看到，系统对文档的组织管理分为工作区（WorkSpace）、工程（Project）、文档（Documents）三级，一个工作区可以包含多个工程，而一个工程中可以包含多个文档。

对于初学者而言，对工作区的操作很少，使用系统默认的工作区即可。大家通常只需要关注对工程的管理。对工程及其包含文档的主要操作包括以下几个方面。

1．右键菜单

1）移动光标到工程文档名称上，单击鼠标右键，弹出的菜单中包含了与工程文档相关的操作。

2）移动光标到工程中所包含的文档名称上，如原理图文档名称上，单击鼠标右键，弹出的菜单中包含了与该文档相关的操作。

2．Design Insight 功能

执行菜单命令 DXP ≫ Preference，启动首选项对话框，打开 System 目录下的 Design Insight 配置页，按照图 2-17 所示进行设置，选中 Enable Document Insight 和 Enable Project Insight 前面的复选框，单击 OK 按钮即启动 Design Insight 功能。然后回到工程面板，移动光标到工程文档名左边的 图标上停留片刻，即会显示该工程文档所包含的原理图及 PCB 文档的预览图以及各自的存放路径，如图 2-18 所示。同样，移动光标到设计文档名左边的图标上停留片刻会显示该设计文档的预览图及存放路径。

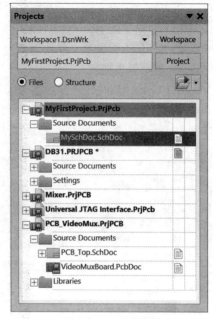

图 2-16　工程面板

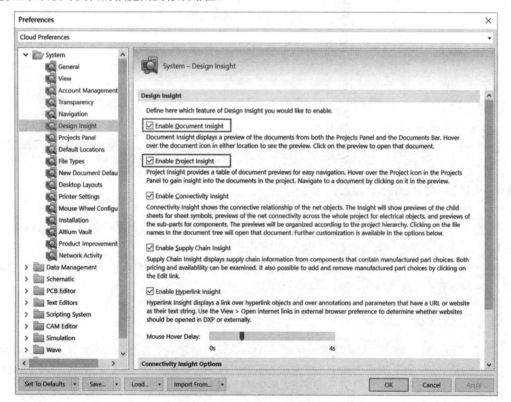

图 2-17　Design Insight 配置页

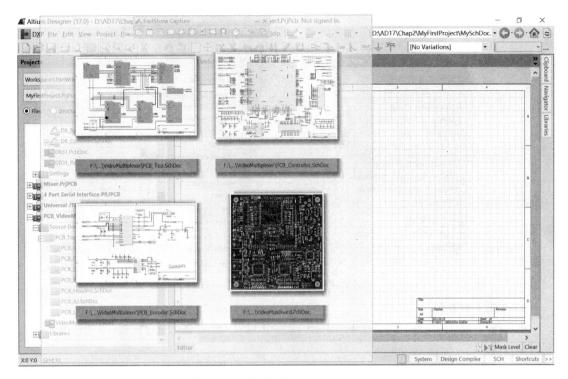

图 2-18 工程面板的 Design Insight 功能

3. 路径显示功能

移动光标到工程文档名称上会显示该工程文档的存放路径,如图 2-19 所示。对于工程中所包含的原理图文档和 PCB 文档,也有同样的效果。

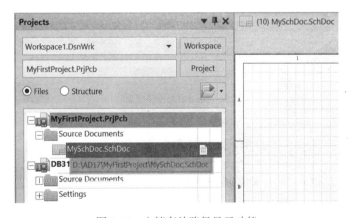

图 2-19 文档存放路径显示功能

4. Workspace 按钮

单击 Workspace 按钮,弹出 Workspace 关联菜单,如图 2-20 所示,可以执行 Add New Project 和 Add Existing Project 等命令向工作区添加工程。

5. Project 按钮

单击 Project 按钮,弹出 Project 关联菜单,如图 2-21 所示。该菜单和鼠标右键单击工程名时弹出的菜单一样。

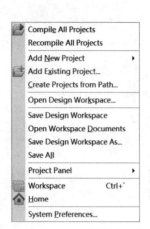
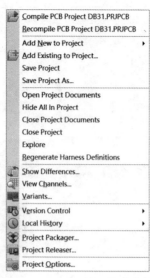

图 2-20　Workspace 按钮关联菜单　　　　图 2-21　Project 按钮关联菜单

6．工程面板配置

单击工程面板上的 图标，在弹出的对话框中可以对面板的选项进行配置，从而改变其行为表现和外观视图，如图 2-22 所示。

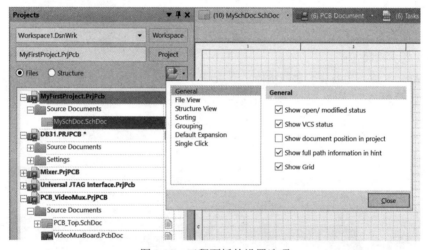

图 2-22　工程面板的设置选项

7．改变工程文档或者设计文档的排列顺序

用鼠标拖动工程文档或者设计文档上下移动，可以改变工程文档或者设计文档在面板中的排列顺序。

2.10.2　文件面板

创建、打开工程和设计文档的操作也可以通过文件面板完成。执行菜单命令 View ≫ Workspace Pannels ≫ System ≫ Files，即可打开文件面板。默认情况下，文件面板出现在屏幕左侧，如图 2-23 所示。

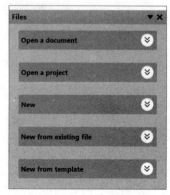

图 2-23　文件面板

⚠ 同时打开工程面板和文件面板时，这两个面板默认情况下会重叠在一起，可以通过面板下方的标签在不同的面板间进行切换。

文件面板包括五个区域。由于空间所限，五个区域同时显示会很拥挤。单击任何一个区域的标题栏或者其右上角的图标，可以将该区域收起，同时图标变为图标，再次单击每一个区域的标题栏或者右上角图标，则展开该区域。下面分别介绍这些区域的功能。

1．Open a document 区域

Open a document 区域用于打开一个文档，其前面部分列出了最近访问过的文档，如图 2-24 所示。读者的文件面板显示的该部分内容与本书内容会有所不同。

图 2-24　Open a document 区域

单击文档名称可直接打开文档。

单击 More Recent Documents 选项，会弹出更多最近打开的文档、工程和工作区列表，可以直接在其中选择要打开的文档。

单击 More Documents 选项，会弹出文档选择对话框，可以在其中选择要打开的文档路径并打开文档。

2．Open a project 区域

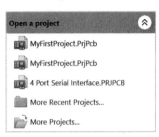

图 2-25　Open a project 区域

Open a project 区域用于打开工程，其前面部分列出了最近访问过的工程，如图 2-25 所示。

单击工程名称就可直接打开整个工程。

单击 More Recent Projects 选项，会弹出最近打开的工程和工作区列表，可以直接在其中选择要打开的工程。

单击 More Projects 选项，会弹出工程选择对话框，可以在其中定位到要打开的工程文档所在的路径并打开工程。

3．New 区域

New 区域用于新建各类文档和工程，如图 2-26 所示。可以新建的各类文档见表 2-3。

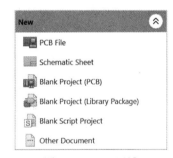

图 2-26　New 区域

表 2-3　新建文档类型

命　　令	说　　明	命　　令	说　　明
PCB File	新建 PCB 文件	Schematic Sheet	新建原理图文件
Blank Project (PCB)	新建空白 PCB 工程	Blank Project (Library Package)	新建空白库工程
Blank Script Project	新建空白脚本工程	Other Document	新建其他文档

4．New from existing file 区域

New from existing file 区域将根据已有文档创建新文档，如图 2-27 所示。

1）Choose Document：选择已有文档作为新建文档的基础。执行该命令后，已有文档的内容会复制到新建文档中。

2）Choose Project：选择已有工程作为新建工程的基础。执行该命令后，已有工程的内容会复制到新建工程中。

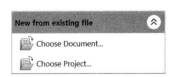

图 2-27　New from existing file 区域

5．New from template 区域

New from template 区域根据模板来创建新文档，如图 2-28 所示。

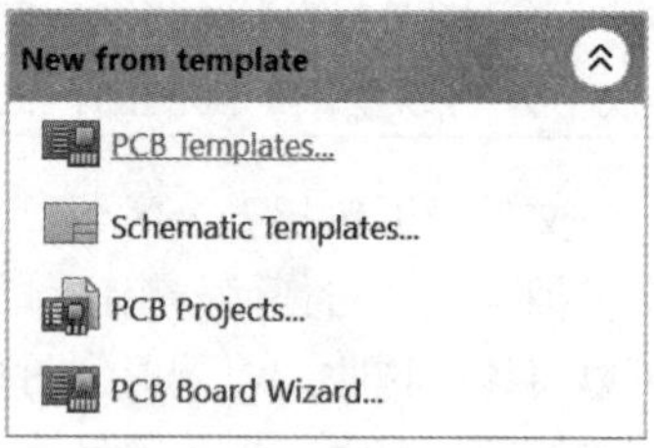

1）PCB Templates：以 PCB 模板为基础，新建 PCB 文档。执行该命令后，会弹出系统模板所在的目录，供用户选择合适的模板文件。

2）Schematic Templates：以原理图模板为基础，新建原理图文档。

3）PCB Projects：以已有的 PCB 工程为基础，新建 PCB 工程。

4）PCB Board Wizard：使用 PCB 向导新建 PCB 文档。

图 2-28 New from template 区域

2.11 思考与实践

1．思考题
（1）PCB 工程的作用是什么？
（2）Altium Designer 支持的主要工程类型有哪些？
（3）Altium Designer 支持的主要文档类型有哪些？
（4）工程面板和文件面板各有哪些功能？

2．实践题
（1）通过菜单命令创建一个名为 SimplePCB.PrjPcb 的工程，并在工程中添加 SimpleSch.SchDoc 和 SimplePcb.PcbDoc 设计文档。

（2）对上述工程及其设计文档执行保存、关闭、打开、移除操作。

（3）利用该工程，结合 2.10 节的内容，练习工程面板的各种操作。

（4）利用文件面板创建一个名为 SimplePCB1.PrjPcb 的工程，并在工程中添加 SimpleSch1.SchDoc 和 SimplePcb1.PcbDoc 设计文档。

第 3 章　原理图编辑环境

Altium Designer 为用户提供了强大便捷的原理图编辑环境,在此环境中可以完成原理图设计的全部操作。不仅如此,由于采用了以工程为中心的设计模式,原理图编辑环境可以轻松实现与 PCB 设计的双向同步。这意味着工程师在开发的任何阶段都能自由灵活地对设计进行修改,并保持原理图和 PCB 的一致性。

3.1 原理图编辑环境简介

新建或者打开原理图文档时,Altium Designer 的原理图编辑器(Schematic Editor)将被启动,系统进入电路原理图的编辑环境,该编辑环境主要由菜单栏、工具栏、面板、状态栏与编辑窗口组成,如图 3-1 所示。下面分别介绍这些界面元素。

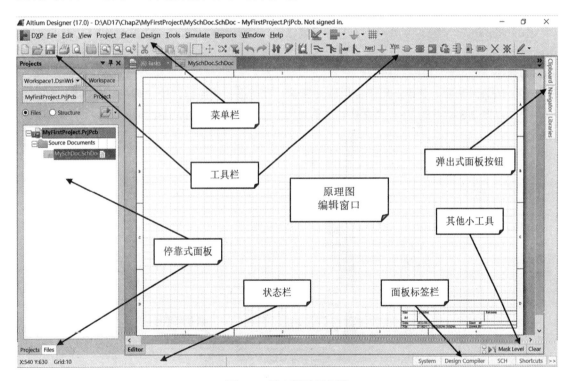

图 3-1　原理图编辑环境

3.1.1　菜单栏

原理图编辑环境中的菜单栏如图 3-2 所示,包括 12 个主菜单,每个主菜单下又汇集了相关的菜单命令。在设计过程中,对原理图的各种编辑操作都可以通过相应的菜单命令完成。

图 3-2　原理图编辑环境的菜单栏

这些菜单的功能简介如下：

1) DXP 菜单：提供系统级别的功能设置，包括系统首选项配置以及自定义工具栏等命令。

2) File（文件）菜单：主要用于文件的新建、打开、关闭、保存与打印等操作。

3) Edit（编辑）菜单：用于提供与编辑相关的操作，如对象的选择、复制、粘贴与查找等操作，也提供各类对象的排列与对齐、移动与拖动等实用功能。

4) View（查看）菜单：提供编辑窗口与视图显示相关的操作，如缩放、边移功能，工具栏、面板、状态栏的显示与隐藏功能，还提供电路图的栅格设置、长度单位设置等功能。

5) Project（工程）菜单：用于提供工程管理相关的操作，如打开与关闭工程、编译工程、工程差异比对、版本管理等功能。

6) Place（放置）菜单：用于在原理图中放置元件、导线、总线等电气对象，也提供图形、注释、指示符号等非电气对象的放置。

7) Design（设计）菜单：用于提供与元件库、模板、网表等相关的操作，还提供层次化电路原理图的相关操作。

8) Tools（工具）菜单：用于提供电路设计的相关工具，包括参数管理器、元件封装管理器、元件自动编号、信号完整性分析等工具，还提供原理图与 PCB 之间的交叉探查工具。

9) Simulate（仿真）菜单：用于设置并运行仿真，放置与管理探针等。

10) Reports（报告）菜单：用于各种报表输出以及距离的测量。

11) Window（窗口）菜单：用于提供各文档编辑窗口的开启、关闭、隐藏、多个窗口的排列与管理命令。

12) Help（帮助）菜单：用于提供软件探索、许可证、快捷键、论坛等帮助功能。

下面以图 3-3 所示的 View（查看）菜单为例，来仔细研究菜单中包含的信息。

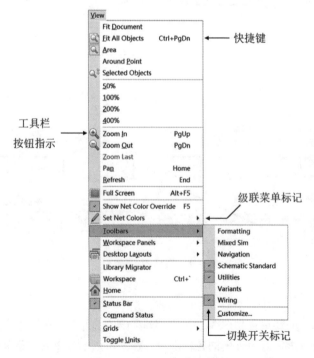

图 3-3　View（查看）菜单

1) 若菜单命令左边有工具栏按钮图标，则表示该命令有对应的工具栏按钮，如菜单命令

Fit All Objects 左边有工具栏按钮,单击该菜单命令和单击对应工具栏按钮的效果是一样的。有的工具栏按钮在工具栏上找不到,可以通过定制工具栏的方式添加,详见 3.1.2 小节。

2)若菜单命令右边有快捷键名称,则表示该命令有对应的快捷键,单击该菜单命令和按下快捷键的效果是一样的。例如,菜单命令 Zoom In 的快捷键为 PgUp。

3)若菜单命令右侧有▶标记,单击该标记,可以进一步弹出级联菜单。

4)若菜单命令是开关式命令,则在其左边有✓表示该命令处在开启状态,没有✓则表示该命令处在关闭状态。

5)每个菜单命令的名称中都有一个带下画线的字母,按下该字母可以启动该菜单。例如,要执行 View ≫ Zoom In 命令,先按下字母"V",此时会弹出 View 菜单,然后按下字母"I",则可执行该放大命令。V + I 称为菜单命令 View ≫ Zoom In 的热键(也叫快捷键)。完整的菜单命令可以写成 "View ≫ Zoom In[V, I]" 的形式。

🔔 输入热键必须切换到英文输入模式。此外,热键不区分大小写。

【例 3-1】图 3-3 中的 Toolbars 菜单项具有级联菜单,单击▶标记,弹出级联菜单,该菜单中包含七个工具栏的开关命令,打勾则显示相应工具栏,取消则隐藏相应工具栏。

3.1.2 工具栏

Altium Designer 提供了几百个菜单命令,并不容易记忆。好在常用的菜单命令都有对应的工具栏按钮,这极大地简化了操作,提高了效率。

1. 工具栏的显示与隐藏

Altium Designer 原理图环境包括七个工具栏,可以单独显示或隐藏。在菜单栏或者工具栏上单击鼠标右键,弹出的菜单中包含七个工具栏的显示状态切换命令,如图 3-4 所示。前面有 √ 标志的工具栏被显示,没有 √ 标志的工具栏被隐藏。单击菜单命令进行隐藏/显示切换。

图 3-4 工具栏开关菜单

2. 工具栏的移动

有时候需要调整工具栏的位置。移动光标到每个工具栏左侧的┃标记上,按下鼠标左键不放,光标变为十字箭头,然后可以拖动工具栏到合适位置,甚至可以将工具栏拖动到编辑窗口成为浮动工具栏。

3. 工具栏介绍

下面分别介绍每个工具栏按钮的功能。在实际使用中,移动光标到工具栏的按钮上方停留片刻,会弹出黄色的提示信息框,帮助读者了解该按钮的功能。

1)Schematic Standard(原理图标准)工具栏:提供原理图设计的一些基本操作命令,如图 3-5 所示。这些命令的说明见表 3-1。

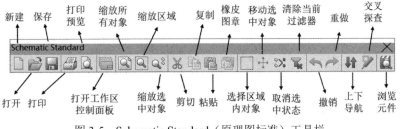

图 3-5 Schematic Standard(原理图标准)工具栏

表 3-1 原理图标准工具栏按钮说明

按钮	说明	功能
	新建	创建新文档，单击该按钮打开文件面板
	打开	打开已有文档，单击该按钮打开文档对话框
	保存	保存当前文档
	打印	打印当前文档
	打印预览	打开文档打印预览窗口
	打开工作区控制面板	打开 Workspace 控制面板，访问官网文档主页、管理工作区以及许可证等
	缩放所有对象	缩放所有对象以填满整个编辑窗口
	缩放区域	缩放指定区域以填满整个编辑窗口
	缩放选中对象	缩放所有选中的元件以填满编辑窗口
	剪切	剪切选择对象
	复制	复制选择对象
	粘贴	粘贴对象
	橡皮图章	复制选择的对象，并能连续粘贴
	选择区域内对象	单击后拖出一个矩形框，框内所有对象都被选中
	移动选中对象	选中对象后单击此按钮，再次在编辑区单击可移动该对象
	取消选中状态	取消对象的选中状态
	清除当前过滤器	清除当前过滤状态，编辑窗口恢复正常显示
	撤销	撤销前次操作
	重做	重做撤销的操作
	上下导航	在层次化电路图的不同层次间切换
	交叉探查	用于在原理图和 PCB 之间相互查看对象
	浏览元件	打开元件库面板

2）Utilities（实用）工具栏：包括实用工具（Utilities Tools）、排列工具（Alignment Tools）、电源（Power Sources）、数字器件（Digital Devices）、仿真源（Simulation Sources）、栅格（Grids）等按钮，如图 3-6 所示。单击这些按钮会弹出相关的子工具栏，子工具栏在后面用到时再详细介绍。

3）Wiring（布线）工具栏：用于在绘制原理图过程中放置各种电气对象，包括导线、总线、线束、总线入口、网络标签、接地、电源、元件、图纸符号、图纸入口、设备图纸符号、线束连接器、线束入口、端口和 No-ERC 指示符，是一个常用工具栏，如图 3-7 所示。

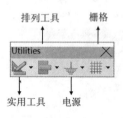

图 3-6 Utilities 工具栏

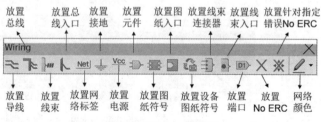

图 3-7 Wiring 工具栏

4）Navigation（导航）工具栏：用于文档间的跳转访问，如图3-8所示。其中地址栏用于显示当前活跃文档的路径。以当前活跃文档为基准，单击回退按钮跳转到之前访问的文档，单击前进按钮跳转到之后访问的文档。主页按钮用于跳转到Altium Designer的Home选项卡。其实导航工具栏不仅可以定位到本地文档，如果在地址栏输入网址，则可以访问相应的网页。

5）Formatting（格式化）工具栏：提供设置线条、图形和文字格式的命令，如图3-9所示。

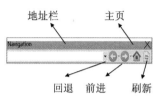

图3-8 Navigation工具栏　　　　图3-9 Formatting工具栏

选择操作对象后工具栏按钮被激活，各按钮的说明见表3-2。

表3-2　Formatting工具栏按钮说明

按钮	说明	功能
229 ▼ …	颜色及其对话框	用于设置字体、边框、线条、导线的颜色，当选中以上对象时该控件激活。单击▼弹出颜色列表，单击…弹出颜色对话框
57 ▼ …	填充颜色及其对话框	单击图形、端口、图纸符号、图纸入口、线束连接器等有封闭边界的对象时，该控件激活。单击▼弹出颜色列表，单击…弹出颜色对话框
Times New Roman ▼	字体	选中文字对象时，该控件激活。单击▼选择字体
12 ▼	文字大小	直接输入字体大小数值或者单击▼选择字体大小
≡ ▼	线条或边框宽度	选择导线或图形对象时，该控件激活。单击▼选择线条或边框宽度
┄ ▼	线条样式	选择线条时，该控件激活。单击▼选择线条样式
⇄ ▼	箭头样式	选择线条时，该控件激活。单击▼选择箭头样式

6）Variants（装配变体）工具栏：现代电子设计中，在基本电路设计基础上会产生很多变体，如许多电子产品会有标准版和高配版，这两个版本所采用的大部分电子元件都是相同的，但有少部分元件不同。通常高配版可能会采用同类元件家族中运行速度更快、温度范围更宽、精度级别更高、耐压能力更强的元件，也可能采用封装不同的元件，这就导致了元件组装时的不同版本。装配变体工具栏使用户能够轻松地管理这些差异，而不用对每个不同的版本创建和管理不同的PCB工程。

装配变体工具栏如图3-10所示，其按钮说明见表3-3。

表3-3　Variants工具栏按钮说明

按钮	说明	功能
[No Variations] ▼	当前工程变体及其下拉列表	选择当前变体
	变体管理器	单击打开工程变体管理器

7）Mixed Sim（混合仿真）工具栏：提供混合信号仿真的工具，如图3-11所示。各按钮说明见表3-4。混合信号仿真应该在对原理图完成编译后进行。

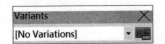
图 3-10　Variants 工具栏

图 3-11　Mixed Sim 工具栏

表 3-4　Mixed Sim 工具栏按钮说明

按　钮	说　　明	按　钮	说　　明
Mixed Sim	仿真配置文件名称		增加新仿真配置文件
	编辑活跃仿真配置文件		运行活跃仿真配置文件
	生成活跃仿真配置文件网表		放置电压探针
	放置电压差分探针		放置电流探针
	放置功率探针		放置仿真源

4．定制工具栏

有些工具栏按钮并没有显示在工具栏上，可以通过定制的方法向工具栏上增加或减少按钮。

【例 3-2】向原理图标准工具栏上增加 和 两个按钮。

（1）执行菜单命令 DXP ≫ Customize，或者在菜单栏上单击鼠标右键，在弹出菜单中选择 Customize 命令，打开定制原理图编辑器对话框，如图 3-12 所示，进入定制原理图编辑器模式。

例 3-2

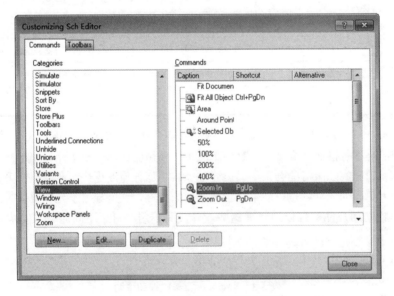

图 3-12　定制原理图编辑器对话框

（2）在对话框左边 Categories 列表栏中选择 View，右边列表栏会列出属于 View 类别的所有工具栏按钮。

（3）选择右边列表栏的 Zoom In 按钮，然后用鼠标拖动该按钮到 Schematic Standard 工具栏的合适位置，松开鼠标左键即可完成添加操作，如图 3-13 所示。按照同样的方法，添加 Zoom Out 按钮，完成后的 Schematic Standard 工具栏如图 3-14 所示。

图 3-13 向 Schematic Standard 工具栏添加按钮

图 3-14 添加按钮后的 Schematic Standard 工具栏

> 进入定制原理图编辑器模式以后,将工具栏上的按钮拖离该工具栏,即可将按钮删除。

3.1.3 面板

面板是 Altium Designer 的一大特色。许多有用的功能都通过面板的形式提供。熟练地运用面板能够极大提高电路设计的效率。由于面板数量众多,功能强大,因此先简单介绍如何管理面板。每个面板的特色功能留待实际应用时再详细讲解。

1. 面板的显示模式

Altium Designer 的面板具有三种模式:停靠式(Docked Mode)、弹出式(Pop-out Mode)和浮动式(Floating Mode),如图 3-15 所示。

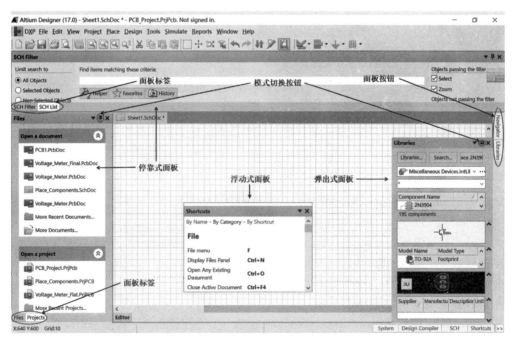

图 3-15 面板模式

(1) 停靠式(Docked Mode)面板

在默认状态下,位于编辑窗口左侧的面板为停靠式面板。这种面板一直处于显示状态。

多个停靠式面板可以共用显示区域,形成组合面板,如图 3-16 所示。单击组合面板下方的面板标签可以在不同面板间进行切换,如可以单击图 3-16 中的组合面板标签在 Projects(工程)、Files(文件)、Navigator(导航)、SCH Filter 和 Shortcuts 面板间进行切换。

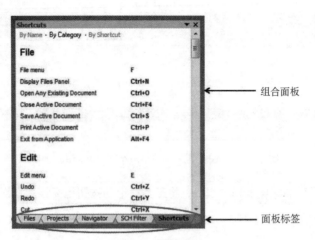

图 3-16 组合面板

如果想让两个面板构成组合面板，只需将其中一个面板拖动到另一个面板的中心附近，当另一个面板下方出现一个上三角符号时，释放鼠标左键，即可形成组合面板。

在组合面板中，拖动面板下方的标签左右移动，可以改变面板在组合面板中的排列顺序。

如果要将一个面板从组合面板中分离，只要将该面板标签拖离组合面板即可。

（2）弹出式（Pop-out Mode）面板

在默认状态下，位于编辑窗口右侧的面板为弹出式面板。弹出式面板平时并不显示，而是缩小为面板按钮放置于窗口右边框上，如图 3-15 所示。拖动面板按钮沿窗口边框上下移动可以改变它们的排列顺序。

弹出式面板的弹出与收回有以下两种方式：

1）单击窗口边框上的面板按钮弹出面板，再次单击面板按钮或者在面板外部单击鼠标左键收回面板。

2）移动光标到面板按钮上方停留片刻即弹出面板，将光标移出面板后等待片刻面板自动收回。

停靠式和弹出式面板之间可以切换。单击停靠式面板标题栏右侧的 按钮，该面板切换为弹出式面板；单击弹出式面板标题栏右侧的 按钮，该面板切换为停靠式面板。

（3）浮动式（Floating Mode）面板

浮动式面板可以放在编辑窗口的任何位置，甚至可以放到窗口外部。一个以前既不处在停靠模式也不处在弹出模式的面板被打开时，会默认处于浮动模式。

2．面板的移动

（1）停靠能力

右键单击面板的标题栏，弹出的 Allow Dock（允许停靠）菜单命令可以用来设置面板的停靠能力，如图 3-17 所示。

1）Horizontally：允许面板在编辑窗口的上方和下方停靠。

2）Vertically：允许面板在编辑窗口的左方和右方停靠。

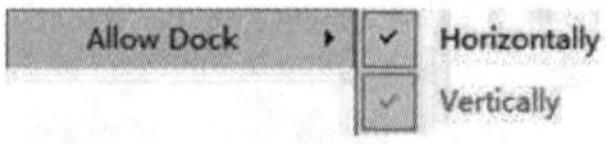

图 3-17 Allow Dock 菜单

（2）移动面板

移动光标到停靠式面板标题栏，按下鼠标左键不放，拖动面板至编辑窗口中央。此时，窗口中央会出现两个或者四个带方向箭头的按钮，按钮的数量与位置取决于面板具有的停靠能力，如图 3-18 所示。

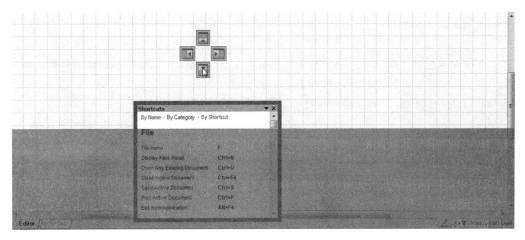

图 3-18　移动面板

如果面板的停靠能力为 Horizontally，则出现上下两个按钮；如果停靠能力为 Vertically，则出现左右两个按钮；如果都允许，则出现上下左右四个按钮。

将光标拖动到任意方向按钮上方，在按钮所指向的窗口边沿会出现蓝色矩形方块，此时释放鼠标左键，面板即可停靠在该边沿位置，并使用该边沿处已有的面板模式。如果该边沿处事先没有面板，则采用停靠模式。

当将停靠式或者弹出式面板移动到屏幕上其他位置释放时，即成为浮动式面板。

当面板在窗口内移动时，如果接近窗口边沿，面板会自动贴上去，就好像被边沿吸附过去一样，按下 Ctrl 按键可以防止这种情况发生。

3．关闭与打开面板

单击面板标题栏右侧的 ✕ 按钮或在标题栏单击鼠标右键，选择 Close 菜单命令关闭面板。

执行菜单命令 View » Workspace Panels，在弹出的级联菜单中可以选择要打开的面板，更便捷的方法是使用 3.1.5 小节介绍的面板标签栏来打开面板。

3.1.4　实用小工具

原理图编辑窗口右下角还放置了几个实用小工具按钮，如图 3-19 所示。

图 3-19　实用小工具

1）选择记忆面板按钮：单击该按钮打开选择记忆面板，可以快速恢复存储的对象选择状态，具体介绍见 6.9 节。

2）Mask Level 按钮：单击该按钮会打开遮蔽等级控制框，其中可以调节遮蔽显示的程度。Filter 滑动条用来控制采用查询语句过滤筛选对象时，非筛选对象的淡化显示程度，滑块越往下，淡化效果越明显，反之亦然；Dim 滑动条用来控制对原理图进行导航浏览时，非焦点对象的淡化显示程度，滑块越往下，淡化效果越明显，反之亦然。

3）Clear 按钮：单击该按钮清除编辑窗口的网络颜色标记以及对象的淡化显示效果。

3.1.5　面板标签栏

编辑窗口右下方是面板标签栏，包括 System、Design Compiler、SCH、Shortcuts 四个标签。单击最右边的 » 按钮，面板标签栏会向右收起，同时 » 按钮变为 « 按钮，再次单击 « 按钮，则恢复显示面板标签栏。单击每个标签，会弹出该标签对应的一组面板菜单，具体说明如下：

1）System 标签包含了 Projects、Libraries、Files 等常用面板。

2）Design Compiler 标签包含了与原理图编译相关的面板，如 Compile Errors、Navigator 等面板。

3）SCH 标签包含了与原理图编辑相关的面板，如 SCH List、SCH Inspector 等面板。

4）Shortcuts 标签仅包含 Shortcuts 面板。

当关闭了某个面板后，可以通过面板标签栏找到该面板并重新打开。

3.1.6 状态栏

状态栏主要显示光标当前坐标位置、栅格大小、当前操作的提示以及快捷键信息，如图 3-20 所示。状态栏分为三个区域，拖动区域之间的分隔符号|可以调整区域显示宽度。

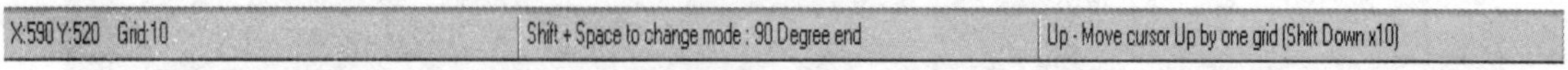

X:590 Y:520 Grid:10
Shift + Space to change mode : 90 Degree end
Up - Move cursor Up by one grid (Shift Down x10)

图 3-20 状态栏

3.2 原理图图纸设置

熟悉了原理图的编辑环境后，接着需要设置原理图的图纸选项。图纸选项包括图纸的大小、方向、标题、边框、栅格等参数，如图 3-21 所示。执行菜单命令 Design ≫ Document Options，弹出如图 3-22 所示的 Document Options 对话框，该对话框包括 Sheet Options、Parameters、Units 和 Template 四个选项卡。

Grid（栅格）
Reference Zone（参考区域）
Title Block（标题块）
Altium

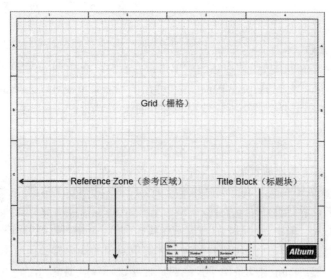

图 3-21 原理图图纸

3.2.1 Sheet Options 选项卡

Sheet Options 选项卡用于设置原理图图纸的外观样式，如图 3-22 所示。

1．Options

1）Orientation（方向）：设置原理图的放置方向，包括 Portrait（纵向放置）以及 Landscape（横向放置）两个选项。

2）Title Block（标题块）：选中其左边的复选框，图纸上会显示标题块，一般标题块位于图纸右下方，是对图纸的附加说明。在下拉列表中选择标题块的样式，包括 Standard 和 ANSI 两种样式。

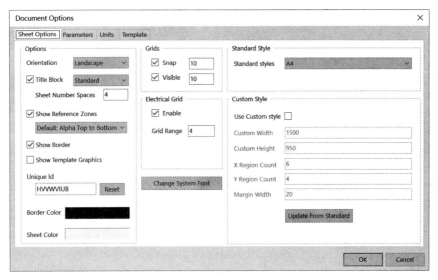

图 3-22　图纸选项设置

3）Sheet Number Spaces：设置标题块中"Sheet"与"of"的间距，该空间用于显示图纸编号。

4）Show Reference Zones：选中其左边的复选框，系统会在图纸纵横轴的每一个参考区域中显示编号，包括以下选项。

① Default：纵轴参考区域采用字母递增的顺序从上到下编号，如 A、B、C 等；横轴参考区域采用数字递增的顺序从左到右编号，如 1、2、3 等。

② ASME Y14.1：纵轴参考区域采用字母递增的顺序从下到上编号；横轴参考区域采用数字递增的顺序从右到左编号。

5）Show Border：设置是否显示图纸边界。

6）Show Template Graphics：设置是否显示模板的图形、文字、特殊字符串、公司 Logo 等。

7）Border Color 和 Sheet Color：单击其右边的颜色块，在出现的颜色对话框中分别设置图纸边界和图纸内部的颜色。

2．Grids

Grid（栅格）是原理图和 PCB 设计中非常重要的辅助工具。Altium Designer 支持三种类型的栅格：Snap Grid（吸附栅格，也有翻译为捕捉栅格）、Visible Grid（可视栅格）和 Electrical Grid（电气栅格），其中 Snap Grid 最为重要。Snap Grid 用于设置光标在编辑窗口移动时所使用的步长。采用统一的步长可以将电气对象放置到划分好的栅格上，便于元件对齐和线路连接。

1）Snap：选中其左边的复选框启动 Snap 功能，在右边的文本框设置当前移动步长，也就是捕获栅格的大小。例如，当 Snap 的值为 10（度量单位为 DXP Default，详见 3.2.3 小节）时，假设光标沿水平方向移动，则光标的 X 坐标只能为 0、10、20、30 等 10 的整数倍。读者可以从状态栏的左边区域读取光标的实时坐标。因为很多元件符号的引脚间距都是 10，建议不要修改系统默认的 Snap 值，以方便对齐和连线。如果取消 Snap 复选框，则系统将移动步长设置为最小长度单位。

> 按下字母 G 键可以在预设的栅格大小间进行循环切换，通过状态栏左边区域可以观察当前的栅格大小，栅格的预设详见 8.6 节。

2）Visible：选中其左边的复选框，图纸上将显示栅格，栅格大小可在其右边的文本框中设置，建议不要更改系统默认设置。取消该复选框，栅格消失。

3）Electrical Grid：选中 Enable 左边的复选框将启动电气栅格功能。当进行导线连接时，系统会在以光标为圆心，以 Grid Range 文本框中数值为半径的圆内搜索电气热点（如元件引脚），一旦搜索到即自动吸附到电气热点上，并显示为红色米字标志，帮助用户快速准确连线。建议使能该选项。

3. Standard Style

在 Standard Style 下拉框中选取标准样式的图纸。考虑到打印纸的原因，一般选取 A4。

4. Custom Style

选择 Use Custom Style 单选框后，可以在下面的选项栏位设置自定义图纸的宽度、高度、横轴参考区域的分段数量、纵轴参考区域的分段数量以及参考区域的宽度。

Update From Standard：单击该按钮将把 Standard Style 栏位设置的标准图纸尺寸用于自定义图纸。

5. Change System Font

单击 Change System Font 按钮可以在弹出的对话框中修改系统字体，这些字体会应用到标题块、引脚名称和编号、端口名称等处。

3.2.2　Parameters（参数）选项卡

Parameters 选项卡中列出了系统默认的文档参数，每一项参数包括了名称、值和类型，如图 3-23 所示。单击 Add 按钮添加自定义的参数，但要注意参数不能重名。选中已经存在的参数，单击 Remove 按钮可以将其删除，单击 Edit 按钮对其进行修改。该选项卡也支持添加设计规则作为文档的参数。单击 Add as Rule 按钮，在弹出的对话框中选取 Edit Rule Values 按钮，可以选取某个规则并修改规则的值，完成后该规则将被加入到文档参数列表中。设计规则的内容详见第 12 章。设置好参数名称后，可以在图纸上显示该参数的值，详见 4.4.6 小节。

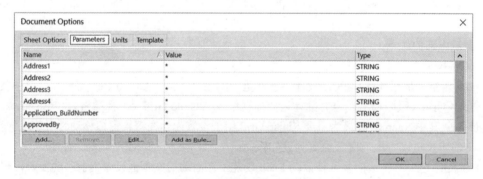

图 3-23　Parameters 选项卡

3.2.3　Units（单位）选项卡

Units 选项卡设置使用英制单位系统还是公制单位系统，如图 3-24 所示。

1. Imperial Unit System（英制单位系统）

选取 Use Imperial Unit System 复选框，系统采用英制单位系统，可以在 Imperial Unit Used 下拉列表中进一步选择采用的单位。

1）Mils：1mil = 0.001in = 0.0254mm。

2）Inches：1in = 2.54cm。

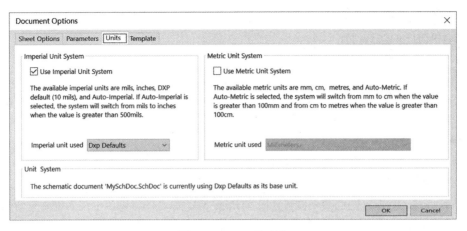

图 3-24 Units 选项卡

3）DXP Defaults：这是系统默认的英制单位，1 个单位的 DXP Default 为 10mil。回想前面 Snap 的默认值为 10，换算成 mil 为 100mil。

4）Auto-Imperial：当度量值大于 500mil 时，自动从 mil 切换到 in，反之亦然。

2．Metric Unit System（公制单位系统）

选取 Use Metric Unit System 复选框，系统采用公制单位系统，可以在 Metric Unit Used 下拉列表中进一步选择采用的单位。

1）Millimeters：单位为 mm。

2）Centimeters：单位为 cm。

3）Meters：单位为 m。

4）Auto-Imperial：当度量值大于 100mm 时，自动从 mm 切换到 cm，反之亦然。

通过菜单命令 View ≫ Toggle Units[V, U]也可以实现度量系统切换。

3.2.4　Template（模板）选项卡

Template 选项卡用于采用或者清除图纸模板，如图 3-25 所示。

图 3-25 Template 选项卡

在 Template from File 下拉列表中选择原理图采用的模板。系统提供了许多预先制作好的模板文档，如 A4、A4_portrait 等。一旦选好会立即自动更新图纸。

1）Update From Template：根据下拉列表中选取的模板更新原理图图纸。

2）Clear Template：清除图纸应用的模板，图纸恢复到默认样式。

Use Vault Template 复选框用于从 Altium Designer Vault 中选用模板，只有连接到 Vault 才起作用。

3.3 原理图视窗操作

电路设计中经常需要进行原理图的缩放以及移动操作，以方便观察电路。Altium Designer 中提供了丰富的视窗操作手段，既可以使用鼠标、键盘，也可以使用菜单、工具栏按钮。通常情况下，使用鼠标和键盘操作视窗是最便捷的，也能够满足绝大多数情况的需要。

1．键盘方式

1）按下 PgUp 键放大原理图，按下 PgDn 键缩小原理图。也可以执行菜单命令 View ≫ Zoom In 和 View ≫ Zoom Out 分别实现 Page Up 和 Page Down 的操作。

2）将鼠标移动到原理图的某个位置，按下 Home 键，原理图将以该位置为中心重新显示。也可以执行菜单命令 View ≫ Pan 来实现同样的操作。

3）按下 End 键可以刷新原理图，也可以执行菜单命令 View ≫ Refresh 来实现同样的操作。

> 更多的快捷键可以在快捷键面板中查看，详见 3.4 节。

2．鼠标方式

1）滚动鼠标滚轮可以上下移动原理图。

2）按下鼠标右键不放并拖动，可以向任意方向移动原理图。

3）按下 Shift 键不放，同时滚动鼠标滚轮可以左右移动原理图。

4）按下 Ctrl 键不放，同时滚动鼠标滚轮可以缩放原理图。

5）按下鼠标滚轮不放，同时前移或者后移鼠标可以放大或者缩小原理图。

3．菜单和工具栏按钮方式

用来操作视窗的菜单主要位于 View 菜单下，同时有些命令也有相应的工具栏按钮，如图 3-26 所示。

1）View ≫ Fit Document 命令将完整的电路原理图缩放显示在编辑窗口中，包括了原理图的标题块和边框部分。

2）View ≫ Fit All Objects 命令将电路图内部的所有设计对象缩放显示在编辑窗口中，不包括标题栏和边框，相对应的工具栏按钮为 。

图 3-26　View 菜单命令

3）执行 View ≫ Area 命令，光标箭头会出现一个十字形，单击鼠标左键，然后拉出一个矩形，再次单击鼠标左键，所有位于矩形区域中的对象都会被缩放，以填满编辑窗口，相应的工具栏按钮为 。

4）执行 View ≫ Around Point 命令，光标箭头会出现一个十字形，单击鼠标左键，然后移动鼠标，会出现一个以单击点为中心的矩形，再次单击鼠标左键，所有位于矩形区域中的对象都会被缩放，以填满编辑窗口。

5）首先选中若干个对象，然后执行 View ≫ Selected Objects 命令，选中的对象会被缩放，以填满编辑窗口，相应的工具栏按钮为 。

3.4 快捷键面板

使用快捷键比使用菜单方便，但是快捷键太多了，记住并不容易。好在 Altium Designer 提供了快捷键面板和交互式的快捷键面板，可以帮助读者更好地使用快捷键。

1．快捷键面板

单击编辑窗口右下方的面板标签 Shortcuts，打开快捷键面板，如图 3-27 所示。该面板列出了在原理图编辑环境使用的快捷键，可以根据快捷键名称（By Name）、所属类别（By Category）或者快捷键首字母（By Shortcut）进行排序，以方便查找。

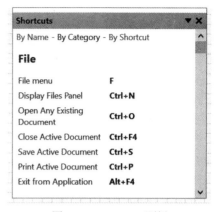

2．交互式快捷键对话框

在执行某项编辑操作时，按下 F1 键，会打开与当前操作相关的快捷键对话框，方便读者使用。

3．创建自定义快捷键

如果经常执行某项菜单命令，可以为其自定义快捷键，以提高工作效率。

【例 3-3】为菜单命令 Tools ≫ Cross Probe 定义一个快捷键 Shift + Q。

图 3-27　Shortcuts 面板

（1）执行菜单命令 DXP ≫ Customize，打开 Customizing Sch Editor 对话框。在左边 Categories 列表中选择 Tools，在右边 Commands 列表中选择 Cross Probe。

（2）单击 Edit 按钮，打开编辑命令对话框，如图 3-28 所示。单击 Primary 栏位，使其处于编辑状态，按下 Shift + Q 键，可以发现该栏位出现 Shift + Q。

图 3-28　编辑命令对话框

（3）单击 OK 按钮，返回 Customizing Sch Editor 对话框，单击 Close 按钮退出。

3.5 思考与实践

1. 思考题

（1）熟悉 AD 17 的原理图编辑环境，并简述其组成元素。
（2）AD 17 原理图编辑环境包含哪些工具栏？简述工具栏中按钮的功能。
（3）面板有哪几种模式？各模式的特点是什么？
（4）原理图图纸选项设置包括哪些内容？
（5）原理图编辑环境使用了哪几种栅格？每种栅格的作用是什么？

2. 实践题

（1）新建一个工程 SCH_Enviroment.PrjPcb，并在其中新建一个原理图文档 SCH_Enviroment.SchDoc，进入原理图编辑环境，浏览该环境中的菜单、工具栏、面板、状态栏、实用小工具。
（2）接实践题（1），将 Project 面板在停靠模式、弹出模式和浮动模式间进行切换，观察不同模式下面板的特点。
（3）练习使用鼠标、键盘的方式缩放和移动原理图。
（4）按下 G 键，在状态栏观察栅格大小的变化。在编辑窗口移动光标，观察在不同栅格大小时光标坐标的变化规律。
（5）在原理图选项对话框 Sheet Options 选项卡中修改各个选项设置，观察原理图相应的变化。
（6）将原理图的度量单位系统设为英制，单位分别设为 Mils 和 DXP Defaults，观察状态栏左边区域的变化。然后将度量单位系统由英制改为公制，单位设为 mm，观察状态栏左边区域的变化。
（7）打开快捷键面板，浏览常用的快捷键。

第 4 章 绘制原理图

在进行电子电路设计时,首先要有一个设计方案,而将设计方案表达出来的最好方法就是绘制清晰、准确的电路原理图。电路原理图的正确与否直接决定最终的 PCB 能否正常工作。根据电路设计要求以及电路工作原理确定合适的元件,将元件放置在原理图上适当的位置,并在元件之间进行准确无误的连线,这就是电路原理图的核心设计内容。同时,电路原理图还可以进行各种仿真分析,以验证电路功能的正确性。除了保证正确性以外,好的电路原理图还应该做到结构清晰、布局合理、便于阅读和交流。

4.1 放置元件

元件是组成电路图的核心元素。本节首先介绍元件、模型以及库的基本概念,然后重点介绍如何利用库面板加载元件库、查找与放置元件的过程,最后介绍另一种通过 Place Part 菜单命令放置元件的方法。

4.1.1 元件、模型和库

1. 元件与模型

电子设计通常从原理图开始,任何一个元件至少应该具有一个代表该元件的原理图符号,在原理图中放置该元件其实就是放置该元件的原理图符号,原理图符号的名称即为该元件的名称。因此,在很多场合元件和原理图符号指的是一回事儿。从更严谨的角度来看,原理图符号其实是元件的一种模型,只不过通常用这个模型来指代元件本身。除此以外,元件还可以具有其他多种模型,这些模型是元件在不同设计域中的代表,而设计域对应电子设计的不同阶段。元件模型包括以下几种。

1) Symbol:原理图符号模型,用在原理图设计中。
2) Footprint:封装模型,用在 PCB 设计中。
3) Simulation:仿真模型,用在电路仿真中。
4) Signal Integrity:信号完整性模型,简称 SI,用在信号完整性分析中。
5) PCB 3D Model:3D 模型,用在电路板 3D 视图显示中。

不同模型具有不同的存储方式:

1) 原理图符号:通常存放在原理图库文件(*.SchLib)中,一个库文件中可以存放多个原理图符号。
2) 封装模型:通常存放在 PCB 库文件(*.PCBLib)中,一个库文件中可以存放多个封装模型。
3) 仿真模型:用于电路仿真的 Spice 模型,存放在扩展名为*.mdl 或*.ckt 的文件中。
4) 3D 模型:可以是 AD 17 自身提供的 3D Body,也可以是第三方软件创建的 3D Step 模型文件,多个模型也可以放在 3D 库文件(*.PCB3DLIB)中。
5) SI 模型:通常为 IBIS 模型,每个模型存放在单独的文件中,文件扩展名为*.ibs。

在原理图符号中建立与这些模型的链接关系,就可以将元件置于不同的设计域中进行操作。例如,将原理图符号链接到该元件的仿真模型,就可以进行仿真分析;将原理图符号与对应的

Footprint 封装模型建立链接，就能将元件传递到 PCB 中，并对其进行布局和布线；有了元件的 3D 模型，就能在电路板 3D 视图中显示该元件的立体模型。元件各模型的关系如图 4-1 所示。

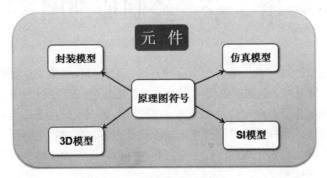

图 4-1　元件与模型示意图

2．集成库

如上图所示，原理图符号及其所链接的各种模型都存放在不同的文件中，原理图符号中只是保存了到这些模型的链接信息，指示如何找到这些模型所在的文件。设计人员必须自己管理这种脆弱的链接关系。当模型文件位置发生了改变或者文件夹重命名后，都需要重新修改链接信息。当把工程文件转移到新的计算机上时，必须把这些模型文件同时复制过去。如果链接路径发生了改变，还必须重新设置到这些文件的链接，这样的维护工作既繁琐又不易管理，还容易出错。

Altium Designer 推出的集成库（Integrated Library）机制高效地解决了这个问题。集成库是扩展名为*.IntLib 的文件，它不仅包含原理图符号所在的库文件，而且所有相关模型所在的文件或者库都被打包到集成库中。也就是说，元件及其模型都被完全包含在一个单独的集成库文件中。这样，当加载一个集成库后，元件符号及其所有关联模型就都可以使用了。不仅如此，集成库还提供了极高的分享便利性，设计人员可以将他们的工作分享到多个不同的工作站上，只需在这些工作站上运行的 Altium Designer 中加载一个集成库文件，就可以确保 Alitum Designer 正确地找到元件及其所有模型。

3．安装本书所需库文件

原理图和 PCB 设计离不开库文件，但是 AD 17 自带的库文件是非常有限的。可以通过本书前言提供的途径下载更丰富的库文件供本书后续学习使用，这些库文件也可以通过 https://techdocs.altium.com/display/ADOH1/Download+Libraries 免费下载或通过搜索引擎获取地址。

笔者计算机上的库文件目录为 C:\Users\Public（公用）\Documents（公用文档）\Altium\AD 17\Library。如果读者库文件目录中的内容如图 4-2 所示，则库文件不全，请读者将下载的 Library 目录下的所有库文件复制到本地计算机的库文件目录下，复制过程中遇到"目录同名"的系统提示时，选择合并即可。复制后的结果如图 4-3 所示。

图 4-2　不完整的库文件

4.1.2　Libraries（库）面板

库面板是重要且常用的面板，它提供加载元件库、搜索与放置元件的功能。

默认情况下库面板是弹出式面板，该面板的按钮位于编辑窗口右边框上。如果找不到，可以在窗口右下方面板标签栏中单击 System 面板标签，在弹出的菜单中选择 Libraries 命令，打开库面板，如图 4-4 所示。

图 4-3 完整的库文件

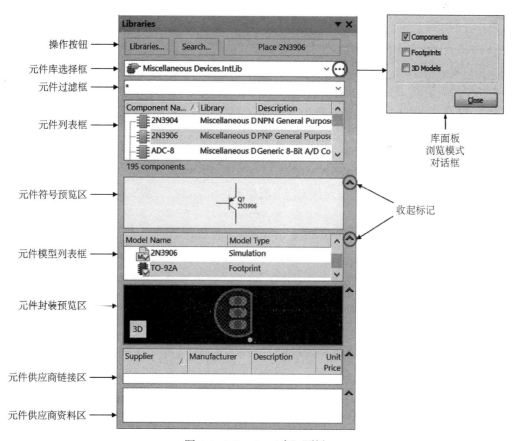

图 4-4 Libraries（库）面板

Libraries 面板包括若干区域，从上到下依次为：

1）操作按钮：Libraries 按钮用来安装元件库，Search 按钮用来查找元件，Place + <元件名>

按钮用来放置找到的元件。

2）元件库选择框：显示当前元件库，也可以单击选择框右边的下三角箭头，弹出库列表，其中包含当前系统中已安装的库、当前工程中打开的库以及在指定目录下搜索到的库，可从中选择新的当前元件库。单击元件库选择框右边的⋯，弹出库面板浏览模式对话框，如图 4-4 右上角所示。

① Components：元件浏览模式，库列表中只保留能够包含原理图符号的库。如果同时选择了 Footprints 或者 3D Models 浏览模式，集成库会显示为"集成库名称 + [Component View]"的形式，代表集成库中存储原理图符号的部分。

② Footprints：封装浏览模式，库列表中只保留能够包含封装模型的库。此时集成库会显示为"集成库名称 + [Footprint View]"的形式，代表集成库中存储封装的部分。

③ 3D Models：3D 模型浏览模式，库列表中只保留能够包含 3D 模型的库。此时集成库会显示为"集成库名称 + [PCB3D View]"的形式，代表集成库中存储 3D 模型的部分。

🔔 在绘制原理图时，只需选择库面板的 Components 浏览模式。

3）元件过滤框：用来输入过滤语句。该语句将直接影响下方元件列表框中的内容。例如，当过滤语句为"*"时，元件列表框中会列出当前元件库中的所有元件，这是因为"*"是通配符，可以代表任意多个字符，与此类似，通配符"？"可以代表任意单个字符；当过滤语句为"Re"时，元件列表框中会列出当前元件库中所有以"Re"开头的元件；当过滤语句为"*Re"时，将会列出所有包含"Re"字符串的元件。

4）元件列表框：列出当前库中经过过滤语句筛选后剩下的元件、封装或者 3D 模型，视当前库面板浏览类型而定。

5）元件符号预览区：显示元件列表框中当前被选中的元件的原理图符号。

6）元件模型列表框：显示当前被选中元件的模型列表，这些模型包括封装模型、仿真模型、3D 模型以及信号完整性模型。

7）元件封装预览区：显示当前被选中元件的封装预览，单击预览区中的图标，可以在 2D 和 3D 封装模型间切换。

8）元件供应商链接区：列出元件供应商的链接地址，链接到供应商以获得相关元件的资料与供货状况，作为设计的参考。

9）元件供应商资料区：列出元件供应商提供的元件资料。

🔔 Libraries 面板中的区域太多，这样每个区域的空间很小。对于很少用到的区域，可以单击每个区域右上角的"^"标记将其收起以腾出空间。

4.1.3 加载元件库

单击 Libraries 面板上方的 Libraries 按钮，打开 Available Libraries（可用库）对话框，其中包括了以下三个选项卡。

1. Installed 选项卡

Installed 选项卡是最常用的加载库选项卡，如图 4-5 所示。该选项卡列出了系统当前加载的库文件，选中某库文件后面的 Activated 复选框，则激活该文件。激活的库文件可被所有的工程使用。

1）Install：单击该按钮，选择 Install from file...，即加载本地集成库，启动"打开"对话框，从中选择合适的库文件（*.SchLib、*.PCBLib、*.IntLib、*.PCB3DLib、*.DBLib、*.SVBDBLib、*.mdl、*.ckt），单击"打开"按钮返回后所选的库文件即被加载到系统中。

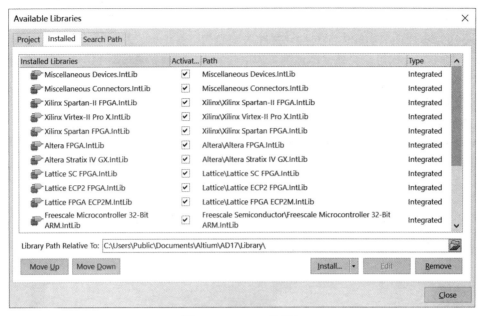

图 4-5 Installed 选项卡

2）Remove：单击该按钮，移除当前选择的库文件。对于不再需要的库文件，最好将其移除，以减少内存消耗。

> 选择库文件时，可以按下 Ctrl 键不放，单击鼠标左键选取多个库；也可以按下 Shift 键不放，单击两个库文件以选取它们之间连续排列的库文件。

3）Move Up：上移选择的库文件。
4）Move Down：下移选择的库文件。

2．Project 选项卡

Project 选项卡列出了当前工程中包含的库文件，如图 4-6 所示。

图 4-6 Project 选项卡

1) Add Library：该按钮用来添加库文件，用法与 Installed 选项卡的 Install 按钮一样。不同之处是通过该选项卡加载的库文件会被加入到当前工程中，且只能被当前工程使用。因此 Project 选项卡较少使用。此外，添加到工程中的新建或已有的库文件也会被自动添加到该选项卡中。

2) 其余按钮的功能与 Installed 选项卡相同，不再赘述。

3. Search Path 选项卡

Search Path 选项卡列出了指定搜索路径下的库文件，支持的类型包括*.PCBLib、*.PCB3DLib、*.DBLib、*.SVNDBLib、*.VHDLib、*.mdl、*.ckt，如图 4-7 所示。

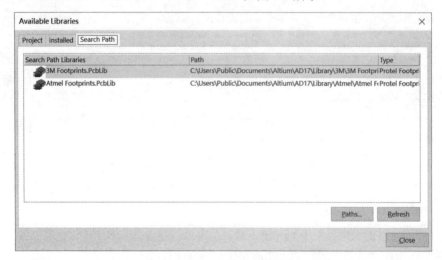

图 4-7　Search Path 选项卡

1) Paths：单击该按钮，打开"工程选项"对话框的 Search Paths 选项卡，如图 4-8 所示，单击其中的 Add 按钮，在随后开启的搜索路径编辑对话框中指定要搜索的路径，连续单击 OK 按钮直到返回 Available Libraries 对话框的 Search Path 选项卡。

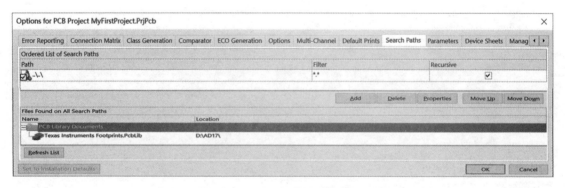

图 4-8　"工程选项"对话框的 Search Paths 选项卡

2) Refresh：单击该按钮会刷新显示当前搜索路径下的所有支持的库文件。这些库文件也可以被所有工程使用。

【例 4-1】加载集成库。

（1）打开 Libraries（库）面板，单击 Libraries 按钮，打开 Available Libraries 对话框，如图 4-5 所示。

例 4-1

（2）单击 Install 按钮，选择 Install from Files…，启动如图 4-9 所示的"打开"对话框，该对话框默认显示系统库文件的安装目录，进入该目录下的 Agilent Technologies 子目录。如果找不到该子目录，请按照 4.1.1 小节所说的方法安装完整的 AD 17 库文件。

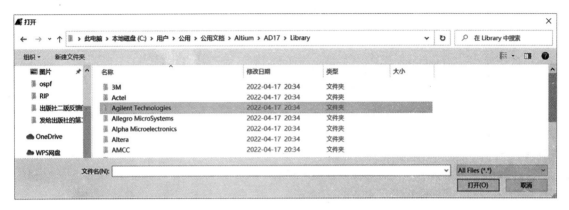

图 4-9　"打开"对话框

（3）双击 Agilent Technologies 目录下的 Agilent LED Display Alphanumeric.IntLib 库文件，返回图 4-10 所示的 Installed 选项卡，可以看到该集成库已经显示在库列表最下方。

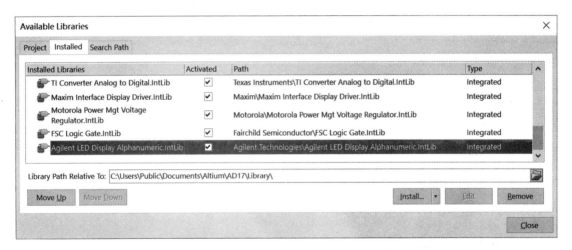

图 4-10　加载了库文件的 Installed 选项卡

（4）单击 Close 按钮，回到 Libraries 面板，此时在面板的元件库选择框显示 Agilent LED Display Alphanumeric.IntLib，这表明该集成库已经加载成功，可以使用该库中的元件了。

4.1.4　搜索并放置元件

本小节介绍如何通过 Libraries 面板放置元件，分为以下三种情况进行讲解。

情况 1：放置已加载的集成库中的元件

此时可以直接在 Libraries 面板中将加载的库选择为当前库，在库面板的元件列表框中找到该元件，即可进行放置。

Altium Designer 在启动时会默认加载两个集成库，即 Miscellaneous Devices.IntLib 和 Miscellaneous Connectors.IntLib。一般常用的分立元件和接插件都可以在这两个元件库中找到。

【例 4-2】放置一个电阻。

(1) 打开 Libraries 面板，在元件库选择框中选择 Miscellaneous Devices.IntLib 作为当前元件库，此时元件列表框中会列出库中的所有元件。

(2) 在元件过滤框中输入 "*res" 进行过滤，此时元件列表框中会列出所有名称中包含 "res" 的元件，选择其中的 Res2 元件。

例 4-2

输入 "res" 和 "*res" 的结果是不一样的，前者是查找名称以 "res" 开头的元件，后者是查找名称中包含 "res" 字符串的元件。前者查找的结果是后者的一个子集。

---

(3) 双击该元件或者单击面板上方的 Place Res2 按钮，光标上会附着一个电阻的浮动虚影，如要调整元件方向，可以按空格键使元件旋转 90°，也可以按下 X 或者 Y 键使元件做水平或者垂直镜像翻转。

(4) 调整好元件方向，并且移动到合适位置后，单击鼠标左键即可放置元件。此时，依然处在元件放置状态，可以继续放置更多的 Res2 元件，也可单击鼠标右键退出放置状态。

情况 2：已知元件所在的库，但该库未加载

对于这种情况，首先要加载元件所在的库，然后按照情况 1 处理。

【例 4-3】放置 51 单片机，已知该单片机在 Philips Microcontroller 8-Bit.IntLib 集成库中。

(1) 单击 Libraries 面板上方的 Libraries 按钮，切换到 Installed 选项卡。

(2) 单击 Install 按钮，弹出"打开"对话框，默认显示库文件的安装目录，进入 Philips 子目录，选择该目录下的 Philips Microcontroller 8-Bit.IntLib 库文件，然后单击"打开"按钮返回 Installed 选项卡。

例 4-3

如果在库文件安装目录下没有看到 Philips 子目录，请按照 4.1.1 小节的说明安装完整库文件。

---

(3) 可以看到刚才选择的 Philips Microcontroller 8-Bit.IntLib 库文件显示在已安装库列表中了，这表明该集成库已被加载。单击 Close 按钮返回 Libraries 面板。

(4) 在 Libraries 面板的元件库选择框中选择 Philips Microcontroller 8-Bit.IntLib，保持元件过滤框空白或者输入 "*"，在元件列表框中选取 P89C52X2FA，双击后移动光标到编辑窗口合适位置放置 51 单片机。

情况 3：元件所在的库未知

对于这种情况，需要使用 Libraries 面板的搜索功能来定位元件。

【例 4-4】放置 NE555 定时器芯片。

(1) 打开 Libraries 面板，单击 Search 按钮，弹出如图 4-11 所示的简单库搜索对话框或者如图 4-12 所示的高级库搜索对话框，这两种对话框可以通过单击 Advanced 或者 Simple 标签互相切换。

例 4-4

(2) 输入搜索表达式。在简单库搜索对话框中提供了三行搜索条件，如果不够，可以单击 Add Row 标签增加新行。这三行搜索条件之间是逻辑与的关系。每行搜索条件包括 Field、Operator 和 Value 三个字段。

为了搜索 NE555 芯片，在 Field 中输入 Name，在 Operator 中选择 Contains，在 Value 中输入 NE555，系统自动生成相应的搜索表达式，该表达式为（Name LIKE '*NE555*'），即搜索名称中包含 "NE555" 的元件，可以单击 Advanced 标签在高级库搜索对话框中看到生成的搜索表达式。为了输入更复杂的搜索表达式，可以在高级库搜索对话框中单击 Helper 按钮，在弹出的查询帮助

对话框中进行输入，详见 6.7 节 SCH Filter 面板中的相关介绍。

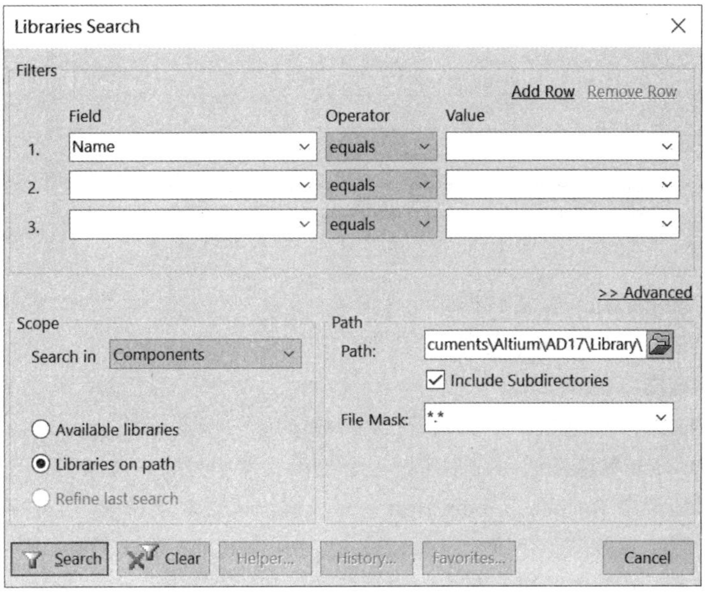

图 4-11　简单库搜索对话框

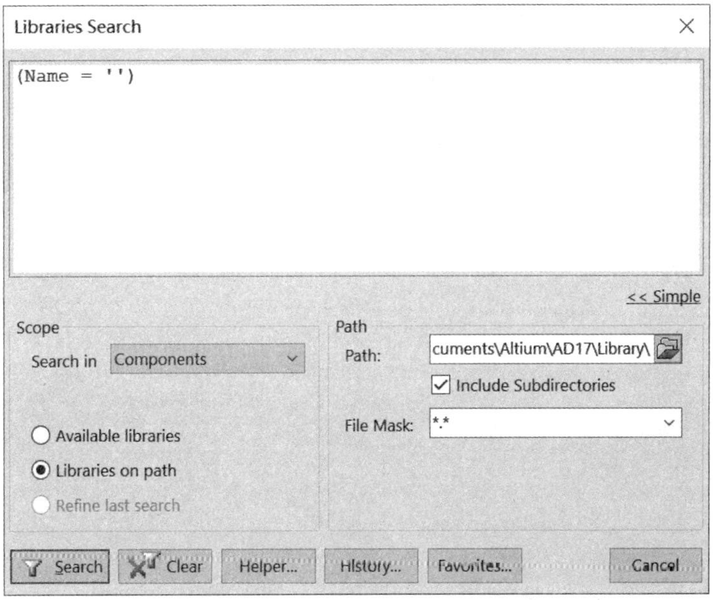

图 4-12　高级库搜索对话框

所有使用过的历史搜索语句，都可以在高级库搜索对话框中单击 History 按钮打开 Expression Manager 对话框获取，如图 4-13 所示。对于常用的搜索语句，还可以单击图 4-13 中的 Add To Favorites 按钮加入该对话框的 Favorites 选项卡，方便以后重复使用。

（3）设置搜索类型。输入搜索表达式后，可以在 Search in 下拉列表中选择搜索类型。

① Components：搜索元件符号。

② Footprints：搜索封装。

③ 3D Models：搜索 3D 模型。

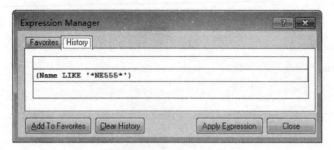

图 4-13　Expression Manager 对话框

④ Database Component：搜索数据库元件符号。

本例中选择 Components，搜索元件符号。

（4）设置搜索范围。

① Available libraries 单选按钮：在系统已经加载的库中搜索。

② Libraries on path 单选按钮：在指定路径下的库文件中搜索，此时可以在 Path 文本框中输入搜索路径，一般应选中 Include Subdirectories 复选框，以搜索子目录。文件掩码用来限定要搜索的文件名格式，建议保持默认不变。

③ Refine last search 单选按钮：在上一次搜索的结果中进一步搜索。

通常选择第②个单选按钮，这样搜索的范围要大一些。

设置好的 Libraries Search 对话框如图 4-14 所示。

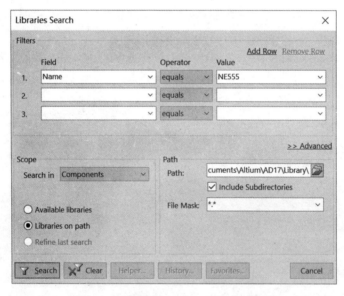

图 4-14　设置好的 Libraries Search 对话框

（5）单击 Search 按钮，返回 Libraries 面板，并启动搜索过程。搜索需要一定时间。当搜到所要的元件时，可以单击面板上的 Stop 按钮结束搜索以节省时间。需要注意的是，为了正确显示搜索结果，Libraries 面板的元件过滤框应为空白或者"*"。

（6）搜索结果如图 4-15 所示，双击 NE555D 或者单击面板上方的 Place NE555D 按钮，系统弹出如图 4-16 所示的确认对话框，单击 Yes 按钮安装 NE555D 所在的集成库，光标上随即附着 NE555D 的浮动虚影，移到编辑窗口合适位置，单击鼠标左键即可放置元件。此时仍然处在放置元件状态，可以继续放置更多的元件，也可以单击鼠标右键退出放置状态。

第 4 章 绘制原理图

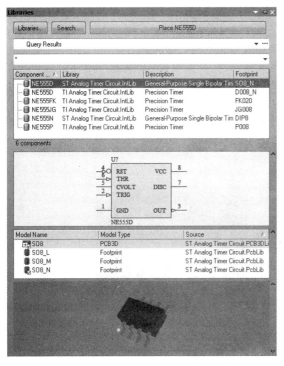

图 4-15 元件搜索结果

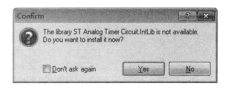

图 4-16 加载集成库确认对话框

4.1.5 另一种放置元件的方法

除了使用 Libraries 面板放置元件外，还可以使用放置元件对话框。有三种打开元件对话框的方式：

① 执行菜单命令 Place ≫ Part；
② 单击 Wiring 工具栏上的 按钮；
③ 使用快捷键 P + P。

打开的 Place Part 对话框如图 4-17 所示。

1）Physical Component：在该文本框中直接输入或者在下拉列表中选择需放置的元件，也可单击右边的 History 按钮调出放置元件的历史记录，直接选择其中的元件。如果需要放置更多的元件，单击 Choose 按钮弹出如图 4-18 所示的 Browse Libraries（浏览库）对话框。该对话框其实是另一种形式的 Libraries 面板，可以在其中搜索需要的元件，熟悉 Libraries 面板的读者应该很容易使用，不再赘述。

2）Place Part 对话框中的 History 按钮功能非常实用，可以快速放置过去的元件，但该历史记录只保存通过 Place Part 对话框放置的元件。

图 4-17 Place Part 对话框

3）Logical Symbol：元件的逻辑符号名称，不可更改。对于从本地集成库中取得的元件，该项和 Physical Component 内容一致。

4）Comment：元件注释。

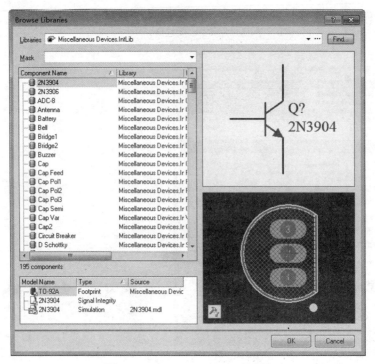

图 4-18　Browse Libraries 对话框

5）Footprint：元件封装。当元件有多个封装时，可以在下拉列表中进行选择，选中的封装将会在后续的 PCB 设计中使用。

6）Part ID：元件识别码，不能修改。

7）Library：元件所在的库，不能修改。

8）Database Table：当元件来自于数据库中的元件库而非本地集成库时，该文本框显示元件所关联的数据库中的表，不能修改。

设置好元件参数后，单击 OK 按钮，回到原理图编辑窗口，放置元件。

4.2　元件操作

放置元件后，还要对元件做进一步操作，包括编辑元件的属性、复制粘贴元件、移动元件的位置、对齐多个元件、删除元件等。下面分别进行介绍。

4.2.1　编辑属性

元件属性可以通过属性对话框编辑。打开属性对话框有两种方式：

1）在放置元件过程中（此时元件呈现为附着在光标上的浮动虚影），按下 Tab 键。

2）双击放置后的元件符号。

以例 4-4 放置的 NE555D 为例，其元件属性对话框如图 4-19 所示，可分为以下几个区域。

1. Properties（属性）

1）Designator（标识符）：原理图中每个元件应该具有唯一的标识符。元件标识符的格式通常为"代表元件类型的字母"+"元件编号"。例如，R1 表示编号为 1 的电阻，C8 表示编号为 8 的电容，U18 表示编号为 18 的芯片等。当用"？"代替编号时，表示该元件处于未编号状态，开始放置的元件默认处于未编号状态。选中其右边的 Visible 复选框，将在原理图中显示标识符。

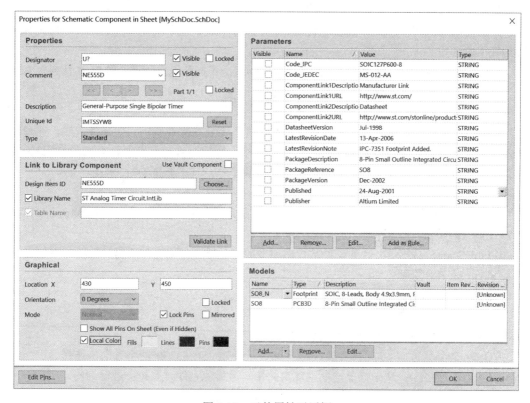

图 4-19 元件属性对话框

在本例中，可以直接在此栏位输入 U1 作为 NE555D 的 Designator。

💡 有三种方法处理元件编号问题：①处在放置元件状态时按下 Tab 键进入属性对话框修改元件标识符为确定的编号，后续放置同类元件时会自动递增编号；②放置好元件后，再逐个手动修改编号；③放好所有元件后，使用系统自动编号功能一次性完成编号工作，详见 5.1 节。

2）Comment（注释）：元件的一般性说明，其内容不影响电气性能。选中其右边的 Visible 复选框，将在原理图中显示该注释。

💡 除了在属性对话框中编辑元件标识符外，还可以直接在原理图中编辑。先单击元件标识符，待周围出现绿色边框后再次单击或按下 F2 键，标识符即呈现可编辑状态，可以直接进行修改。同样的方法可以编辑元件注释。这种直接在原理图中编辑字符串的方法称为 In-Place Editing。

3）Description（描述）：元件的描述信息。
4）Unique Id（识别码）：该项由系统自动生成，用来建立原理图符号与 PCB 封装之间的链接关系，一般不建议修改。
5）Type（类型）：设定元件的类型，系统提供以下六种元件类型。
① Standard：标准元件，会进行电气规则检查（ERC），会同步到 PCB，也会列入元件清单

（BOM），大多数元件属于此类型。

② Mechanical：机械件，不具备电气属性，不进行 ERC，也不同步到 PCB，但列入 BOM，如散热片、安装螺钉、螺栓等。

③ Graphical：图形元件，不具备电气属性，不进行 ERC，也不会同步到 PCB，不列入 BOM，如原理图中的公司 Logo。

④ Net Tie（in BOM）：网络连接元件，用于短路多个不同的网络，同步到 PCB 且列入 BOM。

⑤ Net Tie：同上，但不列入 BOM。

⑥ Standard（No BOM）：标准元件，但不列入 BOM。

⑦ Jumper（跳线）：通常用于单面板。跳线元件不需要与原理图的其他元件连线，原理图中包含跳线只是为了确保其出现在 BOM 中。在 PCB 中，只需要将两个焊盘的 Jumper ID 设为非零的相同值，软件就会自动在二者之间添加代表跳线的符号，且不会报 DRC 错误。

2. Link to Library Component

1）Design Item ID（设计项目名称）：表示元件在元件库中的编码。建议不要修改。

2）Library Name（库名称）：元件所在的库。

3）Table Name（表名称）：如元件从数据库中取得，该项说明元件所属的数据库中的表。

3. Graphical（图形）

Graphical 区域设置元件的图形外观属性。

1）Location X：设置元件的 X 坐标。

2）Location Y：设置元件的 Y 坐标。

3）Orientation（方向）：元件摆放方向，有 0°、90°、180°、270°四个方向供选择。

4）Locked（锁定）：选中该复选框则锁定元件，当移动元件时系统会进行询问。

5）Mirrored（镜像）：选中该复选框则左右镜像翻转元件。

6）Lock Pins（锁定引脚）：选中该复选框则元件引脚不可移动，如果取消，则元件引脚可以自由移动，从而调整引脚位置。

7）Mode（模式）：用于选择元件的显示模式。除了常用的 Normal 模式外，有的元件还具有 IEEE 等显示模式，详见 18.3.3 小节。

8）Show All Pins On Sheet［Even if Hidden］：显示所有引脚，包括隐藏引脚。有的元件将电源和地引脚隐藏，默认连接到 VCC 和 GND 网络。这样就没必要显示。

9）Local Colors（本地颜色）：选中该选项后，右边会出现 Fills（填充）、Lines（线条）和 Pins（引脚）三个颜色块，单击颜色块可以分别编辑元件填充颜色、边框颜色和引脚颜色。

4. Parameters（参数）

Parameters 区域提供了元件的若干参数，有些参数没有电气意义，如生产厂家、版本信息、生产日期等。对于电阻、电容等分立元件，有一个 Value 属性，用于设定电阻和电容值。这个属性在仿真时具有电气意义，默认在原理图中显示，如果不需要显示，可以取消该属性最左边的 Visible 复选框。

Parameters 区域下方的 Add、Remove、Edit 按钮分别用来增加、删除和编辑属性，而 Add as Rule 则可以增加一项设计规则作为属性。设计规则的相关信息详见第 12 章。

5. Models（模型）

Models 区域列出了元件的各种模型，包括封装模型、信号完整性模型、3D 模型、仿真模型。一个元件可以只具有部分模型，但缺少某个模型就无法进行相关的设计分析工作。例如，缺少仿真模型就无法进行仿真，缺少信号完整性模型就无法进行信号完整性分析，缺少封装模型就无法进行 PCB 设计。单击该区域下方的 Add 按钮可以添加各种模型，Remove 按钮可以删除模型，而 Edit 按钮可以编辑相关模型。

6. Edit Pins（编辑引脚）按钮

单击 Edit Pins 按钮弹出元件引脚编辑器，其中列出了元件所有的引脚。每个引脚占用一行，内容包括元件原理图符号的引脚编号（Designator）、名称（Name）、描述（Description）、与元件各模型中引脚的对应关系、引脚类型（Type）、拥有者（Owner）、显示（Show）选项等。

例如，在图 4-20 中，可以看到 NE555D 的 1 号引脚的名称为 GND，描述为空，与封装模型 D008_N、D008_L、D008_M 以及 3D 模型 D008 的 1 号引脚对应，类型为电源（Power）。选择 Show 复选框，然后勾选该选项后面的 Number 和 Name 复选框，可以在原理图符号上同时显示引脚编号（Number）和名称（Name）。

图 4-20 NE555D 的引脚编辑器

【例 4-5】给例 4-3 的单片机增加新的封装。

（1）双击在例 4-3 中放置的单片机，打开其属性对话框，其中 Models 区域如图 4-21a 所示。

例 4-5

（2）单击 Models 区域的 Add 按钮右侧的下三角箭头，在弹出的菜单中选择 Footprint，打开 PCB Model 对话框。

（3）单击 PCB Model 对话框中的 Browse 按钮，打开 Browse Libraries 对话框，如图 4-22 所示，在 Libraries 下拉列表框中选择 Philips Microcontroller 8-Bit.IntLib[Footprint View]。如果找不到该集成库，需要按照例 4-3 的方法进行加载。

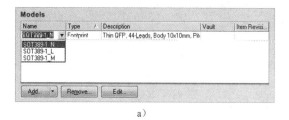

a)　　　　　　　　　　　　　　　　b)

图 4-21 单片机的封装模型

（4）在封装列表中选择 SOT307-2_M，如图 4-22 所示，单击 OK 按钮返回 PCB Model 对话框，可以看到对话框下部显示该封装的预览图，如图 4-23 所示，这表明该封装已经被成功找到。

（5）单击 OK 按钮返回到元件属性对话框，其 Model 区域如图 4-21b 所示，可以看到封装已经添加成功。

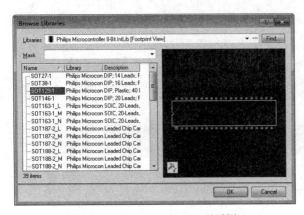

图 4-22 Browse Libraries 对话框

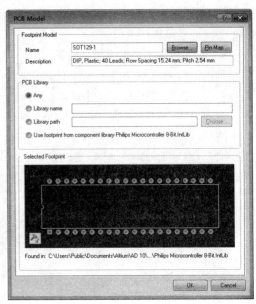

图 4-23 PCB Model 对话框

4.2.2 选择元件

1. 使用鼠标的方法

1）用鼠标单击一个元件即可选中该元件，此时元件周围会出现一个绿色虚线边框。如果单击元件后周围出现的是白色边框，此时并没有选中元件，而是选中了元件的属性字符串，如标识符、注释、参数等，该属性字符串周围会出现绿色边框。

2）按下鼠标左键不放，然后从左到右拖出一个矩形框，所有完全包含在矩形框中的对象都会被选中；按下鼠标左键不放，然后从右到左拖出一个矩形框，所有完全包含在矩形框内部或者与矩形框边界接触的对象都会被选中。这称为 AD 的智能拖拽选择。这两种方法在 PCB 编辑环境也是适用的，尤其适合选择 PCB 中的多条走线段。

3）按下 Shift 键不放，然后可以用鼠标单击选中多个元件。

4）按下 Alt 键不放，单击某个元件会高亮显示该元件，其余元件被淡化显示。单击编辑窗口右下角的 Clear 按钮清除高显状态。

5）当多个对象叠放在一起时，单击这些对象会轮流选中它们。

2. 使用菜单、工具栏与快捷键的方法

与选择操作相关的菜单命令在 Edit » Select 菜单下，如图 4-24 所示。

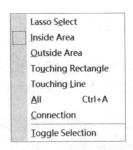

图 4-24 Select 菜单

1）Lasso（套索）Select：执行该命令后，单击鼠标左键或者按回车键，固定套索起点，移动光标拉出套索边界线，在合适的位置再次单击左键或者按回车键，系统自动将起点与光标当前位置闭合，所有完全处在套索区域内的对象都被选中。如图 4-25 所示，C2、C4、C6 被选择。

单击鼠标右键或按 Esc 键退出套索选择操作。按下 Shift 键支持用套索多次选择对象，实现累加性选择。

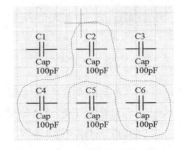

图 4-25 套索选择

2）执行 Edit ≫ Select ≫ Inside Area 命令，或者单击工具栏图标，或者使用快捷键 S + I，光标会变为十字形，单击鼠标左键，然后移动，会拖出一个矩形区域，再次单击鼠标左键后，所有被完全包含在该区域中的对象都将被选中。注意只有部分被包含在区域内的对象不会被选中。

3）执行 Edit ≫ Select ≫ Outside Area 命令，或者使用快捷键 S + O，光标会变为十字形，单击鼠标左键，然后移动，会拖出一个矩形区域，再次单击鼠标左键后，所有完全位于该区域外的对象都将被选中。注意只有部分位于区域外的对象不会被选中。

4）执行 Edit ≫ Select ≫ All 命令，或者使用快捷键 Ctrl + A，则会选中编辑窗口中包括元件在内的所有对象。

5）执行 Edit ≫ Select ≫ Toggle Selection 命令，光标变为十字形，移至某个元件上方，单击鼠标左键，如元件原先处于选中状态，则会切换为未选中状态；如元件原先处于未选中状态，则会切换为选中状态。

4.2.3 复制粘贴

1. 复制元件

复制元件前首先需要选中元件，然后可以选择以下四种方式之一复制元件。

1）使用快捷键 Ctrl + C，或者单击工具栏按钮，或者执行 Edit ≫ Copy 菜单命令。

2）将鼠标移至被选中元件上方，单击鼠标右键，在弹出的快捷菜单中选择 Copy 命令。

2. 剪切元件

剪切元件前首先需要选中元件，然后可以选择以下四种方式之一剪切元件。

1）使用快捷键 Ctrl + X，或者单击工具栏按钮，或者执行 Edit ≫ Cut 菜单命令。

2）将鼠标移至被选中元件上方，单击鼠标右键，在弹出的快捷菜单中选择 Cut 命令。

3. 粘贴元件

（1）传统粘贴方法

粘贴元件前首先需要复制或者剪切该元件，然后可以选择以下四种方式之一粘贴元件。

1）使用快捷键 Ctrl + V，或者单击工具栏按钮，或者执行 Edit ≫ Paste 菜单命令。

2）单击鼠标右键，在弹出的快捷菜单中选择 Paste 命令。

执行粘贴操作后，光标上会附着元件的浮动虚影，移动光标到合适位置，单击鼠标左键，即可放置元件。可以连续放置多个相同元件。

（2）快捷粘贴方法

1）使用 Shift 键进行快速粘贴：按下 Shift 键，同时用鼠标拖动元件，即可粘贴新元件，同时元件编号会自动加 1。

2）使用 Duplicate 命令：先选中元件，然后使用快捷键 Ctrl + D 或者执行 Edit ≫ Duplicate 菜单命令粘贴元件，新元件和旧元件编号一致。

3）使用橡皮图章工具：先选中元件，然后使用快捷键 Ctrl + R 或者单击工具栏按钮或者执行菜单命令 Edit ≫ Rubber Stamp，可以连续在编辑区粘贴多个新元件，新元件和旧元件编号一致。

4.2.4 位置调整

1. 移动（Move）元件

（1）使用鼠标的方法

使用鼠标的方法来移动元件无疑是最快捷的。将光标移到某个元件上，按下鼠标左键不放，拖动鼠标，元件即跟随移动，到达正确位置后，释放鼠标左键，完成移动。

如果需要移动多个元件，则需要先选中这些元件，然后将光标移到其中任意一个元件上方，当光标变为✥时，按下鼠标左键不放，拖动鼠标，所有元件即跟随移动，到达正确位置后，释放鼠标左键，完成移动。

(2) 使用菜单的方法

通过菜单命令 Edit ≫ Move 也可以移动单个元件。执行该菜单命令，光标变为十字形，移动光标到某个元件上，单击鼠标左键即可移动元件，放置好元件后，还可以继续移动其他元件，单击鼠标右键退出移动模式。

通过菜单命令 Edit ≫ Move Selection 或者工具栏✚图标可以移动多个元件。首先需要选中这些元件，然后执行该菜单命令，光标变为十字形，移动光标到任意一个选中的元件上方，单击鼠标左键即可移动所有选中元件，放置好元件后，单击鼠标右键退出移动模式。

(3) 使用键盘的方法

通过键盘也可以移动元件，选中待移动元件后，使用下列快捷键移动元件。

1) Ctrl + Left：每按一次，元件左移一个栅格距离。
2) Ctrl + Right：每按一次，元件右移一个栅格距离。
3) Ctrl + Up：每按一次，元件上移一个栅格距离。
4) Ctrl + Down：每按一次，元件下移一个栅格距离。
5) Shift + Ctrl + Left：每按一次，元件左移 10 个栅格距离。
6) Shift + Ctrl + Right：每按一次，元件右移 10 个栅格距离。
7) Shift + Ctrl + Up：每按一次，元件上移 10 个栅格距离。
8) Shift + Ctrl + Down：每按一次，元件下移 10 个栅格距离。

2. 拖拽 (Drag) 元件

对于已经连线的元件，移动元件时，引脚上的连线会与引脚脱离，如果想让连线跟随元件移动，就需要使用拖拽的方式。拖拽的方式就是在使用鼠标移动元件前按下 Ctrl 键不放。

如果 DXP ≫ Preferences 中 Schematic 的 Graphical Editing 配置页中勾选了 Always Drag 复选框，则实际操作效果与上述刚好相反。

菜单命令 Edit ≫ Drag 也可以执行拖拽操作。执行该菜单命令，光标变为十字形，移动光标到某个元件上，单击鼠标左键即可拖拽元件，放置好元件后，还可以继续拖拽其他元件，单击鼠标右键退出拖拽模式。

菜单命令 Edit ≫ Drag Selection 可以拖拽选中的多个元件。执行该菜单命令，光标变为十字形，移动光标到任意一个选中的元件上，单击鼠标左键即可拖拽所有选中的元件，放置好元件后，单击鼠标右键退出拖拽模式。

3. 旋转元件

移动光标到要旋转的元件上方并按下鼠标左键不放，当光标变为十字形时，使用以下按键可以旋转元件。

1) Space（空格）键：每按一次，元件逆时针旋转 90°。
2) Shift + Space 键：每按一次，元件顺时针旋转 90°。
3) X 键：元件左右镜像翻转；Y 键：元件上下镜像翻转。

4.2.5 排列对齐

排列对齐工具是元件布局中非常重要的工具。熟练使用该工具，元件的对齐操作就不再是费时费力的工作，用户可以轻松快速地实现整齐的元件布局。

可以通过快捷键 A、菜单 Edit ≫ Align 下面的级联菜单命令或者 Utilities 工具栏中 Align 按钮关联的排列子工具栏来执行排列对齐操作，容易发现，每个菜单命令左边的图标和排列子工具栏上的按钮是一一对应的，如图 4-26 所示。

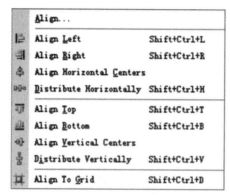

图 4-26 "排列"菜单与工具栏

Edit ≫ Align 级联的菜单可以分为三个部分。

1. 水平对齐工具（元件只进行水平移动）

1）Align Left（左对齐，）：将选中的所有元件以最左边元件的左边沿为基准对齐。

2）Align Right（右对齐，）：将选中的所有元件以最右边元件的右边沿为基准对齐。

3）Align Horizontal Centers（水平中心对齐，）：以最左边和最右边元件的垂直中心线为基准，计算出与两者等距的垂直中心线，将选中的元件排列到该垂直中心线上。

4）Distribute Horizontally（水平间距分布，）：将选中的元件在最左边和最右边元件之间等间距排列。元件的垂直位置保持不变。

2. 垂直对齐工具（元件只进行垂直移动）

1）Align Top（上对齐，）：将选中的所有元件以最上边元件的上边沿为基准对齐。

2）Align Bottom（下对齐，）：将选中的所有元件以最下边元件的下边沿为基准对齐。

3）Align Vertical Centers（垂直中心对齐，）：以最上边和最下边元件的水平中心线为基准，计算出与两者等距的水平中心线，将选中的元件排列到该水平中心线上。

4）Distribute Vertically（垂直等间距分布，）：将选中的元件在最上边和最下边元件之间等间距排列。元件的水平位置保持不变。

3. 栅格对齐工具

Align To Grid（对齐到栅格，）：将选中的元件对齐到栅格上，这样有利于排列和连线。

"Align 级联"菜单中最上面的菜单命令为 Align。选择该命令，弹出如图 4-27 所示的"排列对象"对话框，该对话框包含的命令分为左右两部分，左边部分其实就对应着水平对齐工具，右边部分其实就对应着垂直对齐工具。

图 4-27 "排列对象"对话框

【例 4-6】如图 4-28a 所示，利用水平对齐工具将晶体管等间距排成一行，图中圆点为位置固定的参照物。

（1）从 Miscellaneous Devices 集成库选择 NPN 元件，在原理图上放置三个 NPN

例 4-6

晶体管。

（2）选中三个晶体管，单击 Utilities 工具栏中排列子工具栏的 按钮，晶体管会对齐到 Q1 的上边沿，如图 4-28b 所示。

（3）单击 Utilities 工具栏中排列子工具栏的 按钮，晶体管自动在一行中等间距排列，如图 4-28c 所示。

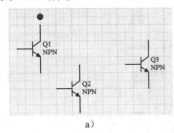 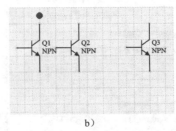 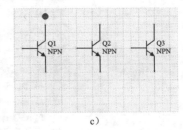

　　　　　a)　　　　　　　　　　　　b)　　　　　　　　　　　　c)

图 4-28　NPN 晶体管排列操作

4.2.6　撤销与重做

如果执行了某些不当操作，可以撤销这些操作，恢复原来的状态。

使用快捷键 Ctrl + Z，或者执行菜单命令 Edit ≫ Undo，或者单击 Schematic Standard 工具栏中的 按钮执行撤销操作。

对于撤销的操作，还可以重新执行这些操作。

使用快捷键 Ctrl + Y，或者执行菜单命令 Edit ≫ Redo，或者单击工具栏 按钮执行重做操作。

4.2.7　删除元件

选中一个或多个元件，然后按下 Delete 键或执行 Edit ≫ Clear 菜单命令，即可删除元件。此外，执行 Edit ≫ Delete 菜单命令，可以逐个单击元件删除之。

　　⚠ 以上介绍的各种操作虽然是针对元件的，但是这些操作方法对其他对象也是适用的。这些对象包括电气和非电气对象，如导线、总线、图纸符号、图纸入口、图形、字符串等。

4.3　放置其他电气对象

除了放置元件以外，在绘制电路图过程中还需要放置其他电气对象，这些电气对象包括导线、总线、总线入口、网络标签、节点、图纸符号、图纸入口、线束、线束入口等。

4.3.1　导线（Wire）

放置好元件后就可以进行元件间的电气连线了。有两种方法，本小节介绍采用导线的方法，另一种采用网络标签进行电气连接的方法详见 4.3.2 小节。

1. 绘制导线

绘制导线可以采用以下三种方法：

1）执行菜单命令 Place ≫ Wire。
2）单击 Wiring（布线）工具栏上的 按钮。
3）使用快捷键 P + W。

根据需连线的引脚的相对位置不同，导线的走线方式可以分为以下几种情形。

第4章 绘制原理图

情形1：待连线的引脚端点位于同一水平或者垂直线上

这是最简单的情形，所绘制导线为一条直线。

【例4-7】连接如图4-29所示的两个引脚。

（1）单击Wiring工具栏 按钮，光标变为十字形，移动光标到欲连接导线的始端引脚，会出现一个红色米字标志，表示捕获到了元件引脚的电气热点，如图4-29a所示。

（2）单击鼠标左键，移动光标，即可拖出一条导线，将光标移动到终端引脚处，同样会出现一个红色米字标志，如图4-29b所示，再次单击鼠标左键，即完成两个引脚的电气连接。此时仍然处在绘制导线状态，可以按下Esc键或单击鼠标右键退出导线绘制状态。

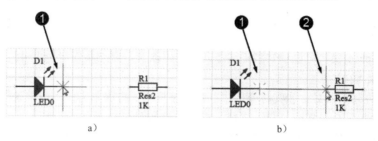

图4-29 待连线引脚端点在同一水平线上

情形2：待连线的引脚端点不处在同一水平或者垂直线上

对于这种情形，系统提供了四种走线模式：90°、45°、Any Angle（任意角度）和Auto Wire（自动走线）模式。对于前两种模式，系统会自动生成两段走线，它们之间的夹角分别为90°和45°。任意角度走线模式直接连接两个引脚端点，这条导线的角度可以是任意的。自动走线模式会使用若干水平和垂直导线段组成一条连接两引脚的导线。

在绘制导线过程中，可以通过Shift + Space快捷键在四种模式间进行切换。在使用90°或者45°走线模式时又可以按下Space（空格）键改变转角方向。而在使用任意角度和自动走线模式时，按下Space键会在这两种模式之间进行切换。

当前走线模式会在编辑窗口下方状态栏中显示，如图4-30所示。

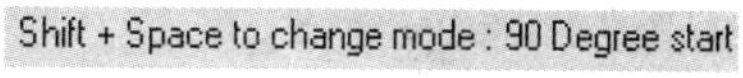

图4-30 状态栏显示90°走线模式

【例4-8】使用90°走线模式连接如图4-31所示的引脚。

（1）按下P + W快捷键进入绘制导线状态，此时编辑窗口下方状态栏显示当前走线模式，如果不是90°走线模式，按下Shift + Space快捷键切换到如图4-30所示的情形。

（2）移动光标到D1右边引脚，变成红色米字标志后单击鼠标左键，确定导线起点，如图4-31所示，然后移动光标到R1左边引脚，可以看到系统自动生成了两段走线，它们之间的夹角为90°。

（3）按下Space键，走线方向发生改变，原先是先水平再垂直走线，现在变成了先垂直再水平走线，如图4-31所示。

（4）在R1左边引脚处，当光标变成了红色米字标志后再次单击，完成整条导线绘制。单击鼠标右键退出放置导线状态。

【例4-9】使用45°走线模式连接如图4-32所示的引脚。

（1）按下P + W快捷键进入导线绘制状态，此时编辑窗口下方状态栏显示当前走线模式，如果不是45°走线模式，可以按下Shift + Space快捷键进行切换。

（2）移动光标到D1右边引脚，变成红色米字标志后单击，确定导线起点，如图4-32所示，然后移动光标到R1左边引脚，可以看到系统自动生成了两段走线，它们之间的夹角为45°。

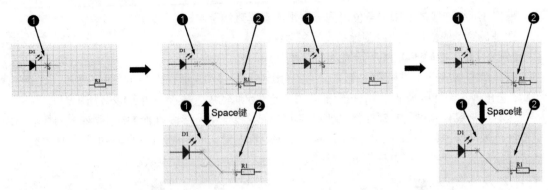

图 4-31　90°走线模式　　　　　　　图 4-32　45°走线模式

（3）按下 Space 键，可以观察到走线方向发生了改变，原先是先水平再 45°走线，现在变成了先 45°再水平走线。

（4）在 R1 左边引脚处，当光标变成了红色米字标志后再次单击，完成整条导线绘制。

【例 4-10】使用 Auto Wire（自动走线）模式连接如图 4-33 所示的引脚。

（1）按下 P + W 快捷键进入导线绘制状态，此时编辑窗口下方状态栏显示当前走线模式，如果不是自动走线模式，可以按下 Shift + Space 快捷键进行切换。

（2）移动光标到 D1 右边引脚，变成红色米字标志后单击，确定导线起点，然后移动光标到 R1 左边引脚，可以看到系统在两个引脚之间生成了一条虚线。

例 4-10

（3）在 R1 左边引脚处，当光标变成了红色米字标志后再次单击鼠标左键，系统会自动绘制一条绕过障碍物的导线，该导线完全由水平和垂直导线段构成，如图 4-33 中箭头❸所示。

情形 3：手工走线

除了系统提供的走线形状外，还可以手工绘制更加复杂的导线以适应电路图中元件的布局。手工走线时，在需要转角处单击鼠标左键固定前段走线，按下 Shift + Space 快捷键可以切换转角的模式，按下 Space 键可以切换转角的方向。

⚠ 只要处在放置导线的状态，都可以按下 Backspace 键删除前一个固定点。对于不满意的走线，单击鼠标左键选中后按下 Delete 键可以删除。

【例 4-11】手工绘制如图 4-34 所示的导线。

（1）按下 P + W 快捷键进入导线绘制状态，在电阻 R1 位于位置 1 的引脚处单击鼠标左键，确定导线起点。

（2）移动光标到位置 2，单击鼠标左键，再移动到位置 3，单击鼠标左键。

例 4-11

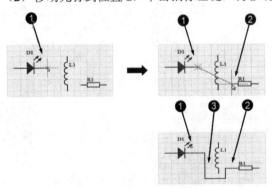

图 4-33　Auto Wire 走线模式

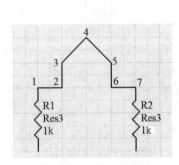

图 4-34　手工走线

（3）按下 Shift + Space 快捷键，改变走线模式为 45°或者任意角度，然后移动光标到位置 4，单击鼠标左键固定走线，接着依次移动光标到位置 5，单击鼠标左键。

（4）将走线模式切换回 90°模式，分别在位置 6 和 7 单击鼠标左键，绘制完整条导线。

2．编辑导线属性

1）按下 P + W 快捷键进入绘制导线状态后，按下 Tab 键，打开导线属性对话框，包括 Graphical 和 Vertices 两个选项卡，如图 4-35 和图 4-36 所示。

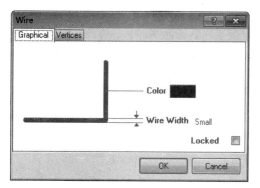

图 4-35　导线属性对话框 Graphical 选项卡

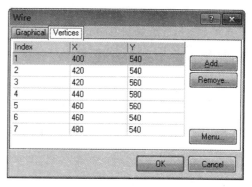

图 4-36　导线属性对话框 Vertices 选项卡

2）在 Graphical 选项卡中，可以设置导线的颜色（Color）和宽度（Width）。设置好后，随后绘制的导线就采用新的颜色和宽度。当选中 Locked 复选框后，如果移动导线，会弹出确认对话框。

3）在 Vertices 选项卡中，可以编辑导线各个节点的坐标，包括两个端点和中间的节点。

对于放置好的导线，双击该导线，同样可以打开导线属性对话框，但是所做的修改只影响该导线，对已放置的导线以及后续放置的导线无影响。

3．导线形状和位置的调整

对于放置好的导线，也可以移动导线的节点、导线段甚至整条导线。

单击鼠标左键选中导线，导线上的各个节点会出现绿色小方块，移动光标到绿色小方块节点上，光标会变成一个双向箭头 。按下鼠标左键拖动，即可改变节点位置，同时会带动该节点所连接导线段的位置发生变化。按下 Alt 键，拖动导线的两个端点（起点和终点）可以限制端点只能沿所在导线方向移动。

移动光标到导线段上非绿色小方块位置时，光标变为四向箭头 ，按下鼠标左键拖动，可以整体平移该导线段。

先不要选中导线，移动光标到导线上，按下鼠标左键并拖动，可以移动整条导线。

4．导线切割

有时需要将一条导线切割为两部分，以方便重新连线，这时可以使用导线切割命令。

执行菜单命令 Edit ≫ Break Wire，或者将鼠标移动到导线上方单击右键，在弹出菜单中选择 Break Wire 命令，光标会变成一个虚线矩形刀具，可以按下 Tab 键调整该刀具的长度和显示状态，在导线上单击鼠标左键，即可切割该导线。单击鼠标右键或者按下 Esc 键退出切割状态。

4.3.2　网络标签（Net Label）

网络（Net）是电路设计中非常重要的一个概念，而网络标签是网络的名称。从狭义上讲，网络就是具有电气连接关系的一组引脚的集合，但在原理图设计中引入的一些电气对象类型，如端口和图纸入口（详见 7.2 节）等，也可以归入网络的范围。因此从广义上讲，网络又可以认为是相互连接的一组引脚、端口、图纸入口、网络标签、导线等电气对象的集合。其中引脚、端口和图纸入口可视为电气节点，而网络标签和导线可视为电气连接。电气节点之间的连接关系既可以通过导线直接相连而建立，也可以通过放置网络标签间接地建立。具有相同网络标签的引脚、端口、图纸入口等电气对象都属于同一个网络。因此，网络标签和导线具有一样的电气连接功能。在复杂的电路原理图中，如果大量使用导线进行电气连接，会使得整张图样过于拥挤杂乱，不利于阅读和辨识。此时放置网络标签就显得非常清爽。

事实上，每个放置到电路图上的元件引脚都被分配了默认的网络标签。将光标移动到图 4-37 中电阻 R1 右边的引脚上停留片刻，会弹出一个褐色的提示框，表明该引脚的网络（Net）为 NetR1_2。

当将多个元件的引脚相连时，系统会对所有相连引脚的默认网络标签按照字典排序法进行排序，选取排在前面的网络标签作为其共同的网络标签，如图 4-38 所示，电阻 R1、电容 C1、电感 L1 三者引脚相连后的默认标签为 NetC1_1，因为字母 C 排在 R 和 L 前面。

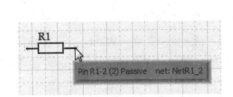
图 4-37　默认网络标签

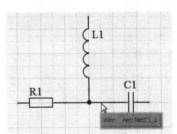
图 4-38　经过排序确定的网络标签

系统默认生成的网络标签往往不能反映网络的电气意义，所以经常需要放置自定义的网络标签。

1．放置网络标签

可以通过以下三种方法之一进入放置网络标签状态。

1）执行菜单命令 Place ≫ Net Label。
2）单击 Wire 工具栏上的 按钮。
3）使用快捷键 P + N。

此时光标会变成十字形，并附着一个默认网络标号"NetLabel1"，移动光标到欲放置网络标签的导线上，光标会变成红色米字形，按下鼠标左键即可放置网络标签，放大视图可以看到网络标签和导线连接处有四个小白点。此时还可以继续放置网络标签，并且编号会自动递增为"NetLabel2"。单击鼠标右键退出放置状态。

【例 4-12】通过网络标签建立图 4-39a 中电感与电容的电气连接关系。

（1）将电感右边引脚和电容左边引脚分别连接一小段导线。

（2）按下 P + N 快捷键，进入放置网络标签状态。移动光标到电感右边引脚导线上，当光标变为红色米字形后单击鼠标左键放置网络标签，然后按照同样的方法在电容左边引脚所连导线上放置网络标签，单击鼠标右键退出放置状态。

（3）这两个网络标签默认为 NetLabel1 和 NetLabel2，必须使它们相同才能建立两个引脚之间的电气连接关系。分别双击这两个网络标签，在弹出的网络标签属性对话框中把 Net 文本框中的内容设为相同，如都设为 NetLabel，如图 4-40 所示。

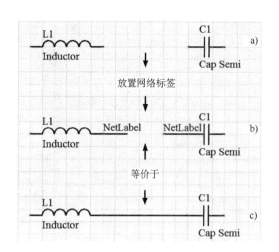

图 4-39 放置网络标签

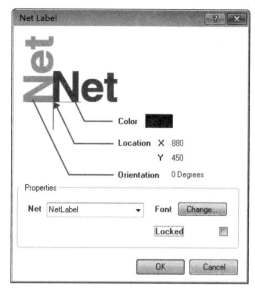

图 4-40 网络标签属性对话框

这种方法建立的电感和电容之间的电气连接关系与在引脚之间直接连接导线建立的连接关系是一样的,如图 4-39b、c 所示。

也可以在放置网络标签时按下 Tab 键打开网络标签属性对话框,在 Net 文本框中修改网络标签名称,这样的修改直接影响后续放置的网络标签。如果网络标签末尾为数字,后续放置的网络标签会自动将数字加 1,如 P1、P2、P3、P4 等。

⚠ 如果要输入低电平有效的网络标签,需在字符后面加入"\",如输入 $\overline{WR}$ 的写法为 "W\R\"。

2. 编辑网络标签属性

双击放置好的网络标签或者在放置网络标签状态下按 Tab 键,弹出网络标签属性对话框,在 Net 文本框中输入网络标签名称,并可设置放置方向、坐标、字体、颜色、是否锁定等,如图 4-40 所示。

4.3.3 总线(Bus)和总线入口(Bus Entry)

总线是用一条较粗的导线代表一组普通导线。电路原理图中常见的总线有数据总线、地址总线等,其绘制方法都是一样的。使用总线能够减少绘制多条导线占用的空间,使得图样清晰易读。

总线入口是一段 45°的短导线,在放置过程中可以按 Space 键旋转方向。

一组引脚先通过导线延伸到总线附近,然后通过总线入口连接到总线上。也可以将导线直接连接到总线上,电气效果是一样的,但是采用总线入口显得更为美观。

1. 绘制总线

可以通过以下三种方法之一进入绘制总线状态。

1) 执行菜单命令 Place ≫ Bus。
2) 单击 Wire 工具栏上的 按钮。
3) 使用 P + B 快捷键。

此时光标变为十字形,绘制总线的方法和绘制导线是相同的,放置过程中可以使用 Shift + Space 快捷键来切换走线模式,用 Space 键来改变走线方向。绘制总线时最好不要直接与引脚相连。绘制完成后，单击鼠标右键退出绘制总线状态。

2．放置总线入口

可以通过以下三种方法之一进入放置总线入口状态。

1）执行菜单命令 Place ≫ Bus Entry。

2）单击 Wire 工具栏上的 按钮。

3）使用 P+U 快捷键。

光标上会附着一个与水平线成 45°角的总线入口，按下 Space 键可以旋转该总线入口。移动到合适位置，使得普通导线通过总线入口与总线相连，单击鼠标左键即可放置总线入口，总线入口与总线和导线连接处会有四个小白点。最后单击鼠标右键退出放置状态。

【例 4-13】使用总线和总线入口连接 P89C51（Philips Microcontroller 8-Bit.IntLib）的 P0 口和 SN74LS273N（TI Logic Flip-flop .IntLib）的 D0～D7 引脚。

例 4-13

（1）按下 P+W 快捷键进入放置导线状态，按照图 4-41a 所示将 U1 和 U2 对应的引脚连上导线并延长合适的长度。

（2）按下 P+B 快捷键进入放置总线状态，按照图 4-41b 所示放置总线，总线距离导线 10 个 DXP Default（100mil）的距离，注意在 A 点需要切换总线的走线模式为 45°。

（3）按下 P+U 快捷键进入放置总线入口状态，使用 Space 键调整总线入口方向，用总线入口将导线和总线相连接，如图 4-41c 所示。

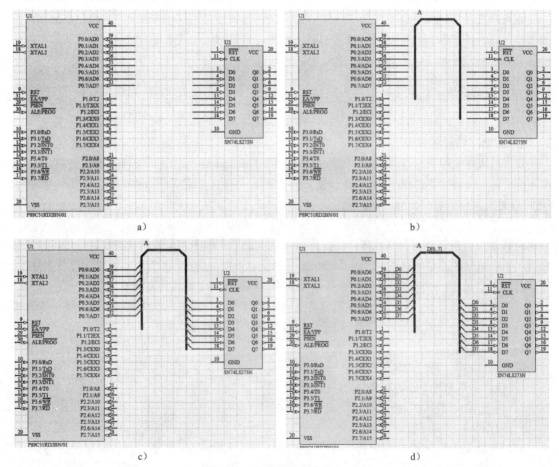

图 4-41　放置总线和总线入口

（4）按下 P + N 快捷键进入放置网络标签状态，按下 Tab 键打开网络标签属性对话框，在 Net 文本框中输入 D0，然后放置在 U1 的 P0.0 引脚相连的导线上，网络标签随后会递增为 D1，继续在 U1 其余引脚上放置 D1～D7 网络标签。完成后再次按下 Tab 键，在 Net 文本框中输入 D0，然后依次在 U2 的引脚上放置 D0～D7 网络标签，如图 4-41d 所示。

> 由于总线连接的是一组功能相同的导线，因此最好使用网络标签来标识导线之间的连接关系，否则容易引起混淆。对于没有网络标签的情况，Altium Designer 会按照默认的规则来确定导线之间的连接关系。例如，本例中，如果没有明确标识网络标签，Altium Designer 会默认 U1 的引脚与 U2 的引脚按照从上到下的顺序一一对应。虽然如此，还是强烈建议读者用网络标签明确标识出导线之间的电气连接关系。虽然增加了少许工作量，但是降低了出错的概率，也减少了排错所花费的时间。

（5）再次按下 Tab 键，将网络标签属性对话框中的 Net（网络）名称改为 D[0..7]，将该网络标签放置在总线上，单击鼠标右键退出放置网络标签状态。

> 总线网络标签命名格式：各分支导线网络标签的共同字母前缀 +[各分支导线网络标签数字编号的最小（大）值..各分支导线网络标签数字编号的最大（小）值]。在本例中，各分支导线网络标签为 D0～D7，D 为共同字母前缀，编号最小值为 0，最大值为 7，这样总线网络标签应为 D[0..7]或者 D[7..0]。

3．编辑总线和总线入口的属性

双击放置的总线和总线入口或者在放置时按下 Tab 键打开它们的属性对话框，如图 4-42 和图 4-43 所示，在其中可以修改总线和总线入口的宽度、颜色、位置等属性。

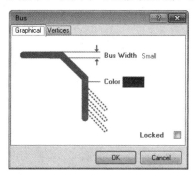

图 4-42 总线属性对话框

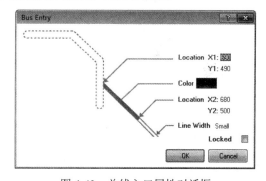

图 4-43 总线入口属性对话框

4.3.4 电源和接地

电源和接地符号在 Altium Designer 中统称为电源端口（Power Port），它们都可以看成是由提供外观样式的图形符号和提供电气意义的网络标签组合成的整体。例如，电源端口的图形符号为 ，网络标签为 VCC。图形符号具有一个电气连接热点，用来连接导线、引脚或者端口等电气对象，而网络标签则用来定义该电源或者接地所属的网络。为了方便，通常直接把网络标签作为电源端口的名称。例如，网络标签为"VCC"以及"GND"的电源端口通常称为电源 VCC 和接地 GND。连接到相同名称的电源端口的所有引脚（Pin）、端口（Port）、图纸入口等都属于该电源端口的网络标签所指定的网络。

1．放置电源和接地端口

Wiring 工具栏上提供了最常用的电源端口 和接地端口 按钮，Utilities 工具栏的电源子工具栏提供了更多外观样式的电源和接地端口。

【例 4-14】在图 4-44a 中放置电源和接地端口，其中包含元件 L7805 和 L7905（ST Power Mgt Voltage Regulator .IntLib）、LM358（TI Operational Amplifier .IntLib）。

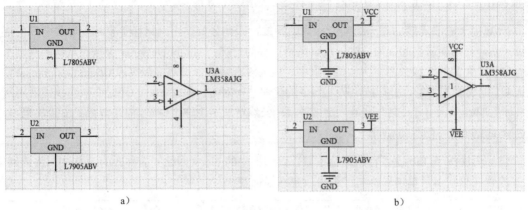

图 4-44 放置电源和接地端口

（1）单击 Wiring 工具栏上的 按钮，光标上会出现一个网络标签为 VCC 的电源端口，移动光标到 U1 的 OUT 引脚，当出现红色米字标志时，单击鼠标左键即可完成放置。

（2）继续移动光标至 U3A 的 8 号引脚，按照同样的方法放置 VCC 电源端口，然后单击鼠标右键退出。

例 4-14

（3）单击 Wiring 工具栏上的 按钮，按下 Tab 键，在 Power Port 属性对话框的 Net 文本框中输入 VEE，如图 4-45 所示，单击 OK 按钮退出，此时电源端口的网络标签变为 VEE，在 U2 的 OUT 引脚和 U3A 的 4 号引脚放置该电源端口。

（4）单击 Wiring 工具栏上的 按钮，光标上会出现一个网络标签为 GND 的接地端口，在 U1 的 3 号引脚和 U2 的 1 号引脚放置接地端口，如图 4-44b 所示。

（5）最终的原理图包含两个电源网络，分别为 VCC 和 VEE；一个接地网络，为 GND。

放置电源和接地端口还可以通过菜单命令 Place ≫ Power Port 或者快捷键 P + O。进入放置电源端口状态后按下 Tab 键打开 Power Port 属性对话框，设置想要的电源端口外观样式（Style）和网络标签（Net），见本小节后面的内容。

此外，Utilities 工具栏中的 按钮还提供了电源子工具栏供读者快速放置系统预定义的电源和接地端口，如图 4-46 所示。

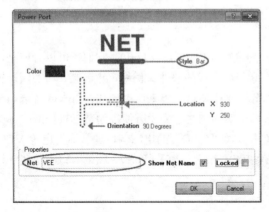

图 4-45 Power Port 属性对话框

图 4-46 电源端口子工具栏

2. 编辑电源和接地端口的属性

双击电源端口（或在放置状态按 Tab 键），打开属性对话框，如图 4-45 所示，可以设置网络标签名称、外观样式（Style）、是否显示或者锁定、颜色、摆放位置等属性。特别是在外观样式（Style）下拉框中，可以选择各种电源和接地符号的外形。再次提醒读者电源端口外观样式并不影响电气性质，只要网络标签相同，外形不同的电源端口仍然属于同一个网络。例如，图 4-47 中，U1 的 OUT 引脚和 U3A 的 8 号引脚是相连的，U2 的 OUT 引脚和 U3A 的 4 号引脚是相连的。

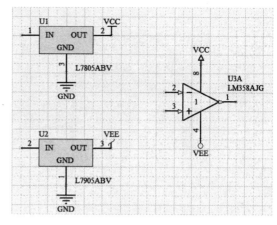

图 4-47 外观不同、网络标签相同的电源端口是相连的

4.3.5 电气节点（Junction）

在 Altium Designer 的默认配置下，对于 T 形导线交叉点，系统会自动放置电气节点，表示所画线路是短接的。但是对于十字交叉节点，系统会根据用户的画法判断是否自动添加节点。

在图 4-48a 中，如果将 C 直接连到 AB 导线上，会自动生成节点。在图 4-48b 中，如果先将 C 连接到交叉点 O，然后连接 O 和 D，则自动生成交叉处的节点。在图 4-48c 中，如果直接将 C 和 D 相连，则不会形成交叉节点。

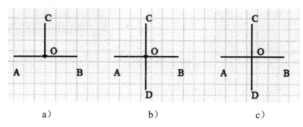

图 4-48 自动电气节点

对于图 4-48c 的情形，如用户想将相交的两条导线短路，就需要手工放置电气节点。

1. 放置电气节点

可以通过以下两种方法进入放置电气节点状态。

1) 执行菜单命令 Place ≫ Manual Junction。
2) 使用 P+J 快捷键。

【例 4-15】在如图 4-49a 所示的导线十字交叉点上放置电气节点，使这两条导线短路。

（1）执行菜单命令 Place ≫ Manual Junction，或者使用快捷键 P+J，光标变为十字形，并附着一个电气节点符号。

（2）移动光标到十字交叉点上，单击鼠标左键即可放置该电气节点，如图 4-49b 所示。手工放置的电气节点默认为红色，而系统自动产生的电气节点默认为蓝色。

2. 编辑电气节点属性

双击电气节点，打开属性对话框，如图 4-50 所示，在其中可以设置该节点的颜色、位置、大小、是否锁定等属性。

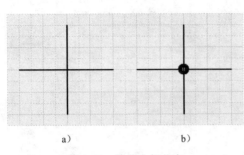
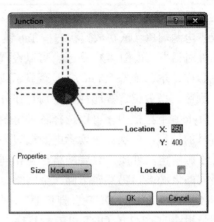

图 4-49　放置电气节点　　　　　图 4-50　电气节点属性对话框

4.4　绘制非电气对象

非电气对象包括图形和文本两大类，如椭圆、椭圆弧、折线、多边形、贝塞尔曲线、文本、文本框、图片等。非电气对象不具有电气意义，不影响电路的电气关系。它们对电路起到注释说明的作用，方便对电路图的阅读和理解。非电气对象可以通过 Utilities 工具栏中的■按钮关联的 Utility Tools 子工具栏（见图 4-51）或者 Place » Drawing Tools 菜单（见图 4-52）放置。

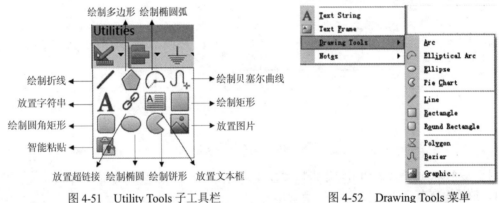

图 4-51　Utility Tools 子工具栏　　　　　图 4-52　Drawing Tools 菜单

放置完毕后，非电气对象的选择、复制、粘贴、移动、旋转、排列、属性编辑等操作都和电气元件的相关操作类似。

智能粘贴功能详见 6.2 节，下面介绍其他非电气对象。

4.4.1　折线（Line）

1. 绘制折线

折线可以用来绘制自制图形，也可以在创建库元件时绘制元件外形轮廓。绘制折线与绘制导线的方法类似，在绘制过程中可以按 Space 键改变走线模式，按 Tab 键修改其属性。折线与导线不同的是折线不具有电气特性，不影响电路的电气关系。

【例 4-16】绘制折线。

（1）单击 Utility Tools 子工具栏上的／按钮，或者执行菜单命令 Place » Drawing Tools » Line，光标变为十字形，单击鼠标左键确定折线的起点，如图 4-53 所示。

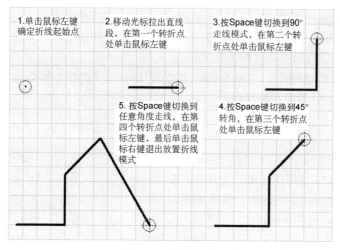

图 4-53 绘制折线

（2）移动光标，即可拖出一条直线。如图 4-53 所示，在需要转折处，单击鼠标左键确定转折点，固定前面的直线段。

（3）按照图 4-53 所示绘制剩下的部分。在绘制过程中，按 Space 键可以在 90°、45°和任意角度走线模式间循环切换。

（4）在终点处，单击鼠标左键确定终点位置，然后单击鼠标右键退出绘制折线状态。

2．调整折线形状和位置

1）单击鼠标左键选中折线，折线转折点处会出现绿色小方块，当光标移动到转折点上时会变为双向箭头，此时拖动鼠标即可移动转折点，如图 4-54 所示。

2）当光标移动到折线段上时会变为十字箭头，此时拖动鼠标可以移动光标所在的折线段，如图 4-55 所示。

图 4-54 双向箭头移动转折点

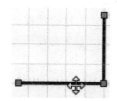

图 4-55 十字箭头移动折线段

3）选中折线，然后按下 Ctrl 键不放，移动光标到折线上方，当光标变为十字或者双向箭头时，拖动鼠标可以移动整条折线。

4）先不选中折线，然后将光标移到折线上方，按下鼠标左键并拖动，可以移动整条折线。

3．编辑折线属性

双击所绘制的折线或者在绘制状态下按 Tab 键，弹出折线属性对话框，如图 4-56 所示，具体选项说明如下。

1）Start Line Shape（折线始端形状）：在下拉列表框中可以选择折线始端的形状，如箭头、箭尾、方形、圆形等。

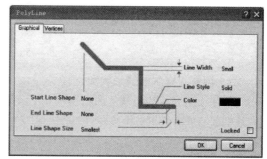

图 4-56 折线属性对话框

2）End Line Shape（折线末端形状）：如箭头、箭尾、方形和圆形等。

3）Line Shape Size（折线始端和末端大小）：用来设置折线始端和末端的大小。

4）Line Width（线宽）：设置折线的宽度。

5）Line Style（折线样式）：包括 Solid（实线）、Dashed（虚线）和 Dotted（点画线）。

6）Color（颜色）：设置折线颜色。

7）Locked（锁定）：如果设置锁定折线，则在原理图中移动该折线时，会弹出确认对话框，确认后才可以移动。

【例 4-17】图 4-57 显示的是始端为方形、末端为实心箭头，箭头尺寸为 Small，线段宽度为 Small，线段样式为虚线的折线样例。

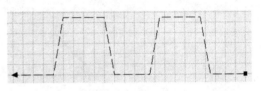

图 4-57 折线样例

⚠ 当使用 Tab 键打开属性对话框修改折线属性后，该属性会影响随后放置的折线。而通过双击放置好的折线打开属性对话框修改的属性只对该折线有效，不影响随后放置的折线。这个规律对放置其他非电气对象，如圆弧、椭圆、贝塞尔曲线、文本等都是适用的。

4.4.2 贝塞尔曲线（Bezier）

1. 绘制贝塞尔曲线

绘制贝塞尔曲线一共需要单击鼠标左键四次，分别确定四个控制点。可能开始时曲线形状并不是所期望的，但是后期可以通过调整这四个控制点来改变整个曲线的形状。

【例 4-18】绘制贝塞尔曲线。

（1）执行菜单命令 Place ≫ Drawing Tools ≫ Bezier，或者单击 Utility Tools 子工具栏上的 按钮，光标变为十字形，单击鼠标左键确定第一个点。

（2）移动光标拉出一条直线，单击鼠标左键固定第二个点。

（3）按照同样的方法继续移动光标到合适位置，移动光标时曲线形状也会随之改变，单击确定第三和第四个点，整条曲线就绘制完成了，如图 4-58 所示。单击鼠标右键退出绘制状态。

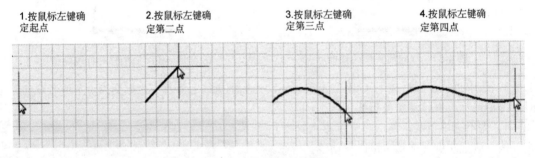

图 4-58 绘制贝塞尔曲线

2. 调整贝塞尔曲线形状和位置

往往绘制完成的贝塞尔曲线形状并不满足要求，可以通过控制点来调整其形状。单击贝塞尔曲线的起点或者终点选中该曲线，会出现四个绿色的控制点，这四个控制点就是绘制该曲线时单击鼠标的位置。

1）当光标移动到控制点上时会变为双向箭头，此时拖动鼠标即可调整曲线形状，如图 4-59a 所示。

2）当光标移动到绿色控制点之间的连线上时会变为十字箭头✤，此时拖动鼠标也可以调整曲线形状，如图 4-59b 所示。

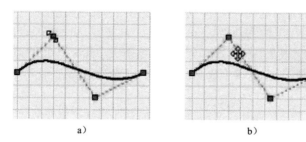

图 4-59　调整贝塞尔曲线的形状

3）单击任意控制点选中贝塞尔曲线，然后按住 Ctrl 键不放，移动光标到控制点上，当光标变为双向箭头时，拖动鼠标可以移动整条贝塞尔曲线。

4）先不选中贝塞尔曲线，然后将光标移动到贝塞尔曲线的起点或终点上方，按下鼠标左键并拖动，可以移动整条贝塞尔曲线。

3．编辑贝塞尔曲线属性

选中贝塞尔曲线，双击控制点或控制点之间的连线打开属性对话框，各选项介绍如下。

1）Curve Width（曲线宽度）：设置贝塞尔曲线宽度。

2）Color（颜色）：单击颜色块修改曲线颜色。

3）Locked（锁定）：设置是否锁定曲线。

4.4.3　圆弧（Arc）

1．绘制圆弧

绘制圆弧需要单击四次鼠标左键，第一次确定圆弧中心，第二次确定圆弧半径，第三次确定圆弧起点，第四次确定圆弧终点。

【例 4-19】绘制圆弧。

（1）执行菜单命令 Place ≫ Drawing Tools ≫ Arc，光标变为十字形，在合适位置单击鼠标左键，确定圆弧中心，如图 4-60 所示。

（2）移动光标，可以拉出一个圆弧形状，单击鼠标左键确定圆弧半径。

（3）光标自动移动到圆弧默认起始角度，移动光标至合适位置后单击鼠标左键确定起始角度。

（4）光标自动移动到圆弧默认终止角度，移动光标至合适位置后单击鼠标左键确定终止角度。至此圆弧绘制完毕，如图 4-60 所示。

（5）可以继续绘制圆弧或者单击鼠标右键退出绘制状态。

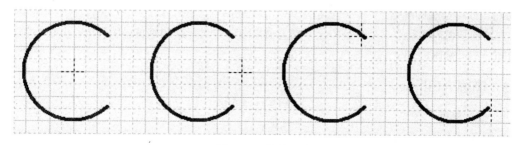

图 4-60　绘制圆弧

2. 调整圆弧形状和位置

1）单击鼠标左键选中圆弧，弧线端点会出现绿色控制点，当光标移动到端点上时会变为双向箭头，此时拖动鼠标即可移动端点位置，从而改变圆弧的弧度大小。

2）当光标移动到圆弧段上的绿色控制点时会变为双向箭头，此时拖动鼠标可以改变圆弧半径。

3）当光标移动到圆弧段上其他位置时会变为十字箭头，此时拖动鼠标可以移动整个圆弧。

4）选中圆弧，然后按住 Ctrl 键不放，当光标变为双向或者十字箭头时，拖动鼠标可以移动整个圆弧。

5）先不选中圆弧，然后将光标移动到圆弧上方，按下鼠标左键并拖动，可以移动整个圆弧。

3. 编辑圆弧属性

双击放置好的圆弧或者在绘制状态下按 Tab 键，打开圆弧属性对话框，如图 4-61 所示。

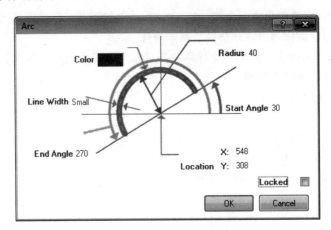

图 4-61　圆弧属性对话框

1）Line Width（线宽度）：设置圆弧宽度。
2）Radius（半径）：设置圆弧半径。
3）Start Angle（起始角度）：设置起始角度。
4）End Angle（终止角度）：设置终止角度。
5）Location X、Y（X 和 Y 坐标）：设置圆心的 X 和 Y 坐标。
6）Locked（锁定）：设置是否锁定圆弧。
7）Color（颜色）：单击颜色块修改圆弧颜色。

4.4.4　椭圆弧（Elliptical Arc）

通过执行菜单命令 Place ≫ Drawing Tools ≫ Ellipse Arc 或者单击 Utility Tools 子工具栏上的 按钮，即可绘制椭圆弧。

与绘制圆弧需要确定一个半径相比，椭圆弧需要确定水平轴和垂直轴的长度，其余与绘制圆弧相同，不再赘述。

4.4.5　椭圆（Ellipse）

1. 绘制椭圆

绘制椭圆需要单击三次鼠标左键，第一次确定椭圆中心，第二次确定椭圆水平轴的长度，第三次确定椭圆垂直轴的长度。

【例 4-20】绘制椭圆。

（1）执行菜单命令 Place ≫ Drawing Tools ≫ Ellipse，或者单击 Utility Tools 子工具栏中的 ⬯ 按钮，光标变为十字形，同时附着一个椭圆图形，在合适位置单击鼠标左键，确定椭圆中心位置。

（2）移动光标，调整椭圆水平轴的长度，在合适的位置单击鼠标左键予以确定。

（3）继续移动光标，调整椭圆垂直轴的长度，在合适的位置单击鼠标左键予以确定。至此椭圆绘制完毕，如图 4-62 所示。

（4）继续绘制椭圆或者单击鼠标右键退出绘制状态。

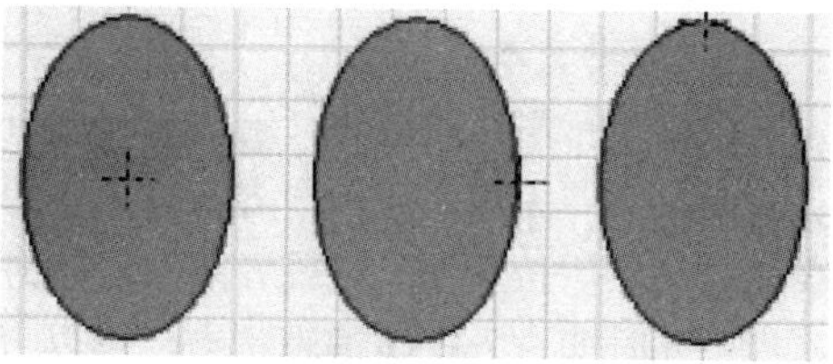

图 4-62　绘制椭圆

2. 调整椭圆形状和位置

1）单击鼠标左键选中椭圆，椭圆周 12 点钟和 3 点钟方向会出两个绿色控制点，当光标移动到控制点上方时会变为双向箭头，此时拖动鼠标即可改变对应方向上椭圆轴的长度。

2）单击鼠标左键选中椭圆，当光标移动到椭圆内部时会变为十字箭头，此时按下并拖动鼠标可以移动整个椭圆。

3）选中椭圆，然后按住 Ctrl 键不放，当光标变为双向或者十字箭头时，拖动鼠标可以移动整个椭圆。

4）先不选中椭圆，然后将光标移动到椭圆弧上方，按下鼠标左键并拖动，可以移动整个椭圆。

5）处在拖动状态的椭圆，按下空格键可以进行旋转，按下 X 和 Y 键可以进行左右以及上下镜像翻转。

3. 编辑椭圆属性

双击放置好的椭圆或者在放置状态下按 Tab 键，打开椭圆属性对话框，如图 4-63 所示。

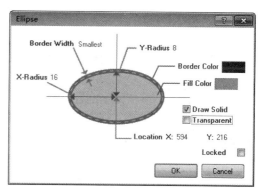

1）Border Width（边界宽度）：设置椭圆圆周的宽度。

2）Border Color（边界颜色）：设置椭圆圆周的颜色。

3）Fill Color（填充颜色）：设置椭圆内部填充颜色。

4）X-Radius（X 半径）：设置椭圆水平轴长度。

图 4-63　椭圆属性对话框

5）Y-Radius（Y 半径）：设置椭圆垂直轴长度。

6）Location X、Y（X 和 Y 坐标）：设置椭圆中心的坐标。

7）Draw Solid（实心绘制）：选中该复选框则椭圆内部用填充颜色填充。

8）Transparent（透明）：选中该复选框则椭圆放在其他对象上方时可观察到透明效果。

9）Locked（锁定）：选中该复选框在移动该椭圆时，会弹出对话框要求确认。

4.4.6　文本字符串（Text String）

1. 放置文本字符串

在原理图编辑过程中，往往需要在图中放置文本字符串以方便原理图的阅读和说明。字符串只能是一行文字，其本身并不具备电气特性。

执行菜单命令 Place ≫ Text String，或者单击 Utility Tools 子工具栏中的 **A** 按钮，或者使用快捷键 P+T，光标变为十字形，同时附着一个"Text"字符串，移动光标到合适位置，单击鼠标左键，即可放置字符串。单击鼠标右键退出放置状态。

当处在放置字符串状态时，按空格键可以旋转字符串，按 X 和 Y 键可以实现字符串左右和上下镜像翻转。

2. 编辑文本字符串

（1）字符串在线编辑（In-Place Editing）

当只需要编辑字符串内容时，可以单击鼠标左键选中该字符串，此时字符串四周出现绿色虚线边框，然后按下 F2 键或者隔一段短时间后再次单击该字符串，字符串前面会出现闪烁的编辑光标，此时即进入在线编辑状态，可以直接修改字符串内容。

（2）文本字符串属性对话框

如果需要做更复杂的编辑，则双击该字符串或者在放置字符串时按下 Tab 键，打开 Annotation 对话框，如图 4-64 所示。对话框中各选项说明如下。

1）Color（颜色）：设置字符串的颜色。

2）Location X、Y（X 和 Y 坐标）：设置字符串的坐标。

3）Orientation（方向）：设置字符串的方向。

4）Horizontal Justification（水平调整）：设置水平方向的对齐方式。

5）Vertical Justification（垂直调整）：设置垂直方向的对齐方式。

6）Mirror（镜像）：是否镜像显示。

7）Font Change（改变字体）：单击该按钮可以修改字体。

8）Locked（锁定）：选中该复选框锁定文本字符串。

9）Text 文本框：在该文本框中可以直接输入文本字符串的内容，也可以单击文本框右边的下拉箭头，弹出一系列以"="开头的字符串，这些字符串都是在执行 Design ≫ Document Options 菜单命令后打开的 Parameters（参数）选项卡中定义的参数。选择任意参数字符串，单击 OK 按钮退出 Annotation 对话框后，在原理图中放置的字符串即显示为该参数的值。例如，选择"=CurrentDate"，会显示当前日期。如果选择的参数没有赋值，则显示"*"。

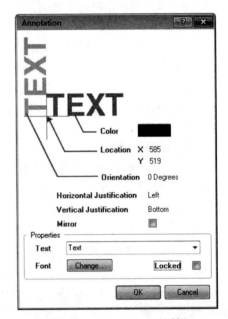

图 4-64　Annotation 对话框

4.4.7　文本框（Text Frame）

1. 放置文本框

文本框可以看作是简单字符串的扩展，可以用来放置多行文字。

执行菜单命令 Place ≫ Text Frame 或者单击 Utility Tools 子工具栏中的按钮，光标变成十字形，同时附着一个虚线矩形框，移动光标到合适位置，单击鼠标左键确定文本框一个顶点，然后移动光标调整文本框大小至合适位置，再次单击鼠标左键即可完成放置。单击鼠标右键退出放置状态。

当处在放置文本框状态时,按空格键可以旋转文本框,按 X 和 Y 键可以实现左右和上下镜像翻转。

2. 编辑文本框

(1) 在线编辑(In-Place Editting)

先选中该文本框,直接按下 F2 键或者间隔一段时间后再次单击鼠标左键都可直接进入文本框在线编辑模式,输入修改的文本内容后,单击该文本框右下角的绿色✔按钮或者在框外单击即可提交修改,单击红色✘按钮放弃修改。

(2) 文本框属性对话框

如果需要做更复杂的编辑,双击该文本框或在放置状态下按 Tab 键即可打开其属性对话框,如图 4-65 所示。对话框中各选项说明如下。

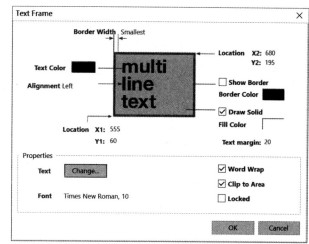

图 4-65 文本框属性对话框

1) Border Width(边框宽度):设置文本框边框宽度。
2) Text Color(文本颜色):设置文本颜色。
3) Alignment(对齐):设置文本对齐方式。
4) Location X1、Y1(X1 和 Y1 坐标):定义文本框左下角坐标。
5) Location X2、Y2(X2 和 Y2 坐标):定义文本框右上角坐标。
6) Show Border(显示边框):是否显示边框。
7) Border Color(边框颜色):设置边框颜色。
8) Draw Solid(实心绘制):是否用颜色填充文本框。
9) Fill Color(填充颜色):设置填充颜色。
10) Text margin(文本边距):文本两侧与文本框的距离。
11) Word Wrap(自动换行):文本输入满一行后是否自动换行。
12) Clip to Area(裁剪范围):是否根据文本框大小来裁剪文字。
13) Locked(锁定):是否锁定文本框。
14) Text Change(改变文本):单击该按钮进入文本修改对话框。
15) Font Change(改变字体):单击该按钮进入字体修改对话框。

4.4.8 注释(Note)

1. 放置注释

注释可以看作是简单字符串的扩展,可以用来放置多行文字,并可以收起和展开。

执行菜单命令 Place ≫ Notes ≫ Note,光标变成十字形,同时附着一个黄色矩形框,移动光标到合适位置,单击鼠标左键确定注释矩形框的一个顶点,然后移动光标调整矩形框的大小至合适位置,再次单击鼠标左键即可完成放置,如图 4-66 所示。单击鼠标右键退出放置状态。

当处在放置 Note 矩形框状态时,按空格键可以旋转矩形框,按 X 和 Y 键可以实现左右和上下镜像翻转。

图 4-66 Note

2. 编辑 Note

(1) 在线编辑 (In-Place Editing)

先选中该 Note,直接按下 F2 键或者间隔一段时间后再次单击鼠标左键都可直接进入 Note 的在线编辑模式,输入修改的文本内容后,单击该矩形框右下角的绿色✓按钮或者在框外单击即可提交修改,单击红色✗按钮放弃修改。

(2) Note 属性对话框

如果需要做更复杂的编辑,双击该 Note 矩形框或在放置状态下按 Tab 键即可打开其属性对话框,如图 4-67 所示。对话框中各选项与文本框类似,不再赘述。

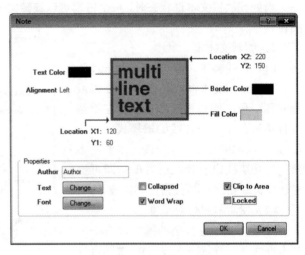

图 4-67 Note 属性对话框

4.4.9 超链接 (Hyperlink)

执行菜单命令 Place » Hyperlink,即可放置超链接。双击放置好的超链接,打开其属性对话框,输入链接名称(例如 Altium)及其网址(例如 www.altium.com)即可。在放置好的超链接上单击鼠标右键,在弹出菜单中选择 Hyperlink 菜单项,即可访问链接的网址。

4.5 一个例子——简易直流电压表

本节将利用前面学到的绘制原理图的知识,设计一个简易直流电压表。读者应把注意力放在如何利用 AD 17 绘制原理图上,而不需要太多关注电路本身的细节。

4.5.1 优秀原理图的设计原则

保证电路功能的正确性是原理图设计的基本要求。除此以外,优秀原理图还要能够准确有效地表达设计的全部功能意图,从而帮助后续流程中的相关人员更好地开展工作。为了确保原理图传达出所有需要传达的信息并使其易于理解,优秀原理图需要遵守以下设计原则。

1) 自左向右、从上而下绘制原理图。通常原理图应该从左边输入,右边输出;信号流向也应该从左到右、从上到下。

2) 组合相关信号并合理命名。将相关联的信号组合起来,构成总线,并赋予有意义的网络标签,这样会使复杂的连线变得条理清晰,易于区分识别。

3) 使用层次化设计(详见 7.2 节)。对于复杂电路,最好的设计方法是将电路分解成不同的功能模块,每个模块绘制在单独的原理图上,并在顶层原理图上定义好模块之间的接口。层次化设计不仅使电路结构清晰,易于修改和维护,还有利于设计复用,提高工作效率。

4) 利用颜色和图形传达信息。可以使用颜色框将相关的电路组合成一个功能模块,还可以使用不同颜色的导线指示电源、地线以及主要的信号通路。AD 17 中还可以插入图形,用来描述电路某个点的信号波形。

5) 添加注释信息简要介绍电路基本组成单元及其功能,传达主要设计意图及约束信息。这些注释信息可以通过文本框、Note 来完成。

6) 充分利用原理图标题栏。应在标题栏中填入尽可能详细的信息,方便日后查阅。

7）使用国际单位制和度量标准。

4.5.2 绘制简易直流电压表原理图

该简易电压表能够完成电压的采集、存储、显示功能。测量电路通过 A-D 转换芯片将外部采集的模拟电压信号转换为数字值，单片机进一步将该值送往数码管显示驱动芯片，在三位数码管上显示。同时，还可将采集的电压值保存在存储器中供进一步处理。

下面详述该原理图的具体绘制过程（该实例源文件见本书电子资源）。

1．新建工程与原理图文档

1）执行 File ≫ New ≫ Project ≫ PCB Project 菜单命令，创建新的工程，将工程命名为 Voltage_Meter.PrjPCB，并保存在一个单独的目录中。

2）执行 File ≫ New ≫ Schematic 菜单命令，在工程中新建一个原理图文档，将原理图文档命名为 Voltage_Meter.SchDoc，并保存到工程文档所在的目录。创建好的工程如图 4-68 所示。

图 4-68 创建工程

2．搜索、放置所需元件

放置元件时，通常按照信号的流向，从左到右或者从上到下放置。可先放置电路中的关键元件，然后放置电阻、电容等外围元件。本例中的关键元件为单片机 P89C52X2FA、模-数转换芯片 ADC0809FN、显示驱动芯片 MAX7219CWG、数码管 Dpy Blue-CC、三端稳压芯片 MC7805CT、八位地址锁存器 SN74HC373DW 和具有掉电保护功能的 SRAM 芯片 M48Z12-200PC1。原理图中所有元件的集成库信息见表 4-1。

表 4-1 元件列表

元件类型	元件型号	元件库
单片机	P89C52X2FA	Philips Microcontroller 8-Bit.IntLib
模-数转换芯片	ADC0809FN	TI Converter Analog to Digital.IntLib
显示驱动芯片	MAX7219CWG	Maxim Interface Display Driver.IntLib
三端稳压芯片	MC7805CT	Motorola Power Mgt Voltage Regulator.IntLib
数码管	Dpy Blue-CC	Miscellaneous Devices.IntLib
八位锁存器	SN74HC373DW	TI Logic Latch.IntLib
非易失性 SRAM	M48Z12-200PC1	ST Memory Non-Volatile RAM.IntLib
晶振	XTAL	Miscellaneous Devices.IntLib
电阻	Res2、Res3	Miscellaneous Devices.IntLib
无极性电容	Cap	Miscellaneous Devices.IntLib
有极性电容	Cap Pol1	Miscellaneous Devices.IntLib
开关	SW-PB	Miscellaneous Devices.IntLib
LED	LED2	Miscellaneous Devices.IntLib
电源插座	PWR2.5	Miscellaneous Connectors.IntLib

1）打开 Libraries（库）面板，单击面板上方的 Libraries 按钮，按照例 4-3 的做法加载 Philips Microcontroller 8-Bit.IntLib 集成库。回到库面板后，在元件列表框中双击 P89C52X2FA，移动光

标到原理图编辑窗口，光标上即附着该芯片。放置过程中按下 Space 键可以旋转元件，按下 X 和 Y 键可以将元件左右和上下镜像翻转，位置方向调整合适后，单击鼠标左键即可放置单片机。放置好后，单击鼠标右键退出放置状态。

2）按照同样的方法，放置表 4-1 中的其他元件。元件的摆放位置可参考图 4-69。

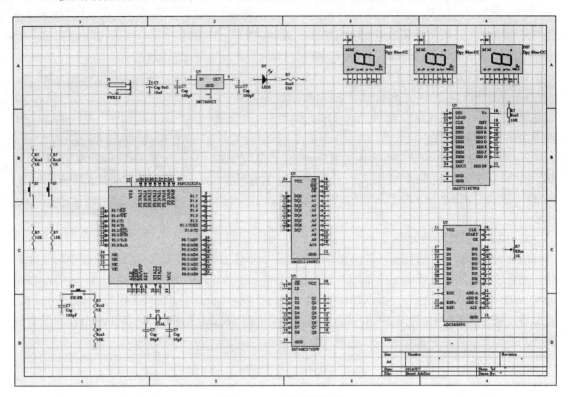

图 4-69　元件摆放位置

3）放置完所有元件后，可能还需要进行局部细调，包括元件对齐、旋转、间距调整等，尽量做到整齐美观、疏密有致。

3. 元件编号

本例中可以在放置元件时按下 Tab 键修改元件标识符，也可以在放置完毕后双击元件，打开其属性对话框修改标识符。最终要保证每个元件都有唯一的标识符。

⚠ 对于复杂电路，5.1 节将介绍一种更好的方法，即元件自动全局编号的方法。

4. 放置电源和接地

1）单击 Wiring 工具栏中的电源按钮，按图 4-73 所示放置多个电源符号。
2）单击 Wiring 工具栏中的接地按钮，按图 4-73 所示放置多个接地符号。

5. 元件间连线

按照电气连接关系将元件进行连线。连线时有以下建议：
1）导线转角尽量采用直角。
2）利用总线将相关同类导线进行汇总，并放置总线和分支线网络标签。
3）距离较远的引脚用网络标签进行"无线"连接，以保持原理图清晰简洁。
4）十字交叉线如果不连接，建议在交叉点显示半圆形的交叉跨越；如果连接，并且需要打印原理图，建议交叉点显示为明显的连接标志，而不是实心圆点，因为圆点容易与墨迹相混淆，也不容易辨识。详细信息见 8.1 节。

6．分隔电路功能单元

利用折线分隔开各个电路功能模块，这样容易观察电路的整体结构，并易于修改维护。

7．利用颜色标注

利用颜色标示出电路的重要网络或者主信号通路，如重要的接口信号。

8．放置简介信息

放置文本框或者 Note，简要介绍电路基本组成单元及其功能。

9．输入电路图样相关参数，并显示在图样标题栏中

1）执行菜单命令 Design ≫ Document Options，打开文档选项对话框，并切换到 Parameters 选项卡，在其中自行输入 Drawn By、Revision、SheetNumber、SheetTotal、Title 参数的内容，如图 4-70 所示。

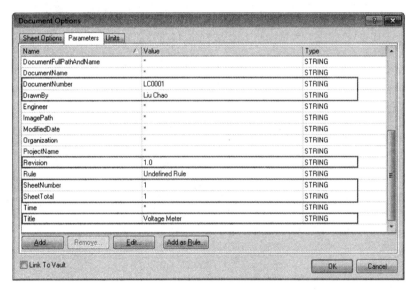

图 4-70　设置工程参数

2）在图纸右下角的标题栏中放置文本字符串。例如，在 Title 栏位放置文本字符串，双击打开其属性对话框，如图 4-71 所示，在 Text 下拉列表框中选择"=Title"，该设置会将文本字符串替换为 Title 参数的内容，即义档的标题。

3）按照相同的方法放置其余文本字符串到对应的栏位并设置好要显示的参数内容。最终显示的标题栏如图 4-72 所示。

10．完成最终原理图

最终原理图如图 4-73 所示，清晰版可以参见本书电子资源中的范例文件。原理图绘制过程中和完成后要注意及时保存。

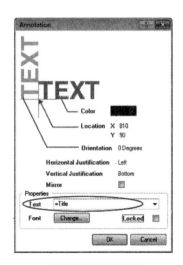

图 4-71　放置参数

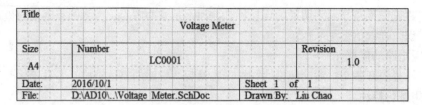

图 4-72　原理图标题栏

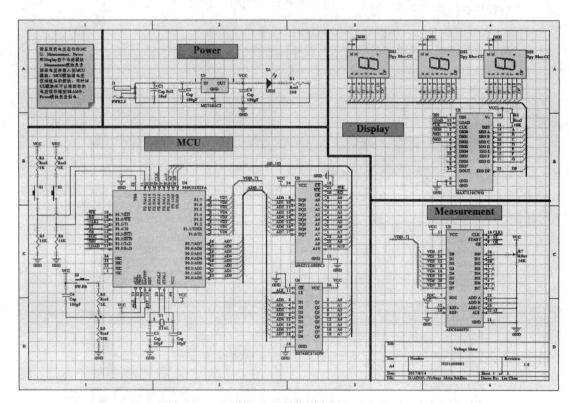

图 4-73　最终原理图

4.6　思考与实践

1．思考题

（1）简述元件、模型和库的关系。

（2）什么是集成库？它的优点是什么？

（3）什么是网络？网络中通常包含哪些电气对象？

（4）连接元件引脚的方式有哪些？

（5）电源和接地符号由哪两部分组成？名称相同但是外形不同的电源符号是否连接在一起？

（6）优秀原理图需要遵循的设计原则有哪些？

2．实践题

（1）创建"Chap4-1.PrjPcb"工程，在其中新建"Chap4-1.SchDoc"文档，绘制如图 4-74 所示的原理图。

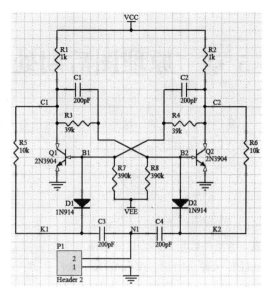

图 4-74 实践题（1）

（2）创建"Chap4-2.PrjPcb"工程，在其中新建"Chap4-2.SchDoc"文档，绘制如图 4-75 所示的原理图。

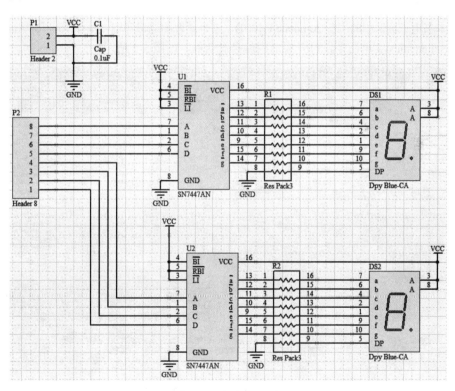

图 4-75 实践题（2）

（3）重做 4.5 节的综合实例。

第 5 章　原理图后期处理

原理图绘制完成以后，还要进行后期处理。这些后期处理包括对元件进行编号、通过编译进行电气规则检查、生成相应报表以及输出打印等。下面分别进行介绍。

5.1　元件自动编号

原理图中的每个元件都应该分配唯一的标识符，由表示元件类型的字母以及数字组成。当元件数量众多，且分布在多个原理图文档时，手工编号既耗时又容易出错。Altium Designer 提供了对所有元件的自动编号功能。该功能位于菜单 Tools ≫ Annotation 下，如图 5-1 所示，其中 Annotate Schematics 是最基本的命令，掌握了这个命令，其他的编号命令就容易理解了。

图 5-1　元件自动编号菜单

5.1.1　基本元件编号命令

打开本书电子资源中的工程 Annotate.PrjPCB，进入原理图编辑环境，执行 Tools ≫ Annotation ≫ Annotate Schematics 菜单命令，打开原理图编号对话框，如图 5-2 所示。

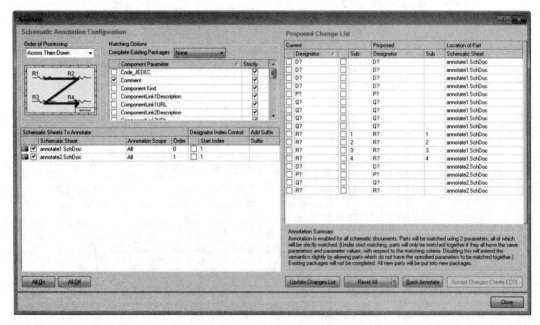

图 5-2　原理图编号对话框

该对话框分为两部分：左半部分的原理图编号配置以及右半部分的建议编号变更列表，下面具体介绍其中的各个选项。

1. Order of Processing（处理顺序）

设置元件编号的四种顺序：

1）UP Then Cross：先从下到上，再从左到右编号。
2）Down Then Cross：先从上到下，再从左到右编号。
3）Across Then UP：先从左到右，再从下到上编号。
4）Across Then Down：先从左到右，再从上到下编号。
每选择一个选项，对应的编号顺序会显示在下方的小图中。

2. Matching Options（匹配选项）

Matching Options 主要设置如何匹配多部件元件的各个部件以及如何确定封装数量。在原理图设计中常会用到这样的芯片，芯片内部包含多个相同的单元电路（称为部件或 Part）。例如，SN7408 包含四个与门，LM324 包含四个运放等。对于这类多部件芯片，放置的原理图符号是每个部件对应的原理图符号，而在 PCB 中放置的是对应整个芯片的封装，因此需要指定各部件原理图符号与整个芯片封装的对应关系。

1）Complete Existing Packages：选择多部件芯片的封装数量，有以下三种选项。

① None：即使已有的封装没有用完，新的单元电路仍会使用新封装。例如，电路图上已有三个与门 U1A、U1B、U1C，它们都放置在同一个 SN7408J 芯片 U1 内，添加一个与门后，进行自动编号，新的编号为 U2A，U1 和 U2 分别对应一个封装，如图 5-3 上半部所示。

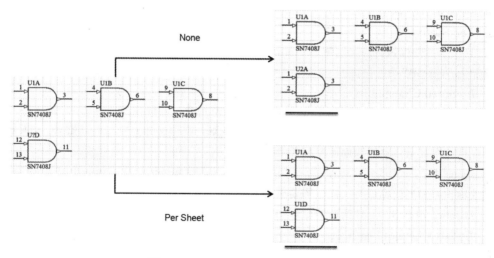

图 5-3　Complete Existing Packages 选项

② Per Sheet：每个原理图上的部件会使用已有的未被用完的封装。例如，电路图上已有三个与门 U1A、U1B、U1C，它们都放置在同一个 SN7408J 芯片 U1 内，添加一个与门后，进行自动编号，该与门会自动编号为 U1D，即这四个与门使用同一个封装，如图 5-3 下半部所示。

③ Whole Project：整个工程中的单元电路会使用已有的未被用完的封装。例如，工程中有两个电路图文件，一个电路图上有三个与门，另一个有一个与门，则整个工程使用一片 SN7408J 就够了。

2）下面的表格用来设置判断部件是否属于同一个多部件元件的条件。

① Component Parameter 列：选择用于判断多个部件是否属于同一个多部件元件的参数，选择参数左边的复选框则该参数将作为判断条件之一。系统默认选择 Comment 和 Library Reference 作为判断条件，如两个部件的这两个参数内容相同，则它们属于同一个多部件元件。

② Strictly 列：选中该列则对应的参数必须严格匹配。

3. Schematic Sheets To Annotate

1）Schematic Sheet：该列为工程中所有的原理图文档，选中文档左边的复选框，则该文档将进行自动编号，否则不进行自动编号。

2）Annotate Scope：该列选择参与编号的元件范围。

① All：对所有元件编号。

② Ignore Selected Parts：不对选中的元件编号。

③ Only Selected Parts：只对选中的元件编号。

3）Order：各文档按 Order 值从小到大的顺序自动编号。排在前面的文档元件先编号，后续文档同类元件的编号在前面文档编号的基础上递增。例如，第一个文档有 20 个电阻，编号为 R1～R20，则第二个文档中的电阻从 R21 开始继续编号。

4．Designator Index Control

Start Index：设置起始编号，选中左边的复选框即使能。设置的编号如果已被前面编号的元件占用则会失效。

文档如果使能了起始编号选项，则会判断该起始编号有没有被前面编号的文档中的元件占用。如果没有被占用，则从起始编号开始对本文档中的元件编号。如果已经被占用，则不断递增起始编号直到找到一个未被占用的空闲编号，然后开始对元件编号。例如，第二个文档设置的起始编号为 8，而第一个文档中已经使用了 R1～R20 的编号，则该起始编号 8 不起作用，第二个文档中的电阻从 R21 开始编号。

5．Add Suffix

Suffix：给元件标识符添加后缀。例如，输入后缀为"_AMP"，则该文档所有元件标识符后面都会加上"_AMP"。

6．Proposed Change List

Proposed Change List 表中列出了元件当前的标识符与建议的标识符。

1）Current：元件当前标识符，选中其左边的复选框，则该元件不参与自动编号。Sub 列只对多部件元件才有显示，其值为部件在芯片中的编号。

2）Proposed：元件的建议标识符，其中各列的含义和 Current 一样。第一次打开对话框，元件的建议标识符和当前标识符一样，需要单击 Update Changes List 按钮才会变化。

3）Location of Part：元件所在的原理图文档名。

7．Update Changes List 按钮

单击 Update Changes List 按钮可以弹出变更对话框，提示需要发生的变更的数量。单击 OK 按钮后可以看到 Proposed Change List 表中的建议标识符发生了变化，这些建议标识符是根据本对话框左半部分的配置生成的。此外，也要注意这种变更只能作用于当前未编号的元件。如果要对已经编号的元件重新编号，首先应该将这些元件 Reset 成未编号状态，然后才能再次编号。

需要注意的是，Update Changes List 按钮产生的变更并没有真正实施，可以看作是对最终变更的预览。

8．Reset All 按钮

将所有元件重置为未编号状态，执行这个功能后，再单击 Update Changes List 按钮可以对所有元件进行自动编号。

9．Back Annotate 按钮

选择*.eco 或者*.was 文档，利用该文档对元件编号。这些文档是在 PCB 编辑环境对元件重新编号后产生的。

10．Accept Changes（Create ECO）按钮

单击 Accept Changes（Create ECO）按钮后出现 Engineering Change Order（工程变更单，简

称 ECO），其中列出了要执行的变更操作，如图 5-4 所示。

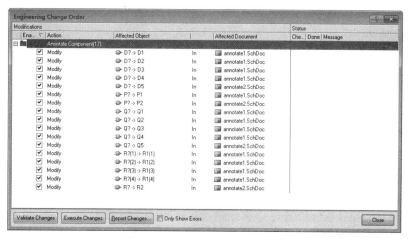

图 5-4 Engineering Change Order

单击 ECO 中的 Validate Changes 按钮对变更操作进行验证，如果通过，则在工程变更单右边的 Check 栏位会出现绿色的√，否则出现红色的×。

ECO 中的 Execute Changes 按钮用来真正落实变更操作，一旦变更完成，则在变更单右边的 Done 栏位会出现绿色的√，否则出现红色的×。

如果对于变更操作有把握，也可以跳过 Validate Changes 按钮直接按下 Execute Changes 按钮实施变更。

Report Changes 按钮用来输出变更报告文件，并可以打印输出。

【例 5-1】对 Annotate.PrjPcb 工程中的原理图文档进行自动编号。

（1）打开本例对应的电子资源"Annotate.PrjPcb"工程，进入原理图编辑环境。
（2）执行菜单命令 Tools ≫ Annotate Schematics，打开原理图编号对话框，如图 5-2 所示。
（3）单击 Update Changes List 按钮，对话框会生成元件的建议标识符，如图 5-5 所示。

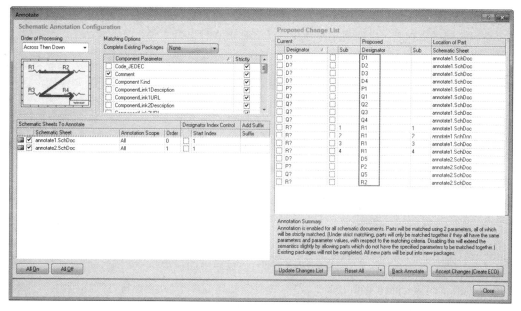

图 5-5 建议的元件标识符

（4）单击 Accept Changes（Create ECO）按钮，进入工程变更单，如图 5-4 所示。

（5）单击 Validate Changes 按钮，通过验证后 Check 栏位出现一系列绿色的√。

（6）单击 Execute Changes 按钮，执行元件自动编号工作，Done 栏位出现一系列绿色的√。

（7）单击 Close 按钮回到原理图编辑窗口，可以看到所有元件已经编号了。

5.1.2 其他元件编号命令

Tools 菜单下其他与自动编号有关的菜单命令说明如下：

1）Reset Schematic Designators：用来重置所有元件标识符。执行该菜单命令后，所有元件恢复到未编号状态。

2）Reset Duplicate Schematic Designators：仅重置重复的元件标识符。

3）Annotate Schematics Quietly：在后台对所有原理图文档中的元件执行自动编号操作。系统按照设置的编号配置直接对元件进行编号，而不需要打开原理图编号对话框。

4）Force Annotate All Schematics：强制执行所有元件的自动编号，包括已经编号的元件。

5）Back Annotate Schematics：与 Back Annotate 按钮功能相同。

6）Number Schematic Sheets：对电路图文档设置图样以及文档序号，该序号可以用在下面的 Board Level Annotation 命令中。选中该命令弹出原理图序号对话框，在其中可以对 Sheet Number 和 Document Number 进行编号。

7）Board Level Annotation：主要用于对多通道设计中的元件进行编号，可以用携带通道、图纸序号的标识符来对不同通道中的对等元件进行编号。

8）Annotate Compiled Sheets：仅对编译过的图纸进行编号。

5.2 工程编译与查错

电路设计中难免会出现各种违反电气规则的情况，如需要驱动信号的引脚开路、元件标识符重复、差分对线缺少正负网络等。Altium Designer 具有完善的电气规则检查（Electrical Rule Check，ERC）功能。这种功能是通过编译实现的。编译完成后，如果发现错误，系统会提供错误报告，用户可以由此定位错误源，进而纠正电路设计中存在的各种电气问题。

> 通过编译的电路只是符合电气规则，并不代表该电路能够实现预定功能。这就好比编译成功的 C 语言程序没有语法错误，但是仍然可能存在逻辑错误，这样就无法实现预定功能。

5.2.1 编译选项设置

AD 17 系统提供了一套电气违规类型，分布在工程选项对话框的 Error Reporting、Connection Matrix 两个选项卡中。工程编译就是检查电路是否存在这些违规类型。

执行菜单命令 Project ≫ Project Options，可打开工程选项对话框。下面分别介绍和工程编译相关的两个选项卡的内容。

1. Error Reporting 选项卡

Error Reporting 选项卡列出了九类电气违规类型，每类又包括多条具体规则以及违反规则后产生的错误报告等级，如图 5-6 所示。各类违规类型简要说明如下：

1）Violations Associated with Buses（与总线有关的违规类型）：总线标签超出范围、非法总线定义、总线宽度不匹配等。

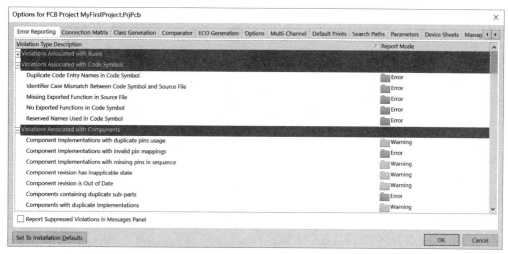

图 5-6 Error Reporting 选项卡

2）Violations Associated with Code Symbols（与代码符号有关的违规类型）：代码符号中的代码入口名称重复、代码符号中缺少导出函数等。

3）Violations Associated with Components（与元件有关的违规类型）：元件包含重复的引脚或者引脚映射错误、元件标识符重复、元件缺少相关模型、图样符号具有重复的入口等。

4）Violations Associated with Configuration Constraints（与配置约束有关的违规类型）：这些规则针对 FPGA 设计，如找不到配置约束中设定的电路板、配置约束中发现多个电路板、配置约束中连接器创建失败等。

5）Violations Associated with Documents（与文档有关的违规类型）：重复的电路图样编号、重复的电路图符号名称、电路图符号缺少对应的原理图文档、多个顶层原理图文档等。

6）Violations Associated with Harnesses（与线束有关的违规类型）：功能线束定义错误、线束连接器类型语法错误、线束缺少线束类型、线束具有多个线束类型、无法识别的线束类型等。

7）Violations Associated with Nets（与网络有关的违规类型）：重复的网络名、浮动的网络标签、全局电源对象的使用范围更改、差分对线缺少正网络和负网络、信号具有多个驱动、信号没有驱动、网络中只有一个引脚等。

8）Violations Associated with Others（与其他对象有关的违规类型）：对象没有完全位于图样边界内、对象不在网格上等。

9）Violations Associated with Parameters（与参数有关的违规类型）：同一参数包含不同的类型、同一参数包含不同的值等。

对于每一项具体的违规，可以设置相应的错误报告等级。有四种错误等级，在列表右侧的 Report Mode 栏位列出，分别为 No Report（不报告）、Warning（警告）、Error（错误）和 Fatal Error（致命错误），并采用不同的颜色加以区分。用户可以根据实际需要逐项修改错误等级，也可以在选项卡空白处单击右键，利用弹出的快捷菜单进行设置。如果要恢复系统默认设置，单击选项卡左下角的 Set To Installation Defaults 按钮即可。

2. Connection Matrix 选项卡

Connection Matrix 选项卡显示一个表示电气引脚连接关系的上三角矩阵，矩阵上方和右方等间距排列着各种类型的电气引脚，如图 5-7 所示。矩阵本体由多个颜色不一的小方块构成，每个方块所在的行和列各对应着一种引脚类型。方块的颜色表示其对应的两种类型的引脚相连接产生的错误等级,共有四种颜色:绿色表示正常连接,不产生错误报告;黄色为警告级别;橙色为错误级别;红色为致命错误级别。

例如,第 10 列的 Output Port 与第 10 行的 Output Port 交叉处对应的方块为橙色,表示输出端口与输出端口相连接时会产生错误报告。再如,矩阵右上角方块对应着 Unconnected(无连接)和 Input Pin(输入引脚),方块颜色为黄色表示当一个输入引脚无连接时会产生警告信息。

对于各种连接的错误等级,可以直接使用系统的默认设置,也可以根据实际需要进行修改。单击矩阵小方块即可使其颜色在绿、黄、橙、红之间切换。如果不满意所做修改,可以单击对话框左下角的 Set To Installation Defaults 按钮恢复默认设置。

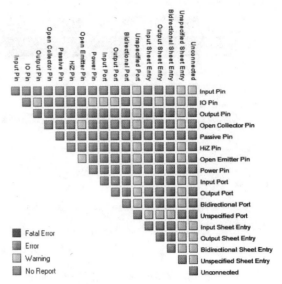

图 5-7　Connection Matrix

5.2.2　编译工程与查错

设置好选项卡后,即可进行编译。既可以编译单个文档,也可以编译整个工程。

【例 5-2】编译简易直流电压表原理图。

例 5-2

(1)打开本例对应的电子资源"例 5-2_Compile_Error"目录下的"Voltage_Meter_Error.PrjPCB"工程。

(2)执行菜单命令 Project ≫ Compile PCB Project Voltage_Meter_Error.PrjPCB,系统开始对整个工程进行编译。如果编译没有发现错误与致命错误,编译结束后不会有任何反馈;否则会弹出 Messages 面板(见图 5-8),面板上半部分逐条列出编译中发现的各种违规信息。每条违规信息包括违规类型、违规所在的文档、信息来源、详细的违规信息、违规信息产生的时间、日期以及编号。在 Class 列标题处单击,将违规信息按照类型排序,这样方便集中解决错误和致命错误。面板下方 Details 区域显示当前违规信息的详情。

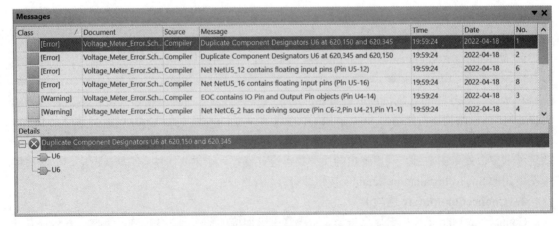

图 5-8　Messages 面板显示的编译错误信息

⚠ 编译中检查出的违规部位会显示红色波浪线。

（3）双击 Messages 面板中的某一条违规信息，原理图跳转到违规处并高亮显示，原理图其余部分则淡化显示，方便用户定位，如图 5-9 所示。淡化程度可以通过编辑窗口右下方的 Mask Level 中的 Dim 滑动条控制，滑块往下，淡化程度加深。单击编辑窗口右下方的 Clear 按钮可以恢复正常显示状态。

（4）本例中四处错误分别是元件标识符重名以及 U5 的 12 号和 16 号输入引脚处于浮动状态。将元件 M48Z12-200PC1 的标识符由 U6 改为 U3，将 U5 的 12 号引脚接电源 VCC，16 号引脚接 GND，然后重新编译即可通过。

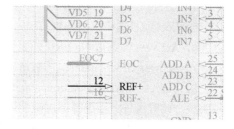

图 5-9 Compile Errors 面板及错误定位

5.2.3 编译屏蔽

在电路设计的中间阶段，由于电路设计未完成导致的一些错误在编译时是可以忽略的。AD 17 提供的指示符（Directive）可以用来屏蔽这样的违规情况。和编译相关的指示符有三种，第一种是 Generic No ERC（通用 No Electrical Rule Check），第二种是 Specific No ERC，第三种是 Compile Mask。它们可以用来指示编译器不要对标记的网络或元件进行电气规则检查，当然也不会产生相应的违规报告。同时，编译器仍然对电路的其余部分进行正常的电气规则检查。

1. Generic No ERC 编译指示符

Generic No ERC 指示符可以放置在元件引脚上，对应的引脚将不会被编译器检查。

【例 5-3】使用 Generic No ERC 屏蔽简易直流电压表编译错误。

（1）打开本书电子资源"例 5-3 Compile_generic_No_ERC"目录下的"Voltage_Meter_With_generic_No_ERC.PrjPCB"工程。

例 5-3

（2）编译该工程，会发现有七处类型相同的违规，对应 ADC0809FN 的 IN1～IN7 引脚，如图 5-10 所示。违规信息显示这七个输入引脚没有输入信号，但是在本电路中，这七个输入引脚实际上并不需要连接输入信号。

（3）执行菜单命令 Place ≫ Directives ≫ Generic No ERC，光标上会附着一个红色的"×"符号，移动光标到元件 ADC0809FN 的引脚 IN1 上，单击左键即可放置该 No ERC 指示符。继续在 ADC0809FN 的 IN2～IN7 引脚上都放置 No ERC 指示符，这样编译器就不会对这几个引脚进行电气规则检查了。再次对工程进行编译，系统不再报错。

双击放置的 Generic No ERC 指示符，打开属性对话框，如图 5-11 所示，各选项说明如下。

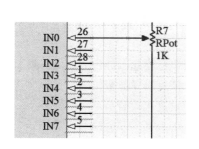

图 5-10 违规的输入引脚

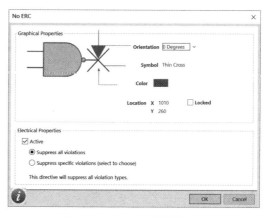

图 5-11 No ERC 属性对话框

1）Orientation：设置 No ERC 指示符的方向。

2）Symbol：改变 No ERC 的外观。

3）Color：单击颜色块修改 No ERC 指示符颜色。

4）Location X、Y：No ERC 的坐标。

5）Locked：选中该复选框可锁定 No ERC 指示符。

6）Active：勾选后 No ERC 才生效。

7）Supress all violations：屏蔽所有的违规类型，即发生任意违规都不会报错。

8）Supress specific violations：只屏蔽特定的违规类型，此时可进一步选择要屏蔽的违规类型。

2. Specific No ERC（特定 No ERC）

执行菜单命令 Place » Directives » Specific No ERC，打开对话框，如图 5-12 所示。编译过的工程会将所有违规（含警告）的网络列在表中，选择某个网络右侧的复选框，单击 OK 按钮，回到原理图该网络处放置 No ERC 指示符，然后返回对话框继续处理下一个违规网络。

勾选 Automatically Recompile 复选框，则每放置一个 No ERC，就自动重新编译，此时已经放置过 No ERC 的违规网络应该从违规列表中消失。

提示：警告类型的违规在很多时候可以不用处理。

图 5-12　放置 Specific No ERC

3. Compile Mask（编译屏蔽）

Compile Mask 对应的是一个矩形，所有被矩形完全覆盖的电路部分都不会被编译。

【例 5-4】使用 Compile Mask 屏蔽简易直流电压表编译错误。

（1）打开本书电子资源"例 5-4_Compile_Mask"目录下的"Voltage_Meter_with_Compile_Mask. PrjPCB"工程。

例 5-4

（2）编译该工程，会发现有七处类型相同的违规，对应 ADC0809FN 的 IN1～IN7 引脚，如图 5-10 所示。但是在本电路中，这七个输入引脚不需要连接输入信号。

（3）执行菜单命令 Place » Directives » Compile Mask，光标会变成十字形，移动光标到元件 ADC0809FN 的左上方，单击左键确定编译屏蔽矩形的左上角位置，然后拉出一个矩形至合适大小，确保将不需要编译的部分完全置于该矩形中，再次单击即可完成编译屏蔽矩形的放置。所有被编译屏蔽的部分会淡化显示，如图 5-13 所示。

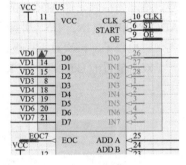

图 5-13　放置编译屏蔽矩形

（4）再次对工程进行编译，系统不再报错。

（5）单击编译屏蔽矩形左上角的红色上三角，编译屏蔽矩形收起，红色上三角变成下三角，失去编译屏蔽作用。单击红色下三角，编译屏蔽矩形展开，恢复编译屏蔽作用。

双击该屏蔽矩形，会弹出其属性对话框，各选项意义和设置比较简单，不再赘述。

5.3　Navigator 面板

编译完工程以后，可以在 Navigator 面板中对工程中的设计文档进行导航。在面板标签栏单击 Design Compiler 面板标签,在弹出的菜单中选择 Navigator 打开面板,如图 5-14 所示。

单击 Navigator 面板上方的 Interactive Navigation 按钮进入交互导航模式,系统对当前工程进行编译,移动光标到原理图编辑窗口,光标变为十字形,单击原理图中的引脚、网络标签、端口、图纸入口等对象,Navigator 面板会自动选择该对象。交互导航按钮两侧左、右箭头可以在浏览历史中移动。

Navigator 面板本身包括几个列表区域:

第一个列表区域显示当前工程包含的设计文档。如果选择 Flattened Hierarchy,则显示整个工程中的电气对象;如果选择某个设计文档,则只显示该文档中包含的电气对象。

第二个列表区域显示当前选中的设计文档中包含的元件。单击每个元件左边的+号,展开该元件的参数(Parameters)、模型(Implementations)和引脚(Pins)。选中某个元件,编辑窗口会切换到该设计文档并根据显示选项设置来显示该元件及其他未被选中的元件。

第三个列表区域显示当前选中的设计文档中包含的网络和总线。单击网络左边的+号,展开该网络包含的引脚(Pins)、网络标签(Net Label)、图形线条(Graphical Lines)、端口(Port)、图纸入口(Sheet Entry)。单击总线左边的+号,会展开该总线包含的分支线,对于每个分支线,可以继续展开其包含的引脚、网络标签等内容。

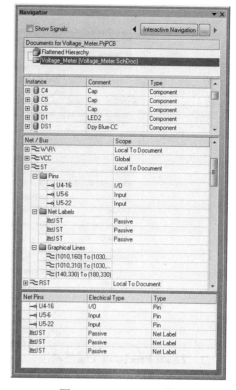

图 5-14 Navigator 面板

在第一个列表区选择某个原理图文档,然后勾选面板左上角的 Show Signal 复选框,在第三个列表区域会显示选中网络中信号驱动(Driving)引脚或信号被引脚驱动(Driven)的关系。

第四个列表区域显示的内容由第二个或者第三个列表中选择的对象决定。如果当前选择的是第二个列表中的元件,则第四个列表区域显示该元件的所有引脚;否则显示第三个列表中选中的网络所包含的引脚、网络标签、端口、图纸入口等对象。

在任意一个列表区域单击鼠标右键,弹出菜单包括显示(Show)选项设置和跳转到对象的命令。

单击 Navigator 面板上方的█按钮,弹出面板首选项配置页,如图 5-15 所示。具体说明如下。

1. Highlight Methods(高亮方式)

1)Zooming(缩放):在原理图编辑窗口放大显示 Navigator 面板中选中的对象。

2)Selecting(选择):在原理图编辑窗口选择 Navigator 面板中选中的对象。

3)Masking(遮蔽):在原理图编辑窗口淡化显示 Navigator 面板中未选中的对象。

4)Connective Graph(连接图):在原理图编辑窗口用图形显示 Navigator 面板中选中的对象与其他对象的连接关系。如果 Navigator 面板当前选中的对象是元件,则用绿线和绿点显示该元件与其他元件的连接关系。如果当前选中的对象是网络,则用红线和红点显示该网络的所有组成部分。

5)Include Power Parts(包含电源部分):包括仅和当前元件连接相同电源网络的元件。把这些元件也看作和当前元件具有连接关系。

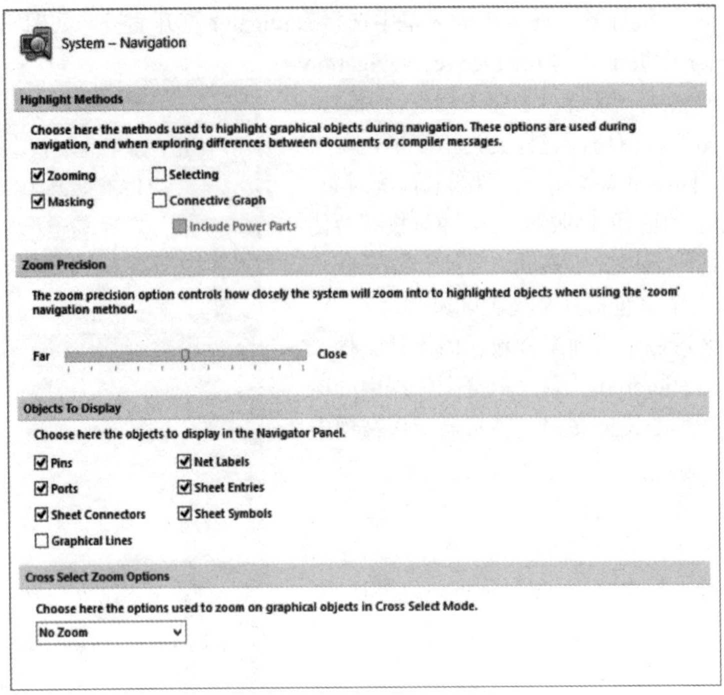

图 5-15　Navigator 面板首选项配置页

2．Zoom Precision（缩放精度）

Zoom Precision 定义放大倍数。滑块移向 Far 一侧，放大倍数减小，否则增大。

3．Objects To Display（对象显示）

Objects To Display 选择在 Navigator 面板中显示的对象。这些对象包括 Pins、Net Labels、Ports、Sheet Symbols、Sheet Entries 等。

4．Cross Select Zoom Options（交叉选择缩放选项）

用于设置交叉选择模式下，在原理图选中对象后，应如何放大显示 PCB 中的对应对象。

5.4　生成报表

Altium Designer 提供丰富的报表输出功能，能够输出网表、材料清单、元件交叉参考表、端口交叉参考表等各种不同类型的报表，这些报表从不同角度反映了电路图的信息，有利于设计人员对电路进行检查、统计，同时方便不同电路设计软件之间数据的传递和共享。

5.4.1　网表（Netlist）

电路图中的网表是具有电气连接关系的一组引脚、网络标签、端口、图纸符号和线束入口的集合。网表从电路原理图中提取出元件及网络信息，并用文字进行描述。网表可以作为各种电路辅助设计软件之间传递数据的载体。

1．设置网表选项

执行菜单命令 Project ≫ Project Options，在弹出的对话框中选择 Options 选项卡，其中的 Netlist Options 区域用来设置网表相关选项，具体介绍如下。

1) Allow Ports to Name Nets：允许使用端口命名网络，即当网络中包含端口时，可以使用端口名称作为网络名称,默认情况下,禁用该选项。

2) Allow Sheet Entries to Name Nets:允许使用图纸入口命名网络,即当网络中包含图纸入口时,可以使用图纸入口名称作为网络名称。

3) Allow Single Pin Nets:允许仅包含单个引脚的网络,此时该引脚悬空。

4) Append Sheet Numbers to Local Nets:在本地网络名称上附加其所在图纸的编号。

5) Higher Level Names Take Priority:用高层次图纸上命名的网络取代低层次图纸上命名的网络。

6) Power Port Names Take Priority:电源端口名称具有更高的优先级。

2. 生成网表

设置好网表选项后,接着就可以生成网表了。相关菜单命令在 Design ≫ Netlist for Project 和 Netlist for Document 下,分别用来生成整个工程的网表和当前文档的网表。这两个菜单项下的级联菜单内容都是一样的,从中可以看出,AD 17 支持多种不同格式的网表。

【例 5-5】生成直流电压表的网表。

(1) 打开本书电子资源"例 5-5_Voltage_Meter"目录下的"Voltage_Meter.PrjPCB"工程。

(2) 执行 Design ≫ Netlist for Project ≫ Protel 菜单命令,在工程面板中该工程目录下生成 Generated/Netlist Files 子目录,并在其中生成 Voltage_Meter.Net 网表文件。

例 5-5

(3) 双击网表文件名即可打开,这其实是一个文本文件。Protel 格式的网表由元件声明和网络定义两部分组成,遵守约定的语法格式。

每个元件的声明都包含在一对方括号"[ ]"内。下面是对一个元件的声明,"//"以及后面的内容是笔者添加的注解。

```
[                              //元件声明开始
    R1                         //元件标识符
    DIP-16                     //元件封装
    Res Pack2                  //元件的注释信息
]                              //元件声明结束
```

每个网络的声明都包含在一对圆括号"( )"内。下面是对一个网络的声明。

```
(                              //网络声明开始
    NetC8_1                    //网络名称
    C8-1                       //电容 C8 的 1 号引脚
    VR1-2                      //滑动变阻器 VR1 的 2 号引脚
)                              //网络声明结束
```

从以上网络声明可以看出,网络 C8_1 包含了电容 C8 的 1 号引脚和滑动变阻器 VR1 的 2 号引脚。

5.4.2 元件清单(Bill of Materials)

Altium Designer 可以生成电路所用到的元件清单,包括元件标识符、封装、库参考等。元件清单可以在采购元器件时使用。

【例 5-6】生成直流电压表的元件清单。

(1) 打开本书电子资源"例 5-6_Voltage_Meter"目录下的"Voltage_Meter.PrjPCB"工程。

(2) 执行菜单命令 Reports ≫ Bill of Materials,弹出材料清单对话框,如图 5-16 所示。该对话框包括四个区域,分别说明如下:

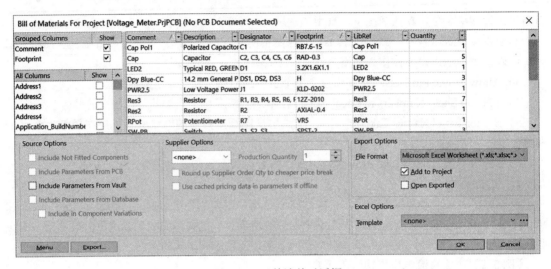

图 5-16 元件清单对话框

1）左上方区域为元件分组所用的属性，属性旁边的 Show 复选框用来设置是否在元件列表中显示该属性。用来分组的属性可以有多个，系统先按照第一个属性对所有元件进行分组，在此基础上，按照第二个属性进行进一步细分，依此类推，直到处理完最后一个分组属性。本例中，先使用 Comment 属性进行分组，该属性相同的元件被放进一组，然后使用 Footprint 属性对同一组中的元件进一步分组。

2）左下方区域列出了所有元件的属性，属性旁边的 Show 复选框用来设置是否在元件列表中显示该属性。

如果要增加用来分组的属性，可在此区域中选中一个属性，拖动到左上方的区域即可；如果要删除某个分组属性，可以直接将该属性从左上方区域拖到左下方区域。

3）元件清单对话框主要区域为右边的元件列表，列表中包含了多列，每列对应一个属性，单击每列标题，会按照该列属性进行排序；再次单击，则反转排序顺序。选中某列标题，左右拖动可以改变列标题的排列顺序。

该列表根据左上方区域的分组属性进行分组。根据所选择的分组属性，每一行可能包括多个元件。例如，本电路中有六个电容 C1～C6，先按照 Comment 分类，C1 属于一组，C2～C6 属于一组；然后对每一组电容按照 Footprint 分组，由于 C2～C6 的封装都相同，所以仍然为一组。

4）元件清单对话框下方区域包括 Source Options、Supplier Options、Export Options、Excel Options 等设置区域。

下面对元件清单对话框下方区域的选项进行介绍。

1）Source Options：设置 BOM 的数据来源。

① Include Not Fitted Components，仅用于变体设计中，一般不选择。

② Include Parameter From PCB：包含 PCB 中的参数。当基于原理图生成 BOM 且工程中包含 PCB 时，此选项被激活。如果基于 PCB 生成 BOM，则必然会包含 PCB 的参数。

③ Include Parameters From Vault：如果元件来自 Vault，该选项允许包含 Vault 中的参数信息。

④ Include Parameters From Database：如元件来自外部数据库，该选项允许包含数据库中的参数。

2）Supplier Options：供应商选项。用于设置元器件供应商及采购数量。

3）Export Options：

① File Format：生成报表的文件格式，包括 CSV、Excel、PDF、Txt、html、XML 等格式。
② Add to Project：设置是否将生成的元件清单文件加入工程中。
③ Open Exported：设置是否打开输出的文件。
4）Excel Options：
Template：用于设置输出报表文件使用的模板，单击右边的下三角箭头可以选择模板文件，单击 ··· 按钮则可以指定模板文件的路径和文件名。
5）Menu 按钮：单击则弹出菜单，常用菜单项分别说明如下。
① Export：弹出文件存储对话框，选择好保存输出文件的路径和输出文件名，即可输出元件清单文件。
② Report：弹出元件清单预览窗口，可以在该窗口中执行打印和文件保存工作。
③ Column Best Fit：每列根据其内容调整宽度。
④ Force Column to View：强制所有列的总宽度缩放至视图的宽度。
6）Export 按钮：弹出文件存储对话框，选择好保存输出文件的路径和输出文件名，即可输出元件清单文件。

在本例中，选择 Export Options 区域中的 Add to Project 和 Open Exported 复选框，然后单击 Export 按钮，在打开的保存对话框中保持系统设置不变，单击 OK 按钮，系统即会在工程面板中的该工程目录下创建 Generated/Documents 子目录，并在其中生成 Voltage_Meter.xlsx 文件，同时打开该文件。

5.4.3 简易元件清单

生成简易元件清单不需像生成元件清单那样进行各种配置，可以快速生成简单明了的元件清单。
【例 5-7】生成直流电压表的简易元件清单。
（1）打开本例对应的电子资源"例 5-7_Voltage_Meter"目录下的"Voltage_Meter.PrjPCB"工程。
（2）执行菜单命令 Reports ≫ Simple BOM，系统直接生成当前工程的元件清单，而不需要任何设置。工程面板中该工程目录下生成 Generated/Text Documents 子目录，并创建以当前工程名命名的两个文件，扩展名分别为*.BOM 和*.CSV。这两个文件都是文本文件，可以用记事本打开，*.CSV 文件也可以用 Excel 电子表格软件打开。

5.4.4 工程层次结构报表

Altium Designer 可以生成层次化工程的层次结构。如果某工程是层次化工程，执行菜单命令 Reports ≫ Report Project Hierarchy 可以提取整个工程中设计文档的层次结构，并在工程面板中该工程目录下生成 Generated/Text Documents 子目录，在其中创建以工程名命名、扩展名为*.REP 的文本文件。

5.5 文件输出与打印

5.5.1 智能 PDF

智能 PDF 工具可以为某个设计文档或某个工程中的所有设计文档生成一个 PDF 文档，该文档包含了设计文档的内容，同时还可以创建多种对象的书签，方便用户浏览查看。该工具的使用方法详见 16.7.1 小节。

5.5.2 打印原理图

原理图文档的打印命令在原理图编辑环境的 File 主菜单下,共有四个菜单命令,如图 5-17 所示。

1. Page Setup 菜单命令

执行菜单命令 File ≫ Page Setup 后打开如图 5-18 所示的页面打印属性对话框,各选项说明如下。

(1) Printer Paper

1) Size:单击下拉列表从中选择打印纸张大小。

2) Landscape:使能该复选框将原理图横向打印。

3) Portrait:使能该复选框将原理图纵向打印。

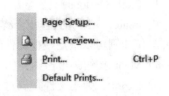

图 5-17　打印菜单命令

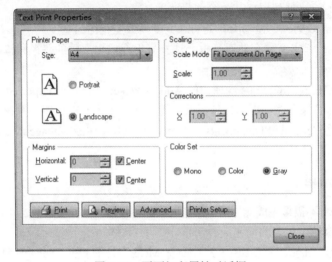

图 5-18　页面打印属性对话框

(2) Margins

1) Horizontal:设置打印页面的水平页边距,如果将该栏位设为 0,则采用打印机要求的最小边距。当选中其右侧的 Center 复选框时,该栏位被禁用,原理图会自动居中打印在打印纸上。

2) Vertical:设置打印页面的垂直页边距,如果将该栏位设为 0,则采用打印机要求的最小边距。当选中其右侧的 Center 复选框时,该栏位被禁用,原理图会自动居中打印在打印纸上。

(3) Scaling(缩放比例)

1) Scale Mode(缩放模式):设置原理图的缩放模式,可以选择 Scaled Print(缩放打印)和 Fit Document On Page(适应打印纸)两个选项。

2) Scale(缩放):设置原理图缩放倍数。将此栏位设为大于 1 的值将放大打印原理图,设为小于 1 的值将缩小打印原理图。当 Scale Mode 栏位选择缩放打印时,该栏位才被激活。

(4) Corrections(修正)

1) X:使用该栏位来调整 X 轴方向的缩放错误。只有当 Scale Mode 栏位选择缩放打印时,该栏位才被激活。

2) Y:使用该栏位来调整 Y 轴方向的缩放错误。只有当 Scale Mode 栏位选择缩放打印时,该栏位才被激活。

(5) Color Set

1) Mono:黑白打印。

2）Color：彩色打印。

3）Gray：灰度打印，采用不同的灰度级别代表不同的颜色。

（6）各个按钮

1）Print：单击该按钮打开打印机配置对话框，详见本小节后面关于 Print 菜单的介绍。

2）Preview：单击该按钮打开打印预览对话框，详见本小节后面关于 Preview 菜单的介绍。

3）Advanced：单击该按钮打开原理图打印属性对话框，如图 5-19 所示。

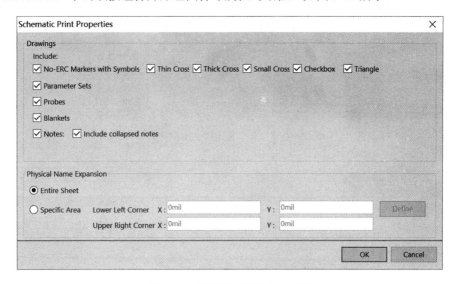

图 5-19　原理图打印属性对话框

该对话框用来指定是否打印一些特殊符号，如 No-ERC Markers（No ERC 标记）、Parameter Sets（参数集）、Probes（探针）、Blankets 等。另外还可以指定打印范围为整张图纸还是部分区域。

4）Printer Setup：单击该按钮打开打印机设置对话框。

5）Close：单击该按钮关闭页面打印属性对话框。

2. Print Preview 菜单命令

执行菜单命令 File ≫ Print Preview，打开如图 5-20 所示的打印预览对话框。

1）Thumbnails：单击该按钮打开或者关闭窗口左边的缩略图栏位。

2）All：预览整个原理图，原理图会自动缩放以适应当前打印纸的大小和方向。

3）Width：按宽度预览原理图，原理图会自动缩放以适应当前打印纸的大小和方向。

4）100%：按 100% 的缩放比例显示原理图文档。

5）Print：打开打印对话框。

6）Edit Preview Percentage：在该栏位直接输入预览图的缩放比例。

7）Preview First ：单击该按钮跳转到打印文档的第一页。

8）Preview Prior ：单击该按钮跳转到打印文档的上一页。

9）Preview Next ：单击该按钮跳转到打印文档的下一页。

10）Preview Last ：单击该按钮跳转到打印文档的最后一页。

11）Edit Preview Page：输入要跳转的页码，格式为"跳转页码/总页码"，如 2/8。

3. Print 菜单命令

执行菜单命令 Files ≫ Print，打开如图 5-21 所示的打印机配置对话框。

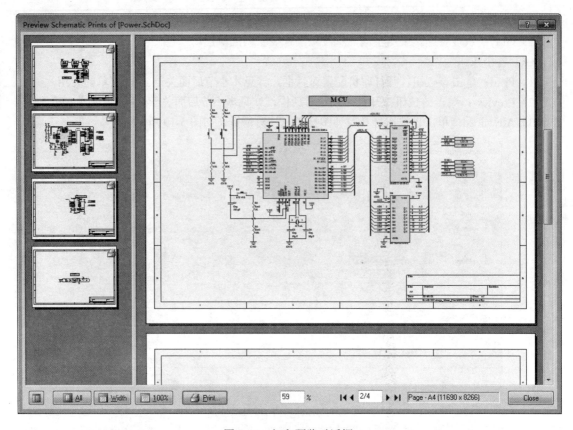

图 5-20 打印预览对话框

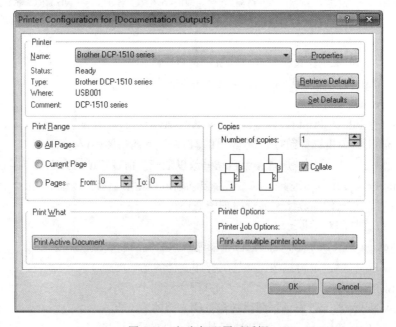

图 5-21 打印机配置对话框

(1) Printer

1) Name:单击该下拉列表选择计算机系统当前安装的打印机。

2）Properties：单击该按钮显示当前打印机的属性对话框。不同打印机的属性对话框各不相同，但无非都是设置打印方式、纸张大小、打印机质量等方面的属性。

3）Retrieve Defaults：单击该按钮提取当前打印机的默认配置。

4）Set Defaults：单击该按钮设置打印机的默认配置。

（2）Print Range

1）All Pages：使能该选项打印所有页。

2）Current Page：使能该选项仅打印当前页。

3）Pages：选中该选项后可以指定打印的页码范围。From 栏位指定打印范围的开始页码，To 栏位指定打印范围的结束页码。

（3）Print What：单击下拉列表选择以下打印选项

1）Print All Valid Documents：打印当前工程中的所有文档。

2）Print Active Document：只打印当前文档。

3）Print Selection：只打印当前文档中被选中的对象。

4）Print Screen Region：只打印文档显示在屏幕上的区域。

（4）Copies

1）Number of copies：输入打印的份数。

2）Collate：选择多份文档的打印顺序。

（5）Printer Options

Printer Job Options：该选项设置打印输出是作为单打印机任务还是多打印机任务发往 Windows 打印队列。

4. Default Prints 菜单命令

Default Prints 菜单命令将打开工程选项对话框中的 Default Prints 选项卡，如图 5-22 所示。工程选项对话框也可以通过执行菜单命令 Project ≫ Project Options 来访问。

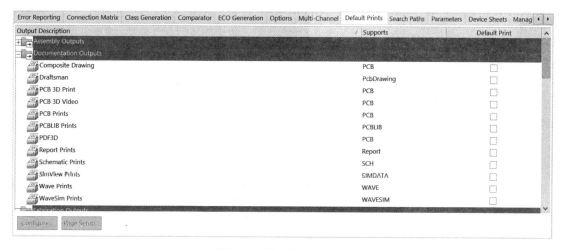

图 5-22 默认打印对话框

1）Default Prints 选项卡主体为一个列表，用来描述每种编辑器所支持的打印输出文档类型，各列说明如下。

① Output Description：描述打印输出的文档类型。

② Supports：支持该文档类型的编辑器。

③ Default Print：选中该列的某个复选框，则将该复选框对应的输出文档类型设置为对应编辑器的默认输出文档类型。

例如，在图 5-22 中，PCB 编辑器的默认打印输出文档为 PCB 3D Print，即为 PCB 的 3D 视图输出；而原理图编辑器的默认打印输出文档为 SCH Print，即为通常的原理图文档输出。

可以在相应的编辑器环境中执行菜单命令 File ≫ Preview 加以验证。每种类型的编辑器只能支持一种类型的默认输出文档。

🔔 SCH 编辑器的默认打印输出为 SCH Printout，而 PCB 编辑器的默认打印输出为 PCB Printout。限于篇幅，本书关于打印输出的介绍都基于系统默认配置。

2）Configure 按钮：单击该按钮对当前选中的默认打印输出属性进行配置。

3）Page Setup 按钮：单击该按钮设置页面打印属性。在本小节前面的 File ≫ Page Setup 菜单命令中已经介绍过，不再赘述。

5.6 思考与实践

1. 思考题

（1）什么是多部件元件？是不是多部件元件的所有部件都是相同的？

（2）编译工程的作用是什么？

（3）Navigator 面板的功能有哪些？

（4）简述网表的主要内容。已知一个网表，能否画出对应的原理图？

2. 实践题

（1）重做例 5-1，掌握对原理图自动编号的方法，尝试改变编号顺序，比较得到的结果。

（2）重做例 5-2，掌握解读、分析、定位和纠正电气规则错误的方法。

（3）重做例 5-3 和例 5-4，掌握使用 No ERC 和 Compile Mask 的方法。

（4）打开例 5-5 中的工程，利用 Navigator 面板浏览工程中的各个电气对象，掌握其配置方法。

（5）打开例 5-5 中的工程，生成 Protel 格式的网表、元件清单、简单元件清单。

（6）打开例 5-5 中的工程，设置打印页面属性和打印机，实际打印原理图文档。如无打印机，可使用打印预览功能，查看原理图打印效果。

第 6 章　原理图设计技巧

本章介绍一些原理图设计中的实用技巧。这些技巧体现了 AD 17 强大又贴心的设计。特别在复杂电路原理图设计中，灵活利用这些技巧，可以快速准确地完成繁琐的编辑工作，大大减轻劳动强度，提高工作效率，轻松面对电路设计中的各种挑战。

6.1　网络颜色覆盖工具

网络颜色覆盖（Net Color Override）工具可以用指定颜色高亮显示当前原理图文档中的网络，这样可以方便地检查电路的连通性。执行菜单命令 View ≫ Set Net Colors 或者单击 Wiring 工具栏最右侧的 ✎ 图标，在弹出菜单（如图 6-1 所示）中选择合适的颜色，光标会变成十字形，移动光标到任何一个网络标签、引脚、导线、端口、图样入口上方，单击鼠标左键，即可将该单击对象所属网络全部用颜色高亮显示，如图 6-2 所示。这样非常容易观察该网络所包含的各种电气对象，便于检查网络的连接是否正确完整。设置的网络颜色还可以转移到 PCB 中。

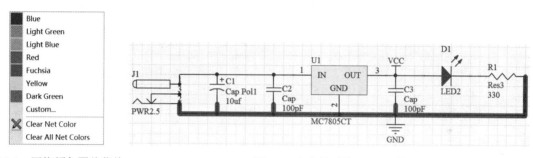

图 6-1　网络颜色覆盖菜单　　　　图 6-2　高亮显示的 GND 网络

6.2　粘贴阵列

粘贴阵列功能可以用来高效粘贴呈阵列排列的对象。

执行菜单命令 Edit ≫ Smart Paste，打开 Smart Paste 对话框，选中该对话框右上方的 Enable Paste Array（使能粘贴阵列）复选框，激活该设置区域，其设置选项如图 6-3 所示，具体说明如下。

1. Columns（列）

1）Count（数目）：设置粘贴阵列的列数。

2）Spacing（间距）：设置列与列之间的间距。当间距为正数时，列按左到右的顺序排列；当间距为负数时，列按从右到左的顺序排列。

2. Rows（行）

1）Count（数目）：设置粘贴阵列的行数。

2）Spacing（间距）：设置行与行之间的间距。当间距为正数时，行按从下到上的顺序排列；当间距为负数时，行按从上到下的顺序排列。

3. Text Increment（文本增量）

Text Increment 区域用来设置粘贴多个对象时，它们的标识符中数字部分的递增方式。

1) Direction（方向）：增量方向设置，有 None（不设置）、Horizontal First（先从水平方向递增）、Vertical First（先从垂直方向递增）三个选项。选中后两项时，还需继续输入递增数值。

2) Primary（主要）：用来设置粘贴元件时，标识符的数字递增量。

3) Secondary（次要）：用来设置粘贴引脚名称时，引脚编号的数字递增量。一般用在创建库元件引脚的场合。

【例 6-1】粘贴 4×4 的开关阵列。

（1）放置一个 Switch 开关到编辑区，将其标识符设为 S1 并复制。

（2）执行菜单命令 Edit ≫ Smart Paste，打开 Smart Paste 对话框，单击该对话框右上方的 Enable Paste Array 复选框，激活该设置区域。

例 6-1

（3）在 Columns 区域的 Count 文本框中输入 4，Spacing 文本框中输入 80。注意，度量单位应为 DXP Default，如果是其他长度单位应相应调整输入的 Spacing 数值。

（4）在 Rows 区域的 Count 文本框中输入 4，Spacing 文本框中输入 -80。

（5）将 Text Increment 区域的 Direction 设为 Horizontal First，Primary 和 Secondary 文本框中都输入 1。

（6）完整的选项设置如图 6-3 所示，完成后单击 OK 按钮返回编辑窗口，可以看到光标上附着一个矩形框，移动该矩形框到合适位置，单击左键即可放置 4×4 开关阵列，如图 6-4 所示。

图 6-3　粘贴阵列选项配置

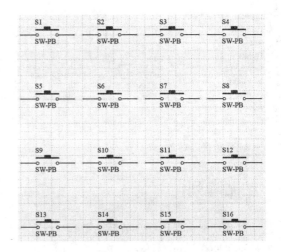

图 6-4　4×4 的开关阵列

6.3 Jump（跳转）功能

编辑复杂电路原理图时，时常需要在原理图上不同位置间进行跳转。Altium Designer 提供多种跳转功能，可以跳转到指定位置，并将其置于编辑窗口中心处。

跳转功能集中在菜单 Edit ≫ Jump 下，如图 6-5 所示。下面分别介绍各个菜单项的功能。

1) Origin（原点）：屏幕左下角即为原点。执行该命令后屏幕左下角会移动到编辑窗口中心位置，同时光标会置于此处。使用快捷键

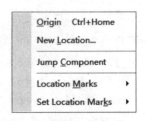

图 6-5　Jump 菜单

Ctrl + Home 也可执行同样的功能。

2）New Location：执行该命令后会弹出对话框，如图 6-6 所示，在其中输入新位置的 X 和 Y 坐标，单击 OK 按钮后光标即跳转到新位置。

3）Jump Component（跳转到元件）：执行该命令后弹出对话框，在文本框中输入元件的标识符，单击 OK 按钮后即跳转到该元件。元件也可以用通配符表示，如输入 "U*"，则依次跳转到标识符以 "U" 开头的元件处，如图 6-7 和图 6-8 所示。单击 Next 按钮可以跳转到下一个元件，单击 Previous 按钮跳转到上一个元件。单击 Close 按钮则终止执行跳转功能，同时把元件信息显示在消息面板中。单击面板中的消息，也可以跳转到该消息对应的元件。

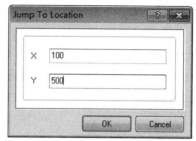

图 6-6 跳转到具体位置

4）Set Location Marks（设置位置标记）：一共可以设置 10 个位置标记。在级联菜单中选择位置编号，光标变为十字形，移动到需要做标记的位置，单击鼠标左键即可放置标记。

图 6-7 指定要跳转的元件

5）Location Marks（跳转到位置标记）：选择要跳转的位置标记，即可跳转到该位置。注意，该位置必须事先用 Set Location Markers 命令做好标记，否则无法跳转。

6.4 Snippets（片段）面板

在电路设计中，很多电路模块是经常使用的，这些电路模块可以作为片段存储在 Altium Designer 系统中，需要的时候可以直接调出来重复使用。AD 17 使用 Snippets 面板作为提供电路原理图复用的方法之一。

图 6-8 跳转到元件

单击面板标签栏的 System 标签，在弹出的菜单中选择 Snippets 命令，显示 Snippets 面板。AD 17 默认提供了一个名为 Snippets Examples 的片段存储文件夹。如果想在硬盘其他路径的文件夹中存储片段，可以单击 Snippets 面板右上方的 Snippet Folder 按钮，在弹出的对话框中单击 Open Folder 按钮，可以选择新的文件夹，最后单击 Close 按钮，回到 Snippets 面板，新的文件夹将被添加到面板中。

【例 6-2】创建、保存并放置电源模块片段。

（1）打开本例对应的电子资源 "Snippet.PrjPcb" 工程，选中 Snippets.SchDoc 原理图中需要被保存为片段的电路模块，这里选择整个电源模块。

（2）单击鼠标右键，在弹出的菜单中选择 Snippets ≫ Create Snippets from Selections 菜单命令，打开 Add New Snippet 对话框，在 Name 文本框中输入新的 Snippet 名称 Power Module，如图 6-9 所示。

（3）在系统提供的片段文件夹下创建一个子文件夹。单击 New Folder 按钮，弹出 Folder Properties 对话框，在 Name 文本框中输入新的子文件夹名称 Power，然后在 Parent Folder 框中选中父文件夹 Snippets Examples，如图 6-10 所示。

（4）单击 OK 按钮返回 Add New Snippet 对话框，即可看到 Power 文件夹已经创建并成为 Snippets Examples 的子文件夹，紧接着可以在 Comment 文本框输入片段的注释信息，如图 6-11 所示。单击 OK 按钮关闭该对话框。

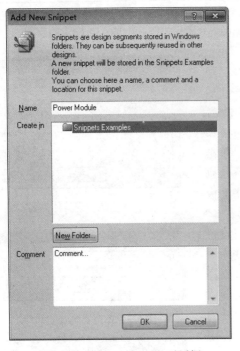

图 6-9　Add New Snippet 对话框　　　　图 6-10　在 Snippets Examples 下新建 Power 文件夹

（5）单击面板标签栏的 System 标签，在弹出的菜单中选择 Snippets 命令，打开 Snippets 面板，即可看到所选取的电源模块以缩略图的方式存放在 Power 文件夹中，如图 6-12 所示。

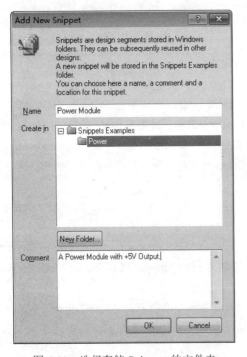
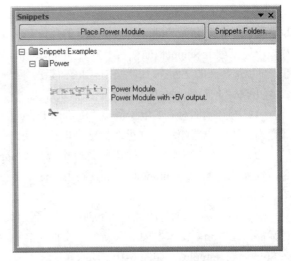

图 6-11　选择存储 Snippets 的文件夹　　　　图 6-12　存储了片段的 Snippets 面板

（6）当要在原理图中复用该片段时，打开 Snippets 面板，选中 Power Module 片段电路，单击面板上部的 Place Power Module 按钮，屏幕回到原理图编辑窗口，光标上附着该片段电路，移动光标到合适位置,单击鼠标左键,即可放置该片段电路,同时屏幕回到 Snippets 面板,可以继续放置更多的片段电路,也可以关闭该面板退出放置状态。

6.5 SCH Inspector(SCH 检视器)面板

原理图和 PCB 编辑环境都可以使用 SCH Inspector 面板,该面板可以实时显示并修改当前选中的一个或者多个对象的属性。

选中任何一个对象,然后按下 F11 键或者单击面板标签栏的 SCH 标签后在弹出的菜单中选择 SCH Inspector 命令,打开 SCH Inspector 面板。图 6-13 就是选中一个电容后显示的 SCH Inspector 面板,该面板最上面有一行文字,包含两个带下划线的文本,第一个下划线文本用来限定显示对象的范围,最重要的是第二个下划线文本,用来设置面板中显示的对象的来源:

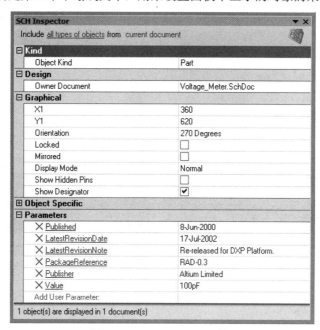

图 6-13 SCH Inspector 面板

① current document(只显示当前文档中的匹配对象);
② open documents(显示所有打开文档中的匹配对象);
③ open documents from the same project(显示同一工程中所有打开文档中的匹配对象)。

SCH Inspector 面板的主体部分显示对象属性。对于电容而言,其属性包括五个区域:

1) Kind:显示对象的类型。电容属于元件,类型为 Part。
2) Design:显示对象所在的文档。
3) Graphical:显示对象的图形属性,包括位置、方向、是否锁定、镜像、显示模式、是否显示标识符等属性。
4) Object Specific:显示对象特定的属性,内容随对象而变化。对于元件对象而言,包括对象描述、是否锁定引脚、所在库、当前封装等属性。
5) Parameters:显示对象的参数名称及其当前取值。每个参数前面有一个红色的×,单击即可删除该属性,也可以单击最下方的 Add User Parameter,添加自定义属性。

可以通过 SCH Inspector 面板来修改电容的属性,这里将电容的值从原来的 47pF 修改为

100pF。单击 Parameters 区域的 Value 属性,将其右边文本框中的 47pF 更改为 100pF,按回车键或者在该文本框外单击鼠标,即可完成修改,原理图中的电容值随即变为 100pF。

粗看起来,使用 SCH Inspector 查看并编辑对象属性并没有什么特别之处。因为双击对象打开其属性对话框,也可以达到相同的目的。但当要依次查看多个对象的属性时,使用 SCH Inspector 就显得非常方便。大家可以首先打开 SCH Inspector,然后依次单击各个对象,即可在检视器中实时查看它们的属性,比一个个双击对象打开其属性对话框要方便多了。

6.6 利用查找相似对象和 SCH 检视器编辑多个对象

SCH Inspector 面板非常有用的功能是可以一次修改多个对象的属性,即使这些对象属于不同的类型。这对于复杂电路图中大量元件的编辑修改显得尤为重要。

对多个对象进行编辑前先要选择这些对象。尽管存在几种常规的可以用来选择多个对象的方法,如使用鼠标逐个选择或者进行框选,但都适用于对象数量较小且分布较为集中的场合。而复杂电路中往往存在大量分散的元件,有时元件甚至分布在不同的原理图文档中,这种情况下选择大量元件无疑是一件费时费力又容易发生遗漏的工作。

AD 17 提供了 Find Similar Objects(查找相似对象)菜单命令来查找并选择符合要求的匹配对象,再利用 SCH Inspector 面板对选择的对象一次性编辑其属性。

首先选择任意一个元件,单击鼠标右键,在弹出的菜单中选择 Find Similar Objects 菜单命令,即可显示 Find Similar Objects 对话框,如图 6-14 所示。

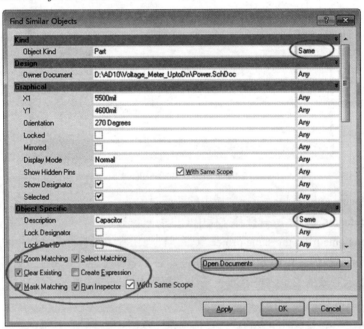

图 6-14 Find Similar Objects 对话框

该对话框列出了被选择对象的各种属性。每个属性占据一行三列,最左边一列为属性名称,中间一列文本框为属性当前值,最右边一列为属性查找选项,该选项有三种可选值:

① Any:该属性不包含到对象查找条件中;
② Same:查找具有相同属性名称和属性值的对象;

③ Different：查找具有相同属性名称和不同属性值的对象。

Find Similar Objects 对话框下面的六个复选框用来设置查找结束后匹配对象和非匹配对象的显示状态，分别介绍如下。

1）Zoom Matching（缩放匹配）：是否将找到的匹配对象缩放以填满编辑窗口，默认选中。

2）Select Matching（选择匹配）：将匹配的对象置为选择状态。该项一般和第 6）项同时使用。

3）Clear Existing（清除当前状态）：在开始本次查找前，清除上次查找结果的显示状态。

4）Create Expression（创建查找表达式）：按照本次查找条件创建查找表达式。

5）Mask Matching（隐藏匹配）：将非匹配的对象淡化显示。

6）Run Inspector（运行 SCH 检视器）：该选项一般应和第 2）项联合使用，这样当查找完成后会自动打开 SCH 检视器，并在其中显示匹配对象的属性信息。

7）With Same Scope：如果运行 SCH 检视器，则检视器使用的查找对象范围与此处设置的相同。

该对话框右下角的下拉列表框还可以选择查找对象的范围：

① Current Document：在当前文档中查找对象；

② Open Documents：在所有打开的文档中查找对象；

③ Project Documents：在所有打开的工程文档中查找对象。

【例 6-3】将所有无极性电容（Cap）的值修改为 470pF。

（1）打开电子资源"例 6-3_SCH_Inspector"目录下的"SCH_Inspector.PrjPCB"工程，该工程中包含两个原理图文档，MCU.SchDoc 和 Power.SchDoc 文档中含有无极性电容，务必双击打开这两个文档。

例 6-3

（2）选中任意一个无极性电容，单击鼠标右键，选择 Find Similar Objects 菜单命令，打开对话框，该对话框第一个属性 Object Kind 的查找选项默认设置为 Same，将属性 Description 的查找选项也设置为 Same，并将 Find Similar Objects 对话框下部的六个选项除 Create Expression 以外全部选中，同时将查找范围设为 Open Documents，设置好的对话框如图 6-14 所示。单击 OK 按钮后，工作区中所有打开文档中的无极性电容都被选中，其余对象被淡化显示，同时 SCH Inspector 对话框会自动打开。

（3）SCH Inspector 对话框显示所有被选中的电容的属性信息，如图 6-15 所示。将对话框上部的匹配对象来源设置为 open documents of the same project，即只修改本工程中的无极性电容值。注意，Parameters 区域的 Value 属性值显示为<...>，这是因为被选中的电容没有统一的电容值。进一步推广，如果被选中对象的相同属性的属性值不尽相同，都会显示为<...>。

（4）单击该 Value 属性的<...>文本框，在其中输入 470pF，按下回车键或者单击该文本框外的其他区域即可完成对电容值的修改。电路原理图中的所有电容值都被修改为 470pF。

（5）单击 Clear 按钮恢复电路原理图正常显示状态。如果要撤销所做的修改，则在每个发生修改的文档中按下 Ctrl + Z 键即可。

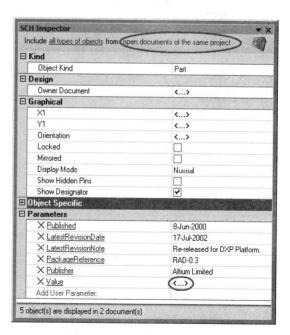

图 6-15　SCH Inspector 对话框

6.7 SCH Filter 面板

6.6 节讲过可以利用 Find Similar Objects 菜单命令来查找多个具有相同属性值的对象,虽然很方便,但是可用于查找的属性是有限的。SCH Filter 面板提供了强大的查找功能,用户可以输入复杂的查询语句来过滤各种类型的对象,不足之处是编写查询语句较为麻烦。

使用快捷键 F12 或者单击编辑区右下方的面板标签栏的 SCH 标签,在弹出的菜单中选择 SCH Filter 菜单命令,即可打开该面板,如图 6-16 所示。下面介绍其中的各个选项。

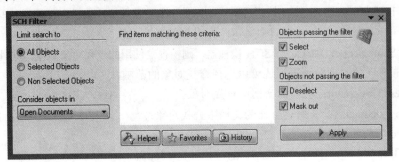

图 6-16　SCH Filter 面板

1. Limit search to 区域用于设置查找范围

1)All Objects:所有对象。

2)Selected Objects:仅在选中的对象中查找。

3)Non Selected Objects:仅在非选中的对象中查找。

2. Consider objects in 用于设置查找对象的文档范围

1)Current Document:在当前文档中查找对象。

2)Open Documents:在所有打开的文档中查找对象。

3)Open Documents of the Same Project:在同一工程的所有打开文档中查找对象。

3. Find items matching these criteria 查询语句输入文本框

该查询语句描述了对象需要匹配的条件。用户可以直接在文本框中输入查询语句,输入时,系统会根据输入情况弹出可能的关键字提示列表。

4. Helper 按钮

提供输入查询语句的帮助工具,详见本节后面关于 Query Helper 的介绍。

5. Favorites 按钮

单击 Favorites 按钮打开表达式管理器中的 Favorites 选项卡,其中列出了一些查询语句。这些查询语句是由常用的历史查询语句添加进来的,如图 6-17 所示。选择某条查询语句,通过该选项卡下部的按钮,可以对查询语句进行重命名、删除、编辑、执行等操作。

6. History 按钮

打开表达式管理器中的 History 选项卡,其中列出了曾使用过的查询语句,如图 6-18 所示。通过该选项卡下部的按钮,可以对这些查询语句进行添加到 Favorites 列表、清空历史、执行查询语句等操作。

7. Objects passing the filter 用于设置满足匹配条件的对象的显示效果

1)Select:将该类对象置于选中状态。选中的对象可以供 SCH Inspector 和 SCH List 面板(见 6.8 小节)进一步处理。

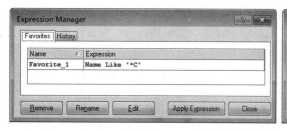 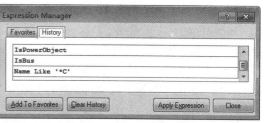

图 6-17　表达式管理器 Favorites 选项卡　　　　图 6-18　表达式管理器 History 选项卡

2）Zoom：将该类对象进行缩放以填满编辑窗口。

8. Objects not passing the filter 用于设置不满足匹配条件的对象的显示效果

1）Deselect：将该类对象取消选择状态。

2）Mask out：将该类对象淡化显示。

9. Query Helper 对话框

单击 SCH Filter 面板下方的 Helper 按钮，弹出 Query Helper 对话框，如图 6-19 所示。

1）Query 文本框用于输入查询语句。用户可以直接输入查询语句，在输入时，系统会根据输入内容弹出关键字提示列表。用户还可以利用鼠标选择 Query 文本框下面的运算符按钮和函数构成完整的查询语句。

2）Query 文本框下面有一排运算符按钮。其中，"+、-、*、/"表示加、减、乘、除；"Div、Mod"表示整数除法和求余；"Not、And、Or、Xor"表示逻辑非、与、或以及异或运算；"<、<=、>=、>、="表示小于、小于等于、大于等于、大于、等于；"Like"表示近似；"*"表示通配符，可以代表任意数量的字符。单击相应的按钮即可输入。

3）Categories 区域分为两个目录，每个目录下又包括若干个子目录。

① SCH Functions 是原理图相关的函数目录。

a．Fields：该子目录包含获取对象各个域值的函数，如对象的排列方式、类型、封装形式、填充颜色、尺寸、标识符等。

b．Membership Checks：该子目录包含成员关系检查的函数，如判断对象是否含有某个模型参数、是否含有某一引脚等。

c．Object Type Checks：该子目录包含对象类型检查的函数，如对象是不是总线、是不是元件、是不是节点等。

② System Functions 包含系统函数。

a．Arithmetic：该子目录下包含各种算术运算函数，如取绝对值、四舍五入、二次方以及开方运算等。

b．Trigonometry：该子目录下包含各种三角运算函数，如正弦、余弦、正切、余切等。

c．Exponential/Logarithmic：该子目录下包含各种指数、对数函数。

d．Aggregate：该子目录下主要包含各种集合运算函数，如最大值、最小值和平均值等。

e．System：该子目录下包含各种系统函数，如随机函数、字符串函数、长度函数等。

选中任意子目录后，右边的列表区即显示出该子目录包含的所有函数，其中 Name 列为函数名称，Description 列为函数描述。双击某个函数，即可将其输入到 Query 文本框。

如果想详细了解某个函数的用法，可以选中该函数，然后按 F1 键即可显示该函数的帮助信息。

【例 6-4】查询所有当前封装为 RAD0.3 的元件。

（1）打开本书电子资源中例 6-4 对应的原理图文档。

（2）该查询语句为"(ObjectKind = 'Part') And (CurrentFootprint = 'RAD-0.3')"，其中 ObjectKind 和 CurrentFootprint 都是 SCH Functions 目录下 Fields 子目录中的函数，可以双击函数名输入到 Query 文本框。输入完成的 Query Helper 如图 6-19 所示。

（3）单击 Check Syntax 按钮检查语法无误后，单击 OK 按钮返回 SCH Filter 面板，如图 6-20 所示。单击 Apply 按钮，启动查询过程，找到的电容被高亮显示，其余对象则淡化显示。

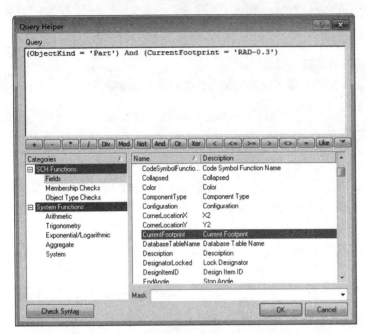

图 6-19　Query Helper 对话框

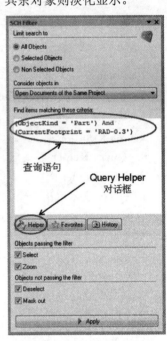

图 6-20　SCH Filter 面板

【例 6-5】查找某芯片外围电路的所有分立元件。

在原理图设计中，有时候需要同时编辑某个芯片外围电路的所有分立元件，因为分立元件一般都围绕芯片布置，可以采用限制坐标的方法来查询并选中。在本例的电子资源文档中，芯片 U4 外围电路所有分立元件的 X 坐标都位于区间[100, 600]内，Y 坐标都位于区间[100, 660]内，则查询语句可以写为"(ObjectKind = 'Part') And (LocationX < '600') And (LocationX > '100') And (LocationY > '100') And (LocationY < '660') And (Not (PartDesignator Like 'U*'))"。

> 利用 SCH Filter 查询到结果后，经常使用 SCH Inspector 或 SCH List 面板进行后续处理。

6.8　SCH List 面板

SCH List 面板使用表格查看或者修改一个或多个对象。SCH List 面板可以和 SCH Filter 面板结合使用，也可以和 Find Similar Objects 查找命令结合使用，对查询后得到的多个对象快速编辑，提高效率。

使用快捷键 Shift + F12 或者单击面板组按钮 SCH，在弹出的菜单中选择 SCH List 菜单项，即可打开 SCH List 面板，如图 6-21 所示。

该面板包括两个主要的区域：

1）用来限制显示对象范围的控制选项。

2）用来显示对象属性的表格。

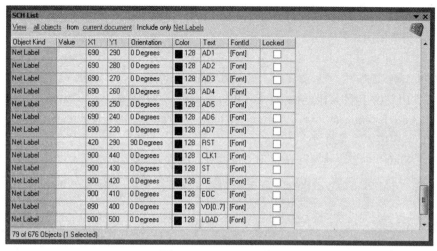

图 6-21　SCH List 面板

1．控制待显示的对象范围

SCH List 面板顶部有一行文字，其中四个下划线部分就是控制选项。

1）单击最左边的下划线部分可以控制面板的两种模式：

① View：视图模式。在这种模式下，只能查看对象属性而不能修改。

② Edit：编辑模式。在这种模式下，可以修改对象属性。

2）单击第二个下划线部分选择以下选项：

① non-masked objects：仅仅显示没有淡化显示的对象。

② selected objects：仅仅显示处于选择状态的对象。

③ all objects：显示所有对象。

3）单击第三个下划线部分选择以下选项：

① current document：仅仅显示当前文档中的对象。

② all open documents：显示所有打开文档中的对象，不管这些文档是否属于同一工程。

③ open documents of the same project：显示属于同一工程的所有打开文档中的对象。

4）最后一个下划线部分用来设置显示对象的类型：

① all types of objects 单选框：显示所有类型的对象。

② display only 单选框：选中后可以在下面的对象列表中进一步选择具体要显示的对象，在对象类型前面的复选框中打勾即可显示该类对象，可以选择一个或多个对象类型。选择完成后单击 OK 按钮，返回 SCH List 列表，可以看到该控制选项内容更新为选择的对象类型。图 6-21 所示的 SCH List 面板只显示网络标签（Net Labels）。

以上控制选项的组合用来限制能够在 SCH List 面板中显示的对象。例如，组合（Edit，selected objects，current document，Part）表示在 SCH List 中显示当前文档中被选中的元件，并可在 SCH List 中对其属性进行编辑。

2．表格显示对象属性

SCH List 表格中显示的是符合控制选项的对象的属性。每个属性占据一列，单击某个属性的列标题栏可以将列表中的所有对象按照该属性的值升序排列，再次单击则降序排列。在 View 模式下，只能查看属性不能更改，切换到 Edit 模式下后，可以对属性进行修改。

【例 6-6】显示原理图中的所有网络标签的属性。

（1）打开本例对应的电子资源文档，进入原理图编辑环境。

（2）按下 Shift+F12 快捷键，打开 SCH List 面板，按照图 6-21 所示设置面板控制选项。

（3）显示结果如图 6-21 所示。

【例 6-7】使用 SCH Filter 和 SCH List 面板将所有电容的值修改为 200pF。

（1）打开本例对应的电子资源文档，进入原理图编辑环境。

（2）按下 F12 键打开 SCH Filter 面板，在查询语句文本框中输入 "(OwnerName like ('C*')) And IsParameter And (ParameterName = 'Value') And (ParameterValue Like ('*f'))"，选中电容的参数值。

例 6-7

（3）按下 Shift+F12 快捷键打开 SCH List 面板，按照图 6-22 所示设置控制选项。

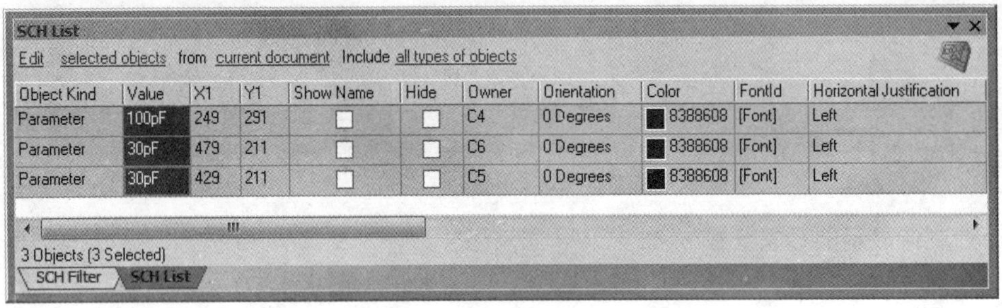

图 6-22　SCH List 面板显示查询到的对象属性

（4）选中 Value 属性所在的列，该列背景会变为蓝色。

（5）在 Value 列的任意单元格上单击鼠标右键弹出菜单，选择 Edit 命令，或者按下 F2 键，或者按下空格键，会有一个单元格进入可编辑状态，输入 200pF。

（6）输入完毕，按下回车键或者将光标移动到单元格外部单击鼠标左键，所有处于选中状态的单元格的内容同时被修改。如果对修改不满意，可以按 Ctrl+Z 快捷键撤销。

（7）关闭 SCH List 面板回到原理图编辑环境，可以看到电容的值已经变成了 200pF。

> 可以将从 Excel 中复制的多个单元格内容一次性粘贴到 SCH List 的单元格中。

6.9　选择记忆面板

在绘制原理图过程中，经常需要重复执行某些对象的选择操作。虽然可以通过鼠标、Find Similar Objects 菜单命令或者 SCH Filter 面板等多种方式来选取多个对象，但是当搜索条件复杂、对象数量较多或者分布范围较广甚至位于不同文档中时，每次都重新执行选择操作，显然是极其低效的。AD 17 中的选择记忆面板可以用来存储对象的选择状态，在需要重新选择对象时可以快速地恢复其选择状态。

单击编辑窗口右下方的 按钮，或者按下快捷键 Ctrl+Q，即可打开选择记忆面板，如图 6-23 所示。可以看到系统提供了八个存储区，初始时存储区都是空的，因此存储区状态显示为 "Memory x is empty"，其中 x 为 1～8 的存储区编号。

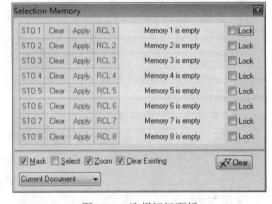

图 6-23　选择记忆面板

1．存入对象的选择状态

【例 6-8】存入三个电容的选择状态。

（1）打开本例对应的电子资源文档，进入原理图编辑环境，任意选中三个电容。

（2）使用下面三种方法之一将选择状态存入存储区 1：

① 按下 Ctrl + 1 快捷键；

② 执行菜单命令 Edit ≫ Selection Memory ≫ Store ≫ 1；

③ 单击编辑窗口右下方的 按钮打开选择记忆面板，单击 STO1 按钮。

此时可以看到存储区 1 的状态变为了 "3 Parts in 1 Document"，表示已经存储成功。

如果选取了其他对象，继续执行上面的操作，并将对象的选择状态存入存储区 1，则原有的三个电容的选择记忆状态将被覆盖。如果不希望发生这种情况，可以选中选择记忆面板中存储区 1 所在行的锁定（Lock）复选框，这样就无法对其进行修改了。

2．添加对象的选择状态

可以在原有的对象选择记忆基础上，添加新的对象选择状态。

【例 6-9】添加两个电阻的选择状态到存储区 1 中。

（1）打开本例对应的电子资源文档，进入原理图编辑环境，任意选中两个电阻。

（2）使用下面两种方法之一将选择状态存入存储区 1：

① 按下 Shift + 1 快捷键；

② 执行菜单命令 Edit ≫ Selection Memory ≫ Store Plus ≫ 1。

此时可以看到存储区 1 的状态变为了 "5 Parts in 1 Document"，表示已经添加存储成功。

3．恢复对象的选择状态

当需要重新选择对象时，可以利用选择记忆面板快速恢复对象的选择状态。

【例 6-10】恢复前面存储的三个电容和两个电阻的选择状态。

可以采用下列两种方法之一来恢复选择状态：

① 使用快捷键 Alt + 1 或者执行菜单命令 Edit ≫ Selection Memory Recall ≫ 1；

② 打开选择记忆面板，单击 RCL1 按钮。

执行完毕后可以看到原理图编辑区的三个电容和两个电阻都被选中。

4．同时恢复不同存储区的对象选择状态

【例 6-11】同时恢复存储区 1 和 2 中的对象选择状态。

例如，存储区 1 中存储了两个电阻的选择状态，存储区 2 中存储了三个电容的选择状态，可以首先恢复存储区 1 中两个电阻的选择状态，然后采用下列三种方法之一来添加恢复存储区 2 中的三个电容的选择状态。

① 使用快捷键 Shift + Alt + 2；

② 执行菜单命令 Edit ≫ Selection Memory ≫ Recall Plus ≫ 2；

③ 打开选择记忆面板，按下 Shift 键的同时单击 RCL2 按钮。

此时两个电阻和三个电容同时处于选中状态。

5．选择记忆面板的其他功能

单击每个存储区的 Clear 按钮，可以清空存储区的内容。

单击每个存储区的 Apply 按钮，可以突出显示所存储的对象。有四种显示效果选项，对应面板下方的四个复选框：

1）Mask：将非存储区的对象淡化显示；

2）Select：将存储区的对象置于选择状态。

3）Zoom：将存储区的对象缩放以填满屏幕。

4）Clear Existing：清除淡化显示效果。

这四个选项右边的 Clear 按钮用来清除存储对象的显示效果。

面板最下方的下拉列表框用来选择存储对象所在的文档范围：

1）Current Document：当前文档；

2）Open Documents：所有打开的文档。

6.10　思考与实践

1．思考题

（1）网络颜色覆盖工具的功能是什么？

（2）什么是粘贴阵列？其中 Row 和 Column 的 Spacing（间距）值为负是什么含义？

（3）什么是 Snippet？它带来的好处是什么？

（4）SCH Inspector 面板的功能是什么？SCH List 面板的功能是什么？二者有何异同？

（5）SCH Filter 面板的功能是什么？它和 Find Similar Objects 菜单命令有何异同？

（6）选择记忆面板的功能是什么？

2．实践题

创建"Chap6-1.PrjPcb"工程，在其中新建"Chap6-1.SchDoc"文档，绘制如图 6-24 所示的电路原理图。在绘制过程中，使用粘贴阵列功能放置 LED1～LED8、RA1～RA8、S1～S8。绘制完成后，进行下列操作：

① 使用网络颜色覆盖工具观察 LED1～LED8 网络。

② 将 RA1～RA8 以及 S1～S8 组成的电路创建成 Snippet。

③ 使用 Find Similar Objects 菜单命令和 SCH Inspector 面板将 RA1～RA8 的阻值修改为 2kΩ。

④ 使用 SCH List 面板将 RA1～RA8 的值改回 1kΩ。

⑤ 使用 SCH Filter 面板筛选所有 LED 元件和 SW-PB 元件。

⑥ 将 LED1～LED8 的选择状态存入选择记忆面板。

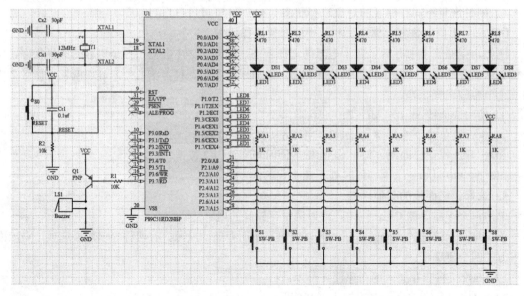

图 6-24　实践题

第 7 章 多图纸电路原理图设计

在电路设计中，如果电路比较复杂，画在单张图纸中就显得拥挤、杂乱，不容易分清电路的功能模块和逻辑关系。更好的方法是将复杂电路图按照功能分解成若干电路模块，每个模块绘制在一张图纸中，然后建立各张原理图之间的电气连接关系。这种多图纸的电路设计方式既有利于对整个工程设计文档进行阅读和管理，也有利于设计团队分工合作。Altium Designer 支持两种类型的多图纸设计：平坦式原理图设计与层次化原理图设计。

7.1 平坦式原理图设计

将复杂的电路原理图分解为几张相对简单的原理图，通常每张原理图包含一个单元模块及该模块与其他模块的电气接口。原理图之间通过 Port（端口）进行电气信号连接。这些原理图具有相同的地位，处于相同的层次，这样的电路设计称为平坦式原理图设计，如图 7-1 所示。图中原理图 1 中的端口 S1 和原理图 2 中的端口 S1 名称相同，所以是连接在一起的。同理，原理图 2 中的端口 S2 和原理图 3 中的端口 S2 也是连接在一起的。

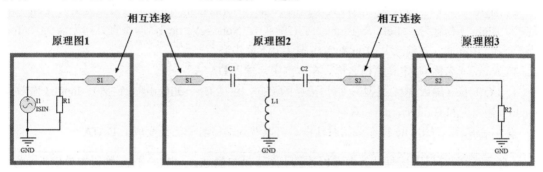

图 7-1 平坦式原理图连接关系

1. Port（端口）

端口在多图纸设计中具有重要应用，是原理图间信号传递的通道。无论是平坦式多图纸电路还是层次化多图纸电路都要用到端口。因此首先详细介绍如何放置端口以及编辑其属性。

进入放置端口状态可以采用三种方法：①执行菜单命令 Place ≫ Port；②单击 Wiring 工具栏上的 按钮；③使用快捷键 P + R。

【例 7-1】放置一个名称为 DATA 的 Port 端口。

（1）执行菜单命令 Place ≫ Port，光标上会附着一个 Port 符号的浮动虚影。

（2）移动光标至图纸适当位置单击鼠标左键，即可固定端口左侧。

（3）继续移动光标以调整 Port 宽度，调整合适后再次单击鼠标左键，完成端口放置。

（4）双击放置好的端口或者在完成放置前按下 Tab 键，都会打开 Port（端口）属性对话框，如图 7-2 所示。

该对话框包含 Graphical（图形）和 Parameters（参数）两个选项卡。

根据 Graphical 选项卡中的端口示意图，容易知道大多数图形属性的含义，在此仅介绍几个重要的属性。

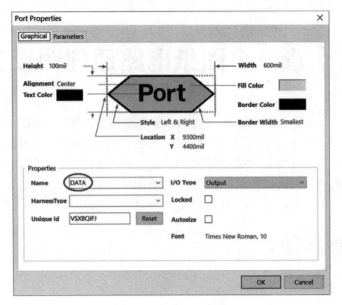

图 7-2　Port 属性对话框

1）Alignment（对齐方式）：设置端口内部文字的对齐方式，有 Left（左对齐）、Right（右对齐）和 Center（居中对齐）三种方式。

2）Style（样式）：设置端口的样式，包括 None（Horizontal，即水平方向无箭头）、Left（左箭头）、Right（右箭头）、Left & Right（左右箭头）、None（Vertical，即垂直方向无箭头）、Top（上箭头）、Bottom（下箭头）、Top & Bottom（上下箭头）。

3）Name（名称）：定义端口名称。在本例中，输入 DATA。

4）I/O Type（输入/输入类型）：端口信号的流向，包括 Unspecified（未定义）、Input（输入）、Output（输出）和 Bidirectional（双向）。

设置完毕后，单击 OK 按钮关闭对话框，可以看到端口名称已经变成了 DATA。

🔔 端口既可以连接导线，也可以连接总线。端口的 Style 和 I/O Type 的设置效果需要将端口与导线或总线连接后才能体现出来，导线或总线作为端口方向的参照物。当 I/O Type 与 Style 选项相矛盾时，以 I/O Type 为准。

----

2. 平坦式电路图设计实例

下面以 4.5 节讲解过的简易直流电压表为例来说明如何绘制平坦式多图纸电路。为方便起见，将该电路整体重画于图 7-3 中。

该电路可以划分为四个模块，即 Power（电源）模块、Display（显示）模块、Measurement（测量）模块以及 MCU（微控制器）模块，这四个模块可以分别画在单独的图纸上。模块之间通过同名端口进行信号传递。

🔔 在平坦式电路图中，不同图纸中相同名称的 Port 默认是连接在一起的，电源端口也是默认连接在一起的，而不同图纸中的同名网络标签默认并不相连。虽然可以更改系统默认配置，但笔者并不建议这样做，以免发生误连。

【例 7-2】创建平坦式简易直流电压表电路图。

（1）新建一个空白工程文档并命名为 Votage_Meter_Flat.PrjPCB。

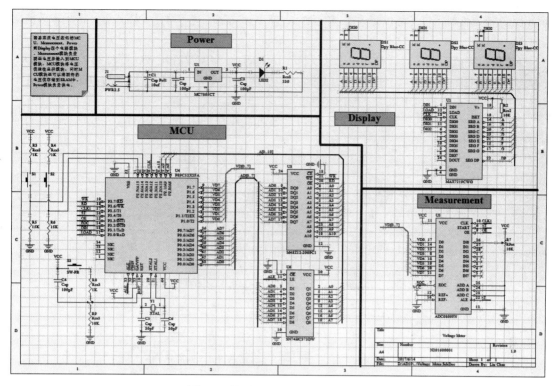

图 7-3 简易直流电压表单张电路图

（2）在该工程中新建一个原理图文档，命名为 Power.SchDoc，并将图 7-3 中的电源部分复制到该文档中，如图 7-4 所示。

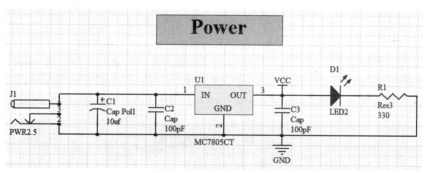

图 7-4 Power 模块电路图

在 Altium Designer 中，电源符号和接地符号默认的作用范围是全局的，即所有原理图中相同名称的电源符号或接地符号默认都是连接在一起的，因此没有必要再利用端口进行连接。

（3）在工程中再新建一个原理图文档，命名为 Display.SchDoc，并将图 7-3 中的显示模块复制到该文档中，如图 7-5 所示。

（4）该模块有 DIN、LOAD、CLK 三个引脚需要与 Measurement 模块相连，这是通过 Port 来完成的。执行菜单命令 Place ≫ Port，光标会附着一个 Port 符号，移动光标到适当位置，单击鼠标左键确定端口的一端，然后移动光标调整 Port 的宽度，再次单击鼠标左键确定端口的另一端，即完成了 Port 的放置。单击鼠标右键退出放置状态。

（5）双击放置好的 Port，弹出其属性对话框，在其中的 Name 文本框输入 DIN，I/O Type 设为 Input。该属性对话框还可以修改端口的坐标、宽度、文字颜色、背景、样式等，详见本节前面的内容。

（6）修改完成后关闭对话框。使用导线将端口 DIN 与 MAX7219CWG 芯片的 1 号引脚 DIN 进行连接。需要注意的是，这里虽然端口的名称与所连接的芯片引脚的名称都为 DIN，但这并不是强制的，实际上端口也可以取不同的名称。

（7）按照同样的方法，继续放置两个端口，分别命名为 CLK 和 LOAD，并分别与芯片对应的引脚 CLK 和 LOAD 相连，如图 7-5 所示。

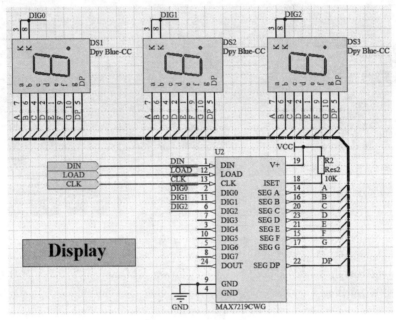

图 7-5 Display 模块电路图

（8）在工程中再新建一个原理图文档，命名为 Measurement.SchDoc，并将测量模块复制到该文档中。图 7-3 中 ADC0809FN 的引脚 CLK、START、OE、EOC、ALE 以及总线 VD[0..7]需要分别与 MCU 模块相连。因此放置五个 Port，分别命名为 CLK1、ST、OE、EOC 和 VD[0..7]，如图 7-6 所示。

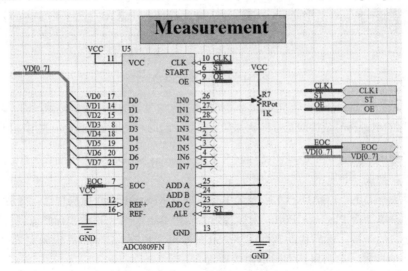

图 7-6 Measurement 模块电路图

（9）在工程中再新建一个原理图文档，命名为 MCU.SchDoc，并将 MCU 模块复制到该文档中。图 7-3 中 P89C52X2FA 的引脚需要分别与 Measurement 和 Display 模块中的引脚相连。因此相应放置八个 Port，分别命名为 DIN、LOAD、CLK、CLK1、ST、OE、EOC、VD[0..7]，如图 7-7 所示。

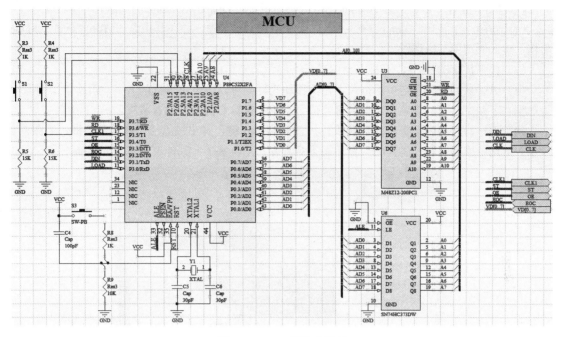

图 7-7　MCU 模块电路图

至此，电路图绘制完毕，编译通过即可。对于平坦式多图纸电路的浏览详见 7.3 节。

7.2　层次化原理图设计

层次化电路图对电路的描述采用一种从整体到局部，从抽象到具体的层次化结构方式。在电路结构的顶端是一个顶层（Top-Level）原理图，该原理图确定了系统的整体框架结构，划分了系统的功能模块，并明确各模块之间的电气接口关系。而各个模块的实现细节则可以用新的图纸绘制。这些包含具体模块实现的原理图处于第二层次。对于复杂的模块，其内部还可以包含更小的子模块，这些子模块又可以进一步用第三层图纸来实现。这样依次细分下去，形成一个层次化的系统结构。虽然 Altium Designer 对分层深度不做限制，但是实践中一般分为 2～3 层比较合适。

具体而言，层次化原理图设计使用图纸符号（Sheet Symbol）来代表电路功能模块，使用图纸入口（Sheet Entry）来代表模块的对外接口。每个图纸符号都引用一张原理图，在其中绘制该模块的具体电路实现。这些原理图构成了第二层次。第二层次的原理图也能包含图纸符号，从而衍生出第三层图纸，如此下去，最终形成多层次的电路设计结构。

总之，对于复杂电路设计，采用层次化的设计方法会使整个电路系统层次分明，结构清晰，便于电路分析与分工协作。

7.2.1　放置图纸符号及属性设置

图纸符号是层次化原理图设计的重要元素，每个图纸符号都引用一个原理图文档，同时图纸入口用来定义与其他图纸符号的接口信息。下面首先介绍在层次化原理图设计中图纸符号及图纸入口的放置及其属性设置。

有三种方法可以放置图纸符号：①执行菜单命令 Place » Sheet Symbol；②单击 Wiring 工具栏上的■按钮；③使用快捷键 P + S。

【例 7-3】放置一个名称为 Display，引用原理图文档 Display.SchDoc 的图纸符号。

（1）新建一个名为 Voltage_Meter_UptoDn.PrjPCB 的工程，并在其中添加 Top_Level.SchDoc 文档，进入原理图编辑环境。

（2）按下快捷键 P + S，光标上会附着一个绿色的矩形框。

（3）单击鼠标左键固定矩形框左上角，移动光标则可以调整矩形框的大小，再次单击则固定矩形框右下角，一个原理图符号就放置完成了。单击鼠标右键退出放置状态。

（4）双击绿色的图纸符号或者在放置状态下按 Tab 键，弹出图纸符号属性对话框，如图 7-8 所示。对话框中的各图形属性结合示意图不难弄懂，不再赘述。其他属性选项介绍如下：

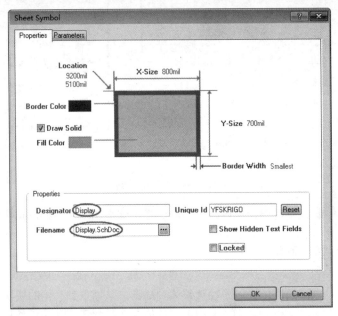

图 7-8　图纸符号属性对话框

1）Designator（名称）：设置该图纸符号的名称。在本例中，输入 Display。

2）Filename（文件名称）：设置该图纸符号引用的文档名称。在该文档中绘制了图纸符号对应的电路实现。本例中直接输入 Display.SchDoc。如果引用的原理图文档已经存在，也可单击其右侧的■按钮，在打开的原理图文档选择对话框中进行选择。

3）Unique Id（唯一标识号）：该编号由系统自动产生，不要修改。

4）Show/Hidden Text Fields（显示/隐藏文字）：是否显示该图纸符号名称和引用的文件名。

5）Locked（锁定）：如选中，则移动该图纸符号时，系统会要求确认。

（5）最终完成的图纸符号如图 7-9 所示。

7.2.2　放置图纸入口及属性设置

有三种方法可以放置图纸入口：①执行菜单命令 Place » Add Sheet Entry；②单击 Wiring 工具栏上的■按钮；③使用快捷键 P + A。

图 7-9　图纸符号

执行完毕后光标会变成一个十字形，将光标移到图纸符号内部，在靠近光标的图纸符号边框内侧会附着一个图纸入口符号，随着光标的移动该图纸入口也贴着边框内侧移动，移动到合适位置后单击鼠标左键即可放置该图纸入口。可以继续放置新的图纸入口或者单击鼠标右键退出放置状态。

双击放置好的图纸入口或者在放置状态下按 Tab 键，弹出属性对话框，如图 7-10 所示。其中一些主要属性描述如下：

1）Side（边沿）：确定图纸入口符号所在边框的位置，有 Left、Right、Top、Bottom 四个选项。

2）Style（样式）：定义图纸入口的箭头样式，包括 None（Horizontal，即水平方向无箭头）、Left（左箭头）、Right（右箭头）、Left & Right（左右箭头）、None（Vertical，即垂直方向无箭头）、Top（上箭头）、Bottom（下箭头）、Top & Bottom（上下箭头）。

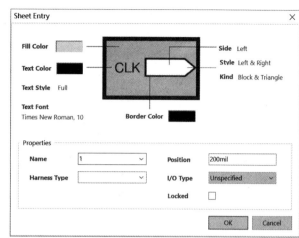

图 7-10　图纸入口属性对话框

3）Kind（种类）：设置图纸入口箭头种类，包括 Block & Triangle（方块 + 三角形）、Triangle（三角形）、Arrow（箭头）及 Arrow Tail（箭尾）。

4）Name（名称）：图纸入口名称。在层次化多图纸设计中，图纸入口名称非常重要，图纸入口与图纸符号引用的原理图文档中相同名称的端口是电气连接在一起的。

5）I/O Type（输入/输出类型）：图纸入口信号的流向，包括 Unspecified（未定义）、Input（输入）、Output（输出）和 Bidirectional（双向），不同的设置会影响图纸入口的箭头位置。

6）Harness Type（线束连接器类型）：定义图纸入口符号所连接的线束连接器名称。

【例 7-4】放置三个图纸入口。

（1）进入例 7-3 创建的 Top_Level.SchDoc 文档，按下快捷键 P + A，进入放置图纸入口状态，在 Display 图纸符号内部连续放置三个图纸入口。

（2）分别打开三个图纸入口的属性对话框，在其中的 Name 文本框分别输入 DIN、CLK、LOAD，I/O Type 栏位均设为 Input。

（3）最终的效果如图 7-11 所示。

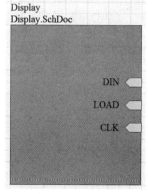

图 7-11　图纸符号和入口

7.2.3　层次化图纸之间的连接关系

层次化原理图中上下层原理图之间通过图纸入口和端口来定义连接关系。如果说平坦式电路图之间的信号连接是一种横向连接的话，那么层次化电路图之间的信号连接则是一种纵向连接。如图 7-12 所示，原始电路全部画在单张原理图 Oscillator.SchDoc 中，现在通过层次化方式绘制。顶层有两个图纸符号，每个图纸符号都引用一张原理图，两张原理图各自包含原始电路图的一部分。每张原理图中的端口与它关联的图纸符号中的同名图纸入口是相连的。例如，原理图 S1.SchDoc 中的端口 P1 与 S1 图纸符号中的图纸入口 P1 是相连的。原理图之间有两条信号连接通路：①S1.SchDoc 中 C1 右边引脚 ⇌ Port P1 ⇌ Sheet Entry P1 ⇌ Sheet Entry P3 ⇌ Port P3 ⇌ S2.SchDoc 中 L2 的上边引脚；②S1.SchDoc 中 C2 左边引脚 ⇌ Port P2 ⇌ Sheet Entry P2 ⇌ Sheet Entry P4 ⇌ Port P4 ⇌ S2.SchDoc 中 L2 的下边引脚。

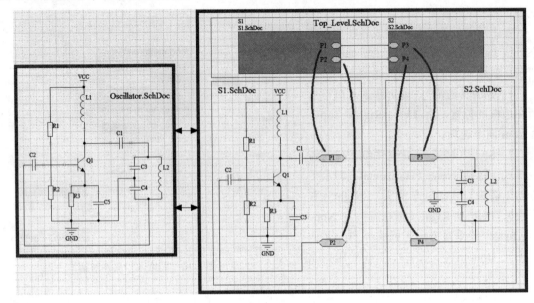

图 7-12　层次化电路图连接关系

7.2.4　自上而下的原理图设计

根据层次化电路图的绘制顺序可以分为自上而下和自下而上两种设计方法。前者先绘制顶层原理图，然后逐一绘制下层原理图，直到最底层原理图。后者遵循相反的顺序。

【例 7-5】用自上而下的方法设计简易直流电压表。

（1）打开例 7-3 创建的 Voltage_Meter_UptoDn.PrjPCB 工程，双击 Top_Level.SchDoc 文档进入原理图编辑环境。

（2）该原理图文档中应该已经放置好了 Display 图纸符号和三个图纸入口。

（3）执行菜单命令 Place ≫ Sheet Symbol 连续放置另外三个图纸符号，在放置每个图纸符号过程中按下 Tab 键打开其属性对话框，将第一个图纸符号的 Designator 设置为 Power，Filename 设置为 Power.SchDoc；第二个图纸符号的 Designator 设置为 Measurement，Filename 设置为 Measurement.SchDoc；第三个图纸符号的 Designator 设置为 MCU，Filename 设置为 MCU.SchDoc。

（4）执行菜单命令 Place ≫ Add Sheet Entry，在 Measurement 图纸符号中添加五个 Sheet Entry，将其 Name 分别设置为 CLK1、ST、OE、EOC、VD[0..7]，前三个图纸入口的 I/O Type 设置为 Input，后两个图纸入口的 I/O Type 设置为 Output；在 MCU 图纸符号中添加八个 Sheet Entry，将其 Name 分别设置为 DIN、LOAD、CLK、CLK1、ST、OE、EOC、VD[0..7]，前六个图纸入口的 I/O Type 设置为 Output，后两个图纸入口的 I/O Type 设置为 Input。

（5）用导线和总线将三个图纸符号对应的图纸入口进行连接，其中 VD[0..7]图纸入口用总线连接。完成后的顶层电路图如图 7-13 所示。注意到 Power 图纸符号与其他图纸符号之间无导线连接，因为 VCC 和 GND 电源符号是全局连接的。

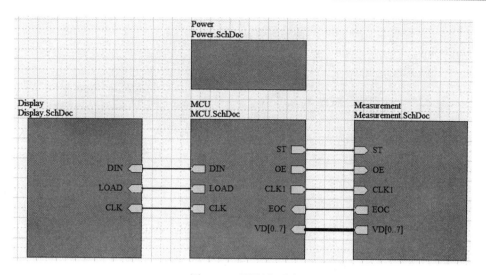

图 7-13　顶层原理图

接着绘制下层电路原理图。

（6）执行菜单命令 Design ≫ Create Sheet from Sheet Symbol，光标变为十字形，移动光标到 Power 图纸符号上方，单击鼠标左键，系统创建一个新的空白原理图文档，该文档以 Power 图纸符号的 Filename 属性命名，即为 Power.SchDoc。在该空白文档中复制电源模块原理图。

（7）继续执行菜单命令 Design ≫ Create Sheet from Sheet Symbol，移动光标到 Display 图纸符号上，单击鼠标左键，系统创建一个以 Display.SchDoc 命名的原理图文档，同时在原理图中自动添加和图纸入口名称相同的 Port。在该空白文档中复制 Display 模块原理图，并将 Port 与相应芯片的引脚连接，如图 7-14 所示。

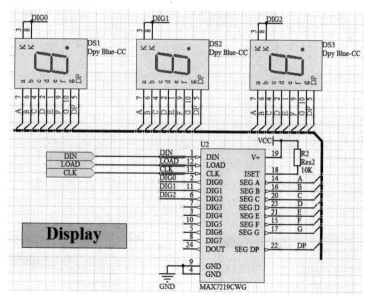

图 7-14　Display.SchDoc

（8）按照同样的方法对 Measurement 和 MCU 图纸符号分别创建 Measurement.SchDoc 和 MCU.SchDoc 文档，并复制相应模块的电路图到这两个文档中，并将 Port 与对应引脚相连，如图 7-15 和图 7-16 所示。

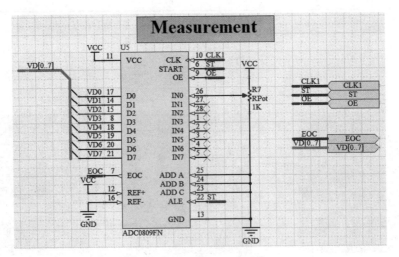

图 7-15 Measurement.SchDoc

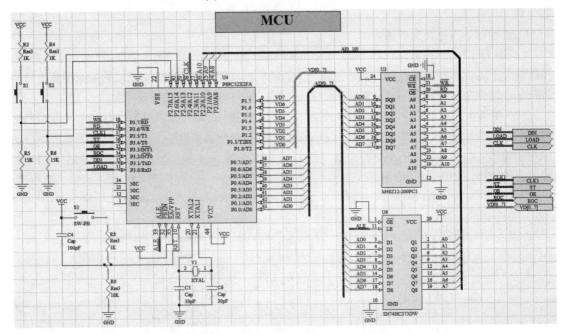

图 7-16 MCU.SchDoc

（9）保存并编译工程，修改可能发生的错误。编译前后的工程面板如图 7-17 和图 7-18 所示，编译后设计文档的缩进排列体现出该工程的层次化结构。

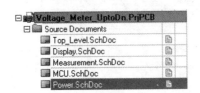

图 7-17 编译前的层次化工程

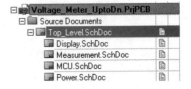

图 7-18 编译后的层次化工程

7.2.5 自下而上的原理图设计

自下而上的方法先建立各个功能模块的具体电路图，然后由这些底层的电路图生成顶层电路结构图,其设计顺序刚好与自上而下的设计方式相反。还是以简易直流电压表为例来说明。

【例 7-6】用自下而上的方法设计简易直流电压表。

(1) 新建一个 PCB 工程 "Voltage_Meter_DntoUp.PrjPCB"。

(2) 将例 7-5 所创建的层次化原理图中的 Power.SchDoc、Display.SchDoc、MCU.SchDoc、Measurement.SchDoc 文档复制到与新建工程相同的目录中,并将它们添加到工程中,这些底层原理图文档中已经包含了各模块的内部电路实现和对外连接的端口。

(3) 在工程中新建空白原理图文档 "Top_Level.SchDoc",在该文档的原理图编辑环境中,执行菜单命令 Design ≫ Create Sheet Symbols from Sheet or HDL,弹出文档选择对话框,其中列出了当前工程所有的设计文档,如图 7-19 所示。选择 Power.SchDoc,单击 OK 按钮后退出,光标上会附着一个绿色的图纸符号,该图纸符号的 Filename 属性自动设为 Power.SchDoc,移动到适当位置后单击鼠标左键完成放置。

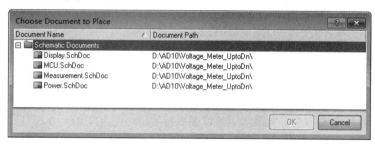

图 7-19 选择创建 Sheet Symbol 的原理图文档

(4) 按照同样的方法在文档选择对话框中依次选择其他的设计文档,系统会自动生成这些文档对应的图纸符号和图纸入口,放置好后根据需要可以调整图纸入口的位置和图纸符号的大小,并连接不同图纸符号的对应图纸入口。

(5) 保存后编译工程,也可以发现工程设计文档呈现层次化排列。

7.2.6 Off Sheet Connector(离图连接器)

在前述的例子中,一个图纸符号引用一张原理图。但实际上,一个图纸符号也可引用多张原理图。只需在图纸符号属性对话框的 Filename 文本框输入多个文件名即可,文件名之间用英文分号分隔。这些被同一个图纸符号引用的原理图之间的信号连接可通过离图连接器实现。

在平坦式电路原理图设计中,也可以使用离图连接器进行不同图样间的信号连接,其作用相当于端口。尽管如此,建议读者尽量只在被同一个图纸符号引用的图样之间使用离图连接器进行信号连通,而不要在平坦式电路设计中将它当成端口使用。引入离图连接器主要是为了适应导入的 OrCAD 设计。规定好各种连接方式的使用场合,它们各司其职,才有利于对电路图的阅读和理解。

1. 放置 Off Sheet Connector(离图连接器)

有两种方式可以放置 Off Sheet Connector:①执行菜单命令 Place ≫ Off Sheet Connector;②按下快捷键 P+C。执行完后光标上会附着一个 Off Sheet Connector 符号,按下空格键调整其方向,移动光标到合适位置后,单击鼠标左键即可放置。

2. 属性设置

双击放置好的 Off Sheet Connector 或者在放置过程中按下 Tab 键,弹出其属性对话框,如图 7-20 所示。其中的重要属性介绍如下:

1) Style(样式):包括 Left 和 Right 两种样式。

2) Net(网络):设置其连接的网络名称。

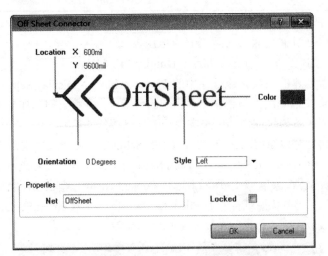

图 7-20 Off Sheet Connector 属性对话框

通过旋转离图连接器的方向和修改样式，可以改变其双箭头位置和指向。

【例 7-7】弱信号检测放大器。

如图 7-21 所示，该电路前级采用同相放大器，后级采用差动放大器。为了演示离图连接器用法，用一个图纸符号来表示整个电路，同时该图纸符号引用两个文档，分别对应前级同相放大器和后级差动放大器原理图。

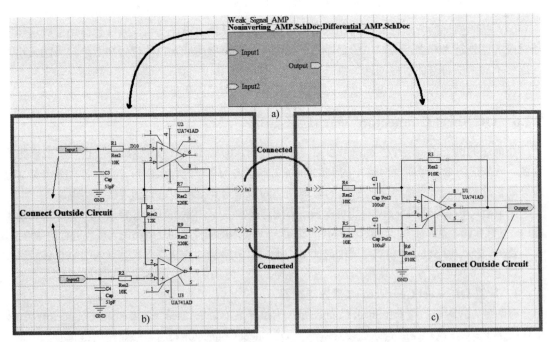

图 7-21 Off Sheet Connector 应用之弱信号检测放大器

（1）新建一个空白工程，命名为 Weak_Signal_AMP.PrjPCB，在其中添加一个空白原理图文档，命名为 Main.SchDoc。

（2）执行菜单命令 Place》Sheet Symbol，放置一个 Sheet Symbol，在其属性对话框中将 Designator 改为 Weak_Singal_AMP，FileName 改为"NonInverting_AMP;Differential_AMP"。注意：文档名之间的分隔符为英文分号。

（3）添加三个符号入口 Input1、Input2 和 Output，I/O Type 分别为 Input、Input 和 Output，如图 7-21a 所示。

（4）在工程中添加文档 NonInverting_AMP.SchDoc，在其中绘制相应电路图，并且添加两个输入端口 Input1 和 Input2，以及两个离图连接器 In1 和 In2，如图 7-21b 所示。

（5）在工程中添加文件 Differential_AMP.SchDoc，在其中绘制相应电路图，并且添加一个输出端口 Output，以及两个离线连接器 In1 和 In2，如图 7-21c 所示。

（6）在不同电路中名称相同的离图连接器是连接在一起的。因此图 7-21b 中的 In1 和 In2 与图 7-21c 中的 In1 和 In2 是分别相连的，这样就实现了两张电路图之间的内部连接。图中的 Port 用于连接图纸符号外部的信号。

7.2.7　多通道原理图设计

许多电路设计中包含了重复的电路模块。例如，内存电路中的存储阵列、多路数据采集电路的数据采集部分、多声道音频系统以及 LED 阵列显示电路等。采用直接复制-粘贴方法虽然看上去比较简单，但是随后的维护管理工作将是一种沉重负担，也容易出现遗漏或不一致的情况。

根据前面学到的层次化电路设计知识，可以绘制多个电路符号，然后让每一个电路符号都引用该电路模块所在的图样文档。当电路模块重复次数较少时，这是一种简单明了的方法。但是当模块重复很多次，如 32 次甚至 64 次时，需要绘制的电路符号太多，这种方法就不合适了。

Altium Designer 提供的多通道设计技术使大家能够轻松解决上述问题。这里所谓的"通道"就是指需要重复使用的电路模块。该技术具有以下特点：①需要重复使用的电路模块（通道）只需绘制一次，引用该模块电路的图纸符号也只需绘制一次；②电路需要修改时仅需修改通道电路，重新编译后系统会将修改自动更新到所有引用该通道的地方。

Altium Designer 中引入了 Repeat 关键字来使用多通道设计，其使用语法如下：

Repeat(Sheet_Symbol_Designator, First_Channel, Last_Channel)

括号中的 Sheet_Symbol_Designator 是图纸符号原始名称，First_Channel 和 Last_Channel 用来定义通道的第一个和最后一个编号，一般把 First_Channel 定义为 1，而 Last_Channel 定义为最后一个通道号。例如，Repeat（X, 1, 4）就是将图纸符号 X 代表的通道重复引用 4 次。当将电路从原理图导入到 PCB 中时，系统会自动将该通道复制 4 次，放置在 PCB 文档中，这就形成了从通道化的逻辑电路向真实物理电路的转换。

【例 7-8】数码管显示电路的多通道设计。

图 7-22 是一个数码管显示电路，其中使用了三个数码管，这三个数码管的接线方式都是一样的，可视为三个通道。因此可以采用多通道设计方法来重新绘制该电路原理图。先只绘制一个数码管电路，定义好对外接口，然后用一个图纸符号来重复引用三次，最后完成其他部分的电路图。

采用自下向上的方法来绘制该多通道电路。

（1）创建工程 LED_Multi-Channel.PrjPCB，在其中添加两个空白文档 LED.SchDoc 和 LED_Control.SchDoc，分别绘制如图 7-23 和图 7-24 所示的内容。

（2）在工程中添加空白文档 Top_Level.SchDoc，然后在其中放置两个图纸符号。左边图纸符号名称为 LED_Control，引用的文档名为 LED_Control.SchDoc，定义好其图纸符号入口，该入口应该与 LED_Control.SchDoc 中的 Port 一一对应，如图 7-25 所示。

（3）右边的图纸符号 LED 采用的是多通道的形式，其外观是多个图纸符号叠放在一起的形式。多通道图纸符号名称为 Repeat(LED, 1, 3)，注意其中的"( )"和","都应是英文符号。LED 引用的文档名为 LED.SchDoc。这两者合在一起表示将 LED.SchDoc 中的通道电路重复三次。

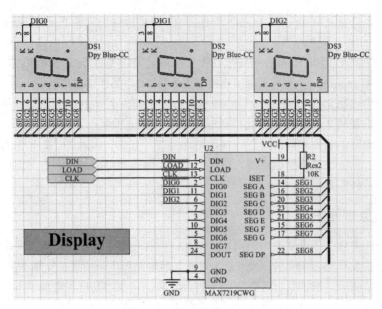

图 7-22 数码管显示电路

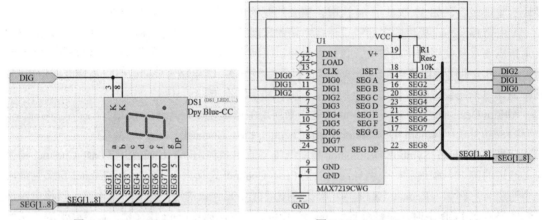

图 7-23 LED.SchDoc　　　　　　　图 7-24 LED_Control.SchDoc

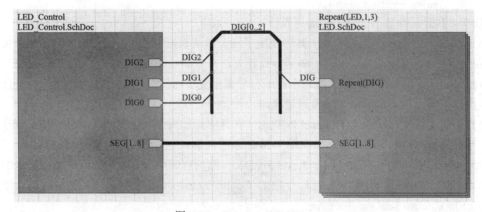

图 7-25 Top_Level.SchDoc

（4）多通道图纸符号的图纸入口名称应该与 LED.SchDoc 对应的端口名称相匹配，同时又分为两种类型，具体属于哪种类型是由该图纸入口对应的通道电路原理图中的引脚来决定的：①如果各通道中的某引脚连接到相同的外部网络,则该引脚对应的图纸入口与前面讲述的图纸入口并无不同,图纸入口名称与通道引脚所连接的端口名称相同就可以;②如果各通道中的某引脚分别连接不同的外部网络,则该引脚对应的图纸入口应该加上 Repeat 关键字来定义。具体到本例,图 7-22 中三个数码管的引脚 a～g 以及 DP 构成的总线信号都是连接到 MAX7219CWG 的 SEG A～SEG G 以及 SEG DP 总线上,则通道电路中该总线对应的图纸符号 LED 的图纸入口就可以直接命名为 SEG[1..8]。而三个数码管的引脚 K 分别连接到 MAX7219CWG 的三个不同引脚 DIG0、DIG1、DIG2,则图纸符号 LED 中对应 K 引脚的图纸入口就应该使用 Repeat 关键字,可以定义为 Repeat (DIG),表示将该引脚重复多次,分别与不同的外部网络连接,如图 7-25 所示。

(5) 图纸符号之间连接具有 Repeat 关键字的图纸入口时,应该联合使用总线分支、总线以及普通导线的形式。例如,图 7-25 中,DIG0、DIG1 和 DIG2 分别以总线分支的形式连接到总线 DIG[0..2]上,然后总线与一段普通导线 DIG 相连,最后连接到 Repeat (DIG)图纸入口上。

(6) 编译工程后,可以发现 LED.SchDoc 的编辑窗口下方出现了一个 Editor 标签和三个名称分别为 LEDA、LEDB 和 LEDC 的标签。这三个标签分别对应扩展的物理多通道电路,单击每个标签,可以打开其对应的通道电路原理图,显示为灰色且不可编辑,灰度级别可以通过 8.4 节的介绍进行调整,同时元件标识符也附加了通道信息。只有 Editor 标签对应的原理图可以修改。

(7) 执行菜单命令 Project ≫ View Channels,打开工程元件信息框,如图 7-26 所示。可以发现工程包含三个通道且每个通道中都有 DS1 元件,这些元件分别被命名为 DS1_LED1、DS2_LED2、DS3_LED3,其中 LED 为元件所在原理图名称。

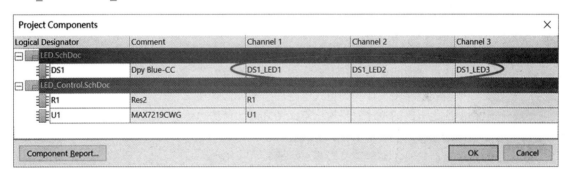

图 7-26 多通道工程的元件信息

7.3 多图纸电路原理图的导航

多图纸电路原理图绘制完成,并且经过编译以后,可以利用 AD 17 提供的工具对原理图中的对象进行导航。

1. Connectivity Insight 功能

执行菜单命令 DXP ≫ Preference 打开首选项面板,在左侧 System 目录下打开 Design Insight 配置页,选中其中的 Enable Connectivity Insight 复选框,使能 Connectivity Insight 功能。

编译工程,然后将光标移动到某个 Port、Sheet Entry、Pin 或网络标签上停留片刻或者按下 Alt 键 + 双击鼠标,会弹出一个缩略图,高亮显示当前文档中光标指向的对象所属的网络,缩略图下方是所有含有该网络的设计文档列表。缩略图旁边还会出现一个褐色的提示条,显示当前对象以及所属的网络。

Connectivity Insight 功能对于单图纸电路原理图也是适用的。

2. 使用 按钮

单击 Shematic Standard 工具栏上的 按钮，光标变为十字形，单击多图纸电路中的 Sheet Entry 或者 Port，光标会自动跳转到与当前单击对象相互连接的且位于其他图纸的 Port 或者 Sheet Entry。利用该功能可实现在层次化图样中的上下导航以及在平坦式图样中的跳跃。

按下 Ctrl 键的同时双击 Port 或者 Sheet Entry 也具有同样的上下导航功能，但只适用于层次化图样。

3. 利用 Navigator 面板

关于如何使用 Navigator 面板导航多图纸原理图，详见 5.3 节。

4. 全局网络高亮

按下 Alt 键，同时单击网络，所有原理图中的该网络都会高亮显示，高亮方式（Highlight Methods）在 DXP ≫ Preference 打开的对话框中的 System 分类下的 Navigation 配置页中设置。单击 Clear 按钮可清除高亮显示。

5. 连接透视

在 DXP ≫ Preference 打开的对话框中的 System 分类下的 Design Insight 配置页中勾选 Enable Connectivity Insight 选项，同时在最下方列表中选择透视时显示的对象，如文档预览图、文档结构树、提示信息以及超链接。移动光标到导线、端口、图纸入口等连接对象上停留片刻或者按下 Alt + 双击鼠标左键，则会按照配置显示透视对象内容。

7.4 思考与实践

1. 思考题

（1）多图纸电路原理图的优点是什么？适用于什么情况？
（2）什么是平坦式电路图设计？平坦式电路图之间如何传递信号？
（3）什么是层次化电路图设计？层次化电路图之间如何传递信号？
（4）什么是离图连接器？适用于什么情况？
（5）什么是多通道电路？如何定义多通道电路？
（6）多图纸电路原理图的导航方法有哪些？

2. 实践题

加载本实践题对应的电子资源"Chap7-实践题（1）.IntLib"集成库，然后新建"Chap7-1.PrjPcb"工程，在其中创建底层原理图"Power.SchDoc"文档（见图 7-27）和"LED.SchDoc"文档（见图 7-28）以及顶层原理图"MCU.SchDoc"文档（见图 7-29）。

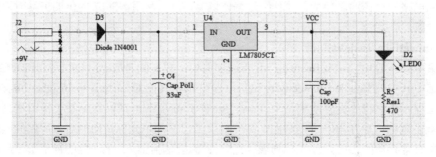

图 7-27 Power.SchDoc

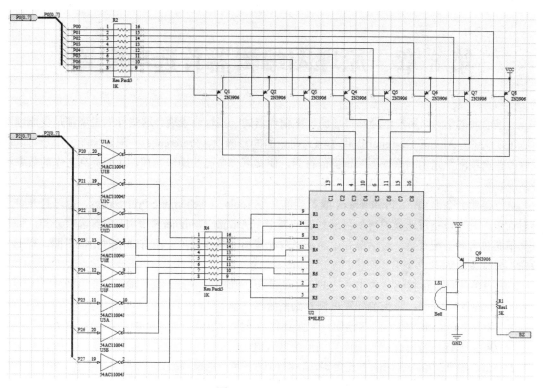

图 7-28　LED.SchDoc

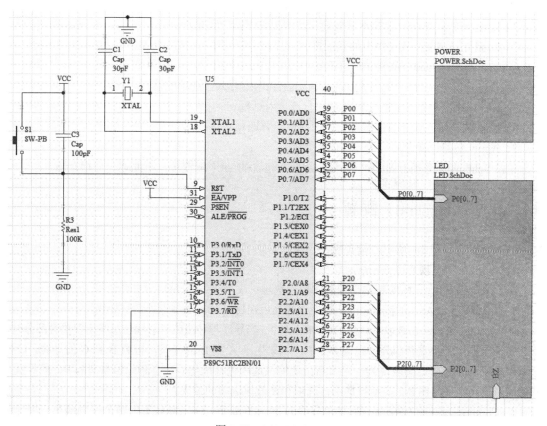

图 7-29　MCU.SchDoc

第 8 章　原理图编辑器首选项配置

通过前面的学习，用户已经熟悉了原理图编辑器的一些行为表现，这些行为表现都是受原理图首选项控制的。Altium Designer 提供了强大而全面的首选项（Preferences）配置功能，用户可以通过修改首选项配置来定制原理图编辑器的行为，使其符合自己的操作习惯，从而提高工作的效率和舒适度。

执行菜单命令 DXP ≫ Preferences 或者菜单命令 Tools ≫ Schematic Preferences，都可打开首选项对话框，其左边是首选项的树形目录列表，列出了 Altium Designer 中的 11 个首选项分类，每个分类下面包含若干配置页，对话框右边显示当前配置页的具体选项。在首选项对话框下面，有七个按钮，分别说明如下。

1）Set To Defaults 按钮：单击右边的下三角箭头，弹出以下三个菜单项。
① Default（Page）：将当前配置页恢复到系统默认值。
② Default Branch：将当前首选项分类恢复到系统默认值。
③ Default All：将所有首选项恢复到系统默认值。
2）Save 按钮：单击右边的下三角箭头，弹出以下两个菜单项。
① Save to File：将当前配置保存到文件。
② Save to Cloud：将当前配置保存到云端。
3）Load 按钮：单击右边的下三角箭头，弹出以下两个菜单项。
① Load from File：从文件中加载配置。
② Load from Cloud：从云端加载配置。
4）Import From 按钮：从某 Altium Designer 版本中导入首选项配置。
5）OK 按钮：保存当前的配置并退出首选项对话框。
6）Cancel 按钮：放弃当前所做的修改并退出首选项对话框。
7）Apply 按钮：保存并应用当前的配置。
单击 Schematic 分类前面的"+"号，展开其包含的 11 个配置页，下面逐一进行介绍。

8.1　常规（General）配置

常规配置页如图 8-1 所示，包含的各选项说明如下。
1. Options（选项）
Options 区域包括一些绘制原理图时的通用选项：
1）Break Wires At Autojunctions：选中该选项后则可以在自动节点处切割导线。
2）Optimize Wires & Buses（优化导线和总线）：当导线与导线或者总线与总线出现重叠部分时，优化算法会自动消除重叠部分。在图 8-2 中，如果先画 A 到 B 的导线，再画 B 到 C 的导线，C 位于 AB 导线上，此时 C 会表现为一个节点。使能该选项进行优化后，会删除掉重叠的 BC 段导线，C 处的节点会消失。图 8-2 演示了禁用该选项和使能该选项的效果。
3）Components Cut Wires（元件切割导线）：当元件处于同一条直线上的两个引脚落在一根导线上时，两引脚之间的导线会被切割，禁用该选项则导线不会切割，这样会短路元件，如图 8-3 所示。

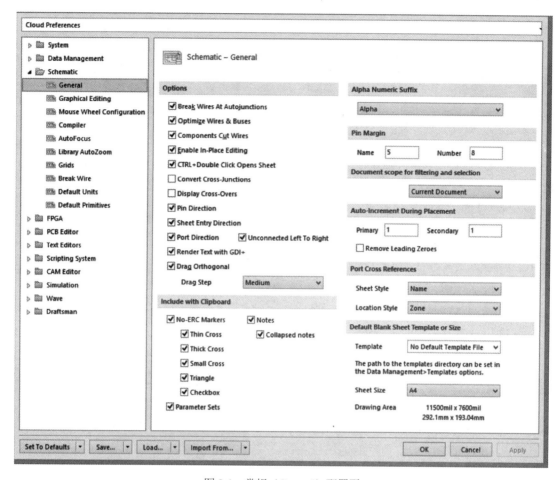

图 8-1 常规（General）配置页

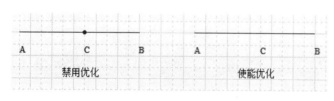

图 8-2 优化导线的效果

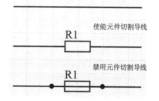

图 8-3 元件切割导线选项

4）Enable In-Place Editing（使能在线编辑）：选中该项功能后可以直接在编辑窗口内修改文本对象，如元件标识符、参数、文本框等。选中文本对象，然后隔一段短时间再次单击鼠标左键或者直接按 F2 键，都可以进入在线编辑模式，如图 8-4 所示。

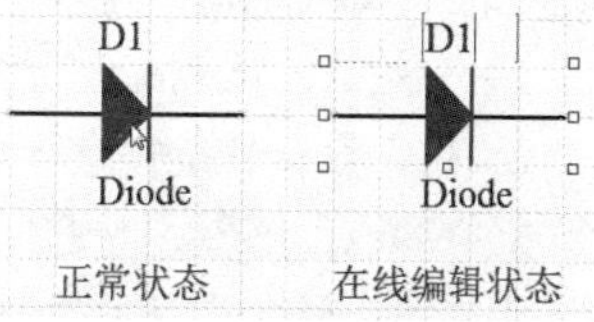

5）CTRL + Double Click Opens Sheet：按下 Ctrl 键的同时双击图纸符号可以打开其引用的图纸。

6）Convert Cross-Junctions（转换交叉节点）：该选项会将具有电气连接关系的十字交叉节点转换为外观上更加直观的电气连接形式，电气连接关系仍然保持不变，如图 8-5 所示。

图 8-4 Enable In-Place Editing

7）Display Cross-Overs（显示交叉跨越）：使能该选项，在无电气连接的两段导线交叉处显示半圆形的跨越符号，如图 8-6 所示。

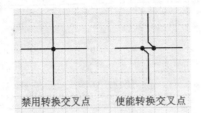

图 8-5 转换交叉节点

图 8-6 显示交叉跨越

8）Pin Direction（显示引脚方向）：在元件引脚上显示信号方向，如图 8-7 所示。

9）Sheet Entry Direction（显示图纸入口方向）：图纸符号属性对话框中有 I/O Type 和 Style 两个选项，如图 8-8 所示。如果使能该首选项，则图纸入口的方向由 I/O Type 选项决定，否则由 Style 选项决定。

10）Port Direction（显示端口方向）：端口属性对话框中有 I/O Type 和 Style 两个选项，如图 7-2 所示。如果使能该首选项，则端口方向由 I/O Type 选项决定，否则由 Style 选项决定。

11）Unconnected Left To Right（未连接的从左到右）：该选项用于设定未连接端口的显示样式为从左到右的样式，即为向右的箭头。该选项必须在使能 Port Direction 选项后才有效。

12）Render Text with GDI+：使用 GDI+渲染文字。

13）Drag Orthogonal（直角拖动）：拖动元件时，与元件引脚相连的导线与引脚的夹角为 0°或者 90°。禁用该选项，导线与引脚之间可能呈现任何角度。

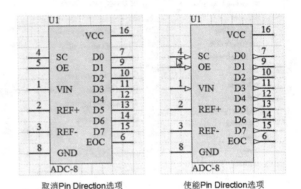

图 8-7 Pin Direction 选项的作用

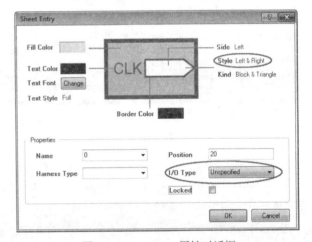

图 8-8 Sheet Entry 属性对话框

2．Include with Clipboard（包含在剪贴板中）

复制或者剪切的对象会显示在剪贴面板中（单击编辑窗口右下角的 System 面板标签，在弹出菜单中选中 Clipboard 即可打开剪贴面板），如果这些对象中包含 No-ERC Markers 和 Parameter Sets（参数集），则可以做如下设置。

1）No-ERC Markers：选中该复选框，则剪贴面板中会显示该 No-ERC Marker，否则不显示。

2）Parameter Sets：选中该复选框，则剪贴面板中会显示 Parameter Sets，否则不显示。

3）Notes：选中该复选框，则剪贴面板中会显示 Note，否则不显示。

不管是否选中上述两个选项，在粘贴时，No ERC 标记、参数集和 Note 还是会存在的。

3．Alpha Numeric Suffix（字母数字后缀）

Alpha Numeric Suffix 区域用于设置复合元件中各个单元电路的命名后缀。

1）Alpha 单选框：使用字母作为名称后缀。例如，复合元件 U1 的第一个单元电路为 U1A，第二个单元电路为 U1B，依次类推。

2）Numeric 单选框：使用数字作为名称后缀。例如，复合元件 U1 的第一个单元电路为 U1:1，第二个单元电路为 U1:2，依次类推。

4．Pin Margin（引脚边距）

1）Name：用于设置引脚名称与元件边框的距离。

2）Number：用于设置引脚编号（标识符）与元件边框的距离。

5．Document Scope for filtering and selection（过滤与选择操作的文档范围）

1）Current Document：仅限于当前文档中。

2）Open Documents：所有打开的文档。

6．Auto-Increment During Placement（放置过程中自动递增）

1）Primary（主增量）：连续放置元件、网络标签、文本、引脚时，如果它们的标识符（Designator）中包含数字，该参数定义这些标识符之间数字的增量。如果该参数为 2，则放置电阻 R1 后，不退出放置状态，继续放置的电阻会自动变为 R3、R5 等，依次类推。

2）Secondary（次增量）：如果引脚名称（Name）中包含数字，该参数定义连续放置的引脚名称之间的数字增量。例如，放置的第一个引脚名称为 D0，则连续放置的第二个引脚名称为 D1，依次类推。该选项只在库编辑环境下才有效。

引脚标识符和引脚名称是不一样的。以右图为例，上面一个引脚的名称为 S1，标识符为 1；下面一个引脚的名称为 S2，标识符为 2。

3）Remove Leading Zeroes：移除标识符或者名称中数字前面的 0。例如，引脚名称为 A01，则选中该选项后引脚名称变为 A1。

7．Port Cross References（端口交叉参考）

1）Sheet Style：设置端口交叉参考时如何引用图纸，有以下两种选项。

① Name：使用图纸名称。

② Number：使用图纸编号。

2）Location Style：设置端口位置的表示形式。有以下三种选项。

① None：不表示端口位置。

② Zone：用图纸的参考区域来表示端口位置。

③ Location X，Y：用图纸的 X 和 Y 坐标表示端口位置。

执行菜单命令 Reports » Port Cross References 可以设置端口交叉参考，从中可以观察 Sheet Style 和 Location Style。

8．Default Blank Sheet Template or Size（默认空白图纸模板或大小）

1）Template：设置新建原理图文档应用的模板。

2）Sheet Size：在下拉列表中选择各类图纸大小，右边区域给出所选图纸对应的具体尺寸。

8.2　图形编辑（Graphical Editing）配置

图形编辑配置页用来设置图形编辑的各种选项，如图 8-9 所示。

1．Options（选项）

1）Clipboard Reference：使能该选项，则复制或者剪切对象时会要求指定参考点。

2）Add Template to Clipboard：复制或剪切对象时，将对象所在的模板一并添加到剪贴板中。

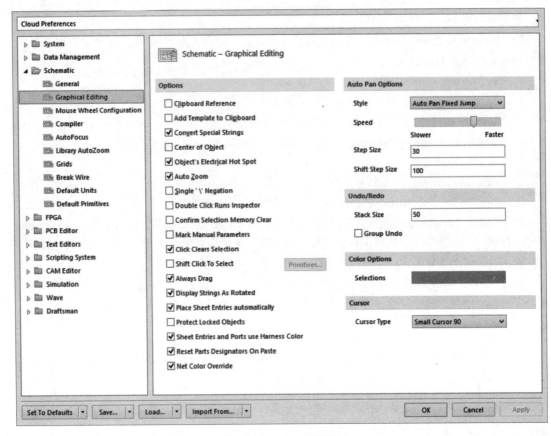

图 8-9 图形编辑配置页

3）Convert Special Strings（转换特殊字符串）：使能该选项，则会将特殊字符串转换为实际代表的内容。例如，在原理图中放置文本字符串对象，其内容设为"=CurrentData"，则实际显示的是当前日期。

4）Center of Object：移动或拖动对象时，光标自动移动到对象的参考点（Reference Point），如果没有参考点，则移动到对象中心。

5）Object's Electrical Hot Spot（对象的电气热点）：移动或拖动对象时，光标自动移动到最近的对象电气热点上，一般就是对象的引脚处。

⚠ Center of Object 选项的优先级低于 Object's Electrical Hot Spot，因此如果两个都选中，则实际执行的是第二个选项。

6）Auto Zoom：使能该选项，则跳转到某元件时，图样会自动进行缩放。

7）Single '\' Negation：使能该选项，在网络标签、引脚、端口、图纸入口标识符前加上一个"\"，就可以在整个名称上方加上表示低电平有效的短横线，如"\WR"，实际显示的名称为 $\overline{WR}$。如果禁用该选项，则必须在每个字母后加上"\"，如"W\R\"，这样比较繁琐。

8）Double Click Runs Inspector（双击运行 SCH 检视器）：使能该选项后双击对象打开 SCH 检视器，否则打开对象属性对话框。

9）Confirm Selection Memory Clear（清除选择记忆器前需要确认）：为了防止由于疏忽而清除选择记忆器的内容，建议选中该选项。

10）Mark Manual Parameters：当关闭了参数的自动定位功能后，会加上一个点进行标记，此时参数会随着元件的旋转而旋转并保持相对位置不变。取消该选项，则不会加上点。

11）Click Clears Selection（单击清除选择状态）：使能该选项，则在选择对象后，将鼠标在对象以外的空白区域单击即可取消对象选择状态。如果禁用该选项，则要取消选择状态需要使用菜单命令 Edit ≫ Deselect 或者单击原理图标准工具栏上的 按钮，建议使能该选项。

12）Shift Click To Select（Shift + 鼠标单击选择对象）：使能该选项后，按住 Shift 键，同时单击鼠标左键才能选择对象。单击旁边的 Primitives 按钮，在弹出的对话框中可以进一步选择该选项作用的具体对象。

13）Always Drag（总是拖动）：在 Altium Designer 中，移动（Move）和拖动（Drag）是两个不同的动作。移动一个元件时，该元件所连接的导线会与之分离。而拖动一个元件时，元件连接的导线会保持连接。该选项将移动当作拖动来处理。如果禁用该选项，则在移动元件时，为了保持导线电气连接，需要同时按下 Ctrl 键。

14）Place Sheet Entries automatically（自动产生图纸入口）：将导线连接到图纸符号时，在连接处自动产生图纸符号入口。

15）Protect Locked Objects（保护锁定对象）：使能该选项后，如果对象设置了 Locked 属性，则无法移动或者拖动对象。如果禁用该选项且对象设置了 Locked 属性，则在移动或者拖动对象前会弹出对话框要求确认。

16）Sheet Entries and Ports use Harness Color（图纸符号入口和端口使用线束颜色）：使能该选项，则图纸入口和端口连接线束后，将采用和线束一样的颜色。

17）Reset Parts Designators On Paste：使能该选项，则粘贴元件时，其标识符重置为？。

18）Net Color Override：不勾选该选项，则使用网络颜色覆盖功能（见 6.1 节）时，会弹出网络颜色覆盖对话框询问用户。

2. Auto Pan Options（自动边移选项）

放置或者移动对象时，光标移动到编辑窗口边界时会引起图纸自动移位，将未显示区域移进编辑窗口。

1）Style：用于设置自动边移的样式，有以下三种选项。

① Auto Pan Off：关闭自动边移，即光标移动到编辑窗口边界时，图纸保持不动。

② Auto Pan Fixed Jump：光标移动到编辑窗口边界时，图纸以固定的步长将未显示的区域移动到编辑窗口中显示。

③ Auto Pan Re-Center：光标移动到编辑窗口边界时，系统将此时光标所在的位置移动到编辑窗口中央，即移动的步长为半个编辑窗口宽度。该边移选项表现最为稳定。

2）Speed：通过滑动条设置自动边移速度。滑块越往右，边移速度越快，反之越慢。

3）Step Size：图纸自动边移的步长。

4）Shift Step Size：按下 Shift 键以后的自动边移步长。通常该步长比 Step Size 要大，也就是说按下 Shift 键后会加快边移速度。

3. Undo/Redo

Undo/Redo 区域用于设置撤销或重做操作。

1）Stack Size：所有编辑操作都会放在堆栈中保存，因此堆栈大小实际上就是"撤销或重做"操作的最大次数。

2）Group Undo：使能该选项，将把连续执行的同类操作一次性撤销。例如，Undo 一次，刚刚连续放置的多条导线就被全部删除。

4. Color Options（颜色选项）

Selections：单击右边颜色块可以修改对象被选中时显示的虚线边框颜色，默认为绿色。

5. Cursor（光标）

Cursor Type：用于设置光标处于操作状态时的样式，有以下四种状态。

① Large Cursor 90：大十字光标，该十字线会贯穿整个编辑窗口。
② Small Cursor 90：小十字光标，该光标样式为默认样式。
③ Small Cursor 45：45°"×"形小光标。
④ Tiny Cursor 45：45°"×"形细小光标。

8.3 编译器（Compiler）配置

编译器配置页用来配置与编译过程相关的各种选项，如图 8-10 所示。

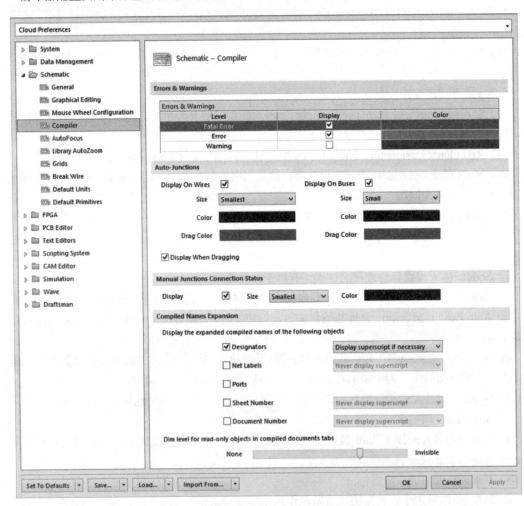

图 8-10 编译器配置页

1. Errors & Warnings（错误和警告）

Errors & Warnings 区域表格中列出了系统的三个错误等级，按照严重程度（Level）从高到低依次为 Fatal Error（严重错误）、Error（错误）、Warning（警告）。选择"Display（显示）"列的复选框，对应等级的错误发生时，会用波浪线进行标示。选择"Color（颜色）"列的颜色条，可以设置波浪线的颜色，建议保持默认设置。图 8-11 所示为元件标识符重复的错误，发生错误的两个电容下方会出现红色波浪线，将光标放在错误元件上停留片刻，会弹出错误信息框。

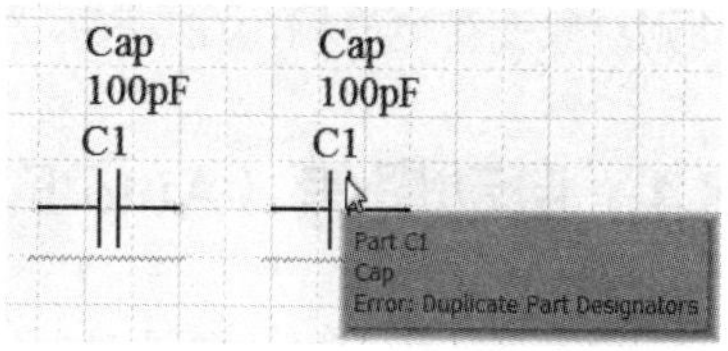

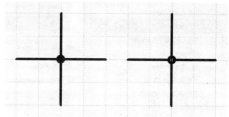

图 8-11　元件标识符重复的错误

2. Auto-Junctions（自动节点）

设置在导线和总线上显示的自动节点大小（Size）、颜色（Color）和拖动颜色（Drag Color）。选中 Display On Wires 复选框和 Display on Buses 复选框，则会根据设置的节点大小和颜色显示节点。

3. Manual Junctions Connection Status（手工节点连接状态）

手工节点是通过菜单命令 Place ≫ Junction 添加的，而不是系统自动根据连线状态添加的。选中 Display 复选框，则会显示手工节点，从 Size 下拉列表中选择手工节点大小，用 Color 颜色条选择节点颜色。

△ 自动节点和手工节点的外观是有区别的，如图 8-12 所示，自动节点默认是实心蓝色圆形，而手工节点默认是红色圆形，中间有四个小白点。

---

4. Compiled Names Expansion（编译扩展名）

Compiled Names Expansion 选项主要针对多通道电路设计。在编译时，原理图中的一个逻辑单元电路模块会被复制成多个实际物理电路模块，即多个物理通道。通过对原理图中元件标识符的扩展可以区分该元件在多个物理通道中的副本。在图 8-13 所示原理图中元件标识符右上角的灰色上标显示其对应的多个物理通道中的元件扩展标识符，而物理通道中元件扩展标识符的灰色上标则显示其对应的原理图中的元件标识符。

图 8-12　自动节点和手工节点

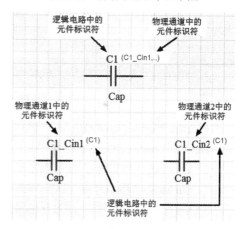

1）Designators（元件标识符）：选中其左边复选框设置编译名称扩展选项，在右边的下拉列表中有以下三种选项。

① Never display superscript：从不显示上标。

② Always display superscript：总是显示上标。

图 8-13　编译扩展名

③ Display superscript if necessary：有必要的时候才显示上标。

2）Net Labels（网络标签）：选中其左边复选框设置编译名称扩展选项，具体内容与元件标识符的选项相同。

3）Ports（端口）：选中其左边复选框设置编译名称扩展选项，具体内容与元件标识符的选项相同。

4）Sheet Number（图纸编号）：选中其左边复选框设置编译名称扩展选项，具体内容与元件标识符的选项相同。

5）Document Number（文档编号）：选中其左边复选框设置编译名称扩展选项，具体内容与元件标识符的选项相同。

6）Dim level for read-only objects in compiled documents tabs：编译后生成的物理多通道电路都是只读的，其中的对象用灰度显示（详见 7.2.7 小节），灰度级别可通过滑动条设置，滑动条往右移动则对象变得更模糊，往左移动则对象变得更清晰。

8.4 自动聚焦（Auto Focus）配置

自动聚焦配置页主要是对聚焦对象（当前操作的对象）及其周围对象的显示设置，目的是为了更好地突显聚焦对象，如图 8-14 所示。

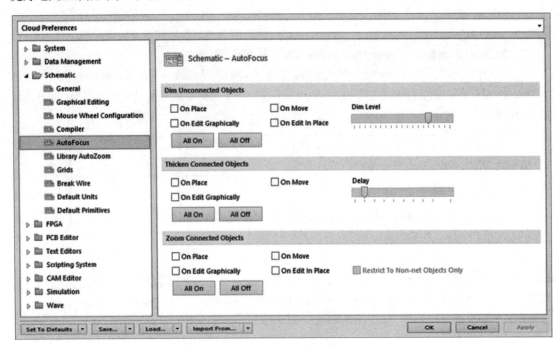

图 8-14 自动聚焦配置页

1. Dim Unconnected Objects（淡化未连接对象）

Dim Unconnected Objects 区域用来设置在何种操作下淡化未与聚焦对象连接的其他对象。

1）On Place（放置时）：放置对象时，淡化显示未与其连接的对象。

2）On Move（移动时）：移动对象时，淡化显示未与其连接的对象。

3）On Edit Graphically（图形化编辑时）：图形化编辑对象时，淡化显示未与其连接的对象。

4）On Edit In Place（在线编辑时）：在线编辑文本对象时，淡化显示未与其连接的对象。

5）All On（打开所有）按钮：选择上面的所有选项。

6）All Off（关闭所有）按钮：关闭上面的所有选项。

7）Dim Level 滑动条：设置淡化效果。滑块越向右滑动，则淡化效果越强；滑块越向左滑动，则淡化效果越弱。

2. Thicken Connected Objects（加粗连接对象）

Thicken Connected Objects 区域用来设置在何种操作完成时需要加粗显示与聚焦对象连接的其他对象，包括与聚焦对象连接的导线、端口等。

1）On Place（放置时）：放置对象的操作完成时，加粗与其连接的其他对象。

2）On Move（移动时）：移动对象的操作完成时，加粗与其连接的其他对象。

3）On Edit Graphically（图形化编辑时）：图形化编辑对象时，加粗与其连接的其他对象。

4）All On（打开所有）按钮：选择上面的所有选项。

5）All Off（关闭所有）按钮：关闭上面的所有选项。

6）Delay（延迟）滑动条：用来设置加粗显示效果的保持时间。滑块向右滑动，则保持时间越短；滑块向左滑动，则保持时间越长。

3．Zoom Connected Objects（缩放连接对象）

Zoom Connected Objects 区域用来设置在何种操作进行时需要缩放以突显聚焦对象及其连接的其他对象。在操作完成后，对象会恢复到操作之前的大小。

1）On Place（放置时）：放置对象时，缩放当前操作对象及其连接的其他对象。

2）On Move（移动时）：移动对象时，缩放当前操作对象及其连接的其他对象。

3）On Edit Graphically（图形化编辑时）：图形化编辑对象时，缩放当前操作对象及其连接的其他对象。

4）All On（打开所有）按钮：选择上面的所有选项。

5）All Off（关闭所有）按钮：关闭上面的所有选项。

6）Restricted To Non-net Objects Only：仅适用于非网络对象。例如，对电气元件的标识符、注释等文本对象进行在线编辑时，才会自动缩放。

8.5　元件库自动缩放（Library AutoZoom）配置

元件库自动缩放配置页用来设置在库元件编辑窗口切换所编辑的元件时所采取的自动缩放方式，如图 8-15 所示。

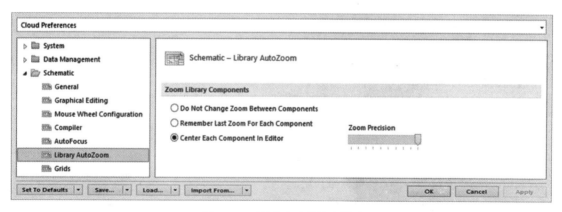

图 8-15　元件库自动缩放配置页

Zoom Library Components（缩放库元件）区域的各选项说明如下：

1）Do Not Change Zoom Between Components（不改变元件间的缩放比例）：当在库文件编辑窗口切换元件时，保持缩放比例不变。例如，编辑第一个元件时缩放比例为 150%，切换到第二个元件时显示比例依然为 150%。

2）Remember Last Zoom For Each Component（记忆每个元件上次的缩放比例）：当在库元件编辑窗口切换元件时，每个元件采用上次使用的缩放比例进行显示。例如，编辑第一个元件时的缩放比例为 150%，切换到第二个元件时将采用它上次使用的缩放比例，而不会使用第一个元件的缩放比例。

3）Center Each Component In Editor（将每个元件放置在编辑窗口中心）：当在库元件编辑窗口切换元件时，将每个元件放在编辑窗口中心，并采用右边滑动条设定的缩放比例来显示。

8.6 栅格（Grids）配置

栅格配置页用来设置各类栅格的大小，如图 8-16 所示。

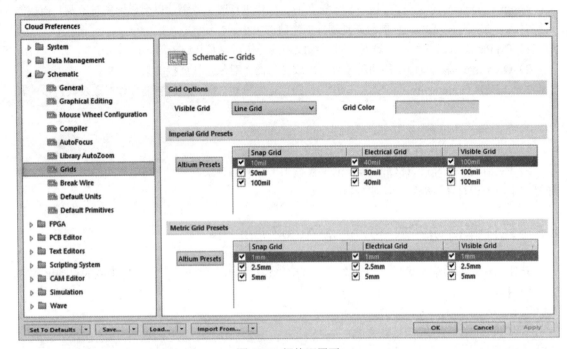

图 8-16 栅格配置页

系统栅格分为 Snap Grid、Electrical Grid 和 Visible Grid 三类。Snap Grid 定义移动元件时的步长，Electrical Grid 定义捕获电气热点的半径范围，Visible Grid 定义编辑窗口显示的栅格大小。

1. Grid Options（栅格选项）

1）Visible Grid：在下拉列表中选择可视栅格样式，包括线栅格和点栅格。

2）Grid Color：单击右边颜色条选择栅格颜色。

2. Imperial Grid Presets（英制栅格预设）

Imperial Grid Presets 区域设定英制栅格尺寸。

单击 Altium Presets 按钮，弹出六组系统预设的栅格尺寸菜单，如图 8-17 所示。选中任何一组，右边表格中即显示该组预设值。例如，选中 Defaults 预置栅格尺寸，右边表格显示三行数值，即给每类栅格预置了三个尺寸，如图 8-16 所示。

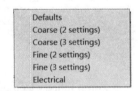

图 8-17 预设栅格尺寸

在原理图编辑窗口中按 G 键可以在这三个尺寸之间进行循环切换。例如，开始时 Snap Grid、Electrical Grid 和 Visible Grid 的尺寸分别为 10mil、40mil、100mil，按下 G 键后，这三类栅格的尺寸分别变为 40mil、10mil、100mil，再次按下 G 键，则变为 100mil、40mil、100mil。

如果需要修改这些栅格尺寸，则可以直接在对应的单元格中单击，然后输入新的栅格尺寸。如果需要增加新的栅格尺寸，则可以在表格空白区域按鼠标右键，在弹出的菜单中选择 Add Grid Setting，然后选择要增加的栅格尺寸，表格中即会增加一行栅格尺寸。在弹出的菜单中选择 Remove，可以删除一行栅格尺寸。

如果取消某个栅格尺寸前面的复选框,则该栅格尺寸会失效,具体如下:
1)如果该栅格尺寸对应 Snap Grid,则当切换到该栅格尺寸时,移动元件会采用系统最小步长。
2)如果该栅格尺寸对应 Electrical Grid,则当切换到该栅格尺寸时,捕获电气热点会采用系统最小捕获半径。
3)如果该栅格尺寸对应 Visible Grid,则当切换到该栅格尺寸时,可视化栅格不会在编辑窗口显示。

3. Metric Grid Presets(公制栅格预设)

Metric Grid Presets 区域用来设置公制栅格尺寸,除了采用不同的计量单位外,设置方法与上面英制栅格预设区域完全一样。

8.7 切割导线(Break Wire)配置

切割导线配置页提供切割导线的相关设置,如图 8-18 所示。

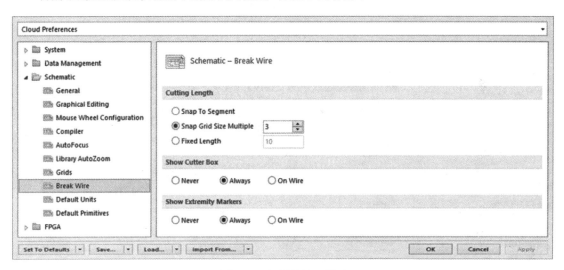

图 8-18 切割导线配置页

1)Cutting Length(切割长度):设置切割导线的长度。
① Snap To Segment:切割一段完整的直导线。
② Snap Grid Size Multiple:切割整数倍栅格长度的导线,在旁边的文本框中输入栅格倍数。
③ Fixed Length:切割指定长度的导线,在旁边的文本框中输入具体长度数值。
图 8-19 所示为三种长度设置下切割导线的情况。

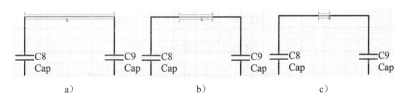

图 8-19 不同切割长度演示

2)Show Cutter Box(显示切割框):设置如何显示切割框。
①Never:从不显示;②Always:总是显示;③On Wire:只在导线上显示。

3) Show Extremity Markers（显示切割框端线）：设置如何显示切割框端线。
①Never：从不显示；②Always：总是显示；③On Wire：只在导线上显示。

8.8 默认单位（Default Units）配置

默认单位配置页用来设置原理图使用的长度单位系统，其内容与 3.2.3 小节 Document Options 对话框中的 Units 选项卡完全一样，不再赘述。

8.9 默认图元（Default Primitives）配置

默认图元配置页用于配置各类图元的默认属性，如图 8-20 所示。

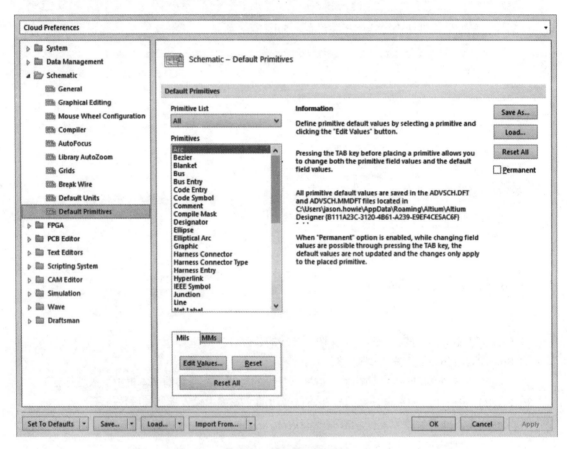

图 8-20 默认图元配置页

该配置页 Primitive List 下拉列表用于选择对象类别，包括 All、Wiring Objects、Drawing Objects、Sheet Symbol Objects、Harness Objects、Library Objects 和 Other 类别。默认显示所有对象。在 Primitives 列表框中选中某个对象，单击 Edit Values 按钮，弹出该对象的属性对话框，该对话框和在放置对象时按下 Tab 键打开的对象属性对话框是一样的。在该对话框中可以修改对象的默认属性值。Reset 按钮用来恢复当前选中对象的默认属性值，而 Reset All 按钮用来恢复所有对象的默认属性值。Mils 和 MMs 标签用来切换英制和公制单位下的属性值。

在配置页右边的 Save As 按钮用来保存修改的对象属性文件，Load 按钮用来加载存储的对象属性文件。

Permanent 复选框：选中该复选框意味着只有通过此首选项配置页才能修改对象的属性，取消该复选框意味着在放置对象时通过 Tab 键调出的属性对话框也可以修改对象的默认属性，并影响后续放置的同类对象。

8.10 思考与实践

1．思考题

原理图首选项的作用是什么？

2．实践题

尝试修改各个原理图首选项，并观察原理图编辑器的相应变化。

第 9 章 印制电路板（PCB）基础

Altium Designer 在统一的集成环境中提供从概念设计到产品制造输出的全业务流程支持，具备强大的电子设计功能，可以帮助设计师高效、准确地完成紧张繁重的设计任务。在这些功能中，最核心的当属印制电路板（PCB）设计。印制电路板几乎出现在每一种电子产品中，大到超级计算机电路板，小到收音机电路板，各种电器能否正常运行与 PCB 密切相关，PCB 的优劣是决定电子产品性能好坏的关键因素之一。

在学习 PCB 设计之前，有必要先了解一些 PCB 的基础知识。这样在使用 Altium Designer 设计 PCB 时，不仅能知其然，而且能知其所以然，从而更好地利用 Altium Designer 的强大功能，设计出高质量的符合产品规范要求的印制电路板。

9.1 印制电路板基础知识

1. 印制电路板基本概念

印制电路板的英文全称为 Printed Circuit Board，是用来机械支撑与电气连接电子元件的物理载体。尽管电路板技术的发展已经有 100 多年的历史，但是直到 1936 年，第一块现代印制电路板才由 Eisler 博士采用首创的铜箔腐蚀工艺制造而成。印制电路板的主要优点是大大减少了布线和装配的差错，提高了自动化水平和劳动生产率。经过多年的发展过程，印制电路板历经了从单面板、双面板、多层板，到积层法多层板、高密度互连电路板的发展过程。当前，电路板正朝着高密度、高精度、高性能、微孔化、薄形化、柔性化的方向发展，其应用范围涵盖了大型计算机、通信设备、电气与自动化仪表、航空航天、汽车电子、移动终端、数码产品等广阔的领域。

2. 印制电路板的分类

按照不同的分类标准，印制电路板可以分为很多类型。

1) 按照结构分类：单面板、双面板和多层板。
2) 按照硬度分类：刚性板（Rigid）、柔性板（Flex）、刚柔混合板（Rigid-Flex）。
3) 按照孔的导通状态分类：通孔板、埋孔板、盲孔板。
4) 按照材质分类：有机材质板［包括酚醛树脂、玻璃纤维/环氧树脂、聚酰亚胺（Polyimide）等］、无机材质板（包括铝、陶瓷等）。
5) 按照表面工艺分类：HASL（热风整平，俗称喷锡）板、化学镀镍/沉金（ENIG）板、沉银板、沉锡板、OSP（有机涂覆）板、电镀镍金板、金手指板等。

3. 印制电路板板材

电路板的芯板（Core），也就是通常所说的基板，其材质可以分为有机材质和无机材质两大类。有机材质包括酚醛树脂、玻璃纤维/环氧树脂、聚酰亚胺（Polyimide）、聚四氟乙烯等；无机材质包括铝、陶瓷、Copper-Invar-Copper 等。在选择基板时，需要考虑其阻抗特性、阻燃性、散热性和强度等指标。利用特定的加工工艺在基板上覆盖铜箔就制造出覆铜板。而覆铜板是加工制造最终的印制电路板产品的直接原材料。

表 9-1 列出了不同规格的常用覆铜板的组成及其用途。

表 9-1 常用覆铜板组成与用途

规格	基板类型	组成部分	特征	用途
XPC	纸基板	纸+酚醛树脂+铜箔	经济性 可冷冲	计算器、遥控器、电话机、钟表
XXXPC	纸基板	纸+酚醛树脂+铜箔	高电性 可冷冲	音响、收音机、黑白电视机
FR-1			经济性、阻燃	音响、彩色电视、显示器
FR-2			高电性、阻燃	音响、彩色电视、显示器
FR-4	玻璃布基板	玻璃布+环氧树脂+铜箔	高电性、阻燃、强度高	通信、计算机、仪器仪表、汽车电路等
CEM-2	复合基板 纸（芯）+玻璃布（面）	纸+玻璃布+环氧树脂+铜箔	非阻燃	电玩、计算机、彩电等
CEM-3	复合基板 玻璃毡（芯）+玻璃布（面）	玻璃毡+玻璃布+环氧树脂+铜箔	高电性、阻燃，强度低于 FR-4	电玩、计算机、彩电等

有机材质在生产制造中使用最多，如广泛使用的 FR-4 就是第四类玻璃纤维/环氧树脂层压板材，具有良好的耐火和绝缘性能，在干燥和潮湿环境下均保持高机械强度和硬度，不宜弯折，并且具有良好的制造特性。近些年，新型电子产品不断问世，对 PCB 制造技术提出了更高的要求，如可穿戴设备所要求的柔性电路板。聚酰亚胺则是一种柔性基板材料，可以弯曲折叠，适合制造柔性（挠性）电路板，与硬板结合在一起还可以制造出刚柔混合板。实际中采用无机材质基板更多是出于电路散热和物理承载能力的考虑。

在多层板制造中，需要使用半固化片（Prepreg）。它是一种柔性材料，一般含有玻璃纤维，提供给 PCB 制造厂时为半固化状态（未全加工）。制造过程期间它被包含在多层板的硬性层之间，经加热后达到最终的固化，起到绝缘和粘合的作用。

4．覆铜板的质量特性

1）电气特性：包括绝缘性、介电性（介电常数 DK、介质损耗因数 DF 等）、耐离子迁移性 CAF、耐漏电痕迹性 CTI、耐电场强度、铜箔的质量电阻等。

2）机械特性：包括铜箔与基材的粘接性、机械强度（如弯曲强度等）、抗冲击性、尺寸稳定性、弹性、热变形性等。

3）化学特性：包括耐热性、玻璃化温度 TG、可焊性、耐化学药品性、耐碱性、耐酸性、耐水性等。

4）物理特性：包括热膨胀系数 CTE、相对密度、燃烧性（阻燃性）、基板加工、基板平整性（翘曲、扭曲）等。

5）环境特性：包括耐霉性、耐湿性、耐蒸煮性、耐热-冷循环冲击性等。

6）环保特性。

5．单面板、双面板和多层板

单面板、双面板和多层板是进行 PCB 设计时常用的一种分类方法，下面具体介绍。

（1）单面板

单面板是只有一面覆铜的电路板，如图 9-1 所示。在覆铜面采用蚀刻工艺将多余的铜箔腐蚀掉，剩下的铜箔构成电子线路，用于实现元件间的电气连接。单面板的另一面采用丝网印刷的方法印上文字与符号（通常为白色），以标示各元件在电路板上的位置。这一面称为丝网印刷面。早期元件多为直插式元件，装配时元件安装在丝网印刷面，因此这一面也称为元件面。元件的针式引脚插入焊盘贯穿整个板子，在覆铜面进行焊接，因此覆铜面也称为焊接面。随着电子技术的不断发展，目前大多使用贴片式元件。在这种情况下，元件面和焊接面都在同一面。

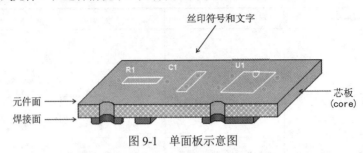

图 9-1　单面板示意图

单面板制造工艺简单，可以手工制作，成本不高。但是单面板在线路设计上有许多严格的限制。因为只有一面，布线间不能交叉，对于复杂的电路，布通率降低，有时候不得不采用飞线，电路间信号串扰的概率也会增大，影响电路美观和性能，所以只有较为简单的电路板才使用单面板。

（2）双面板

双面电路板的两面都覆盖有铜箔，如图 9-2 所示，因此两面都可以用来刻蚀线路。上下两层的线路通过贯穿电路板的金属化过孔（Via）进行电气连接。过孔其实就是内壁镀铜的小孔，具有导电作用，它可以与两面的导线相连接。这样双面板的布线面积比单面板大了一倍，缓解了单面板中布线交叉的难题，被阻挡的导线可以通过过孔通到另一面继续走线，它适合用在比单面板更复杂的电路上。随着制造工艺的不断成熟，双面板的成本已经大幅降低，成为目前应用最为广泛的印制电路板形式之一。

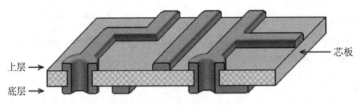

图 9-2　双面板示意图

为了便于区分，通常把上下两个覆铜层分别称为顶层（Top Layer）和底层（Bottom Layer），但是设计师也可以根据实际需要使用不同的命名。顶层和底层都可以进行电气布线、元件安装和焊接。但是从便于组装、焊接的角度，应尽量将直插式元件放在同一层。

（3）多层板

多层电路板是在双面电路板的基础上发展起来的，一般将铜箔层的层数作为电路板的层数。除了表面的覆铜层（Top Layer 和 Bottom Layer）外，多层板内部还包含了多个覆铜层。内部覆铜层又可以分为内部信号层和内部平面层两类，前者用来放置普通的信号走线，后者则用来连接电源网络。覆铜层的增加进一步加大了可布线的面积。图 9-3 为一个六层板结构，该电路板的铜箔层如下。

1）四层信号层（Signal Layer）：包括 Top Layer、Bottom Layer 两个表面信号层和 Inner Layer1、Inner Layer2 两个内部信号层。

2）两层内部平面层（Internal Plane）：包括 Power Plane 和 Ground Plane。

> 信号层和平面层都由铜箔构成，它们的不同之处在于信号层采用铜箔导线来实现电气连接，而平面层采用大面积的铜箔实现电气连接。通常平面层用于连接 VCC、GND 之类的电源网络，以简化走线、改善供电和增强抗干扰能力。

可以这样简单地理解多层板，它是将多个双面板进行单独 PCB 刻线后，再经过层叠压合而成。

不同的布线层之间通过过孔进行电气连接。图 9-3 所示的电路板可以看作是三张双面板压合而成的。每张双面板由中间的绝缘芯板和两面的铜箔走线组成。每一个铜箔层都可以根据需要自定义名称。例如，图 9-3 中左侧第二个铜箔走线层命名为 Ground Plane（GND），表明该层为连接 GND 网络的内部平面层；而第五个铜箔走线层命名为 Power Plane（VCC），表明该层为连接 VCC 网络的内部平面层。三张双面板之间加入半固化片（Prepreg）进行分隔，然后压合在一起构成完整电路板。半固化片起到绝缘和粘合的作用。多层板通常层数都是偶数，以保持对称性。大部分较复杂的电路板都是 6～12 层的结构，理论上甚至可以做到近 100 层的 PCB。

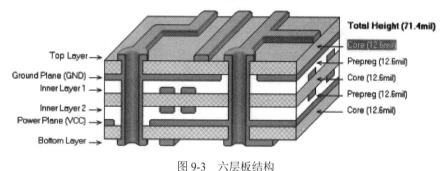

图 9-3　六层板结构

9.2　印制电路板的常用术语

9.2.1　封装（Package）

1. 封装基本概念

集成电路裸片设计完成后，需要对其进行封装。简单而言，封装就是对芯片内部电路进行安装、固定、密封和保护的外壳。外壳常用的材料有金属、陶瓷、塑料等。外壳上装有金属引脚，芯片内部电路的信号通过 Bonding 的方式连接到引脚上，形成到外部电路的通路。每块芯片在印制电路板上都有对应的一组焊盘，焊盘的位置分布以及大小形状与芯片的引脚相匹配。这组焊盘在英文中形象地称为 Footprint，即把它们看成芯片引脚在电路板上的脚印。在 PCB 设计领域，常把这组焊盘及其周围绘制的元件轮廓也称为封装。

芯片装配到电路板上后，焊锡将引脚和电路板上的对应焊盘牢固地连接在一起，进而通过电路板上的铜箔导线实现与其他元件的电气互连。

2. 封装分类

元件按封装大致可以分为以下两类：

1）直插式元件（也称为针脚式或通孔式元件）：直插式元件焊接时先将元件引脚插入通孔焊盘，然后焊锡。图 9-4 所示为一个具有 16 个引脚的直插式元件及其封装示意图。

图 9-4　16 个引脚的直插式元件及其封装

2）表面贴片元件（简称表贴式元件）：SMT（Surface Mounted Technology，表面贴装技术）是指在电路板表面进行元器件安装的技术，使用 SMT 进行安装的元件称为表贴式元件。表贴式元件又分为 SMC 和 SMD 两类：SMC 主要指表面安装的无源元器件，包括贴片式的电阻、电容、电感、电阻网络与电容网络等；SMD 主要指表面安装的有源元器件，包括贴片式二极管、晶体管、晶体振荡器、贴片式集成电路芯片等。表贴式元件的焊盘只限在表面板层。图 9-5 所示为具有 16 个引脚的表贴式元件及其封装。此外，实际中还经常遇到一些贴片安装的机电器件，包括贴片式的开关、连接器、微电机和继电器等。

图 9-5　16 个引脚的表贴式元件及其封装

相对于直插式元件而言，贴片式元件体积小、质量小，实现了电子产品组装的高密度、高可靠、小型化、低成本以及生产的自动化。现在先进的电子产品，特别是计算机及通信类电子产品，已普遍采用表面贴装技术。

另一方面，贴片式元件体积小，承受的耐压、功率等参数相应减小，在需要大功率器件的场合，直插式器件仍是不可或缺的。

　　⚠ 不同元件可以使用同一个元件封装，如电阻、电容、电感都可以使用相同的贴片封装；同种元件也可以有不同的封装，如一个 16 引脚的芯片可以分别封装成直插式或者贴片式。

---

3. 常用分立元件封装

1）直插式电阻：电阻是最常见的电子元件之一，图 9-6 所示为直插式电阻，其对应的封装为 AXIAL-x.y 形式。AXIAL 表示轴向元件，元件本体一般为圆柱形；x.y 表示元件两个焊盘中心孔之间的距离，如 AXIAL-0.4 表示两个焊盘之间的距离为 400mil，数字越大，对应的电阻体积越大，承受的功率也越大。

图 9-6　直插式电阻

2）直插式电容：电容也是常用的电子元件之一，其主要参数为容量及耐压强度。对于同类电容，体积随着容量和耐压的增大而增大。常见的直插式电容外观为圆柱形、圆形和方形。无极性电容的封装以 RAD-x.y 表示，如 RAD-0.1、RAD-0.2、RAD-0.3、RAD-0.4。后面两个数字表示焊盘中心孔的间距，如 RAD-0.3 表示两个焊盘的间距为 300mil。电解电容则用 RB.x/.y 标识，如 RB.2/.4、RB.3/.6、RB.4/.8、RB.5/1.0，符号中前面数字表示焊盘中心孔间距，后面数字表示圆形轮廓线直径。例如，RB.3/.6 表示焊盘中心孔间距为 300mil，而圆形轮廓线直径为 600mil。除此以外，常用的封装还有以 CAPR 标识的直插式电容器封装、以 CAPPR 标识的直插式极性圆柱体电容器封装等。

3）直插式电感：常使用和直插式电阻一样的 AXIAL-x.y 封装。

4）表贴式电阻、电容、电感：小功率的电阻、电容以及小感量小功率的电感经常采用贴片封装形式，如图 9-7 所示。这些贴片封装的规格尺寸已经标准化，常见的有 9 种，用两种类型的尺寸代码表示。一种是 EIA（美国电子工业协会）制定的用 4 位数字表示的代码，前两位与后两位分别表示元件的长与宽，以 in 或者 mil 为度量单位。另一种是公制代码，也是用 4 位数字表示，单位为 mm。每一种英制尺寸代码都有对应的公制尺寸代码，如英制封装 0805 就对应着公制封装 2012，它们只是表示单位不同而已。表 9-2 中列出了这两种代码的关系及详细尺寸。需要注意的是，表 9-2 中列出的封装长和宽只是标准值，实际值与标准值之间允许一定的误差范围，可以查询详细的器件封装手册获取。

图 9-7 表贴式元件

表 9-2 表贴式元件公英制对照表

英制封装/mil	公制封装/mm	长×宽		单位换算
		英制/mil	公制/mm	
0201	0603	20×10	0.6×0.3	
0402	1005	40×20	1.0×0.5	
0603	1608	60×30	1.6×0.8	
0805	2012	80×50	2.0×1.25	
1206	3216	120×60	3.2×1.6	1mil=0.001in
1210	3225	120×100	3.2×2.5	1mil=0.0254mm
1812	4832	180×120	4.5×3.2	
2010	5025	200×100	5.0×2.5	
2512	6432	250×120	6.4×3.2	

随着电子产品小型化和轻薄化发展的趋势，在功率允许的情况下，更小尺寸的贴片元件将得到越来越广泛的应用。

5）二极管：二极管包括直插式和贴片式两种封装。直插式二极管常使用的封装为 Diode x.y，如 Diode0.4，它表示两个焊盘中心间距为 400mil，此外还有 DO-x 封装。贴片式二极管的封装包括 SMA、SMB、SMC、SOD-x 和 SOT-x 系列。

6）三极管/场效应晶体管：三极管/场效应晶体管具有三个引脚，外形尺寸与器件的额定功率、耐压等级及工作电流有关。常见直插式三极管外观如图 9-8 所示。

直插式三极管的封装以 TO（Transistor Outline）标识开头，不同的数字代表不同的型号与尺寸，如图 9-9 所示。

贴片式三极管的封装以 SOT（Small Outline of Transistor）开头，也有部分中功率三极管采用 DPAK、D²PAK、D³PAK 系列的封装，如图 9-10 所示。

图 9-8 直插式三极管外形

4. 常用集成电路封装

1）DIP（Dual Inline Package，双列直插式封装）：DIP 为早期应用最为普遍的集成电路封装形式，引脚从封装两侧引出，从电路板的一面插入通孔式焊盘中，在另一面进行焊接。封装材料有塑料和陶瓷两种。一般引脚中心间距为 100mil，封装宽度有 300mil、400mil 和 600mil 三种，引脚数 4～64，封装名一般为 DIP x，x 为引脚数。例如，DIP16 表示共有 16 个直插式引脚，排列在芯片两侧，每侧各 8 个引脚。自己创建封装时应注意引脚数、同一列引脚的间距及两排引脚间的间距等。图 9-4 所示为 DIP16 元件外观和封装。

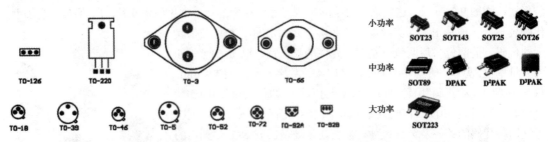

图 9-9　直插式三极管封装　　　　　　　　图 9-10　贴片式三极管外形

2）SIP（Single Inline Package，单列直插式封装）：SIP 的引脚从封装的一侧引出，排列成一条直线，一般引脚中心间距 100mil，引脚数为 2～20，封装名一般为 SIP x 的形式。例如，SIP6 表示共有 6 个直插式引脚，排列成一列。排阻、接插件等常使用 SIP。图 9-11 所示为 SIP6 元件外观和封装。

3）SOP（Small Outline Package，双列小型贴片封装，也叫 SOIC）：SOP 是一种贴片的双列封装形式，引脚从封装两侧引出，呈海鸥翼形，几乎每一种 DIP 的芯片均有对应的 SOP。与 DIP 相比，SOP 的芯片体积大大减小，可以提高板上元件密度。SOP 类型又可

图 9-11　6 个引脚的 SIP6 元件及其封装

以分为 SSOP（Shrink Small-Outline Package，缩小型 SOP）、TSOP（Thin Small Outline Package，薄形 SOP）、TSSOP（薄的缩小型 SOP），SOL（加长型 SOP），SOW（加宽型 SOP）等。图 9-12 所示为 SOP20 元件外观与封装。

4）SOJ（Small Outline Package-J Leads，J 形引脚小外形封装）：引脚从封装两侧引出并向芯片底部弯曲呈 J 形。图 9-13 所示为 SOJ 元件外观与封装。

图 9-12　SOP20 元件及其封装　　　　　　　图 9-13　SOJ 元件及其封装

5）PLCC（Plastic Leaded Chip Carrier，带引脚的塑料芯片载体）封装：PLCC 是一种贴片封装，如图 9-14 所示。这种封装的芯片引脚排列在芯片四周，并向芯片底部弯曲，呈 J 形，通常包括 20～84 脚，紧贴于芯片体。从芯片顶部看下去，几乎看不到引脚，引脚间距一般为 1.27mm。封装名一般为 PLCC x，x 为引脚数，如 PLCC28。PLCC 既可以直接焊接在电路板表面，也可以安装在配套的插座上，插座是直插式的，焊接在电路板上。PLCC 适用于需要经常插拔芯片的场合，如可编程的逻辑芯片。这种封装方式节省了制板空间，但焊接困难，需要采用回流焊工艺，要使用专门设备。

6）QFP（Quad Flat Package，方形扁平封装）：QFP 为方形贴片封装，引脚等数量地排列在芯片四周。与 PLCC 封装不同，QFP 的引脚没有向内弯曲，而是向外伸展的海鸥翼形引脚，焊接比较方便。封装类型主要包括 PQFP（塑料外壳 QFP）、TQFP（薄形 QFP）及 CQFP（陶瓷外壳 QFP）等，引脚数从 32~164 不等，如图 9-15 所示。

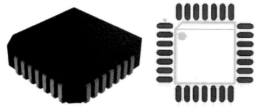

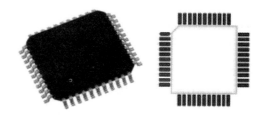

图 9-14　PLCC 元件及其封装　　　　　　图 9-15　QFP 元件及其封装

7）PGA（Pin Grid Array，引脚栅格阵列）封装：PGA 是一种传统的封装形式，其引脚为直插式引脚，从芯片底部垂直引出，且整齐地分布在芯片底部四周。早期的 X86 CPU 均是这种封装形式。通常引脚数从 64～447 不等，封装名一般为 PGA x，其中 x 为引脚数目。SPGA 与 PGA 封装相似，区别在于其引脚排列方式为错开排列，利于引脚出线。CPGA 为陶瓷封装的 PGA。图 9-16 所示为 PGA 元件外观及 PGA、SPGA 封装。

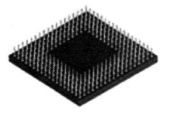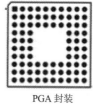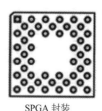

PGA 封装　　　SPGA 封装

图 9-16　PGA 元件及其封装

8）BGA（Ball Grid Array，球形栅格阵列）封装：BGA 与 PGA 类似，主要区别在于这种封装中的引脚只是一个球状焊锡，焊接时熔化在焊盘上，无需打孔。BGA 的引脚具有高密度、易散热、寄生参数小的特点，可应用于高达数百引脚的高速集成电路芯片。BGA 基板依使用材料不同，可分为陶瓷（Ceramic）、塑料（Plastic）、金属（Metal）和卷带（Tape）等几类，相对应的简称分别是 CBGA、PBGA、MBGA 与 TBGA。同类型封装还有 SBGA，与 BGA 的区别在于其引脚排列方式为错开排列，利于引脚出线。图 9-17 所示为 BGA 元件外观及封装。

9）CSP（Chip Size Package，芯片级封装）：CSP 是 BGA 进一步微型化的产物，其封装尺寸比裸芯片稍大（通常封装尺寸与裸芯片之比定义为 1.2∶1）。CSP 引脚之间的距离包括 0.8mm、0.65mm、0.5mm 等，封装高度通常小于 1mm。另一种更先进的 CSP 技术是晶圆级芯片封装（Wafer Level Chip Size Package，WLCSP），这也是未来芯片封装重点发展的方向之一。它在晶圆级别上对集成电路进行封装。这种封装不需要使用普通芯片封装使用的绑定技术就能实现高密度的引脚连接，晶圆经过多道半导体制造工序，完成电极端子成型、锡球连接以及外壳封装的工作。

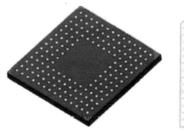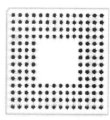

图 9-17　BGA 元件及其封装

10）MCM（Multi-Chip Module，多芯片模块系统）：MCM 是将多个半导体裸芯片组装在一块多层布线基板上的封装技术，基板上提供了多个芯片所需要的高密度互连线，并且提供与外部电路连接的引脚。MCM 具有更高的性能、更多的功能和更小的体积，可以将数字电路、模拟电路、微波电路、功率电路以及光电器件等合理有效地集成在一起，从而实现产品的高性能和多功能化。可以说 MCM 属于高度集成的混合集成电路产品。

9.2.2 焊盘（Pad）

焊盘主要用于焊接时固定元件引脚，同时完成元件引脚和铜箔导线之间的电气连接。选择元件的焊盘类型要综合考虑元件的形状、大小、安装形式、振动、受热情况、受力方向等。

焊盘分为贴片式焊盘和通孔式焊盘。贴片式焊盘通常位于电路板表面，包括顶层（Top Layer）和底层（Bottom Layer），用于焊接、固定贴片元件。通孔式焊盘贯穿整个电路板，用于焊接并固定直插式元器件。

焊盘中心孔要比元件引脚直径稍大一些。焊盘太大易形成虚焊，太小则难以插入元件引脚。焊盘孔径通常比引脚直径大 0.2~0.6mm。

Altium Designer 支持多种焊盘形状，包括圆形、矩形、八角形、圆角矩形、椭圆形等，如图 9-18 所示，第一行为通孔式焊盘，第二行为贴片式焊盘。

图 9-18 各种形状的焊盘

9.2.3 过孔（Via）

过孔是内壁镀铜、用于连接不同板层间铜箔走线的金属化孔。过孔有三种，即从顶层贯穿到底层的通孔、从顶层通到内层或从内层通到底层的盲孔以及内层之间的埋孔，如图 9-19 所示。

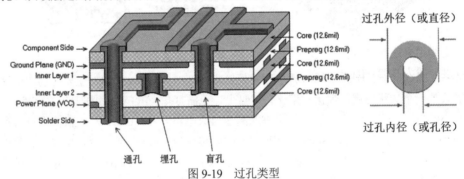

图 9-19 过孔类型

通孔式焊盘用来插入元件引脚并固定元件，同时起连接元件引脚和铜箔走线的作用，而过孔仅仅起连接不同板层的铜箔走线的作用。在复杂电路板中，过孔是很常见的。例如，当一个位于顶层的贴片焊盘要连接到一个位于底层的贴片焊盘时，就得通过过孔，如图 9-20 所示。如果一条铜箔走线在前进方向上被另一条位于同层的铜箔走线阻挡，也可以通过过孔通到另一层再继续走线，如图 9-21 所示，其中最上方的顶层贴片焊盘和最下方的通孔式焊盘通过过孔进行连接。

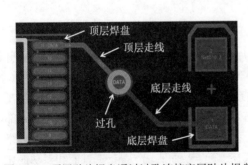

图 9-20 顶层贴片焊盘通过过孔连接底层贴片焊盘

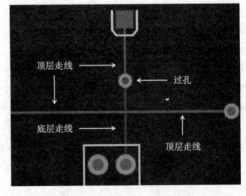

图 9-21 通过过孔越过同层走线

通常过孔直径比通孔式焊盘要小，这样不仅可以减小过孔的寄生参数，而且可以节省布线空间。

过孔存在寄生电容，寄生电容主要是影响信号的上升和下降时间，降低电路的工作速度。单个过孔的寄生电容很小，引起的信号延迟不明显，但是如果线路中使用多个过孔，累积效应就需要加以考虑了。

同时，过孔还存在寄生电感，寄生电感的危害大于寄生电容。例如，在多层板高速电路中，连接内部电源层和接地层的旁路电容需要经过两个过孔，导致寄生电感量的成倍增加。寄生电感会消弱电源滤波电容的作用，对整个电路系统带来影响。

过孔的大小也对电路产生影响。过孔越小，其自身的寄生电容也越小，更适合用于高速布线。但孔径尺寸缩小的同时带来了成本的增加，而且过孔的尺寸不可能无限制减小，它受到钻孔（Drill）和电镀（Plating）等工艺技术的限制。孔径越小，钻孔需花费的时间越长，也越容易偏离中心位置，且当孔的深度超过钻孔直径6倍时，就无法保证孔壁能均匀镀铜。例如，一块6层PCB通常的厚度（通孔深度）为50mil左右，所以PCB厂家能提供的钻孔直径最小只能到8mil。

在PCB设计中有时需要使用盲孔或者埋孔，如对BGA封装的芯片进行逃逸式布线时，需要从锡球引脚引出一小段走线至盲孔或者埋孔，通过这些过孔再连接到其他板层的走线。但是在多层板中大量使用盲孔和埋孔，会增加电路板的制造成本，降低电路板的成品率，所以对盲孔和埋孔的使用应该慎重。

9.2.4 走线（Track）

铜箔走线用来连接焊盘，是PCB最重要的部分，也是PCB设计成功与否的关键所在。覆铜板铜箔的厚度一般为0.02～0.05mm。印制走线的最小宽度受限于走线的载流量和允许温升，表9-3提供了走线宽度和允许载流量、电阻之间的大致关系，读者可以有一个感性的认识。PCB的工作温度不能超过85℃，走线长期受热后，铜箔会因粘贴强度变差而脱落。

表9-3　0.05mm厚的走线宽度与允许的载流量、电阻之间的关系

导线的宽度/mm	0.5	1.0	1.5	2.0
允许载流量/A	0.8	1.0	1.3	1.9
电阻/$\Omega \cdot m^{-1}$	0.7	0.41	0.31	0.29

除此以外，印制走线的宽度还受到蚀刻工艺的限制，太细的走线在生产上可能无法实现，即使勉强进行蚀刻，生产出来的电路板也容易发生故障，难以稳定工作。因此在进行PCB设计时，除非万不得已，否则线宽不要小于5mil。

走线间还需要保持安全间距，以防止信号间的串扰以及电压击穿，并保证电路板的可加工性。表9-4提供了走线间距与安全工作电压、击穿电压的大致关系，读者可以有一个感性的认识。

表9-4　走线间距与安全工作电压、击穿电压的关系

导线间距/mm	0.5	1.0	1.5	2.0	3.0
工作电压/V	100	200	300	500	700
击穿电压/V	1000	1500	1800	2100	2400

9.2.5 连接线（Connection Line）

连接线（又称预拉线，Ratsnest）是用来指示焊盘间存在连接关系的一种连线，它并没有电气意义。在Altium Designer中，连接线通常表现为白色的细线。连接线连接的焊盘最终要用实际的铜

箔走线进行电气连接。完成电气连接后，连接线就不再具有存在的价值，会自动消失。

9.2.6　板层（Layer）

在 Altium Designer 中涉及的板层分为以下三类。

1）电气板层：AD 17 最多支持 32 个信号层和 16 个内部平面层，信号层又可细分为 1 层顶层信号层 +30 层中间信号层+1 层底层信号层。信号层其实就是电路板中的铜箔层，可以用来布线，电信号通过布通的走线进行传输。平面层通常用来连接电源和地网络。在电路设计中，电源和地网络往往包含最多的引脚和最复杂的布线，使用平面层可以简化布线拓扑结构，使得整个线路容易布通。

2）机械层：AD 17 最多支持 32 个机械层，机械层用来定义电路板外形、放置尺寸标注线，描述制造加工细节以及其他在加工制造中需要的信息。

3）特殊层：包括顶层和底层丝印层、顶层和底层阻焊层、顶层和底层助焊层、钻孔层、禁止布线层、多层（Mulit-Layer）、DRC 错误层、钻孔位置层（钻孔导引层与钻孔图层）。

这些层在设计中经常用到，下面具体介绍这些层的定义。

① 顶层信号层（Top Layer）：也称元件面，位于电路板的一个表面，主要用来放置元器件。双面板和多层板的顶层信号层也可以用来布线及焊接。

② 中间信号层（Mid Layer）：最多可有 30 层，位于顶层和底层信号层之间，在多层板中用于布线。

③ 底层信号层（Bottom Layer）：也称焊接面，位于电路板的另一个表面，主要用于布线及焊接。双面板和多层板的底层信号层也可以用来放置元器件。

⚠ 顶层信号层作为元件面和底层信号层作为焊接面的说法对于早期采用直插式元件的单面电路板是适用的。但是随着电子技术的不断发展，目前大多使用贴片式元件。在这种情况下，电路板的两面都可以用来放置元件以及焊接引脚。

---

④ 机械层（Mechanical Layer）：最多可有 32 层，用来定义电路板机械数据。电路板的板形定义就是绘制在某个机械层上。

⑤ 丝印层（Silkscreen）：包括顶层丝印层（Top Overlay）和底层丝印层（Bottom Overlay），用于标注元器件的外形轮廓、标识符、标称值以及型号，还可以包含各种注释信息。一般使用白色油墨利用丝网漏印的方法印制在电路板上。

⑥ 内部平面层（Internal Plane）：也称为内电层，通常采用大面积的铜箔来连接电源和地。内部电源层为负片形式输出。

⚠ 在 PCB 设计中经常用到"正片"和"负片"这两个术语。正片意味着板层开始是空的，在正片上放置对象相当于做"加（+）"操作。例如，信号层为正片，开始时没有任何铜箔，在信号层上放置走线（Track）就相当于在该走线对应的位置添加铜箔。而负片意味着板层开始是满的，在上面放置对象相当于做"减（−）"操作。例如，内部平面层为负片，开始时铺满铜箔，在该层放置一个实心填充（Fill）相当于把该填充物所在位置的铜箔挖去。

---

⑦ 阻焊层（Solder Mask）：包括顶层阻焊层（Top Solder Mask）和底层阻焊层（Bottom Solder Mask），是根据电路板文档中焊盘和过孔数据自动生成的板层，主要用于铺设阻焊油墨。早期成品电路板的颜色都是绿色，这就是阻焊油墨的颜色。现在阻焊油墨的颜色已经多种多样。阻焊油墨可以保护铜线不受氧化腐蚀，又不沾焊锡。该板层采用负片输出，所以阻焊层上显示的焊盘和过孔部

分代表电路板上不铺阻焊油墨的区域，也就是可以进行焊接的部分。

⑧ 锡膏层（Paste Mask，又称助焊层）：包括顶层锡膏层（Top Paste Mask）和底层锡膏层（Bottom Paste mask），也是负片形式输出。输出的文件用来制造钢网，简单而言就是在一块钢板上将对应表贴式焊盘的部位开孔。上锡膏时将钢网一面压在电路板表面，另一面放锡膏，用刮刀将锡膏从钢网一端刮到另一端。在这个过程中，锡膏会从开孔处漏下至对应的焊盘上。锡膏具有一定的粘性，上完锡膏后，将表面贴装元件准确地贴放到涂有锡膏的焊盘上，按照特定的回流温度曲线加热电路板，锡膏熔化，其合金成分冷却凝固后即将元件引脚与焊盘牢固连接。

⑨ 禁止布线层（Keep Out Layer）：定义允许元件自动布局和布线的区域。

⑩ 多层（Multi-Layer）：用于放置过孔或通孔焊盘的层，用于表明过孔或者通孔穿越了多个板层。

⑪ 钻孔层（Drill Layer）：生成关于钻孔的种类、大小、形状、位置、数量等信息的数据文件，包括钻孔图（Drill Drawing）层和钻孔导引（Drill Guide）层。

板层不仅是 PCB 设计中至关重要的概念，也和电路板的制造加工密切相关。PCB 设计的所有对象都位于一个或多个板层上。但需要注意的是，并不是所有板层都对应真正意义上的物理实体，有些板层只是为了保持术语的一致性而提出的概念层面的东西，并不是真实的物理板层，如丝印层、机械层、禁止布线层等。但把它们看成板层便于管理。

实际上，在 PCB 编辑过程中，可以把板层看作是一种分类标准，PCB 设计中的所有对象都分别属于一个或多个板层。由于 PCB 设计涉及的对象种类繁多，用板层进行分类后有利于操作和管理对象。例如，所有电路板上的元件标识、外形轮廓等信息都放置在丝印层上，而电路板外形、尺寸标注线等绘制在机械层上，允许元件布局和布线的区域绘制在禁止布线层上，元件间的电气连线放置在不同的信号层上。

板层上的数据可以输出进行各种后续处理。例如，信号板层的数据可以生成光绘文件，用来蚀刻铜箔走线，助焊层的数据用来加工钢网，丝印层的数据生成电路板上的各种文字、图案信息等。

【例 9-1】元件封装的分层拆解。

元件封装是一个复合对象，通常由多层构成。本例对贴片元件 U1 进行分层剖析。图 9-22 中上半部分为 U1 的封装，该封装由下半部分的四层组成，从左到右依次是

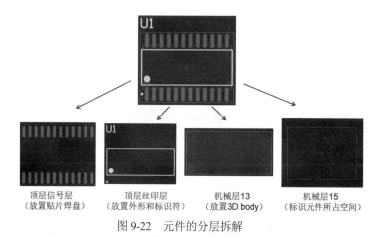

图 9-22　元件的分层拆解

① 顶层信号层（Top Layer）：默认红色，放置贴片焊盘。
② 顶层丝印层（Top Overlay）：默认黄色，放置元件本体形状轮廓和标识符。
③ 机械层 13：默认桃红色，放置元件的 3D body 在二维平面的投影，在 PCB 的 3D 视图中，

AD 将根据这部分形状生成简易的 3D body。

④ 机械层 15：默认绿色，标识元件所占的空间，该空间包含元件本体、焊盘和一定的缓冲区。

9.3 印制电路板的基本原则

9.3.1 前期准备

1. 准备正确的原理图

现在绝大部分的 PCB 设计，都离不开原理图。原理图的准确性是 PCB 设计成功的基础。因此应该对原理图进行认真、反复地检查，确保电路原理正确、导线无错连漏连，并加上详细的注释信息以便于将来的阅读理解。

2. 确定电路板尺寸形状、板层数量

印制电路板的尺寸、形状受到产品机械外壳的限制，在设计 PCB 前应和产品结构设计工程师有效沟通，明确 PCB 的最大可能尺寸和相关定位孔的位置，以能恰好放进外壳内为宜。同时，还要考虑印制电路与外接元器件的连接形式，根据它们的相对布局合理布置插座形式和位置。

选择印制电路板层数的主要依据是元件的多少、布线的密度、电路板的尺寸和电气性能的要求，其次还要考虑成本。单层板成本最低，而且可以在实验室手工制板。采用双层板布线，增大了布线面积，提高了布通率，但成本有所增加。在双层板仍不能满足布线要求或电气特性时，可使用多层板。但多层板的制作工艺较复杂，成本也高于双层板，加工周期也长。对多层板而言，通常层数为偶数，层数如果为奇数，板面因为不对称容易产生翘曲，影响 SMT 贴片及整个产品的稳定性。

3. 元器件选型

在进行 PCB 设计之前，还应根据电路的实际工作需求选用合适的元件型号，进而确定元件封装。封装决定了元件在印制电路板上所占的面积以及焊盘的形式，对于元件布局布线以及后续电路板加工制造都是非常重要的信息。如果有些元件的封装在系统自带库中没有，PCB 设计工程师就要根据元件的 Data Sheet 或者实物，获取元件精确的几何尺寸后，自行绘制封装。所有的元件封装都准备齐全后，才可以进行 PCB 设计工作。

在满足电路电气性能的前提下，应尽量选择贴片元件。贴片元件体积小、质量轻，其组装密度高、可靠性高、焊点缺陷率低、高频特性好、易于实现自动化安装，提高生产效率。

此外，选择元件还要注意厂家和供货情况，避免出现停产问题。

9.3.2 布局原则

在电路设计中，元器件在电路板上的布局是一个非常重要的环节。布局的成败将直接影响布线的效果，糟糕的布局会导致走线无法布通或者成品电路无法正常工作，因此合理的布局是 PCB 设计成功的第一步。

在布局过程中，应遵循一定的布局原则，这些原则对电路板设计而言是非常重要的。

1) 元件排列顺序：元件排列应遵循信号流向，从左到右依次布局输入级、中间级直至输出级。每个单元电路应相对集中，并以核心元件为中心，围绕它进行布局。尽量减少和缩短各元器件之间的引线和连接。在具体实施中，与整机结构要求紧密配合的元件，如电源插座、接插件等应放置在电路板边缘易于插拔的位置。带有高电压的元件，应该尽量布置在调试时手不易触及的地方。可调电位器、可调电感线圈、可变电容器、微动开关等可调元件的布局，应考虑整机的结构要求。若是机内调节，应放在电路板上方便调节的地方；若是机外调节，其位置要与调节旋钮在机箱面板上的位置相适应。以上元件位置确定好以后，再放置特殊元件，如发热元件、变压器、集成电路等。最后放置小元件，如电阻、电容、二极管等。

2）布局应尽量缩短高频元件之间的导线连接，减少它们的分布参数和相互间的电磁干扰。易受干扰的元器件不能相互挨得太近，输入和输出元件应尽量远离。

3）外壳有电压差的元件布局：各相互靠近的元件外壳间如有电压差，则应根据它们之间的电压来确定距离，一般不应小于0.5mm。某些元器件或导线之间可能有较高的电位差，应加大它们之间的距离，以免放电导致意外短路。

4）辐射元件的布局：对辐射电磁场较强的元件和对电磁感应较灵敏的元件，应加大它们相互之间的距离或加以屏蔽，尽量避免高低电压器件相互混杂、强弱信号的器件交错在一起。对于会产生磁场的元器件，如变压器、扬声器、电感等，布局时应注意减少磁力线对印制导线的切割，相邻元件的磁场方向应相互垂直，减少彼此间的耦合。有铁心的电感线圈，应尽量相互垂直放置且远离，以减小相互间的耦合。

5）抑制热干扰布局：①对于发热的元器件，如电源变压器、功耗大的集成块、大功率晶体管、晶闸管、大功率电阻等应优先安排在利于散热的位置，并与其他元器件隔开一定距离，必要时可以单独设置散热器或小风扇、在印制电路板与元器件之间设置带状导热条、局部或全局强迫风冷，以降低温度，减少对邻近器件的影响；②热敏元件应紧贴被测元件并远离其他发热元件，以免受到影响，引起误动作。

6）元件放置的板层：通常条件下所有元件均应布置在印制电路板的同一面，只有在顶层元件过密时，才将一些高度有限并且发热量小的元器件，如贴片电阻、贴片电容、贴片芯片等放在底层。

7）元件离电路板边缘的距离：所有元件最好放置在离板边缘2mm以外的位置，或者至少距电路板边缘等于2倍的板厚。也可以咨询PCB生产厂家获取相关数据。

8）对称式电路的布局：对于推挽功放、差分放大器、桥式电路等，应注意元件的对称性，尽可能使分布参数一致。

9）元件标识符号的布局：布局时为了区分元器件，应在电路板上标注元件的标识符，元件标识符的位置要靠近元件，便于识别元件与标识符的对应关系。一般情况下，标识符与元件本体不要重叠，以免安装元件后元件本体将标识符遮挡。

10）质量大的元件的安装：质量超过15g的元件应该用支架固定，然后焊接。对于又大又重、发热量多的元件，不宜安装在电路板上，而应装在整机的机箱底板上，且应考虑散热问题。

11）电路板安装孔和支架孔：应预留出电路板安装孔和支架安装孔，在这些孔的周围不能布线。

12）布局要尽量均衡，疏密有致，尽量避免出现有些区域布线密度过高，有些区域过低的情况。

总体而言，元件布局应按照电路的信号流程安排各个功能电路单元的位置，使布局便于信号流通，并使信号尽可能保持一致的方向。元件布局应均匀、紧凑、整齐，间距合理，做到横平竖直，不宜将元件斜排或交叉重排。数字电路部分应该与模拟电路部分分开布局。输入和输出元件应该彼此远离对方。

9.3.3 布线原则

元件布局确定后，就可以实施布线工作。对于简单电路，可以全部采用手工布线的方法。而对于复杂的电路，可以使用自动布线结合手工布线的方式，以减轻劳动强度。布线应该遵循以下顺序：

首先对重要的关键性线路进行手工布线，这些线路包括电源及接地网络、时钟网络、高速信号线路、总线、差分对线、射频与高频线路等，确保满足电气功能的需求。然后将这些布线锁定，防止被修改。接着利用自动布线工具根据设计规则完成剩下的布线（当然也可以全部手工完成）。自动布线完成后，再对不满意的地方进行手工调整。

印制电路板布线时应注意以下几点：

1）信号在电路板上传输的铜箔走线要尽量短直，尤其是晶体管的基极、高频连接线、高低电位差比较大而又相邻的导线，要尽可能的短，间距要尽量大，拐弯处呈圆弧状或者钝角，以减少高频信号对外的发射和相互之间的耦合。导线上的过孔数目越少越好，最好不超过两个。

2）印制电路板同一层上避免长距离平行走线，输入/输出端用的导线应尽量避免相邻平行。如果无法避免平行分布，可在平行走线的反面布置大面积的"地"来大幅度减少干扰。当双面板布线时，两面的导线应该相互垂直、斜交或弯曲走线，避免相互平行，以减少寄生电容。

3）导线宽度：电路板上的铜箔导线不能太细，其最小宽度主要由导线与绝缘基板间的粘附强度和流过它们的最大电流值决定。同时，导线宽度下限还受到生产工艺的限制，太细的导线在生产上可能无法实现。一般而言，不同性质的线路对布线的要求也不同。电源线和地线通过的电流较大，因此需要较宽的铜箔导线。信号线路只是传递信号，因此导线宽度可以相对细一些。它们之间的宽度关系为地线 ≥ 电源线 ≥ 信号线。例如，一种可能的选择为信号线宽 0.3～0.5mm，电源线宽 1.0～2.0mm，地线宽 2.0～3.0mm。导线应该粗细均匀，不应出现宽度的突变。如确实需要变化，应采用平滑过渡的方式。应结合电气性能、工艺水平以及电路板密度等因素综合考虑导线宽度。

4）导线间距：相邻铜箔导线之间的最小间距主要由最坏情况下的线间绝缘电阻和击穿电压决定。在满足电气安全的前提下，还应该便于加工生产。通常间距应该越宽越好，但过宽的导线间距降低了电路板的密度，提高了面积和成本，因此应该折中考虑。一般而言，确定 PCB 导线间最小间距可采用以下步骤：

① 根据电路原理确定导线间最高电压。
② 确定导线在 PCB 上的位置，如导线是在 PCB 外层或内层。
③ 产品是否需要符合某一特定标准，如是则必须按标准要求决定最小导线间距。
④ 通常 PCB 外层要求导线间距较内层要大一些，比例可大约控制在 1：1.25。
⑤ 应考虑 PCB 板材特性、产品温度上升幅度，对导线间距做适当的调整。
⑥ 高频电路需要考虑信号辐射与串扰的影响。

5）振荡器外壳接地，时钟线要尽量短，且不能引得到处都是。时钟振荡电路下面、特殊高速逻辑电路部分要加大地的面积，而不应该走其他信号线，以使周围电场趋近于零。

6）通过扁平电缆传送敏感信号时，要用"地线—信号—地线"的方式引出。

7）地线的设计注意事项如下：

① 如没有采用内部接地平面，公共地线一般可以布置在边缘部位，便于将印制电路板接在机壳上。印制地线与印制电路板的边缘应留有一定的距离，这不仅便于安装导轨和进行机械加工，而且提高了绝缘性能。地线（公共线）不能设计成闭合回路。

② 模拟地、数字地：印制电路板上同时安装模拟电路和数字电路时宜将这两种电路的接地系统完全分开，它们的供电系统也要完全分开。只是在 PCB 与外界接口处数字地和模拟地有一点短接。模拟地线、数字地线在接往公共地线时要通过高频铁氧体磁珠进行隔离。这样可以减小模拟电路与数字电路之间的相互干扰。模拟电路的布线要特别注意弱信号放大电路部分的布线，特别是场效应晶体管的栅极、晶体管的基极和高频回路，这是最易受干扰的地方。布线要尽量缩短导线的长度，所布的线要紧挨元器件，并应远离强信号线，尽量不要与弱信号输入线平行布线。电路板以外的连接线要用屏蔽线。对于高频和数字信号，屏蔽电缆两端都要接地，低频模拟信号用的屏蔽线一般采用单端接地。

③ 大功率器件接地：印制电路板上若装有大电流器件，如继电器、扬声器、功放等，它们的

地线最好分开独立走,以减少地线上的噪声。总而言之,模拟地、数字地、大功率器件地应分开连接,再汇聚到电源的接地点。

④ 正确选择单点接地与多点接地。在低频电路中,信号频率低于 1MHz,布线和元件之间的电感可以忽略,而地线电路电阻上产生的压降对电路影响较大,所以应该采用单点接地法,实际布线有困难时可部分串联后再并联接地;当信号频率超过 10MHz 时,地线电感的影响较大,所以宜采用就近接地的多点接地法;当信号频率在 1~10MHz 之间时,如果采用单点接地法,地线长度不应该超过波长的 1/20,否则应该采用多点接地。地线应短而粗,这样可以减少电感量,增强抗噪声性能。

⑤ 在印制电路板上应尽可能多地保留铜箔(覆铜)做地线,这样传输特性和屏蔽作用将得到改善,并且起到减少分布电容的作用。但是应尽量避免使用大面积实心覆铜,否则,长时间受热时,易发生铜箔膨胀和脱落现象。最好采用栅格状覆铜,这样有利于排除铜箔与基板间粘合剂受热产生的挥发性气体。高频元件周围尽量用栅格形状大面积覆铜做接地网络,以抑制高频干扰。

⑥ 采用地线减小信号间的交叉干扰。当一条信号线具有强脉冲信号时,会对邻近另一条具有高输入阻抗的弱信号线产生干扰,这时采用信号线与地线交错排列或用接地的轮廓线包围信号线(也就是包地),以达到良好的隔离效果。

⑦ 对复杂的电路来说,最好的方法是设计多层 PCB,电源层和接地层位于内层,尽量使每一个信号层都紧邻一个电源层或接地层,即将信号层与电源层或接地层配对设置。这样能有效地解决高频电路的信号完整性问题。在多层 PCB 中,尽量将接地层和电源层相邻放置,中间用绝缘材料分隔。速度最快的关键信号应当邻近接地层的一侧,非关键信号则靠近电源层。按照上述规则确定多层 PCB 的每层布局,以达到最小化接地阻抗,减少信号干扰及辐射的作用。例如,对于四层板,可以设置为信号层—接地层—电源层—信号层的形式;对于六层板,可以设置为信号层—接地层—信号层—电源层—接地层—信号层的形式。

8)电源线设计:电源线设计需要考虑印制电路板电流的大小,尽量加大电源线宽度,以减小环路电阻,但最好不要超过地线的宽度,同时使电源线的走向和数据传递的方向一致,这样有助于增强抗噪声能力。在直流电源回路中,负载的变化会引起电源噪声。例如,在数字电路中,当电路从一种状态转换为另一种状态时,就会在电源线上产生一个很大的尖峰电流,形成瞬变的噪声电压。配置去耦电容可以抑制因负载变化而产生的噪声,是印制电路板可靠性设计的一种常规抗干扰措施。其配置原则如下:

① 在逻辑电源输入端和数字地之间,以及正负模拟电源输入端和模拟地之间跨接一个 1~100μF 的大电容以及一个 0.01~0.1μF 的小电容,如果印制电路板的位置允许,采用 100μF 以上的电解电容器的抗干扰效果会更好。

② 为每个集成电路芯片配置一个 0.01~0.1μF 的陶瓷电容器。如遇到印制电路板空间小而装不下时,可每 4~10 个芯片配置一个 1~10μF 的钽电解电容器,这种电容器的高频阻抗特别小,在 500kHz~20MHz 范围内阻抗小于 1Ω,而且漏电流很小(0.5μA 以下)。

③ 对于噪声能力弱、关断时电流变化大的器件,如 ROM、RAM 等存储型器件,应在芯片的电源线(VCC)和地线(GND)间直接接入去耦电容。去耦电容的引线不能过长,特别是高频旁路电容不能带引线,高频退耦电容应就近安装在所服务的集成电路旁。一方面保证电源线不受其他信号干扰,另一方面可将本地产生的干扰就地滤除,防止干扰通过空间或电源线等途径传播。

9.3.4 焊盘与钻孔的大小及间距

PCB 上的常见钻孔有直插式焊盘钻孔和过孔。在保证电气性能和成品率的基础上,过孔应尽量小，而焊盘钻孔大小与所选用的元件引脚尺寸有关。钻孔过小，会影响元件的插装及元件引脚上锡；钻孔过大，焊接时会使焊点不够饱满，甚至导致焊锡通过钻孔缝隙流失。

1) 通孔式焊盘外径、焊盘内径（焊盘钻孔直径）和元件引脚之间的相对大小一般为：

通孔式焊盘外径通常是内径的 1.5～2.0 倍，且两者之差最好不小于 12mil。

焊盘内径 ＝ 元件引脚直径（或对角线）+（0.2～0.6mm）

焊盘外径 ≥ 焊盘内径 +12mil

例如，焊盘外径/内径可设为 1.52mm/0.76mm（60mil/30mil）。具体应用中，应根据元件的实际尺寸来定。有条件时，可适当加大焊盘尺寸。

2) 过孔孔径主要由成品板的厚度决定。对于高密度多层板，一般应控制在板厚：孔径≤8：1 的范围内。过孔焊盘的计算方法为：

过孔外径通常是内径的 1.5～3.0 倍，且两者之差最好不小于 8mil。

过孔外径 ≥ 过孔内径 +0.2mm（8mil）

例如，一个过孔的外径/内径可设为 1.27mm/0.7mm（50mil/28mil）。

3) 焊盘（Pad）、走线（Track）、过孔（Via）的间距要求：

对于一般的弱电板，间距通常应该大于 0.254mm（10mil）。密度较高时，应大于 0.125mm（5mil）。

9.3.5 工艺参数

下面提供若干 PCB 工艺参数供读者参考，当前很多 PCB 工厂都能满足这样的指标要求。

1) 板层数：1 层、2～20 层（取其中的偶数）；板子厚度：0.2～4.0mm（以 0.2mm 为单位递增）；铜箔厚度：1oz～10oz（1oz 代表铜箔厚度约为 35um）。

2) 线宽/安全间距：≥5mil/5mil（0.125mm）；目前有厂商能提供细至 3mil/3mil 的工艺。

3) 过孔：多层板过孔内径≥ 8mil（0.2mm），过孔外径≥16mil（0.4mm）；单、双面板内径≥12mil（0.3mm），外径≥20mil（0.5mm）；机械钻孔孔径： 0.2mm～6.3mm，以 0.05mm 递增。

4) 丝印字符： 字符线条宽度≥6mil（0.15mm），单个字符高度≥40mil（1mm）。

5) 走线和焊盘距离板边的距离：≥0.5mm。

6) 阻焊开窗：开窗距离焊盘边缘≥0.05mm，开窗与走线间距≥0.07mm，最小阻焊桥（Solder Mask Sliver）宽度≥0.1mm。

需要指出的是，随着 PCB 技术的日益进步，电路板的制造水平和加工工艺也在不断朝着精细化方向发展。因此最好在 PCB 设计之前咨询 PCB 生产厂家以获取最新工艺参数。

9.4 思考题

（1）什么是印制电路板？有哪些分类？

（2）什么是封装？常用的芯片封装有哪些？

（3）PCB 包含哪些板层？每个板层有什么作用？

（4）PCB 有哪些布局和布线原则？

（5）焊盘和过孔有哪些异同？

第 10 章 PCB 编辑环境

完成了电路原理图设计，并进行了编译和纠错，执行了必要的输出任务后，就可以进入 Altium Designer 的 PCB 编辑环境，开始 PCB 的设计工作。

PCB 的编辑环境仍然集成在 Altium Designer 统一的设计平台中，它支持完成各种 PCB 编辑工作，并能实现与原理图设计的双向同步。可以通过新建 PCB 文档或者打开已有的 PCB 文档进入 PCB 编辑环境。

10.1 PCB 编辑环境简介

为了更好地掌握 PCB 的设计环境以及操作流程，下面以一个已经完成的 PCB 工程实例为基础进行讲解。打开本书电子资源实例源文件 Chap10 目录下的 Voltage_Meter.PrjPCB 工程，在工程面板中双击工程中的 Voltage_Meter.PcbDoc 文档，开启 PCB 编辑器。整个设计环境如图 10-1 所示，主要由菜单栏、工具栏、面板与编辑窗口、状态栏、面板标签栏、小工具等组成，下面分别进行介绍。

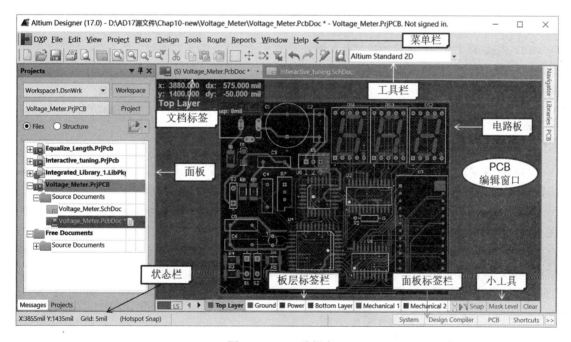

图 10-1 PCB 编辑窗口

10.1.1 菜单栏

PCB 编辑环境中的菜单栏如图 10-2 所示，包括 12 个菜单，每个菜单下又汇集了相关的菜单命令、子菜单命令。在设计过程中，对 PCB 的各种编辑操作都可以通过菜单命令来完成。这些菜

单的功能简介如下:

图 10-2 PCB 编辑环境主菜单栏

1) DXP 菜单:提供系统功能,包括自定义工具栏、账号登录以及首选项配置等命令。

2) File(文件)菜单:主要用于文件的新建、打开、保存、打印与关闭等操作。

3) Edit(编辑)菜单:提供编辑相关的操作,如对象的选择、复制、粘贴与查找等编辑操作,另外也提供元件的排列与对齐、移动等实用功能。

4) View(查看)菜单:提供编辑窗口与显示相关的操作,如缩放、边移、电路板翻转,还提供工具栏、面板、状态栏的显示与隐藏功能。此外还可设置电路图的栅格、度量单位等。

5) Project(工程)菜单:提供与工程管理相关的操作,如工程文档的打开与关闭、编译工程、工程差异比较、版本管理、工程打包等功能。

6) Place(放置)菜单:用于在电路板中放置元件、走线、焊盘、过孔、填充矩形等电气对象,也提供文字、图形、尺寸标注、坐标等非电气对象的放置。

7) Design(设计)菜单:提供原理图与 PCB 同步、设计规则制定以及网表等操作,同时还提供电路板堆栈管理、板层集合管理、板层颜色与视图配置、板形定义等功能。

8) Tools(工具)菜单:提供 PCB 设计的实用工具,包括设计规则检查、对象与违规浏览、栅格管理器、覆铜、泪滴、平面层切割、交叉探查等工具。

9) Route(布线)菜单:提供各类交互式布线、自动布线、扇出、撤销布线等功能。

10) Reports(报告)菜单:提供各种报表输出以及距离、图元等的测量工具。

11) Window(窗口)菜单:提供各编辑窗口的开启、关闭、隐藏、多个窗口的排列与管理等命令。

12) Help(帮助)菜单:提供 AD 17 新特性、用户论坛、探索 AD 17 等帮助功能。

10.1.2 工具栏

与原理图编辑器一样,PCB 编辑器为常用的菜单命令设置了对应的工具栏按钮,可以通过单击按钮来快速执行菜单命令。PCB 设计环境中共有六个工具栏,分别介绍如下。

1) Wiring(布线)工具栏:如图 10-3 所示,用来在电路板中放置各种电气对象,工具栏各按钮的说明见表 10-1。

2) Utilities(实用)工具栏:提供 PCB 设计过程中的绘图、排列、尺寸标注、空间操作、栅格设置等功能,如图 10-4 所示。该工具栏每个按钮都对应一个子工具栏,其中包含执行具体操作的按钮。工具栏各按钮的说明见表 10-2。

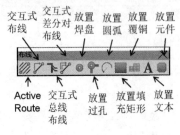

图 10-3 Wiring 工具栏

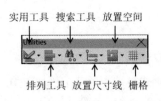

图 10-4 Utilities 工具栏

表 10-1 Wiring 工具栏按钮说明

按钮	名称	功能
	ActiveRoute	单击进行 ActiveRoute 布线
	交互式布线	单击进入交互式布线状态
	交互式总线布线	总线布线状态可以同时对多条走线布线
	交互式差分对布线	单击进入交互式差分对布线状态
	放置焊盘	单击后可以在编辑窗口放置焊盘
	放置过孔	单击后可以在编辑窗口放置过孔
	放置圆弧	单击后可以在编辑窗口放置圆弧
	放置填充矩形	单击后可以在编辑窗口放置实心填充矩形
	放置覆铜	单击后可以对电路板覆铜
	放置文本	单击后可以在编辑窗口放置文本
	放置元件	单击后可以在编辑窗口放置元件封装

表 10-2 Utilities 工具栏按钮说明

按钮	名称	功能
	实用工具	包括画线、画圆、放置坐标、粘贴阵列等功能
	排列工具	对多个对象进行排列和对齐操作
	搜索工具	在选中的对象中进行逐个或逐组搜索
	放置尺寸线	放置各种尺寸标注线
	放置空间	放置各种空间
	栅格	对栅格进行设置

3) PCB 标准工具栏：提供 PCB 设计中常用的一些基本操作命令，如图 10-5 所示，工具栏各按钮的说明见表 10-3。

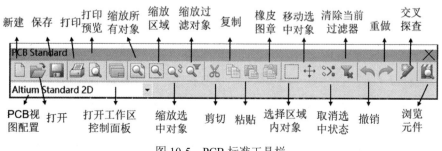

图 10-5 PCB 标准工具栏

表 10-3 PCB 标准工具栏按钮说明

按钮	名称	功能
	新建	创建新文档，单击打开文件面板
	打开	打开已有文档，单击打开文档对话框
	保存	保存当前文档
	打印	打印当前文档
	打印预览	打开文档打印预览窗口
	打开工作区控制面板	单击打开大图标和缩略图显示的工作区
	缩放所有对象	将所有对象进行缩放以填满整个显示区
	缩放区域	将指定区域进行缩放以填满整个编辑窗口
	缩放选中对象	将所有选中的对象缩放以填满编辑窗口
	缩放过滤对象	将过滤后的对象缩放以填满编辑窗口
	剪切	剪切选中对象
	复制	复制选中对象
	粘贴	粘贴对象
	橡皮图章	复制选中的对象，并能连续粘贴
	选择区域内对象	单击后拖出一个矩形框，框内所有对象都被选中
	移动选中对象	选中对象后单击此按钮，再次在编辑区单击可移动对象
	取消选中状态	取消对象的选中状态
	清除当前过滤器	清除当前过滤状态，编辑窗口恢复正常显示
	撤销	撤销前次的操作
	重做	重做取消的操作
	交叉探查	用于在原理图和 PCB 之间交叉查看对象
	浏览元件	单击打开元件库面板
Altium Standard 2D	PCB 视图配置	切换电路板的 2D/3D 显示模式

4）Navigation（导航）工具栏：用于文档间的跳转访问，该工具栏与原理图中的同名工具栏一样，不再赘述。

5）Filter（过滤）工具栏：用于筛选符合查询条件的网络、元件等对象，如图 10-6 所示。该工具栏在编辑查看 PCB 时非常有用。过滤工具栏各按钮的说明见表 10-4。

6）Variant 工具栏：该工具栏与原理图中的同名工具栏一样，不再赘述。

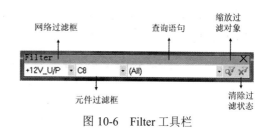

图 10-6　Filter 工具栏

表 10-4　Filter 工具栏按钮说明

按　　钮	名　　称	功　　能
+12V_U/P	网络过滤框	单击▼按钮，弹出当前文档网络列表，选中的网络会高亮显示
C8	元件过滤框	单击▼按钮，弹出当前文档元件列表，选中的元件会高亮显示
(All)	查询语句	直接输入查询语句或者单击▼按钮选择预定义查询语句
	缩放过滤对象	缩放过滤对象以填满编辑窗口
	清除过滤状态	清除当前过滤状态，编辑窗口恢复正常显示

10.1.3　状态栏

状态栏位于 PCB 编辑窗口下方，分为两个区域，左边为坐标和栅格显示区，右边为对象信息显示区。

1．坐标和栅格显示区

坐标和栅格显示区实时显示光标在编辑窗口中的 X 和 Y 坐标，同时还显示当前栅格的大小，单位为 mil 或者 mm，如"X: 7980mil Y:6690mil　Grid: 10mil"。使用 Q 键可以切换坐标显示单位，使用 G 键可以在不同栅格大小之间循环切换。栅格越小，移动的步长越小，但定位的精度也越高。

2．对象信息显示区

对象信息显示区显示光标所指对象的相关信息。下面列出几类常见对象。

1）指向走线时，显示走线段的端点坐标、所在的板层、所属的网络、宽度和长度。例如：

Track (1770mil,3260mil)(2615mil,3260mil) Top Layer　Net:VD0 Width:10mil Length:845mil

2）指向焊盘时，显示焊盘编号、坐标、所在的板层、所属网络、大小、孔径类型、尺寸、所属元件、注释以及封装等信息。例如：

Pad RP1-1(8510mil,6880mil) Multi-Layer　Net:VCC X-Size:58mil Y-Size:58mil Hole Type:Round Hole:32mil　Component RP1 Comment:10K Footprint: SIP9

3）指向过孔时，显示过孔坐标、所在的板层、所属网络、直径和孔径大小等。例如：

Via (2300mil,2660mil) Top Layer to Bottom Layer　Net:OE Size: 36mil Hole: 20mil

4）指向文本时，显示文本内容、坐标、所在的板层。例如：

Text "U3" (3234mil,3114mil) Top Overlay

如果显示区域不够，可以拖动各段信息显示区之间的分隔符"|"进行调整。

10.1.4　板层标签栏

板层标签栏位于 PCB 编辑窗口下方，如图 10-7 所示。该标签栏包含了当前板层集合中所有允许显示的板层的标签。每个标签由板层名称和颜色块组成。当标签太多无法全部显示时，单击标签栏右侧的右向箭头可以移出更多的标签。

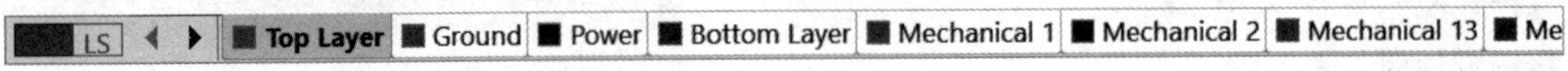

图 10-7　板层标签栏

编辑窗口任何时候都有一个当前板层，当前板层的名称用粗体显示，同时板层标签栏最左边较大的颜色块也显示当前板层的颜色。单击某个板层标签，即可将该板层设为当前板层。一些设计对象，如走线、填充矩形、字符串或者贴片焊盘会放置在当前板层。放置时对象采用当前板层的颜色表示，如 Top Layer 默认为红色，则在 Top Layer 上放置的走线、填充矩形、字符串或者贴片焊盘都显示为红色。而其他关联多个板层的设计对象，如元件、通孔焊盘和过孔，在放置时则不用考虑当前板层。

除此以外，还可以按照如下方法使用板层标签。

1）按下 Ctrl 键 + 单击板层标签，高亮显示该层的所有对象。单击板层标签栏右侧的 Clear 按钮恢复原状。

2）按下 Ctrl+Alt 键 + 光标悬停在板层标签上，该层即成为当前工作板层，同时高亮显示该层的所有对象。单击 Clear 按钮恢复原状。

3）按下 Ctrl+Shift 键 + 单击板层标签，选中该层，同时切换高亮状态。

10.1.5　实用小工具

PCB 编辑窗口右下角还放置了几个实用小工具按钮，如图 10-8 所示。

图 10-8　实用小工具

1）选择记忆面板按钮：单击该按钮打开选择记忆面板，可以快速恢复存储的对象选择状态，具体介绍见 6.9 节。

2）Snap 按钮：设置栅格和向导对象，还包括设置电气对象对齐到栅格和向导对象的命令。

3）Mask Level 按钮：单击该按钮打开 Mask Level 对话框，如图 10-9 所示，其中可以调节对象高亮、遮蔽（Mask）、淡化（Dim）显示的程度。在执行某些编辑操作，如交互式布线、查看或者筛选特定元件或网络时，会将目标对象高亮显示，而将其他对象遮蔽或者淡化显示，以突出目标对象。被遮蔽的对象使用灰度显示，无法编辑，而被淡化的对象使用暗淡的彩色显示，仍可编辑。

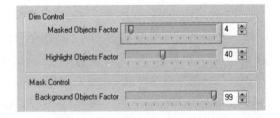

图 10-9　Mask Level 对话框

① Masked Objects Factor：滑动块左移，淡化程度加深；右移，淡化程度减弱。

② Highlight Objects Factor：滑动块左移，高亮程度减弱；右移，高亮程度增强。

③ Background Objects Factor：滑动块左移，背景对象遮蔽程度加深；右移，遮蔽程度减弱。

4）Clear 按钮：单击该按钮清除 PCB 编辑窗口的对象高亮、遮蔽以及淡化显示效果。

10.1.6　面板标签栏

PCB 编辑窗口右下角是面板标签栏，包括 System、Design Compiler、PCB、Shortcuts 四个标签。其中 PCB 面板标签包含了与 PCB 操作相关的各类面板。面板的显示模式与原理图编辑环境中的面板完全一样，不再赘述。

10.2 PCB 视窗操作

PCB 编辑窗口的视窗操作，如电路板的缩放以及移动等操作与原理图编辑窗口基本相同，详见 3.3 节，不再赘述。

10.3 查看网络与元件

1．高亮网络

按下 Shift 键，当光标移动到网络中的任何对象（焊盘、过孔、走线、填充矩形等）上方时，网络包含的所有对象都会高亮显示，移开光标时网络恢复正常显示，这叫作实时高亮显示。可以通过首选项对话框（DXP ≫ Preference）的 PCB Editor→Board Insight Display 配置页的 Live Highlighting 区域进行相关参数配置。

2．筛选网络

按下 Ctrl 键再用鼠标左键单击网络中的任何对象（焊盘、走线、预拉线、过孔等），可以正常显示该网络，而遮蔽其他对象。按下 Ctrl 键，然后光标在空白部位双击可以清除遮蔽状态，也可单击 Clear 按钮清除遮蔽状态。

3．使用 Filter 工具栏

在工具栏区域单击鼠标右键，在弹出菜单中选择 Filter 菜单命令，启动 Filter 工具栏，如图 10-10 所示。Filter 工具栏上各控件的说明见 10.1.2 小节。

单击网络筛选框右侧的下三角箭头，弹出电路板的网络列表，选择任意一个网络，该网络即成为筛选对象，所有其他对象被遮蔽显示。

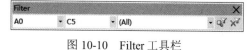

图 10-10 Filter 工具栏

单击元件筛选框右侧的下三角箭头，弹出电路板的元件列表，选择任意一个元件，该元件即成为筛选对象，所有其他对象被遮蔽显示。

单击查询语句栏位右侧的下三角箭头，弹出系统预定义的查询语句，选择任意一条语句，满足查询语句条件的对象成为筛选对象，所有其他对象都被遮蔽显示。用户也可以直接输入自定义的查询语句。

单击按钮 执行过滤筛选操作，单击按钮 清除筛选状态。

4．使用 PCB 面板

该面板不仅可以查看网络和元件，还可以查看或编辑许多 PCB 中的对象，例如覆铜、3D 模型、电路板钻孔、分割平面、差分对线、网络拓扑等，详见 10.6 小节。

10.4 单层模式

正常情况 Altium Designer 将所有板层叠加在一起显示。单层模式只显示当前板层的内容，其他板层的内容遮蔽或者淡化显示。系统提供三种可选的单层模式：

1）Hide Other Layers：完全隐藏其他层的内容。
2）Gray Scale Other layers：用不同的灰度显示其他层的内容。
3）Monochrome Other Layers：用同一灰度显示其他层的内容。

这三种单层模式可以在首选项对话框（DXP ≫ Preference）中的 PCB Editor→Board Insight

Display 配置页的 Available single layer mode 选项中分别激活，详见 17.3 节。

在 PCB 编辑窗口，按下 Shift + S 键可以在正常多层显示模式和激活的单层模式中进行循环切换。如图 10-11~图 10-12 所示分别为 Voltage_Meter.PcbDoc 电路板的顶层和接地层使用 Hide Other Layers 单层模式的显示结果。注意本例中，信号层和内部平面层的单层模式中都显示了位于 Multilayer 的焊盘，这是因为一个通孔焊盘在这些层都有组成部分。

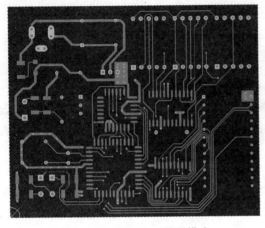
图 10-11　Top Layer 单层模式

图 10-12　Ground Layer 单层模式

10.5　Board Insight 系统

Board Insight 系统提供了多种工具帮助用户更好地观察和理解电路板的各种对象信息，有利于提高 PCB 设计的工作效率。

1. Head Up Display

Head Up Display（头显，简称 HUD）是位于 PCB 编辑窗口左上角的一块矩形区域，可以实时反馈光标当前的位置信息。这些信息包括光标位置坐标、Dleta 信息 dx 和 dy（光标当前坐标与上次单击鼠标时光标坐标之差）、当前板层和当前捕获栅格，如图 10-13 所示。按下快捷键 Shift + H 可以切换 HUD 的显示与隐藏状态。

图 10-13　Head Up Display

2. HUD Hover 模式

如果将光标在任何位置停留片刻，HUD 会切换为 Hover 模式，在该模式下更多信息将被显示，包括汇总信息、可用的快捷键、设计规则违规、网络、元件和图元等的详细信息，如图 10-14 所示。

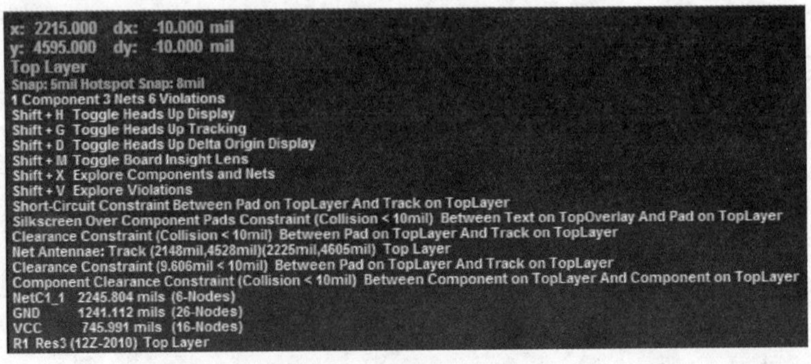

图 10-14　HUD Hover 模式

3. Pop-Up Board Insight 模式

当光标位于 PCB 编辑窗口中任意对象上方时,按下快捷键 Shift + X 会弹出 Board Insight 对话框,该对话框显示按下快捷键时光标所在位置的网络和元件。其中对话框上半部为被选中元件或者网络的示意图,下半部为网络和元件列表,如图 10-15 所示。单击每个网络或者元件右侧的 🔍、▶、📝 图标,可以分别执行缩放、选择、编辑操作。

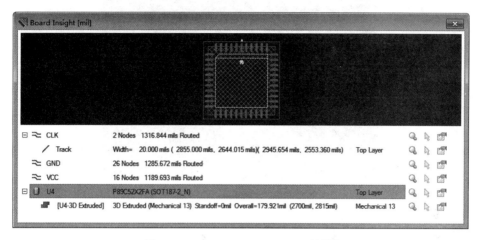

图 10-15 Pop-Up Board Insight 对话框

当光标在 PCB 编辑窗口中设计规则违规处上方时,按下快捷键 Shift + V 弹出 Board Insight 对话框,该对话框显示按下快捷键时光标所在位置的设计规则违规信息,具体用法详见 16.3 节。

将光标移动到 PCB 编辑窗口中,按下 Ctrl 键 + 单击鼠标滚轮,会弹出同时包含光标所在位置的网络、元件以及设计规则违规信息的 Board Insight 对话框。

4. Board Insight 面板

单击面板标签栏的 PCB 标签,在弹出的菜单中选择 Board Insight 命令,打开 Board Insight 面板,当光标在某处停留片刻或直接单击鼠标左键,对话框会自动显示光标所在位置的网络、元件以及设计规则违规信息。

面板上方为面板中当前被选中对象的示意图,中间为对象列表,下方为放大镜,可以实时放大显示光标所在位置的电路板,如图 10-16 所示。

5. 放大镜

按下快捷键 Shift + M,可以切换放大镜显示与隐藏状态。放大镜可以实时放大显示以光标为中心的局部电路板区域,如图 10-17 所示。

6. Board Insight 快捷键以及相关配置

Board Insight 系统快捷键见表 10-5。

Head Up Display、Hover 模式以及 Pop-Up 模式都可

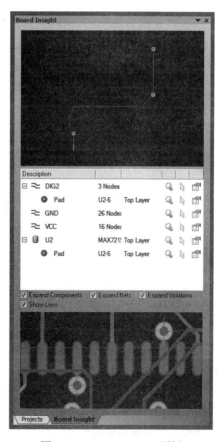

图 10-16 Board Insight 面板

以在首选项对话框（DXP ≫ Preference）中的 PCB Editor→Board Insight Modes 配置页进行配置，详见 17.4 节。

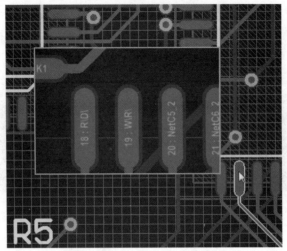

图 10-17　Board Insight 放大镜

表 10-5　Board Insight 快捷键

快捷键	功　能
Shift + H	切换 HDU 的打开与关闭状态
Shift + G	切换 Head Up Display 静止不动或者跟随光标移动的模式
Shift + D	切换 Delta 信息 dx 和 dy 的显示与隐藏
Insert	将 Delta 信息 dx 和 dy 重置为 0
Shift + X	显示光标位置的网络和元件
Shift + V	显示光标位置的设计规则违规
放大镜	
Shift + M	切换放大镜的打开与关闭状态
Shift + N	切换放大镜静止不动或跟随光标移动的模式，可借此改变光标和放大镜的相对位置
Shift + Ctrl + N	放大镜跟随光标移动，放大以光标为中心的区域
Shift + Ctrl + S	切换 Board Insight 面板中放大镜的单层显示模式
Alt + 鼠标滚轮滚动	改变放大镜的放大倍数
Shift + Ctrl + 鼠标滚轮滚动	切换放大镜的当前板层

放大镜可以在首选项对话框中的 PCB Editor→Board Insight Lens 配置页进行配置，详见 17.6 节。

10.6　PCB 面板

PCB 面板允许用户对 PCB 设计中的各类对象进行浏览、选择、高亮显示以及编辑，是一个具有全局意义的重要面板。

单击面板标签栏中的 PCB 标签，在弹出的菜单中选择 PCB 命令，打开 PCB 面板，如图 10-18 所示。

1）PCB 面板模式下拉列表：在顶端的下拉列表中选择 PCB 面板的模式，包括 Nets、Components、Structure Classes、3D models 和 Polygons 五个浏览器模式以及 From-To、Split Plane、Differential Pairs

和 Hole Size 四个编辑器模式。

2）Apply 按钮：过滤筛选对象。该按钮使用不多，因为在下面的列表区选择对象时，PCB 编辑窗口会自动筛选该对象。

3）Clear 按钮：清除当前筛选状态，编辑窗口恢复正常显示。筛选状态包括筛选对象的选中状态、非筛选对象的遮蔽或者淡化显示状态。

4）Zoom Level：调整筛选对象的缩放程度。

5）Normal/Mask/Dim：该下拉列表选择如何显示筛选对象和非筛选对象，即设置筛选状态。Normal 选项将二者均正常显示，Mask 选项将非筛选对象遮蔽显示（采用灰度），且不可编辑。Dim 选项将非筛选对象淡化显示（仍为彩色），且仍可编辑。Mask 和 Dim 的程度可以通过编辑窗口右下角的 Mask Level 工具进行调节。

6）Select：选中筛选对象。

7）Zoom：缩放筛选对象，缩放程度由 Zoom Level 调节。

8）Clear Existing：选中该复选框则在开始本次过滤筛选前，清除上次的筛选状态。取消该复选框则上次筛选出来的对象保持其状态不变，可进行累加选择。

下面介绍 PCB 面板的几种模式。

1. PCB 面板的 Nets 浏览器模式

在 PCB 面板顶部的下拉列表中选择 Nets，切换到网络浏览器模式，如图 10-18 所示。PCB 面板的第一个列表区域显示 PCB 设计中的所有网络类（Net Classes），第二个列表区域显示当前网络类中的所有网络（Nets），第三个列表区域显示当前网络的所有组成图元（Primitives），包括焊盘和走线等。

如图 10-18 所示，当前网络类为 All Nets，当前网络为 A0，其包含的图元为两个焊盘（Pad）和它们之间的由六个走线段（Segment）构成的走线（Track）。使用 Shift 键 + 鼠标单击或者 Ctrl 键 + 鼠标单击可以选中多个对象。被选中的对象将成为筛选对象，并按照用户设置的筛选状态显示在 PCB 编辑窗口中。

在 PCB 面板中选择网络类、网络或者网络中的图元，单击鼠标右键，在弹出菜单中包含选择允许显示的对象、清除筛选状态（Clear Filter）、编辑网络属性（Properties）、显示和隐藏连接线（Connections）等命令。

2. PCB 面板的 Components 浏览器模式

在 PCB 面板顶部的下拉列表中选择 Components，切换到元件浏览器模式，如图 10-19 所示。PCB 面板的第一个列表区域显示 PCB 设计文档中的所有元件类（Component Classes），第二个列表区域显示当前元件类中的所有元件（Components），第三个列表区域显示当前元件的所有组成图元（Primitives），包括焊盘和外形轮廓等。可以使用 Shift 键 + 鼠标单击或者 Ctrl 键 + 鼠标单击选中多个对象。被选中的对象将成为筛选对象，并按照用户设置的筛选状态显示在 PCB 编辑窗口中。

在 PCB 面板中选择元件类、元件或元件中的图元，单击鼠标右键，在弹出菜单中包含选择允许显示的对象、清除筛选状态（Clear Filter）、编辑元件属性（Properties）等命令。

3. PCB 面板的 Hole Size 编辑器模式

在 PCB 面板顶部的下拉列表中选择 Hole Size Editor，切换到钻孔尺寸编辑器模式，如图 10-20 所示。

1）PCB 面板的第一个列表区域用来构建筛选钻孔的条件，由若干属性及其取值组成。

① Primitive Type：有三个可选值，分别为 Any（该属性不包括进筛选条件中）、Show Pads（仅显示焊盘）、Show Vias（仅显示过孔）。

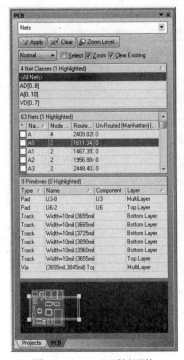

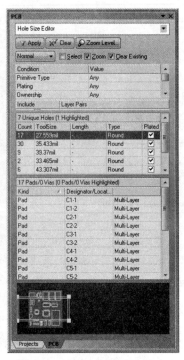

图 10-18　PCB 面板网络
　　　　　浏览器模式

图 10-19　PCB 面板元件
　　　　　浏览器模式

图 10-20　PCB 面板钻孔尺寸
　　　　　编辑器模式

② Plating：有三个可选值，分别为 Any（该属性不包括进筛选条件中）、Show PTH（仅显示电镀的钻孔）、Show NPTH（仅显示非电镀钻孔）。

③ Ownership：有三个可选值，分别为 Any（该属性不包括进筛选条件中）、Component Primitives（仅显示属于元件的钻孔）、Free Primitives（仅显示自由钻孔）。

④ Hole Type：有四个可选值，分别为 Any（该属性不包括进筛选条件中）、Show Round Holes（仅显示圆形钻孔）、Show Square Holes（仅显示方形钻孔）、Show Slots（仅显示槽型钻孔）。

⑤ Selection：有三个可选值，分别为 Any（该属性不包括进筛选条件中）、Show Selected Objects（仅在选择的对象中筛选）、Show Non-selected Objects（仅在非选择对象中筛选）。

2）PCB 面板的第二个列表区域用来选择筛选钻孔用到的层对信息。

3）PCB 面板的第三个列表区域用来显示筛选出来的钻孔的种类，分类的标准为钻孔的大小（ToolSize）、长度（Length）、类型（Type）、是否电镀（Plated）等。

4）PCB 面板的第四个列表区域用来显示当前钻孔种类中的所有钻孔。选中任意一个钻孔，单击鼠标右键，在弹出菜单中可选择 Properties、Report 等命令。双击则打开其属性对话框。

4．PCB 面板其他常用的模式

PCB 面板其他常用的模式包括 Split Plane、Differential Pairs、Polygons，这些模式会在后面介绍相关内容时再进行讲解。

10.7　PCB 视图配置

Altium Designer 支持用不同颜色配置方案表示不同板层和系统对象，可以控制不同设计对象的显示效果，能显示或者隐藏设计对象，还支持单层模式观察电路各板层。这些丰富的视图功能都可以通过视图配置对话框完成。

执行菜单命令 Design ≫ Board Layers And Colors 或者在 PCB 编辑窗口按下快捷键 L，打开如图 10-21 所示的 View Configurations 对话框。对话框左边区域为 PCB 各种视图配置列表，包括 2D 视图及各种基色的 3D 视图。列表下方为操作视图配置文件的选项。

1）Path：显示当前视图配置文件的存放路径和文件名称。
2）Explore Folder：打开文件管理器并进入视图配置文件路径。
3）Create new view Configuration：创建新的视图配置。
4）Save view configuration：存储当前视图配置。
5）Save As view configuration：另存当前视图配置。
6）Load view configuration：加载视图配置。
7）Rename view configuration：重命名视图配置。
8）Remove view configuration：移除视图配置。

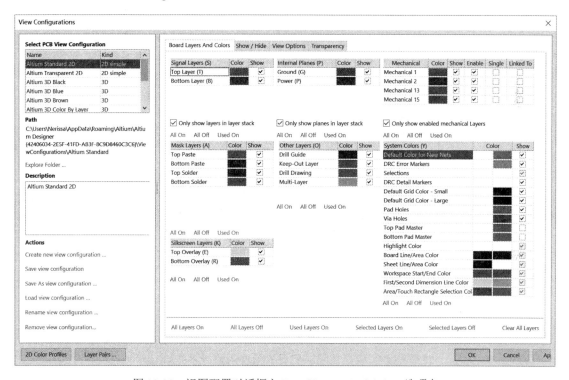

图 10-21　视图配置对话框之 Board Layers And Colors 选项卡

对话框右边区域为当前视图配置的具体内容，下面以 Altium Designer Standard 2D 视图配置为例进行详细介绍。

在 View Configurations 对话框左上角列表中选择 Altium Standard 2D，右边区域包含四个选项卡，分别是 Board Layers And Colors、Show/Hide、View Options 和 Transparency。

1. Board Layers And Colors 选项卡

Board Layers And Colors 选项卡用于设置各板层的颜色以及各种系统对象的颜色。

1）Signal Layers（信号层）区域列表用于配置信号层颜色与是否显示。

① Signal Layers：显示各信号层名称，图 10-21 中包括了 Top Layer 和 Bottom Layer。
② Color：单击颜色块，在弹出的颜色选择框中设置对应信号层的颜色。

③ Show：选中该复选框则在 PCB 编辑窗口显示对应的信号层及其上的各种对象，否则不显示。列表下方的选项用来控制显示在列表中的信号层。

Only show layers in layer stack：选中该复选框则在列表中仅显示板层堆栈中的信号层，否则显示 Altium Designer 支持的所有信号层。

All On：显示所有信号层；All Off：隐藏所有信号层；Used On：显示用到的信号层。

2）Internal Planes（内部平面层）区域列表用于配置内部平面层颜色与是否显示。

① Internal Planes：显示各平面层名称，图 10-21 中包括了 Ground 和 Power 平面层。

② Color：单击颜色块，在弹出的颜色选择框中设置对应平面层的颜色。

③ Show：选中该复选框则在 PCB 编辑窗口显示对应的平面层及其上的各种对象，否则不显示。列表下方的选项用来控制显示在列表中的平面层。

Only show planes in layer stack：选中该复选框则在列表中仅显示板层堆栈中的平面层，否则显示 Altium Designer 支持的所有平面层。

All On：显示所有平面层；All Off：隐藏所有平面层；Used On：显示用到的平面层。

3）Mechanical Layers（机械层）区域列表用于配置机械层颜色等相关选项。

① Mechanical Layers：显示各机械层名称，图 10-21 中包括了 Mechanical1、2、13 和 15。

② Color：单击颜色块，在弹出的颜色选择框中设置对应机械层的颜色。

③ Show：选中该复选框则在 PCB 编辑窗口显示对应的机械层及放置在其上的各种对象，否则不显示。只有使能的机械层才能显示。

④ Enabled：选中该复选框则使能机械层，只有使能的机械层才会被使用，才能成为板层集合的一部分，才能被显示。

⑤ Single Layer Mode：选中该复选框则在单层模式时可以显示该层上的设计对象。

⑥ Links To Sheet：将机械层链接到 PCB 图纸，通过这种方式可以创建自定义的 PCB 图纸大小。还需要在 Board Options 对话框（Design ≫ Board Options）中使能 Auto-size to linked layers 和 Display Sheet 选项，同时使用菜单命令 View ≫ Fit Sheet，这样图纸会进行缩放以刚好容纳所链接（Link）的机械层上的所有设计内容。

列表下方的选项用来控制显示在列表中的机械层。

Only show enabled mechanical layers：选中该复选框在列表中仅显示使能的机械层，否则显示 Altium Designer 支持的所有机械层。

All On：显示所有机械层；All Off：隐藏所有机械层；Used On：显示用到的机械层。

4）Mask Layers（掩膜层）区域列表用于配置掩膜层颜色以及是否显示。

① Mask Layers：显示各掩膜层名称，图 10-21 中包括了顶层和底层阻焊层以及顶层和底层助焊层。

② Color：单击颜色块，在弹出的颜色选择框中设置对应掩膜层的颜色。

③ Show：选中该复选框则在 PCB 编辑窗口显示对应的掩膜层及其上的各种对象，否则不显示。列表下方的选项用来进行批量显示控制。

All On：显示所有掩膜层；All Off：隐藏所有掩膜层；Used On：显示用到的掩膜层。

5）Other Layers 区域列表用于配置其他层的颜色与是否显示。

① Other Layers：显示其他各层名称，图 10-21 中包括了 Drill Guide、Keep-Out Layer、Drill Drawing、Multi-Layer。

② Color：单击颜色块，在弹出的颜色选择框中设置对应层的颜色。

③ Show：选中该复选框则在 PCB 编辑窗口显示对应的层及其上的各种对象，否则不显示。

列表下方的选项用来进行批量显示控制。

All On：显示所有层；All Off：隐藏所有层；Used On：显示用到的层。

6）Silkscreen Layers 区域列表用于配置丝印层的颜色与是否显示。

① Silkscreen Layers：显示各丝印层名称，图 10-21 中包括了 Top Overlay、Bottom Overlay。

② Color：单击颜色块，在弹出的颜色选择框中设置对应丝印层的颜色。

③ Show：选中该复选框则在 PCB 编辑窗口显示对应的丝印层及其上的各种对象，否则不显示。列表下方的选项用来进行批量显示控制。

All On：显示所有丝印层；All Off：隐藏所有丝印层；Used On：显示用到的丝印层。

7）System Colors 区域列出了各种系统对象的颜色与显示选项。例如，Selections 的颜色默认为白色，当选择一个对象时，该对象就会用白色显示。单击各系统对象右边的颜色块可以更改系统对象的颜色，选中 Show 复选框则显示对应对象，否则隐藏。

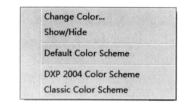

在任一对象上单击鼠标右键，弹出如图 10-22 所示的菜单。

① Change Color 菜单命令用来改变当前对象的颜色。

图 10-22　视图配置对话框右键菜单

② Show/Hide 菜单命令用于控制对象是否显示。

③ Default Color Scheme、DXP 2004 Color Scheme 和 Classic Color Scheme 是系统预定义的三种配色方案。其中 Default Color Scheme 是默认配色方案。Altium Designer Standard 2D 视图配置可以使用这三种配色方案之一。

2．Show/Hide 选项卡

Show/Hide 选项卡可以使用快捷键 Ctrl + D 打开，用来设置各对象是否显示以及显示效果，如图 10-23 所示。这些对象见表 10-6。

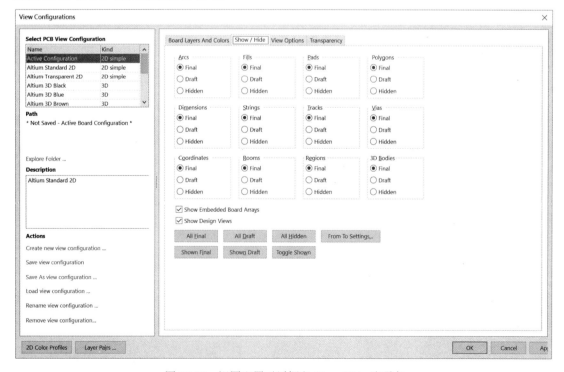

图 10-23　视图配置对话框之 Show/Hide 选项卡

表 10-6 对象列表

对　　象	Arcs	Fills	Pads	Polygons
描　　述	圆弧	矩形填充	焊盘	覆铜
对　　象	Dimensions	Strings	Tracks	Vias
描　　述	尺寸标注线	字符串	走线	过孔
对　　象	Coordinates	Rooms	Regions	3D Bodies
描　　述	坐标	空间	区域	3D 元件体

每种对象对应三种选项：

① Final：显示对象的最终效果，这也是默认选项。
② Draft：显示对象的草图效果，多为空心显示。
③ Hidden：隐藏对象。

该区域下方几个按钮说明如下：

1）All Final：所有对象都使用最终显示效果。
2）All Draft：所有对象都使用草图显示效果。
3）All Hidden：所有对象都隐藏。
4）Shown Final：所有显示的对象都使用最终显示效果。
5）Shown Draft：所有显示的对象都使用草图显示效果。
6）Toggle Shown：切换所有显示对象的显示效果，原来是 Final 选项的变成 Draft，原来是 Draft 选项的变成 Final。
7）From To Settings：单击打开预拉线配置对话框。

3．View Options 选项卡

View Options 选项卡用于配置视图选项，如图 10-24 所示。

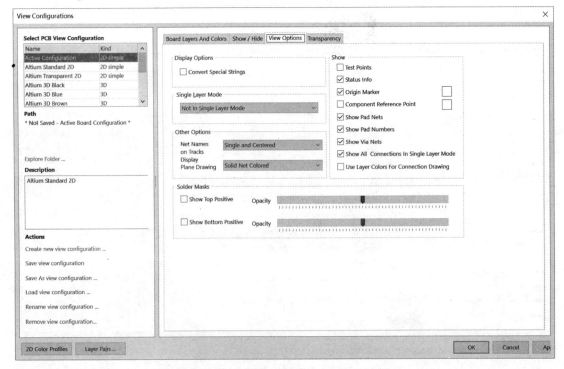

图 10-24　视图配置对话框之 View Options 选项卡

（1）Display Options

Convert Special Strings：选中则将特殊字符串显示为其代表的实际值，如板层名称、网络数目、焊盘数目等；如果不选中该选项，这些特殊字符串只在打印或者绘图输出时才显示实际值。详见 13.3.8 小节。

（2）Single Layer Mode

Single Layer Mode 用于设置当前电路板的单层与非单层显示模式，有以下四种选项。

1）Gray Scale Other Layers：当前板层正常显示，所有其他层上的图元用灰度显示，灰度等级根据各层的颜色方案决定。

2）Monochrome Other Layers：当前板层正常显示，所有其他层上的图元采用同等级灰度显示。

3）Hide Other Layers：当前板层正常显示，不显示其他层的图元。

4）Not In Single Layer Mode：正常显示所有可见的板层。

进入单层模式更常用的方法是使用 Shift + S 快捷键。

（3）Other Options

1）Net Names on Tracks：设置网络名称在走线上的显示模式，有下列三种选项。

① Do Not Display：走线上不显示网络名称。

② Single and Centered：只在每条走线段的中心位置显示网络名称。

③ Repeated：在每条走线段上重复显示网络名称。

走线段需要有足够的长度及放大到一定程度才能看到网络名称。

2）Display Plane Drawing：设置如何显示内部平面层，有以下两种选项。

① Outlined Layer Colored：仅仅显示内部平面层的轮廓线，用平面层的颜色绘制。

② Solid Net Colored：显示使用平面层的颜色实心填充的内部平面层。

（4）Show

1）Test Points：显示测试点。

2）Status Info：在状态栏显示实时信息，包括当前选中元件、网络、焊盘信息等。

3）Origin Marker：显示原点标记。单击右边的颜色块打开标准颜色选择对话框，可以改变原点标记的颜色。默认的原点位于编辑窗口的左下角，即光标坐标显示为(0, 0)处。

4）Component Reference Point：显示元件的参考点标记。元件的参考点在放置和定位元件时非常有用。单击右边的颜色块打开标准颜色选择对话框，可以改变元件参考点标记的颜色。

5）Show Pad Nets：选中该选项在焊盘上显示其所属的网络名称，只有将焊盘放大到一定程度才能看到网络名称。

6）Show Pad Numbers：选中该选项在焊盘上显示其编号，只有将焊盘放大到一定程度才能看到编号。

7）Show Via Nets：选中该选项在过孔上显示其所属的网络名称，只有将过孔放大到一定程度才能看到网络名称。

8）Show All Connections In Single Layer Mode：选中该选项则在单层模式下仍然显示所有连接线（connection line，详见 9.2.5 节），取消该选项则两个端点都不在当前板层的连接线被隐藏。

9）Use Layer Color For Connection Drawing：使能该选项则使用虚线显示两个端点不在同一板层的连接线，且虚线用两个端点所在板层的颜色交替显示，从而清晰提示该连接线所连接的板层。

（5）Solder Masks

1）Show Top Positive：以正片形式显示顶层阻焊层，此时顶层阻焊层颜色代表涂有阻焊漆的区域。

2）Show Bottom Positive：以正片形式显示底层阻焊层，此时底层阻焊层颜色代表涂有阻焊漆的区域。

3）Opacity 滑动条：控制阻焊层的透明程度。滑块位于最左边为完全透明，这样就不会显示阻焊层颜色；滑块位于最右边为完全不透明，这样会显示阻焊层的实际颜色。

4．Transparency 选项卡

该选项卡用于设置不同板层中各类对象被选中后的透明程度，如图 10-25 所示。选中表格中的单元格以确定板层与对象，然后拖动滑动条的滑块或在滑动条右侧文本框中输入透明度数值即可。取消 Only show used layers 复选框，则表格显示所有板层，否则只显示电路板实际用到的板层。

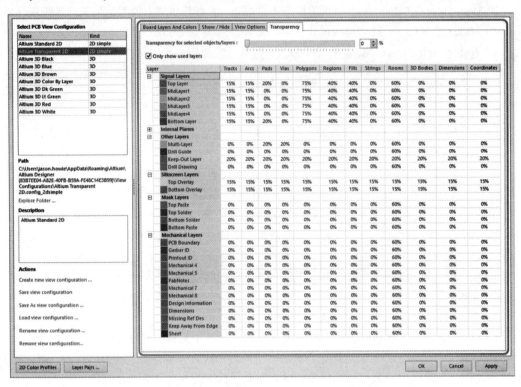

图 10-25　视图配置对话框之 Transparency 选项卡

10.8　层集合管理

Altium Designer 使用层集合的概念来管理板层。一个层集合中包含若干板层。板层标签栏显示当前层集合中允许显示的板层标签。默认情况下显示所有用到的板层，由于板层数目太多，切换并不方便。如果仅将需要关注的板层放在一个自定义的层集合中并将其设为当前层集合，那么在板层标签栏切换板层就变得非常方便。

单击板层标签栏的 LS 按钮或者执行菜单命令 Design→Manage Layer Sets，弹出层集合菜单，如图 10-26 所示。可以看到，系统预定义了一些层集合，如 All Layers 层集合包含所有板层，Signal Layers 层集合包含所有的信号层，Plane Layers 层集合包含所有的内部平面层等。执行 Board

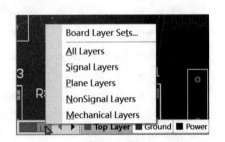

图 10-26　Layer Sets 管理菜单

Layer Sets 菜单命令，打开层集合管理器，如图 10-27 所示，其左边为 Layer Sets 区域，右边为 Layers 区域。

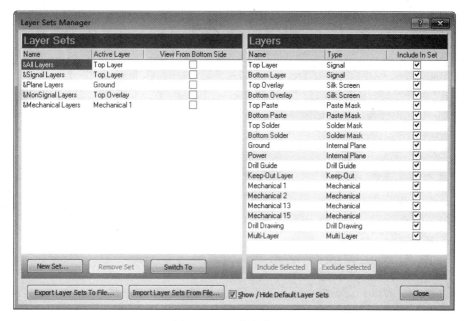

图 10-27　层集合管理器

1．Layer Sets 区域

Layer Sets 区域包含一个层集合（Layer Sets）列表和三个按钮。

1）层集合列表的各列说明如下：

① Name：层集合名称。

② Active Layer：层集合中的当前板层。

③ View From Bottom Side：翻转电路板观察。

2）New Set：单击该按钮创建一个新的层集合。

3）Remove Set：单击该按钮删除一个层集合。

4）Switch To：单击该按钮切换到当前选中的层集合。

2．Layers 区域

Layers 区域包含一个层（Layer）列表和两个按钮。

1）层列表：该列表中包含电路板的所有层，可从中选择包含在当前层集合中的板层。

① Name：板层名称。

② Type：板层类型。

③ Include In Set：选中该复选框，则对应板层将会添加到当前层集合中。

2）Include Selected：单击该按钮将 Layers 列表选中的板层加入当前自定义的层集合。

3）Exclude Selected：单击该按钮将 Layers 列表中选中的板层移出当前自定义的层集合。

3．其他选项

1）Export Layer Sets To File：将选中的层集合导出并存为文件。

2）Import Layer Sets From File：从文件中导入层集合。

3）Show/Hide Default Layer Sets：选中该复选框显示或者隐藏预定义的层集合。

10.9 层堆栈管理

层堆栈反映电路板的板层结构，通过菜单命令 Design ≫ Layer Stack Manager，打开层堆栈管理器，如图 10-28 所示。可以看到，Voltage_Meter_Demo.PcbDoc 电路板为四层板，包括两个信号层和两个平面层，从上到下分别为 Top Layer（顶层信号层）、Ground（内平面层，连接 GND 网路）、Power（内平面层，连接 VCC 网络）和 Bottom Layer（底层信号层）。层堆栈管理器可以用来构建不同层数的电路板，其具体用法详见 11.5 节。

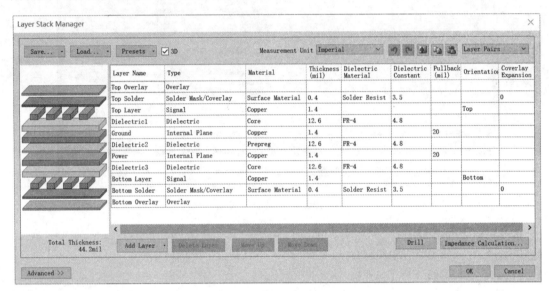

图 10-28 Layer Stack Manager

10.10 思考与实践

1. 思考题

（1）熟悉 AD 17 的 PCB 编辑环境，并简述其组成元素。
（2）AD 17 的 PCB 编辑环境包括哪些工具栏？简述工具栏上按钮的功能。
（3）板层标签栏的作用是什么？
（4）查看 PCB 中的网络和元件的方法有哪些？
（5）什么是单层模式？如何在单层模式和正常显示模式之间进行切换？
（6）简述 Board Insight 系统的功能。
（7）PCB 视图配置对话框可以进行哪些视图方面的配置？
（8）什么是层集合？如何自定义层集合？
（9）层堆栈管理器具有哪些功能？

2. 实践题

利用本章的实例"Voltage_Meter.PrjPCB"工程，熟悉 PCB 编辑环境。

第 11 章 PCB 设计准备

在熟悉了 PCB 的编辑环境后,就可以进行 PCB 设计的准备工作了。这些工作包括设计电路板的板形、PCB 图纸的设置、将设计数据从原理图同步到 PCB 文档以及电路板堆栈设置。

11.1 板形绘制

很多商用电路板对形状及尺寸有严格限制,必须符合产品的外观设计要求,满足加工制造的约束规范,因此在开始设计电路板时要做好电路板形状及尺寸的定义。

采用新建 PCB 文档的方法创建的空白电路板的形状尺寸默认为 6000mil × 4000mil 的长方形。如果这种默认板形的尺寸和形状不符合设计要求,则可以重新定义新的电路板板形。电路板的边界即由电路板板形确定。

⚠ 如果对于板形没有明确的要求,则可以先直接采用系统默认的板形进行 PCB 设计,在完成元件布局(见第 13 章)后再根据实际占用的面积确定电路板的板形。

按照业内习惯的做法,通常在机械层定义板形。首先通过手工绘制或者导入外部文件数据的方法在任意一个机械层上定义一个具有封闭边界的区域,然后根据该区域的边界创建电路板的外形和尺寸。

在定义板形前,需要先做好以下三点工作:

1)选择合适的度量单位。按下 Q 键在英制和公制单位之间进行切换,也可执行菜单命令 Design » Board Options,在打开的对话框中设置 Unit 选项。状态栏显示当前度量单位。

2)设置栅格大小。按下 G 键,选择合适的栅格大小,以规范对象能够放置的位置。

3)设置 PCB 的自定义原点。如果不自定义原点,则会使用系统默认原点。默认原点在编辑窗口的左下角,用起来并不方便。自定义原点确定以后,就可以确定电路板上各点的坐标位置。

有三种方法可以定义板形,读者可以根据不同的情况和个人喜好进行选择:

1)使用选择的对象定义板形。这些对象通常为直线、圆弧,在机械层绘制且构成封闭图形。

2)使用 PCB Board Wizard,通过这种方法可以快速生成符合标准的电路板板形。

3)导入外部文件数据,包括从机械 CAD 软件产生的 DWG or DXF 文件或者 3D 体文件。

1. 使用选择的对象绘制板形

在机械层使用各种绘图工具画出首尾相连的封闭区域,然后由该区域定义电路板的形状。

例 11-1

【例 11-1】绘制如图 11-1 所示的电路板。

(1)创建一个新的 PCB 工程"Board_Shape.PrjPCB",在其中添加一个新的 PCB 文档"Board_ Shape_from_objs.PcbDoc"。

(2)执行菜单命令 Edit » Origin » Set,然后将光标移动到电路板任意位置单击设置自定义原点。

(3)由于图 11-1 中各个顶点坐标的最大公约数为 800,

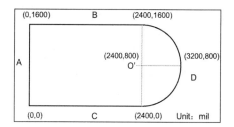

图 11-1 电路板几何尺寸

因此将栅格大小设置为 800。按下 Shift + Ctrl + G，输入 800mil 即可。

（4）单击板层标签 Mechanical 1 切换到机械层 1，在该板层绘制电路板外形。

（5）执行菜单命令 Place ≫ Line [P, L]，或者单击 Utilities 工具栏上的 按钮，在弹出的子工具栏上单击按钮 ，进入放置直线状态。

（6）移动光标到自定义原点处单击固定线段 A 的起点，然后移动光标到坐标(0,1600)处单击固定线段 A 的终点，接着单击右键完成线段 A 的放置。因为已经设置了栅格大小为 800，所以只要将光标从起点垂直向上移动 2 个栅格即可，且得益于栅格点对光标的吸附作用，很容易就可以将光标吸附到线段 A 的终点位置。同时，还可以通过状态栏实时观察光标的 X 和 Y 坐标，如图 11-2 所示。

（7）按照同样的方法依次放置线段 B 和 C，再次单击右键结束放置状态，结果如图 11-3 所示。

图 11-2　放置线段 A

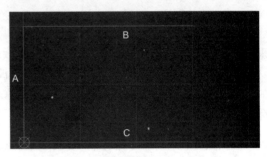

图 11-3　放置线段 A、B 和 C

（8）执行菜单命令 Place ≫ Arc(Any Angle)，用鼠标依次单击线段 C 的右端点、圆心 O'点（2400，800）和线段 B 的右端点，即可绘制半圆形，单击右键结束放置状态。结果如图 11-4 所示。

（9）按下快捷键 S+Y，选择构成封闭板形的所有直线和半圆，执行菜单命令 Design ≫ Board Shape ≫ Define from selected objects，即可生成最终的板形，如图 11-5 所示。

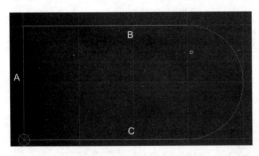

图 11-4　直线 A、B、C 和半圆构成的封闭矩形

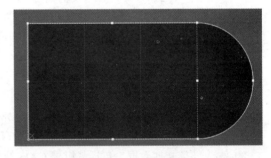

图 11-5　最终的板形

在例 11-1 中，因为已知板形的几何尺寸，所以还可以先随意放置 A、B、C 三条线段和一个圆弧，然后双击这些基本图元，打开它们的属性对话框，直接修改三条线段的两个端点坐标以及半圆的圆心、半径和始末角度，一样可以完成封闭板形的绘制。

2．使用 PCB Board Wizard 定义板形

Altium Designer 提供的 PCB Board Wizard 可以轻松快速地创建电路板，特别是工业标准化电路板，只需要通过几个简单步骤输入电路板类型以及其他相关参数即可。

【例 11-2】使用 PCB Board Wizard 定义标准电路板。

（1）打开 Files 面板，从 New from Template 区域选择 PCB Board Wizard，打开 PCB Board Wizard 欢迎界面。

例 11-2

（2）单击 Next 按钮，进入选择电路板度量单位界面，根据需要选择度量单位，本例选择 Imperial。

（3）单击 Next 按钮，进入电路板类型选择界面，选择 PCI Short Card 3.3V - 64BIT。

（4）连续单击 Next 按钮，依次进入板层选择、过孔样式选择、元件和布线技术选择、默认走线和过孔大小选择界面，本例中都保持系统默认配置不变。

（5）在最后的完成界面，单击 Finish 按钮，系统会自动生成一个自由 PCB 文档，里面有一个已经定义好的 PCI Short Card 电路板形，如图 11-6 所示。

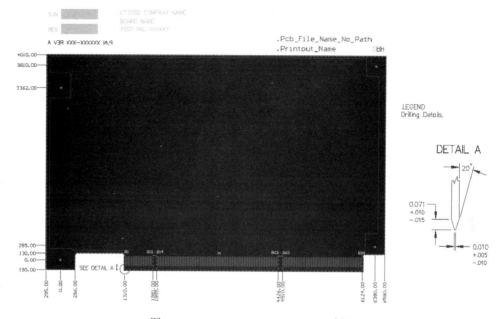

图 11-6　PCI Short Card 3.3V - 64BIT 板形

3. 使用导入 CAD 文档的方法定义板形

Altium Designer 支持从 AutoCAD 等软件生成的*.DXF 或者*.DWG 文件中导入板框形状。

【例 11-3】导入 AutoCAD 文档定义板形。

（1）执行菜单命令 PCB ≫ New ≫ PCB 新建 PCB 文档。

（2）执行菜单命令 File ≫ Import ≫ DXF/DWG，在弹出的文件选择对话框中选择要导入的文件并打开。

（3）在弹出的 Import from AutoCAD 对话框中指定层的映射关系。例如，将 AutoCAD 的 0 层映射到 Altium Designer 的 Mechanical 1 层，并设置好其他选项，单击 OK 按钮，AutoCAD 文件的内容将会出现在映射的板层上。

（4）该板层导入的内容应该组成一个封闭的边界，选中组成该封闭边界的所有对象，如直线段、圆弧等，执行菜单命令 Design ≫ Board Shape ≫ Define from Selected Objects 完成板形定义工作。

4. 电路板板形的编辑

板形绘制完成以后，还可以对板形进行编辑操作。执行菜单命令 View ≫ Board Planning Mode 或者按下数字 1，电路板变为绿色。此时在 Design 主菜单下会生成若干电路板操作的命令。

（1）Redefine Board Shape：使用鼠标或键盘方向键重新绘制多边形板形。鼠标单击或按下回车键即可固定多边形的每个顶点，固定最后一个顶点后单击鼠标右键或按下 ESC 键，系统会自动将多边形起点和终点进行封闭连接，并生成多边形定义的新板形。

（2）Edit Board Shape：执行该命令电路板边框会出现白色控点，此时电路板被系统视为多边形对象,可以编辑多边形的边和顶点,从而对板形进行调整。具体的调整方法详见 13.3.7 小节。

(3) Modify Board Shape:该命令可增加或删减板形。执行该菜单命令后,移动光标并多次单击确定一条折线,务必确保折线第一个和最后一个点落在电路板边框上,完成后,折线在电路板内部定义的区域会被删除,在电路板外部定义的区域会增加到板形中。

(4) Move Board Shape:仅移动板形,而不移动电路板上的对象。

(5) Move Board:不仅移动板形,而且移动电路板上的对象,但机械层的对象无法移动。

编辑完毕后,按下数字 2 返回 PCB 的 2D 编辑模式。

11.2　PCB 图纸设置

当创建一个空白 PCB 文档时,系统同时自动创建一个默认大小为 10000mil×8000mil 的 PCB 图纸。该图纸定义了 PCB 文档的打印区域。默认情况下 PCB 图纸并不显示。选择菜单命令 Design ≫ Board Options,打开 Board Options 对话框,在 Sheet Position 区域可以对 PCB 图纸进行设置,如图 11-7 所示,各选项说明如下。

1) X:定义图纸左下角的 X 坐标,该坐标如果设为小于 0 的值,则自动被当作 0 处理。

2) Y:定义图纸左下角的 Y 坐标,该坐标如果设为小于 0 的值,则自动被当作 0 处理。

3) Width:定义图纸的宽度。

4) Height:定义图纸的高度。

5) Display Sheet:选中该复选框则显示图纸,图纸默认显示为黑色 PCB 后面的白色矩形区域。黑白对比之下如果觉得白色过于刺眼,可以按 L 键打开颜色对话框,在其右下角的 System Colors 区域找到 Sheet Area Color 颜色块,调整其颜色。在 PCB 设计中,一般选择隐藏图纸。

图 11-7　PCB 图纸选项

6) Auto-size to linked layers:选中该复选框则上面设置的图纸位置和大小失效,图纸自动调整尺寸以恰好容纳链接到图纸的机械层上放置的所有对象。将机械层链接到图纸的内容详见 10.7 节。

几个相关的缩放菜单命令如下:

1) 执行菜单命令 View ≫ Fit Sheet 可以缩放 PCB 图纸,以恰好填满编辑窗口。

2) 执行菜单命令 View ≫ Fit Board 可以缩放 PCB 电路板,以恰好填满编辑窗口。

3) 执行菜单命令 View ≫ Fit Document 可以缩放当前文档中的所有设计对象(不包括图纸),以恰好填满编辑窗口。

11.3　设置板层堆栈

在进行 PCB 布局布线前,需要预先设置电路板的板层结构,即要确定制作几层板。板层的概念详见 9.1 节。设计好的多个板层通过制作工艺压合在一起,最终形成多层电路板。

在 Altium Designer 中,电路板的板层结构设置是通过层堆栈管理器完成的。

执行菜单命令 Design ≫ Layer Stack Manager,打开层堆栈管理器,如图 11-8 所示,下面介绍其中各选项。

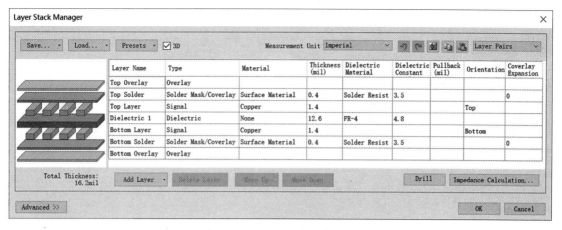

图 11-8　层堆栈管理器

1）板层堆栈剖面图及各层信息表：该剖面图显示了电路板的板层结构与叠加顺序，表格则列出各层名称、类型、材料、厚度、电介质材料、介电常数、内缩量、朝向以及覆盖扩展量。

2）Layer Stack Style：对话框右上角的板层堆栈样式包含以下四个选项。

① Layer Paris：该堆栈样式以双面板为基础构成。每个双面板的中间为具有一定厚度的绝缘芯板（Core），芯板两面都有覆铜，因此通常层数为偶数。双面板与双面板之间通过 Prepreg 黏合。图 11-9 所示为 Layer Pairs 结构的六层板。上面一个双面板的两面分别为顶层信号层和 GND 平面层，中间一个双面板两面分别为内部信号层 1 和 2，下面一个双面板两面分别为 VCC 平面层和底层信号层，双面板之间用 Prepreg 黏合。Layer Pairs 是最常用的板层结构。

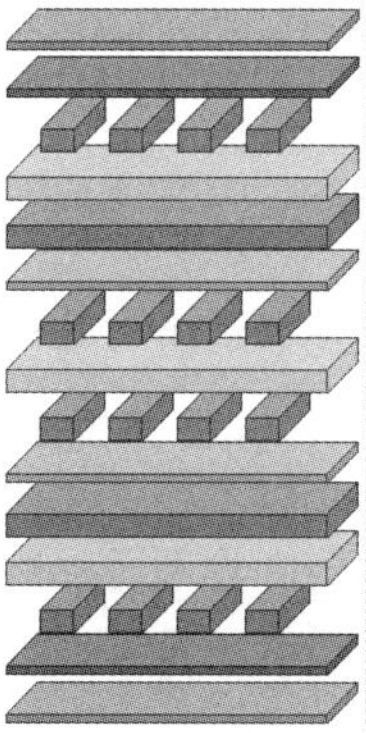

图 11-9　Layer Pairs 结构的六层板

② Internal Layer Pairs：该堆栈样式也是由双面板为基础构成的，内部的信号层与电源层由多个双面板构成，而顶层和底层的铜箔与内部板层之间用 Prepreg 黏合。图 11-10 所示为 Internal Layer Pairs 结构的六层板。

③ Build Up：该堆栈样式采用向上堆积的方式构建电路板，先构建最底层的双面板，然后铺上一层 Prepreg，一层铜箔，再铺上一层 Prepreg，一层铜箔，以此类推。图 11-11 所示为 Build Up 结构的六层板。

④ Custom：该堆栈样式由用户自定义。

3）Add Layer：在当前层的下方添加信号层（Add Layer）或者内部平面层（Add Internal Plane）。

4）Delete Layer：删除当前层。

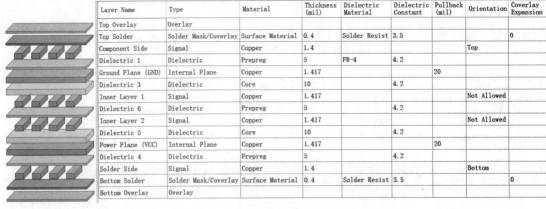

Layer Name	Type	Material	Thickness (mil)	Dielectric Material	Dielectric Constant	Pullback (mil)	Orientation	Coverlay Expansion
Top Overlay	Overlay							
Top Solder	Solder Mask/Coverlay	Surface Material	0.4	Solder Resist	3.5			0
Component Side	Signal	Copper	1.4				Top	
Dielectric 1	Dielectric	Prepreg	5	FR-4	4.2			
Ground Plane (GND)	Internal Plane	Copper	1.417			20		
Dielectric 3	Dielectric	Core	10		4.2			
Inner Layer 1	Signal	Copper	1.417				Not Allowed	
Dielectric 6	Dielectric	Prepreg	5		4.2			
Inner Layer 2	Signal	Copper	1.417				Not Allowed	
Dielectric 5	Dielectric	Core	10		4.2			
Power Plane (VCC)	Internal Plane	Copper	1.417			20		
Dielectric 4	Dielectric	Prepreg	5		4.2			
Solder Side	Signal	Copper	1.4				Bottom	
Bottom Solder	Solder Mask/Coverlay	Surface Material	0.4	Solder Resist	3.5			0
Bottom Overlay	Overlay							

图 11-10 Internal Layer Pairs 结构的六层板

Layer Name	Type	Material	Thickness (mil)	Dielectric Material	Dielectric Constant	Pullback (mil)	Orientation	Coverlay Expansion
Top Overlay	Overlay							
Top Solder	Solder Mask/Coverlay	Surface Material	0.4	Solder Resist	3.5			0
Component Side	Signal	Copper	1.4				Top	
Dielectric 1	Dielectric	Prepreg	5	FR-4	4.2			
Ground Plane (GND)	Internal Plane	Copper	1.417			20		
Dielectric 3	Dielectric	Prepreg	5		4.2			
Inner Layer 1	Signal	Copper	1.417				Not Allowed	
Dielectric 6	Dielectric	Prepreg	5		4.2			
Inner Layer 2	Signal	Copper	1.417				Not Allowed	
Dielectric 5	Dielectric	Prepreg	5		4.2			
Power Plane (VCC)	Internal Plane	Copper	1.417			20		
Dielectric 4	Dielectric	Core	10		4.2			
Solder Side	Signal	Copper	1.4				Bottom	
Bottom Solder	Solder Mask/Coverlay	Surface Material	0.4	Solder Resist	3.5			0
Bottom Overlay	Overlay							

图 11-11 Build Up 结构的六层板

5）Move Up：将选中的板层上移。

6）Move Down：将选中的板层下移。

7）Drill：配置钻孔层对，定义电路板上钻孔的起始层和终止层。如果 PCB 设计包括了盲孔和埋孔，则钻孔层对必须与层堆栈样式相匹配。

8）Impedance Calculation：单击该按钮弹出对话框，可以计算微带线（Microstrips）和带状线（Stripline）的阻抗和线宽。系统给出了两个默认的计算公式，反映了信号层和平面层的物理叠加顺序、铜箔和介电层的厚度、走线宽度和阻抗之间的关系。可以用来计算满足阻抗受控设计规则条件下的走线宽度。读者可以根据实际需要对系统提供的默认计算公式进行修改。

第 10 章介绍的 PCB 实例采用的就是四层板。下面通过例子来讲解如何创建四层板的堆栈结构。

【例 11-4】构建一个四层板堆栈结构。

（1）打开本例对应的 Voltage_Meter.PrjPCB 工程。在工程中新增 Voltage_Meter.PcbDoc 文档。

（2）打开 Voltage_Meter.PcbDoc 文档，进入 PCB 编辑环境。

（3）执行菜单命令 Design ≫ Layer Stack Manager，打开层堆栈管理器对话框。

（4）选中板层堆栈剖面图或表中的 Top Layer，单击 Add Layer 按钮或单击鼠标右键，在弹出菜单中选择 Add Internal Plane 命令，在 Top Layer 下方添加一个内部平面层，选中该层 Layer Name 单元格后，输入 Ground。

例 11-4

（5）继续选择 Add Internal Plane 命令，在 Ground 层下方添加一个内部平面层，按照同样方法将板层名称修改为 Power。修改后的结果如图 11-12 所示。

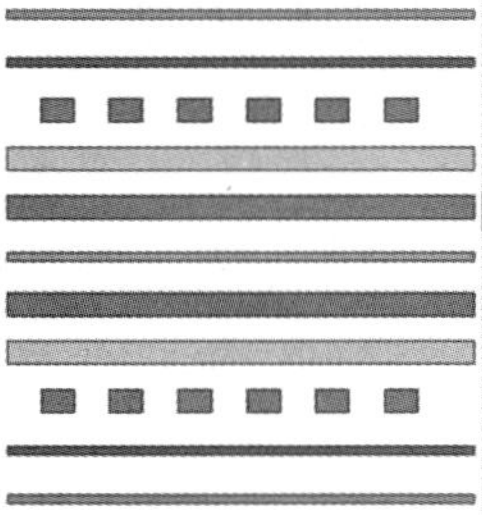

Layer Name	Type	Material	Thickness (mil)	Dielectric Material	Dielectric Constant	Pullback (mil)	Orientation	Coverlay Expansion
Top Overlay	Overlay							
Top Solder	Solder Mask/C...	Surface Material	0.4	Solder ...	3.5			0
Top Layer	Signal	Copper	1.4				Top	
Dielectric 1	Dielectric	Core	10	FR-4	4.2			
Ground	Internal Plane	Copper	1.417			20		
Dielectric 3	Dielectric	Prepreg	5		4.2			
Power	Internal Plane	Copper	1.417			20		
Dielectric 2	Dielectric	Core	10		4.2			
Bottom Layer	Signal	Copper	1.4				Bottom	
Bottom Solder	Solder Mask/C...	Surface Material	0.4	Solder ...	3.5			0
Bottom Overlay	Overlay							

图 11-12 四层板结构

（6）单击 OK 按钮退出层堆栈管理器。

11.4 从原理图向 PCB 的转移

在电路板设计前的准备工作完成之后，就可以将原理图中的数据信息转移到 PCB 文档中，以实现二者内容的同步。为了成功地进行转移工作，必须确保：

1）PCB 文档和原理图文档在同一个工程中。
2）原理图所有元件的 PCB 封装所在的库都已加载。
3）原理图已经通过了编译，所有的错误都被纠正。

转移的过程其实是一个将 PCB 和原理图进行差异比较，然后消除差异的过程。最终的目的是以原理图作为基准，使 PCB 和原理图的设计内容保持同步。由于 PCB 是空白文档，因此从结果上看就是设计数据从原理图向 PCB 进行了转移。

【例 11-5】将原理图文档 Voltage_Meter.SchDoc 中的数据转移到 PCB 文档中。

（1）打开例 11-5 对应的电子资源 Voltage_Meter.PrjPCB 工程，打开其中的 Voltage_Meter.PcbDoc 文档，其中已经建立了和例 11-4 一样的四层堆栈。

（2）本例对电路板尺寸无严格要求，故先采用系统默认板形，待布局完成后再进行调整。

（3）使用以下两种方式之一开始转移过程：

① 单击 PCB 文档，进入 PCB 编辑环境，执行菜单命令 Design ≫ Import Changes from Voltage_Meter.PrjPCB。

② 单击原理图文档，进入原理图编辑环境，执行菜单命令 Design ≫ Update PCB Document Voltage_Meter.PcbDoc。

（4）以上两种方式都会打开 Engineering Change Order 对话框，如图 11-13 所示。该对话框列出了所有需要进行更新的信息，包括了更新的类型（Action 列）、更新的对象（Affected Object 列）以及受到影响的文档（Affected Document 列）。

这些内容其实反映了原理图和 PCB 文件的差异。该对话框的目的是以原理图为基准，通过更新操作，使得 PCB 包含的设计内容和原理图一致。由于 PCB 文件是新的空白文件，因此所有的更新行为都是"添加（Add）"操作。这样经过更新以后，就可以完成原理图数据向 PCB 文档的转移。

（5）通过观察 Engineering Change Order 对话框的内容，可以发现原理图向 PCB 转移的数据通常分为四类：元件、网络、网络类、空间（Room），有时还包括设计规则等数据。此外，系统默认会把每张原理图中的所有元件放到一个以原理图文档命名的元件类中，同时为每张原理图生成一个 Room，Room 中放置该原理图中的所有元件。

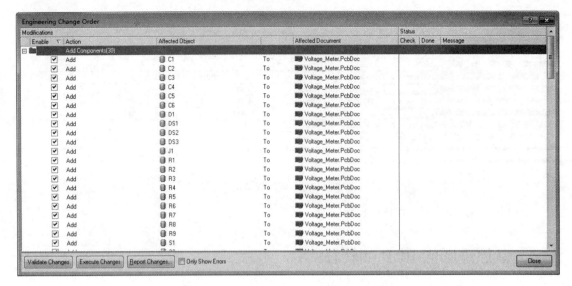

图 11-13　Engineering Change Order 对话框

（6）如果不想实施某项更新内容，则取消该行最左边的 Enable 复选框。

（7）单击 Validate Changes 按钮，对拟将实施的更新进行验证。如果验证通过，则每一行对应的 Check 列都会出现绿色符号◎，否则出现红色符号◎。红色符号对应的更新内容是存在问题的，应该进行更正。

如果该原理图是用户在当前计算机上绘制的，在转移到 PCB 时通常不会有问题。因为在绘制原理图时就加载了所有元件的集成库，集成库中应当包含了元件的封装。

如果该原理图是用户从网上下载或从其他计算机上复制过来的文档，则在转移到 PCB 时可能会产生问题。通常都是因为元件缺少对应的封装造成的。可能的两种情况：①封装所在的库没有加载；②封装根本不存在。对于第①种情况，安装元件封装所在的库就可以了，本例中所有元件所在的集成库见 4.5.2 小节的表 4-1，更详细地处理这种缺少封装的情况可参考 11.5 节给出的例子；对于第②种情况，要么换一个已有的封装，要么创建元件的封装，创建封装的内容详见 18.4 节。

（8）所有验证都通过以后，单击 Execute Changes 按钮，此时会真正执行更新操作，将原理图的内容转移到 PCB 文档中。

（9）如果在 PCB 文档中无法观察到转移后的元件封装，单击 PCB 标准工具栏上的按钮或者按下快捷键 V+D，使编辑窗口显示整个文档，如图 11-14 所示。可以看到，在 PCB 板框右侧紧贴着一个枣红色的矩形方框，该方框即为 Room。系统会自动为每个原理图文档生成一个 Room，Room 中间的红底白字"Voltage_Meter"为其名称。原理图中的所有元件都放置在该 Room 中。在 PCB 中，这些元件已经由其对应的封装表示。元件由很多交叉的白色连接线（Connection Line，又称预拉线 Ratsnest）连接在一起。连接线是由 PCB 连接分析器在加载原理图网表到 PCB 文档中时自动产生的。连接线构成的拓扑结构默认是最短拓扑。按下 N 键或者通过菜单 View » Connections 下面的菜单命令来显示（Show）或者隐藏（Hide）属于某个网络、某个元件或者所有的连接线。按下 L 键打开视图配置对话框，通过 Default Color for New Nets 复选框也可以显示/隐藏连接线。使用连接线连接的元件引脚之间具有电气连接关系，在进行电路板布线时，需要用真实的铜箔导线来代替连接线。当铜箔导线完成两个引脚之间的连接时，引脚之间的连接线会自动消失。

（10）单击 PCB 编辑窗口底部板层标签栏中的 Ground 使其成为当前板层，然后双击编辑窗口中的电路板，在弹出对话框的下拉列表中选择该板层要连接的网络 GND，按照同样的方法将 Power 层连接到网络 VCC。

图 11-14　原理图向 PCB 的转移

11.5　添加封装所在的库

在将原理图转移到 PCB 的时候，经常会遇到找不到封装的情况。这时需要返回到原理图编辑环境进行纠正，具体又可分为两种情况：

1）若元件的封装存在，只是所属的元件库没有加载，只要找到元件库并将其加载即可。通常是通过在指定路径下搜索封装，找到所有包含该封装的库文件，然后选择合适的库文件进行加载。

2）若元件的封装不存在，则需要自己创建 PCB 库，并在其中创建元件封装，然后加载库文件。下面只对第 1）种情况举例说明，第 2）种情况详见 18.4 节。

【例 11-6】将 Alternate_Display.SchDoc 转移到 PCB 中，解决遇到的缺少封装的问题。

打开本例对应的电子资源"Alternate_Display.PrjPCB"工程，里面包含已经完成的原理图文档和一个空白的 PCB 文档。

双击 Alternate_Display.SchDoc 进入原理图编辑环境，如图 11-15 所示。执行菜单命令 Design » Update PCB Document Alternate_Display.PcbDoc，进入 Engineering Change Order 对话框，单击 Validate Changes 按钮，如图 11-16 所示，可以看到最上方五个元件没有通过验证，后面的 Message 列显示原因：封装没有找到。对于本例，是因为封装所在的元件库没有加载到系统中。

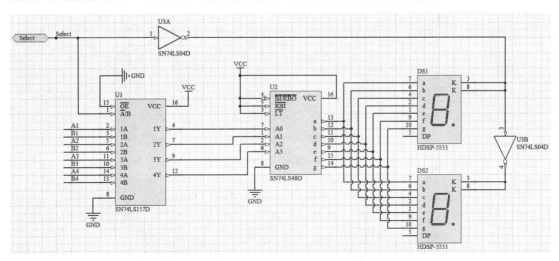

图 11-15　Alternate_Display.SchDoc

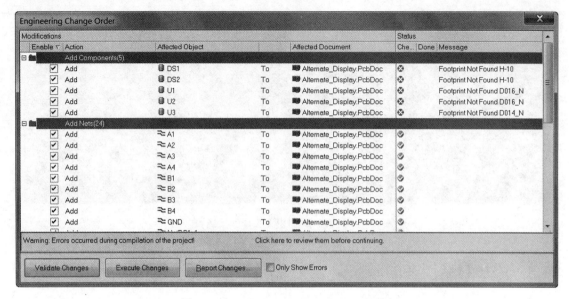

图 11-16　Engineering Change Order 对话框

关闭该对话框，返回到原理图编辑环境。下面详细介绍两种解决这类问题的方法。

1．通过元件属性对话框加载元件封装所在的集成库

双击元件 U1，打开其属性对话框，在 Models 区域选择 Footprint 模型所在的行，然后单击 Edit 按钮，进入 PCB Model（PCB 模型）对话框，如图 11-17 所示，可以看到该封装模型名称为 D016_N，原本在 TI Logic Multiplexer.IntLib 中，但当前找不到这个封装。

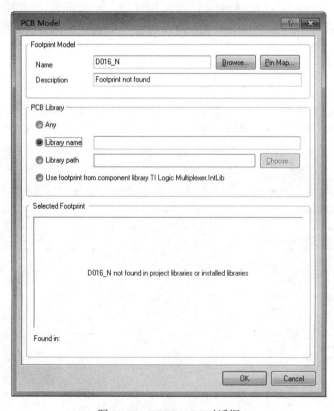

图 11-17　PCB Model 对话框

下面先来介绍 PCB Model 对话框。

在该对话框的 PCB Library 区域有四个单选项，分别指定了查找元件封装的范围。

① Any：选中该选项，系统会自动在当前已经加载到系统中的元件库或者在本工程中打开的元件库中查找封装。

② Library name：选中该选项，并在后面的文本框中指定封装所在的库名称，系统会自动在该库中查找封装。注意，该库应该是已经加载的库或者工程中打开的库。

③ Library path：选中该选项，并在后面的文本框中输入完整的封装库（扩展名为.PcbLib）路径，也可单击该文本框右边的 Choose 按钮选择库文件的路径。系统会自动在该封装库中查找封装。如果已知元件库所在的路径，这种方法是比较方便的。

④ Use footprint from component library TI Logic Mulitplexer .IntLib：这是元件本身所包含的库信息，这表明在原始原理图文档中放置该元件时，元件是从这个库中提取的。

以上任何一种方式如果找到封装，则 PCB Model 对话框下部的 Selected Footprint 预览区会显示找到的封装图形，否则不显示。

在本例中，封装 D016_N 所在的库既没有加载，也不知道该库在硬盘上的具体路径，此时需要在硬盘上搜索封装库。单击 PCB Model 对话框右上方的 Browse 按钮，显示 Browse Libraries 对话框，如图 11-18 所示。注意，该按钮只有在选中前面三个单选项之一的情况下才能激活。

图 11-18　Browse Libraries 对话框

Browse Librarys 对话框可以浏览系统加载的库中的封装，其内容介绍如下。

1）Libraries 下拉列表：单击下三角箭头，列出当前系统加载的所有库。当前选中的库为 Miscellaneous Devices.IntLib。

2）Mask（通配符）：在此栏输入筛选条件以减少显示的封装，如"*SO"表示只列出名称中包含"SO"字段的封装。

3）封装列表区：此区域在对话框左下方，列出当前库中经过筛选后剩下的封装名称。

4）封装预览区：此区域在对话框右下方，显示当前选中封装的预览图。

5）Find 按钮：单击打开 Libraries Search 对话框。

在本例中,单击 Find 按钮,打开 Libraries Search 对话框,可以通过该对话框来搜索硬盘上的库文件。它具有高级和简单两种模式。

1)高级模式,如图 11-19 所示。

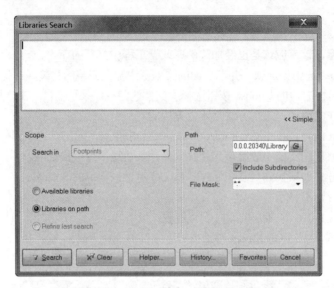

图 11-19　Libraries Search 对话框高级模式

① 对话框上半部的文本框用来输入查询语句,单击文本框右下角的 Simple 标签可以切换到简单模式。

② Scope 区域各项说明如下:

a. Search in(搜索范围):该选项为 Footprints,且不能修改,即只搜索封装。

b. Available libraries:在可用的库中搜索,这里可用的库指的是已经加载的库或者工程中打开的库。

c. Libraries on path:选中该选项,会激活 Path 区域中的各栏位以进一步设置。

d. Refine last search:在上次查找的结果中进一步搜索。

③ Path 区域各项说明如下:

a. Path:单击右侧的 图标,选择搜索路径。

b. Include Subdirectories 复选框:搜索时包含子目录,建议选中。

c. File Mask:设置搜索文件的匹配模式,"*.*"表示搜索指定路径下的所有文件。

2)简单模式,如图 11-20 所示。

Filters 区域各项说明如下:

① Add Row:增加一行搜索条件。

② Remove Row:删除一行搜索条件。

③ 搜索条件:系统默认提供两个搜索条件,每个搜索条件对应一行。

a. Field(字段):该栏位输入要搜索的字段,如 Name、Description、Comment、Designator 等。

b. Operator(操作符):包括 equals(等于)、contains(包含)、start with(开始于)、end with(结束于)。

c. Value(值):用于输入具体的搜索内容,单击右侧的下三角箭头可以找到系统已经加载的一些封装。

单击搜索条件右下方的 Advanced 标签可以切换到高级模式。

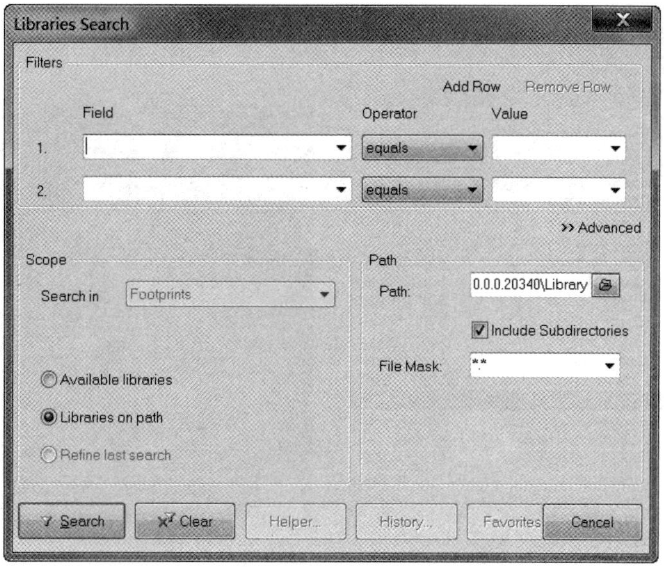

图 11-20 Libraries Search 对话框简单模式

简单模式对话框的下半部与高级模式相同，不再重复介绍。

为了搜索 U1 所在的库，在简单模式的 Field 栏位填入 Name，Operator 栏位选择 Contains，Value 栏位输入 D016_N，选中 Libraries on path 单选框，同时把 Path 栏设置为库文件所在的路径。笔者计算机上的库文件路径为 C:\Users\Public(公用)\Documents(公用文档)\Altium\ AD10\Library。设置好的对话框如图 11-21 所示。

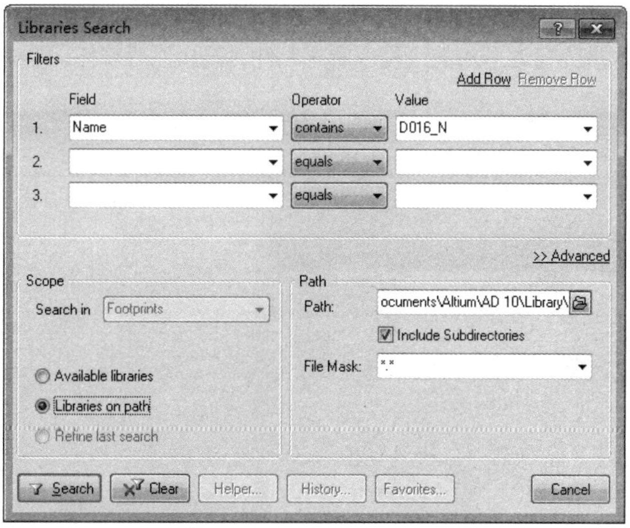

图 11-21 设置好搜索条件的对话框

单击 Search 按钮后系统就会在指定路径下的所有库文件中搜索名称当中包含"D016_N"的封装。整个搜索过程可能需要几十秒。搜索结果会显示在 Browse Libraries 对话框中，如图 11-22 所示。在搜索结果中选择 TI Logic Multiplexer.IntLib 集成库中的封装。因为根据元件 U1 的属性信息，该集成库中不仅包含了 U1 的封装模型，还包含了 U1 的其他模型。

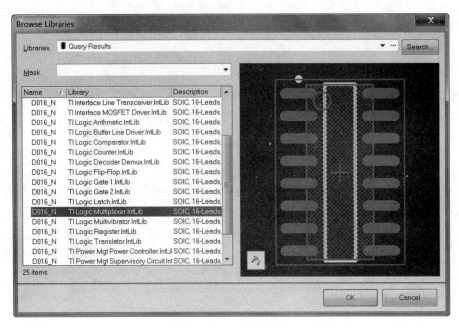

图 11-22 搜索结果

按照同样的方法可以添加 U2 和 U3 的封装。

2．通过 Footprint Manager 的方式添加 DS1 和 DS2 的封装

通过 Footprint Manager（封装管理器）可以一次性给多个元件添加相同的封装，还可以对封装进行修改、删除、设置当前封装等。

进入原理图编辑环境，执行菜单命令 Tools ≫ Footprint Manager，打开封装管理器，如图 11-23 所示。该对话框左边区域为包含了当前工程中所有元件封装属性的表格，单击某一个列标题，可将

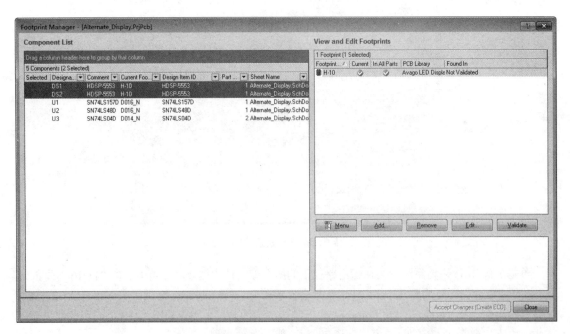

图 11-23 Footprint Manager

所有元件按照该列标题进行排序。例如，单击 Current Footprint 列标题，所有元件将会按照封装的首字母顺序排列。使用 Windows 标准的 Ctrl 键或者 Shift 键配合鼠标的方法可以同时选中多个元件。

对话框右边区域表格列出了当前选中的元件所使用的所有封装模型。这些封装模型的属性分别显示在表格的各列中，包括：

1）Footprint Name：封装名称。

2）Current（当前封装）：绿色符号 对应的封装即为所有选中元件的当前封装，灰色符号 对应的封装仅为部分选中元件的当前封装。无符号对应的封装不是当前封装。

3）In All Parts：当前封装是复合元件的封装。复合元件包含多个相同的单元电路，如电路图 11-15 中的非门 U3A 就是一个单元电路，而六个非门构成一个复合元件 SN74LS04D。

4）PCB Library：元件封装所在的 PCB 库。

5）Found In：该属性可以取三个值。"Not Validate"表示没有验证该封装是否存在；"Footprint Not Found"表示封装库没有找到；第三个值是具体的封装库名，表示该元件封装库已经被加载，如果在库中找到该元件的封装，则在对话框右下方会显示该封装的预览图，如果没有预览图则表示在加载的封装库中并没有找到该封装。

对于 DS1 和 DS2 这两个元件，可以看到封装表中只有一个封装名称 H-10，这表示两个元件都使用了 H-10 封装。绿色符号 表示该封装为当前封装，元件库为 Avago LED Display.IntLib，而且没有验证该封装是否存在。

同时选中 DS1 和 DS2，单击表格下方的 Edit 按钮，弹出 PCB Model 对话框，可以对封装进行编辑。该对话框的操作在前面的例子中已经介绍过，不再赘述。编辑的结果会同时作用到 DS1 和 DS2 元件，这样就实现了批处理操作。

选中右上方封装表格中任意一行或几行，单击鼠标右键，弹出菜单如图 11-24 所示，其中可以执行 Add（添加封装）、Remove（移除封装）、Edit Footprint（编辑封装）、Validate Footprint Paths（验证封装库路径）、Change PCB Library（更改 PCB 库）等操作。

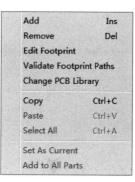

图 11-24　封装相关菜单

11.6　思考与实践

1．思考题

（1）AD 17 有哪几种绘制板形的方法？

（2）PCB 图纸有哪些设置选项？

（3）如何实现从原理图向 PCB 的转移，转移了什么信息？

（4）如何设置多层板的堆栈结构？

2．实践题

（1）重做本章的各例题。

（2）在第 7 章实践题（1）的工程中添加新的 PCB 文档"Chap7-1.PcbDoc"，并将绘制好的原理图转移到 PCB 文档中，将电路板设为双面板。

（3）加载本实践题对应的电子资源"Chap-11-实践题（3）.IntLib"集成库，新建"Chap-11-3.PrjPcb"工程，在其中新建原理图文档"Chap-11-3.SchDoc"，绘制图 11-25 所示的原理图。然后新建 PCB 文档"Chap-11-3.PcbDoc"，将原理图的内容同步到 PCB 文档，并且将电路板设为双面板。

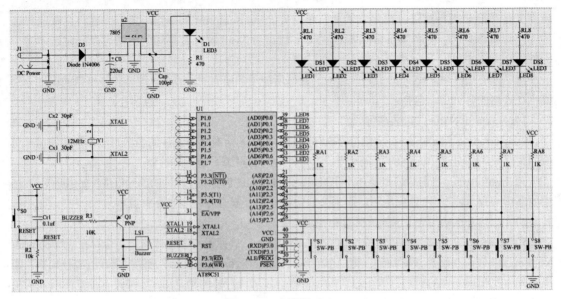

图 11-25 实践题（3）

第 12 章 设 计 规 则

PCB 设计经常需要满足很多约束条件,如走线宽度、安全间距等,违反了这些约束可能导致电路板的质量问题。Altium Designer 将这些约束条件定义为设计规则并严格遵守,确保最终的电路板满足设计规则的要求。

PCB 编辑器实际上是一个由设计规则驱动的环境。对于自动布局布线操作,系统会严格按照定义好的设计规则执行,以确保满足约束要求。对于手工操作,Altium Designer 按照设计规则对操作过程进行监控,并对违反规则的情况进行警告或者干脆禁止执行违规操作。

Altium Designer 提供了大量的设计规则,涵盖了电气、布局、布线、制造、高速信号等各个方面。尽管对于基本设计规则,系统提供了默认设置,同时也不是所有的设计规则都必须使用,但是掌握设计规则的含义并能根据电路的实际需求创建自定义规则,不仅能够确保电路板设计的正确性,而且可以提高工作效率,更是一个有经验的 PCB 工程师应该掌握的基本技能。

设计规则包含以下几个构成要素:
1) 规则名称 (Rule Name):建议取有意义的名称,以方便阅读和使用。
2) 规则类型 (Rule Type):支持十种类型的规则,如电气、布线、SMT 等。
3) 规则作用范围 (Scope):确定设计规则作用的对象,如作用于哪些网络、哪些元件。
4) 规则属性 (Attribute):规则自身的属性,具体内容视规则而定。
5) 规则的优先级 (Priority):每个优先级都赋予一个数字,数字越小,优先级越高。

在定义设计规则时,经常需要用类 (Class) 来限定规则的作用范围。下面首先介绍如何创建类。

12.1 创建类 (Class)

在定义设计规则作用范围时,经常使用到类 (Class)。本节介绍如何在 Altium Designer 中创建类。

打开本书电子资源实例源文件部分的 "Chap_12\例 12-1" 目录下的 Voltage_Meter.PrjPCB 工程,双击 Voltage_Meter.PcbDoc 进入 PCB 编辑环境,然后执行菜单命令 Design ≫ Classes,打开 Object Class Explorer 对话框,如图 12-1 所示。对话框左边是各种类的目录,右边列表显示左边列表所选择对象的具体内容。

由该对话框可以看出,AD 17 支持十种类: Net Classes (网络类)、Component Classes (元件类)、Layer Classes (板层类)、Pad Classes (焊盘类)、From To Classes (飞线类)、Differential Pair Classes (差分对类)、Design Channel Classes (设计通道类)、Polygon Classes (覆铜类)、Structure Classes (结构类)、xSignal Classes (x 信号类)。

对于每种类,系统预定义了若干个具体的类实例。

1) 对于 Net Classes,系统将每一个总线定义为一个网络类,如 AD[0..8]、A[0..10]等,总线类中包含了所有的分支线网络。同时为电路中所有的网络定义了一个网络类<All Nets>。

2) 对于 Component Classes,系统将所有的元件放在<All Components>类中,同时根据元件在电路板的板层位置定义了几个元件类。

3) 对于 Layer Classes,系统预定义了<All Layers>、<Component Layers>、<Electrical Layers>、<Signal Layers>类。

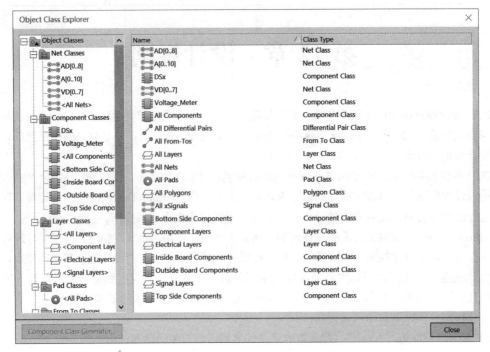

图 12-1 Object Class Explorer 对话框

在左边类目录中单击鼠标右键，在弹出的菜单中可以执行 Add Class、Delete Class 和 Rename Class 的操作。

【例 12-1】添加一个 Component Class，为 DS1、DS2 和 DS3 创建一个元件类 DSx。

（1）打开本例对应的电子资源"Voltage_Meter.PrjPCB"工程，双击 Voltage_Meter.PcbDoc 文档，进入 PCB 编辑环境。

（2）执行菜单命令 Design ≫ Classes，打开 Object Class Explorer 对话框，在 Component Classes 上方单击鼠标右键，选择 Add Class 菜单命令，Component Classes 目录中会出现一个 New Class。

（3）在 New Class 上方单击鼠标右键，选择 Rename Class 命令，将类重命名为 DSx。

（4）单击 DSx 元件类，对话框右半部分会出现该类的具体内容，如图 12-2 所示，在 Non-Members 列表区选中 DS1～DS3 元件（使用 Ctrl 键或者 Shift 键，加上鼠标单击进行多选），然后单击 ▶ 按钮即可将这三个元件加入 Members 列表，即成为 DSx 元件类成员。

12.2 设计规则详解

执行菜单命令 Design ≫ Rules，打开设计规则与约束编辑器，如图 12-3 所示。左边区域为设计规则目录列表。系统共提供了 Electrical（电气）、Routing（布线）、SMT（贴装技术）等十类设计规则，每一类设计规则目录包含若干个设计规则子类，每个子类目录下包含具体的设计规则。右边区域显示的内容由左边区域选择的对象决定。

单击左边目录区域最上方的 Design Rules 项，右边表格区域显示所有的设计规则，如图 12-3 所示，表格各列说明如下。

1）Name 列：设计规则名称。

2）Priority 列：设计规则的优先等级，数字越小，优先级越高。

3）Enabled 列：设置是否使能该设计规则，选中复选框使能，否则禁用。

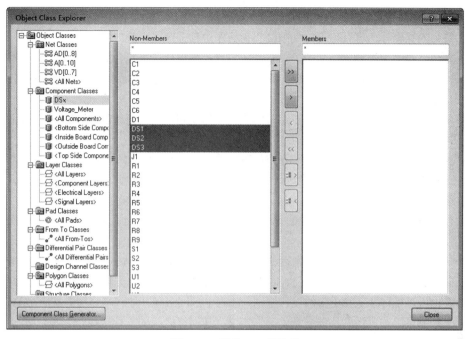

图 12-2　创建 DSx 元件类

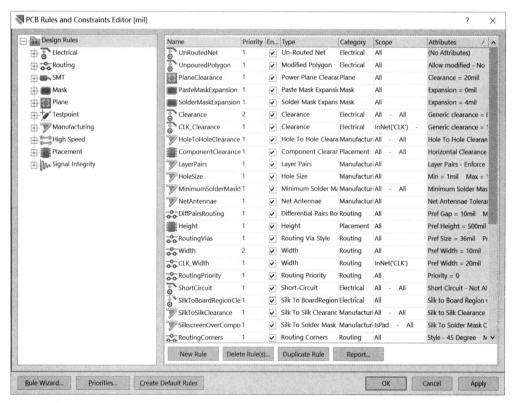

图 12-3　设计规则与约束编辑器

4）Type（类型）列：设计规则所属的子类。

5）Category（种类）列：设计规则所属的类。

6）Scope（范围）列：设计规则作用的范围，即指定设计规则约束的对象。

7）Attributes（属性）列：设计规则的属性设置。

单击每列的标题行，可以将设计规则按照列标题进行升序或者降序排列。

单击左边目录区域的设计规则子类，右侧区域显示该设计子类包含的所有具体设计规则。

单击设计规则子类左边的+号，展开其下面的具体设计规则，然后单击具体设计规则，对话框右边区域会显示该设计规则的内容。

右键单击某个设计规则子类或者子类下的具体设计规则，在弹出的菜单中可以执行新建、删除、复制、报告设计规则等命令。

对话框左边最下面的两个按钮功能介绍如下：

1）Rule Wizard：打开设计规则向导，帮助用户设置设计规则内容。

2）Priorities：设置设计规则的优先级。

有的设计规则作用于两类操作对象，称为二元设计规则；有的设计规则只作用于一类操作对象，称为一元设计规则。

对于一般的电路设计，用到的基本设计规则类包括 Clearance、Width、Routing Via Style、Power Plane Connect Style、Polygon Connect Style 等。系统为这些设计规则类都提供了预定义的具体设计规则。读者也可以视需要定义更多的设计规则，如为电源网络和其他网络分别定义一个 Width 设计规则，定义敏感网络与其他网络的安全间隔，定义高速网络之间的平行走线长度等。

12.2.1　Electrical（电气）设计规则

电气设计规则是 PCB 设计中和电气性质相关的规则，包括安全间距、短路、未布线网络、未布线引脚四个子类，分别介绍如下。

1. Clearance 设计规则

Clearance 类设计规则用来设置电路板上铜箔走线、焊盘、过孔、覆铜等具有电气意义的对象之间的最小安全距离，使其彼此之间不会因为相距太近而产生干扰、击穿或其他不良影响。在设计 PCB 时，如果设计规则中指定对象间的距离小于安全距离，系统会产生警示信息。

系统默认定义了一个名为 Clearance 的设计规则，单击后其内容如图 12-4 所示。

1）Name：设计规则名称。

2）Comment：注释说明信息。

3）指定设计规则的作用范围：

既然是安全间距，就需要指明是哪两类对象之间的安全间距。因此该设计规则为二元设计规则。在 Where The First Object Matches 区域的下拉列表指定第一类对象，在 Where The Second Object Matches 区域的下拉列表指定第二类对象。对象的指定方法有六种：

① All：所有对象。

② Net：选中后其右边出现一个下拉列表，可从中选择电路中的网络。设计规则会作用于该网络中的焊盘、过孔、走线、覆铜等。

③ Net Class：选中后其右边出现一个下拉列表，可从中选择电路中的网络类。网络类的创建方法见 12.1 节。设计规则会作用于该网络类中的所有网络。

④ Layer：选中后其右边出现一个下拉列表，可从中选择电路板层。设计规则会作用于该板层上的所有电气对象。

⑤ Net and Layer：选中后其右边出现两个下拉列表，可以在其中分别选择板层和网络。设计规则作用于指定板层上的指定网络。

⑥ Custom Query：选中后出现 Query Helper 按钮、Query Builder 按钮以及 Full Query 文本框。

第 12 章 设计规则

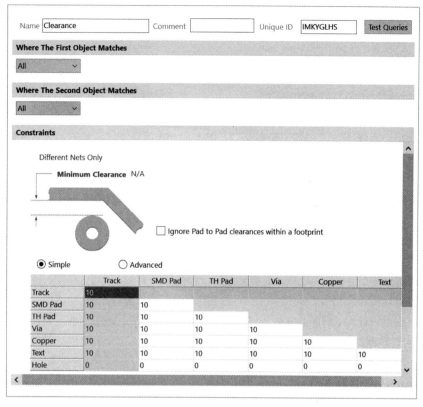

图 12-4　Clearance 设计规则

a．Query Helper：单击该按钮打开 Query Helper 对话框，如图 12-5 所示。

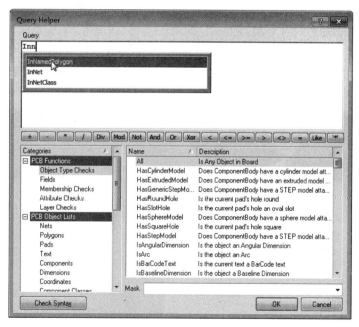

图 12-5　Query Helper 对话框

该对话框上半部为 Query 文本框，用户可以直接输入查询语句以筛选对象。当输入查询语句时，如果输入字符串与系统内部的函数相匹配，系统会自动弹出函数列表提示信息，可以移动光标到目标函数上，单击鼠标或者按回车键输入。

Query 文本框下面有一排运算符按钮。其中，"+、-、*、/"表示加、减、乘、除；"Div、Mod"表示整数除法和求余；"Not、And、Or、Xor"表示逻辑非、与、或以及异或运算；"<、<=、>=、>、="表示小于、小于等于、大于等于、大于、等于；"Like"表示近似；"*"表示通配符，可以代表任意多个字符。单击相应的按钮即可输入。

对话框下半部左边为 Categories 区域，包含了 PCB 函数、PCB 对象列表以及系统函数。

PCB 函数以及系统函数包含若干函数子类，单击每一个函数子类，其右边区域显示具体函数列表。双击具体函数名，即可将该函数输入到查询文本框中。

PCB 对象列表则详细列出了系统中的各类对象，如元件、焊盘、网络、网络类、预拉线、覆铜、设计规则、文字、尺寸标注线、差分对线、板层等对象。

查询语句由函数、PCB 对象以及各种运算符号构成。输入完毕后，可以单击 Query Helper 对话框左下角的 Check Syntax 按钮进行语法检查。利用这些查询语句，可以筛选出设计规则作用的目标对象。下面列出了几个查询语句实例，供读者参考。

• IsPad AND OnTop：该语句的查询结果为位于顶层的所有贴片焊盘。

• IsPad AND OnMultiLayer：该语句的查询结果为所有通孔焊盘。

• (IsPad OR IsVia) AND (HoleSize > 15) AND (HoleSize <30)：该语句的查询结果为所有孔径在 15~30 之间的焊盘或者过孔，长度单位为系统采用的度量单位。

• Name Like '*DS*'：该语句的查询结果为名称中包含"DS"字符串的对象。

• IsComponent AND OnBottomLayer：该语句的查询结果为所有位于底层的元件。

• InNet('GND') OR InNet('VCC')：该语句的查询对象为属于 GND 或者 VCC 网络的电气对象。

• IsVia AND (StartLayer = 'Mid-Layer2') and (StopLayer = 'Mid-Layer3')：该语句的查询对象为 Mid-Layer2 和 Mid-Layer3 之间的埋孔。

• Istrack AND OnBottom AND InNet('VD7')：网络 VD7 中位于底层的走线。

• InPoly AND InNet('GND') AND OnLayer('TOP Layer')：该语句的查询对象为位于顶层 GND 网络的覆铜中的图元，包括 Arc、Track 等。设置覆铜与其他对象的最小间距时，必须使用 InPoly 而不是 IsPoly，即该最小间距指的是覆铜内部图元（而不是覆铜本身）与其他对象的最小间距。

b．Query Builder：单击该按钮打开 Building Query from Board 对话框，如图 12-6 所示。

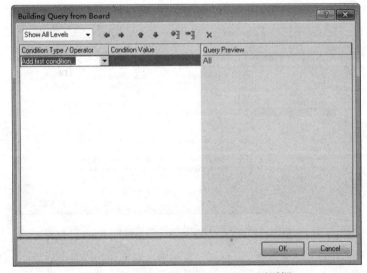

图 12-6　Building Query from Board 对话框

该对话框使得用户仅靠单击鼠标就能创建大部分常用的查询语句。例如，要查询所有印制在顶层丝印层的元件符号文本，可以按照图 12-7 中的操作执行，最终组成的查询语句为"OnLayer('Top Overlay') AND IsText"。

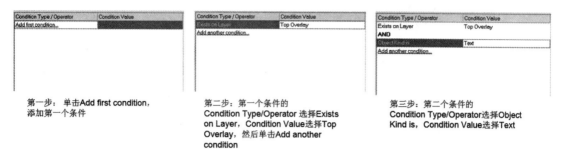

图 12-7　Building Query from Board 对话框构建查询语句过程

c．Full Query：该区域显示构造的查询语句，用户也可以直接在该区域输入查询语句。

4）Constraints：该区域用于设置安全间距的约束要求。

① 设置约束的网络类型：

a．Different Nets Only：该设计规则只针对不同的网络。

b．Same Nets Only：该设计规则只针对相同的网络。

读者可能觉得奇怪，属于同一个网络的电气对象不是应该连接在一起吗，怎么还会有安全间距？其实这是一种误解。例如，属于同一个网络的焊盘和过孔就不能相距太近，否则焊接时锡膏容易从过孔漏掉造成虚焊，同时会造成反面焊点短路。此外，为了防止属于同一个网络的过孔在铺地时产生重叠部分，也需要使用这个选项进行检查。

c．Any Net：该设计规则针对任意网络。

d．Different Differential Pairs：该设计规则针对不同的差分对，例如 TX_P 和 RX_P 中的走线。

e．Same Differential Pairs：该设计规则针对同一个差分对，例如 TX_P 和 TX_N 中的走线。

② Minimum Clearance（最小间距）：设置焊盘、过孔、铜箔走线、覆铜等电气对象之间的最小电气间距。在此栏位输入数值并按回车键后，下方矩阵中的所有单元格都会自动填入该数值。

③ 最小间距矩阵：该矩阵用来精细地设置不同类型对象之间的最小间距。用鼠标选中一个或者多个单元格，然后直接输入数值并按回车键即可。当不同单元格的数值不一样时，最小间距栏位的数值会变为 N/A。

矩阵中哪些单元格最终起作用与设计规则的作用范围有关。例如，作用范围为 All-All，则矩阵所有单元格都起作用；作用范围为 isVia - isTrack，则只有行 Via 与列 Track 相交的单元格起作用。

【例 12-2】新建一个安全间距规则，使网络 CLK 和其他电气对象之间的安全间距为 16mil。

（1）打开例 12-1 编辑的 Voltage_Meter.PrjPCB 工程，双击 Voltage_Meter.PcbDoc 文档进入 PCB 编辑环境。

（2）执行菜单命令 Design ≫ Rules，打开 PCB 设计规则与约束编辑器对话框，右键单击安全间距规则 Clearance，在弹出的菜单中选择 New Rule，即可新建一个默认名称为 Clearance_1 的规则，单击该规则，对话框右侧显示其具体内容。

（3）在 Name 文本框输入 CLK_Clearance，将设计规则改成有意义的名字。

（4）在 Where The First Object Matches 区域，选中 Net 单选框，然后在其右边第一个下拉列表框中选择 CLK；在 Where The Second Object Matches 区域，选中 All 单选框，在 Constraints 区域，将 Minimum Clearance 设置为 16mil，如图 12-8 所示。

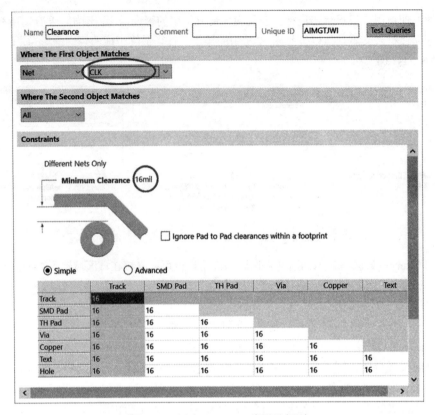

图 12-8 新建 Clearance 类设计规则

(5) 设置完成以后,单击对话框下方的 Priorities 按钮,弹出设计规则优先级对话框。设计规则优先级用数字表示,数字越小,优先级越高,可以单击优先级对话框下方的 Increase Priority 和 Decrease Priority 按钮来增加或者降低设计规则的优先级。

务必确保新建的 CLK_Clearance 优先级高于系统默认的 Clearance 优先级,否则 CLK_Clearance 会被原有的 Clearance 设计规则屏蔽而不起作用。这是因为在利用设计规则进行约束检查时,系统按照优先级的顺序从高到低执行,一旦对象落入了高优先级设计规则的作用范围,就不会再对其进行低优先级设计规则的约束检查。

(6) 检查无误后,单击 Apply 按钮或者 OK 按钮使新设计规则生效。

2. Short Circuit 设计规则

Short Circuit 设计规则用来设置电路的短路许可。系统默认不允许不同网络之间短路。但是有些特殊需求的电路需要将不同的网络短路,这时就需要设置该规则。先选择好需要短路的网络,然后在 Constraints 区域选取允许短路选项即可,如图 12-9 所示。

3. Un-Routed Net 设计规则

Un-Routed Net 设计规则用于检查作用范围内的网络是否完成布线。系统默认的设计规则要求所有网络都应该完成布线,否则报错。该设计规则为一元设计规则,可以用来检查是否有遗漏的布线。

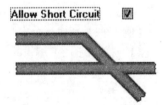

图 12-9 Short Circuit 设计规则约束区域

4. Un-Connected Pin 设计规则

Un-Connected Pin 设计规则用来检查是否有未连接的引脚。因为并不常用,所以系统并未提供默认的设计规则。这是一个一元设计规则。用户可以创建一个新的设计规则,然后指定该规则的作用范围。

5. Modified Polygon 设计规则

Modified Polygon 设计规则用来检查覆铜被搁置或者修改后是否重铺。

1）Allow shelved：选中该选项则允许有搁置的覆铜。

2）Allow modified：选中该选项则允许有经过修改但是尚未重铺的覆铜。

12.2.2 Routing（布线）设计规则

Routing 类设计规则用于设置系统布线时的约束，无论是自动布线还是手工布线，都必须遵守这些规则。布线设计规则类又包括八个设计规则子类，下面分别介绍。

1. Width 设计规则

Width 设计规则用于设置系统布线时采用的铜箔走线的宽度。系统默认的设计规则规定 PCB 中所有的铜箔走线宽度均为 10mil。如不是 10mil 就产生违规报警。该设计规则为一元设计规则，其内容如图 12-10 所示。下面介绍 Constraints 区域的设置。

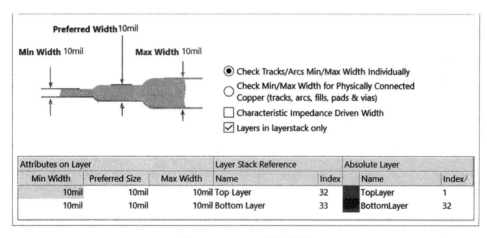

图 12-10　Width 设计规则

1）Min Width：设置铜箔走线的最小宽度。

2）Preferred Width：设置铜箔走线的首选宽度。

3）Max Width：设置铜箔走线的最大宽度。

以上三个宽度必须满足 Min Width ≤ Preferred Width ≤ Max Width。

4）Check Tracks/Arcs Min/Max Width Individually：分别检查线段和弧线的最细和最粗宽度。

5）Check Min/Max Width for Physically Connected Copper：分别检查物理连接铜箔的最大和最小宽度（包括线条、弧线、填充物、焊盘和过孔等）。

6）Characteristic Impedance Driven Width（特征阻抗驱动宽度）：设置导线的特征阻抗，根据阻抗计算出导线宽度以实现阻抗匹配。选中该选项时，Constraints 区域变为图 12-11 所示，可以分别设置最小阻抗（Min Impedance）、首选阻抗（Preferred Impedance）和最大阻抗（Max Impedance）。

7）Layers in layerstack only（只显示层堆栈中的板层）：选中该项，则对话框最下面的表格中只显示层堆栈中使用的信号板层，否则会显示所有的层。

8）各层的走线宽度列表：对话框最下面的表格可以分别设置各层使用的走线的最小、首选和最大宽度。如果各层的三个宽度不一样，则 Constraints 区域的走线宽度会变为 N/A。

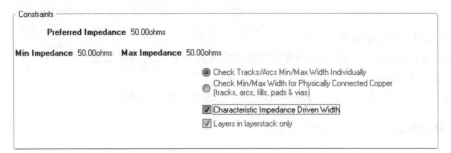

图 12-11　特征阻抗驱动走线宽度

2. Routing Topology 设计规则

Routing Topology 设计规则用于设置自动布线时属于同一个网络的各个焊盘的拓扑连接图形。该设计规则为一元设计规则。如图 12-12 所示，在 Constraints 区域的 Topology 下拉列表中可选择多种拓扑结构，这些拓扑结构的图例显示在图 12-13 中。注意，每个拓扑中的焊盘位置都是相同的，不同的拓扑导致了不同的线路连接方式，下面具体介绍。

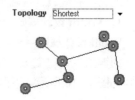

图 12-12　Routing Topology
设计规则约束区域

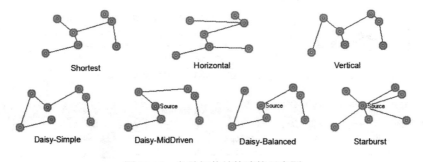

图 12-13　各种拓扑结构连接示意图

1）Shortest：最短布线拓扑。该拓扑结构保证连接网络中所有节点的总布线长度最短。

2）Horizontal：水平布线拓扑。该拓扑结构优先采用水平布线拓扑，水平和垂直方向的布线长度比例为 5∶1。

3）Vertical：垂直布线拓扑。该拓扑结构优先采用垂直布线拓扑，垂直和水平方向的布线长度之比近似为 5∶1。

4）Daisy-Simple：简单菊花链拓扑。该拓扑结构将所有节点一个接一个地串联在一起，其连接顺序是根据整体长度最短的准则确定的。如果指定了一个 Source（起点）焊盘和一个 Terminator（终点）焊盘，则所有其他焊盘串联在它们之间。如果指定了多个起点和终点焊盘，则其余焊盘会串联在这些起点和终点焊盘之间，并使得总长度尽可能最短。

5）Daisy-MidDriven：中间驱动菊花链拓扑。这种拓扑结构的起点焊盘在链中间，同时两个终点焊盘位于链的两端，其余焊盘均匀地分布在起点焊盘和两个终点焊盘之间。如果有多个起点焊盘，则这些焊盘会在链中间串联在一起。如果终点焊盘不是两个，则该拓扑结构会退化为简单菊花链。

6）Daisy-Balanced：平衡菊花链拓扑。这种拓扑结构将焊盘均匀地分布到不同的链中，每个链的末端都是一个终点焊盘。这些链再连接到起点焊盘上，如果有多个起点焊盘，这些起点焊盘会串联在一起。

7）Starburst：星形拓扑。这种拓扑结构将所有的焊盘直接连接到起点焊盘。如果存在终点焊盘，它们通过普通焊盘连接到起点焊盘。如果存在多个起点焊盘，则这些焊盘会互相串联在一起。

使用以上部分拓扑结构时，需要先定义好起点焊盘和终点焊盘才能在自动布线时生成相应的结构。

3．Routing Priority（布线优先级）设计规则

Routing Priority 设计规则用于设置不同网络布线的先后顺序。这是一个一元设计规则，指定网络或网络类后，可以直接在 Constraints 区域设置其布线优先级。布线优先级为 0～100，数值越大，优先级越高，布线顺序越靠前。

4．Routing Layers（布线板层）设计规则

Routing Layers 设计规则用于指定允许布线的板层，其 Constraints 区域如图 12-14 所示，表格中列出了电路板的所有信号层，本图中是 Top Layer 和 Bottom Layer。选中 Allow Routing 复选框，则对应的板层允许布线，否则不允许布线。图 12-14 中的设置仅允许在 Bottom Layer 布线，因此设计的是单面板。

图 12-14　Routing Layers 设计规则

5．Routing Corners（布线转角）设计规则

Routing Corners 设计规则用于设置自动布线时走线的转角模式。这是一元设计规则，其 Constraints 区域如图 12-15 所示。

1）Style：选择自动布线时的转角模式，有 90°、45°和圆形转角模式。

2）Setback（退缩量）：当使用 45°和圆形转角时需要设置最小和最大退缩量，这个退缩量是从转折开始点到转折完成点的长度，实际上是用来控制过渡斜线的长度或者转角半径。

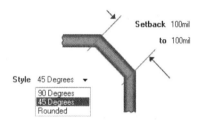

图 12-15　Routing Corners 设计规则

⚠ 该设计规则是为了支持第三方自动布线工具设计的。Altium Designer 的 Situs 自动布线工具使用 45°转角作为固有的自动布线拐角。

6．Routing Via Style（布线过孔样式）设计规则

Routing Via Style 设计规则用来设置布线中使用的过孔直径和孔径，其 Constraints 区域如图 12-16a 和 12-16 b 所示。下拉列表提供 Via 的两种模式：

1）Min/Max preferred：可以设置 Via Diameter（过孔直径）和 Via Hole Size（过孔孔径）的最大、最小和首选值。手工放置的过孔不得超过最小和最大值设定的范围。自动布线时使用首选值。

2）Template preferred：从过孔模板中选择 Via。此时 Constrains 区域会显示过孔模板列表。Template Name 列为模板名称，Library 列为过孔模板来源，<Local> 表示模板来自 PCB 文档中定义和保存的过孔，<[文件名].PvLib>表示模板来自焊盘过孔库文件。勾选 Enable 复选框使能该模板。

过孔直径和孔径的大小关系，详见 9.3.4 小节。

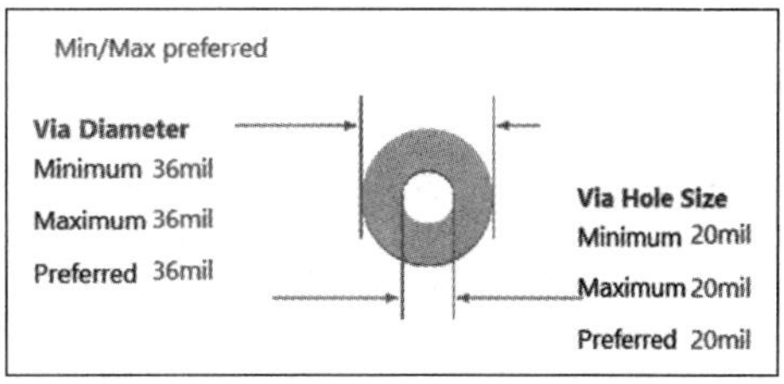

a）过孔样式设计规则模式 1

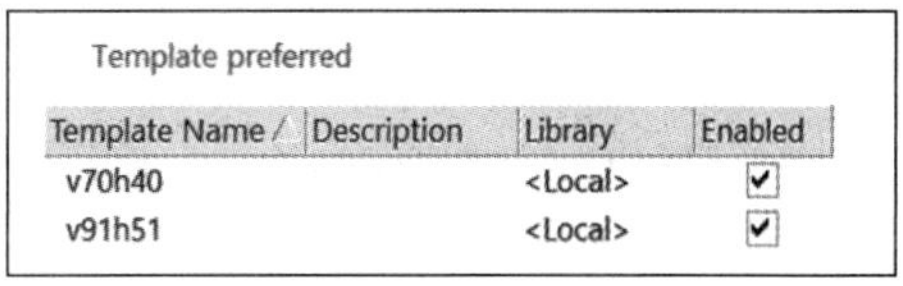

b）过孔样式设计规则模式 2

图 12-16　布线过孔样式设计规则

7．Fanout Control（扇出控制）设计规则

Fanout Control 设计规则用于控制交互式布线和自动布线过程中表面贴装元件焊盘的扇出。扇出操作就是将贴片焊盘用一小段走线引出至一个添加的过孔。其本质是将一个表贴式焊盘转换为一

个通孔式焊盘。这使得信号可以引入到电路板的其他板层继续布线，从而提高了高密度电路板的布线成功率。这是一元设计规则。

在扇出过程中添加的铜箔走线需要满足 Width 设计规则，添加的过孔需要满足 Routing Via Style 设计规则。

针对不同的封装，系统默认提供了五类扇出设计规则：针对 BAG 封装的 Fanout_BAG、针对 LCC 封装的 Fanout_LCC、针对 SOIC 封装的 Fanout_SOIC、针对小型封装（引脚数小于 5）的 Fanout_Small 以及系统默认的扇出规则 Fanout_Default。关于不同封装的介绍，详见 9.2.1 小节。

不同的扇出规则都在 Constraints 区域进行设置，设置方法也基本相同，如图 12-17 所示。

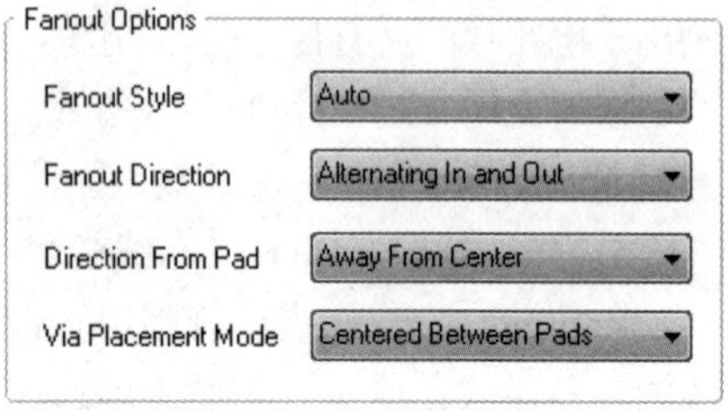

1）Fanout Style（扇出样式）：定义扇出的过孔相对于表贴式元件的摆放位置。

① Auto：自动选择最适合元件的扇出样式以提供最佳的布线空间。

② Inline Rows：扇出的过孔排列成两排直线。

③ Staggered Rows：扇出的过孔排列成相互交错的行。

图 12-17 Fanout 选项

④ BGA：按照指定的 BGA 选项进行扇出。

⑤ Under Pads：扇出过孔直接放在焊盘下，也就是直接在焊盘上钻过孔，一般不建议这种做法。

2）Fanout Direction（扇出方向）：指定扇出的方向。

① Disable：不允许扇出。

② In Only：向内扇出，这样所有扇出的过孔和连接导线都位于元件所占区域内。

③ Out Only：向外扇出，这样所有扇出的过孔和连接导线都位于元件所占区域外。

④ In Then Out：开始尽量向内扇出焊盘，剩下的无法向内扇出的焊盘再向外扇出。

⑤ Out Then In：开始尽量向外扇出焊盘，剩下的无法向外扇出的焊盘再向内扇出。

⑥ Alternating In and Out：交替向内、向外扇出。

注意：采用 BGA 的扇出样式时，Fanout Direction（扇出方向）选项失效。

3）Direction From Pad（离开焊盘方向）：指定扇出的走线离开焊盘的方向。

① Always From Center：所有焊盘朝离开中心的方向扇出，且与元件中心的夹角为 45°。

② North - East：所有焊盘朝东北方向扇出（扇出走线位于水平线逆时针旋转 45°方向）。

③ South - East：所有焊盘朝东南方向扇出（扇出走线位于水平线顺时针旋转 45°方向）。

④ South - West：所有焊盘朝西南方向扇出（扇出走线位于水平线顺时针旋转 135°方向）。

⑤ North - West：所有焊盘朝西北方向扇出（扇出走线位于水平线逆时针旋转 135°方向）。

⑥ Towards Center：所有焊盘朝趋向中心的方向扇出，且与元件中心的夹角为 45°。

在扇出时，系统会首先判断封装的类型，然后根据扇出设计规则进行扇出。具体扇出实例详见 14.1.3 小节。

4）Via Placement Mode（过孔放置模式）：设置扇出过孔放置模式。

① Close to Pad（Follow Rules）：在不违反设计规则的情况下，过孔尽量靠近焊盘。

② Centered Between Pads：在两个焊盘之间摆放过孔。

⚠ 采用 BGA 的扇出样式时，"扇出方向"选项失效。采用非 BGA 的扇出样式时，"离开焊盘方向"和"过孔放置模式"选项失效。

在进行扇出时，扇出的走线（连接焊盘和过孔）需要满足 Routing Width 设计规则，扇出的过

孔需要满足 Routing Via Style 设计规则，过孔与焊盘之间需要满足 Clearance 设计规则。如果因为空间狭小无法满足这些设计规则，可能只会部分扇出甚至全部无法扇出。

8. Differential Pairs Routing（差分对布线）设计规则

Differential Pairs Routing 设计规则定义属于同一个差分对的两个网络之间的最小距离。这是一元设计规则，其 Constraints 区域如图 12-18 所示。

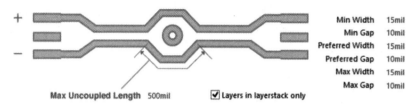

图 12-18　Differential Pairs Routing 设计规则

1）Min Width、Preferred Width、Max Width：分别定义最小、首选以及最大的差分对走线宽度。

2）Min Gap、Preferred Gap、Max Gap：分别定义差分对线中属于不同网络的图元之间的最小、首选和最大安全距离。

3）Max Uncoupled Length：定义差分对线中正、负网络最大未耦合的长度。

4）Layers in layerstack only：选中该选项则在下面的板层属性列表中只显示层堆栈中的信号层，否则显示所有板层。

5）板层属性列表：在该列表中可以分别修改各层的差分对线宽度和安全间距属性。

12.2.3　SMT（表面安装技术）设计规则

SMT 类设计规则用于设置与贴片元件布线相关的规则，包括四个子类，每个子类都没有提供默认的具体设计规则。用户可以自定义新的具体设计规则来满足实际电路需求。

1. SMD to Corner 设计规则

SMD to Corner 设计规则用于设置贴片焊盘边缘与第一段走线转角之间的距离。系统并没有提供默认设计规则。新建一个设计规则后，其约束区域如图 12-19 所示，可以设置 Distance 距离值。该规则在自动布线和交互式布线时都会起作用，即从贴片焊盘引出的走线只有大于该最小距离后才能转弯。

2. SMD to Plane 设计规则

贴片焊盘如果要与内部电源平面层连接，需要先引出一小段走线，然后挖过孔连接到平面层。SMD to Plane 设计规则设置从贴片焊盘中心到过孔中心的距离。当实际引出走线长度大于该距离时即可设置过孔，默认距离为 0mil。

3. SMD Neck-Down 设计规则

SMD Neck-Down 设计规则用于设置贴片焊盘与走线的最大宽度比。新建一个设计规则后，其约束区域如图 12-20 所示，新建规则的默认值为 50%。

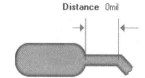

图 12-19　SMD to Corner 设计规则

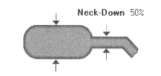

图 12-20　SMD Neck-Down 设计规则

4. SMD Entry 设计规则

该设计规则用于设置走线进出贴片焊盘的方式，系统并未提供默认的具体设计规则，新建规则的约束区域如图 12-21 所示。

1）Any angle：使能该选项，则走线能够在任意边界点、以任意角度进出焊盘。

2）Corner：使能该选项，则走线能从焊盘四个角进出焊盘。

3）Side：当焊盘长度大于 2 倍的宽度时，使能选项才起作用。此时，允许走线以 90°角连接焊盘的长边。

该设计规则与 SMD to Corner 规则配合，可以规范贴片焊盘与走线的连接方式。

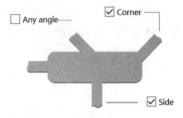

图 12-21　SMD Entry 设计规则

12.2.4　Mask（掩膜）设计规则

Mask 类设计规则用来设置阻焊层和助焊层与焊盘的间距，该类设计规则包含两个设计规则子类，分别介绍如下。

1. Solder Mask Expansion（阻焊层扩展）设计规则

阻焊层就是在电路板上涂抹的一层绝缘漆，通常为绿色，当然也有蓝色、黄色、红色等。在自动化焊接时，装配好元件的电路板要经过喷涌的锡液波峰，覆盖阻焊层的部位不会沾锡，而没有阻焊层的焊盘会沾锡，这样就达到了焊接元件的目的。同时，阻焊层还可以保护铜箔走线，防止被外部空气氧化。阻焊层扩展设计规则是一元设计规则，其约束区域如图 12-22 所示。

Expansion Top（Bottom）：设置顶层（底层）的扩展值。该值加上焊盘或者过孔的大小就是此处对应的阻焊层的开窗大小。Expansion 可以取正值进行外扩，此时焊盘完全裸露在外；也可以取负值进行内缩，此时焊盘或者过孔部分甚至全部被阻焊层覆盖。例如，对图 12-22 而言，过孔直径为 2mm，Expansion 为–2mm，则阻焊层将完全覆盖过孔，俗称"盖油"。

2. Paste Mask Expansion（助焊层扩展）设计规则

助焊层用来定义锡膏放置的部位。在自动焊接工艺流程中，贴片焊盘被涂上锡膏，锡膏具有一定的黏性，可以将贴片元件暂时粘在焊盘上，经过锡炉加热后，锡膏熔化再冷却，这样就可以将元件引脚焊接在焊盘上。助焊层的数据可以用来制造加工钢网，网上镂空的地方对应贴片焊盘。上锡膏时钢网紧贴在电路板上方，用刮板将锡膏从钢网上刮过，锡膏会从镂空的位置漏到电路板焊盘上，从而快速完成涂抹锡膏的工作。助焊层扩展设计规则是一元设计规则，其约束区域如图 12-23 所示。

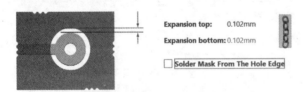

图 12-22　阻焊层扩展设计规则

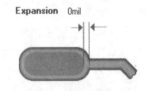

图 12-23　助焊层扩展设计规则

Expansion：设置钢网上镂空部位的形状相对于贴片焊盘的扩展值。正值意味着助焊层形状由焊盘外扩而成，负值意味着助焊层形状由焊盘内缩而成。

12.2.5　Plane（电源平面）设计规则

Plane 类设计规则主要设置焊盘或者过孔与内部电源平面层的连接规则，该设计规则包含了三个设计规则子类，分别介绍如下。

1. Power Plane Connect Style（电源平面连接样式）设计规则

Power Plane Connect Style 设计规则用于设置属于电源网络的焊盘或过孔与电源平面层的连接方式。这是一元设计规则，其约束区域如图 12-24 所示。

1）Connect Style（连接样式）：该下拉列表框中提供三种元件引脚连接电源平面层的样式。

① Relief Connect：使用热释放的连接方式。这种连接方式由于有镂空的地方，热量只能从焊接中心沿铜轨向外传导，可以降低释放热量的速度，有利于引脚和电源层的熔合，也是系统默认的连接方式。

② Direct Connect：直接连接。

③ No Connect：不连接。

当使用 Relief Connect 连接方式时，还需要进行如下设置。

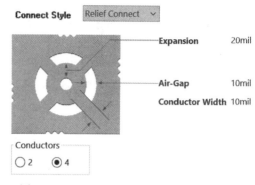

图 12-24　Power Plane Connect Style 设计规则

2）Conductors：设置热释放连接的铜轨数，一般为 2 或 4 个，如图 12-24 所示。

3）Conductor Width：设置铜轨的宽度。

4）Air-Gap：设置空气间隙的宽度。

5）Expansion：设置从钻孔边缘到空气间隙边缘的热辐射径宽。

2. Power Plane Clearance（电源平面安全间距）设计规则

Power Plane Clearance 设计规则用于设置不与电源平面相连的通孔式焊盘或者过孔与电源平面之间的安全距离。这是一元设计规则，其约束区域如图 12-25 所示，默认距离为 20mil。

3. Polygon Connect Style（覆铜连接样式）设计规则

Polygon Connect Style 设计规则约束焊盘与属于同一个网络的覆铜的连接方式，其约束区域如图 12-26 所示。

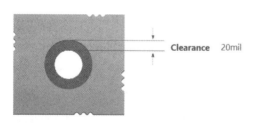

图 12-25　Power Plane Clearance 设计规则

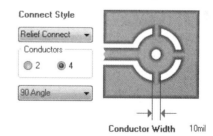

图 12-26　Polygon Connect Style 设计规则

1）Connect Style（连接样式）：该下拉列表框中提供三种元件引脚连接覆铜的样式。

① Relief Connect：使用热释放连接方式。这种连接方式由于有镂空的地方，热量只能从焊接中心沿铜轨向外传导，可以降低释放热量的速度，也是系统默认的连接方式。

② Direct Connect：直接连接。

③ No Connect：不连接。

当使用 Relief Connect 连接方式时，还需要进行如下设置。

2）Conductors：设置热释放连接的铜轨数，一般为 2 或 4 个，如图 12-26 所示。

3）Conductor Width：设置铜轨的宽度。

4）Angle：设置铜轨与焊盘连接的角度，45°或 90°。

12.2.6 Testpoint（测试点）设计规则

Testpoint 类设计规则主要设置制造和装配过程中用到的测试点的相关规则，包含四个设计规则子类，分别介绍如下。

1. Fabrication Testpoint Style（制造用测试点样式）设计规则

Fabrication Testpoint Style 设计规则用于约束制造用测试点的样式，包括大小和形状，此时电路板并未装配元件。这是一元设计规则，其约束区域如图 12-27 所示。

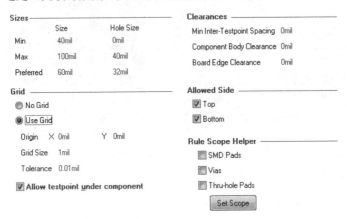

图 12-27　Fabrication Testpoint Style 设计规则

1）Sizes：可以分别设置测试点直径和孔径的最小、首选和最大值。如果允许将 SMD Pads 作为测试点，则孔径最小尺寸应该设置为 0。Situs 自动布线器将使用首选值来放置测试点焊盘或过孔。

2）Grid：设置栅格信息。

① No Grid：不使用栅格。

② Use Grid：使用栅格来放置测试点，即测试点必须放置在栅格上，否则在进行设计规则检查时会发生违规。

　　a. Origin：X 和 Y 坐标用来定义栅格阵列相对于当前电路板原点的偏移值，这使得用户可以将栅格与测试针床对齐。

　　b. Grid Size：指定栅格的大小。

　　c. Tolerance：指定作为测试点的焊盘或者过孔允许偏离栅格的最大距离。

3）Allow testpoint under component（允许元件下方放置测试点）：在制造测试点规则中，通常这是允许的。因为元件在制造阶段并未装配到板子上，所以不会遮挡测试点。但是在装配测试点规则中，一般不允许在元件下方放置测试点。

4）Clearances：设置间距信息。

① Min Inter-Testpoint Spacing（最小的测试点间距）：该距离通常由飞针的针头间距或者测试针床的结构决定。

② Component Body Clearance：测试点与元件体之间的距离。

③ Board Edge Clearance（距离板边缘的距离）：测试点距离电路板边缘的距离。

5）Allowed Side：允许放置测试点的板面。

① Top：放置在顶面。

② Bottom：放置在底面。

6）Rule Scope Helper：设置该设计规则应用的对象，可以选择 SMD Pads、Vias、Thru-hole Pads，

然后单击 Set Scope 按钮，会在 Full Query 查询框中生成查询语句，以确定该设计规则应用的对象。

2. Fabrication Testpoint Usage（制造用测试点使用）设计规则

Fabrication Testpoint Usage 设计规则用来设置制造用测试点的使用，其约束区域如图 12-28 所示。

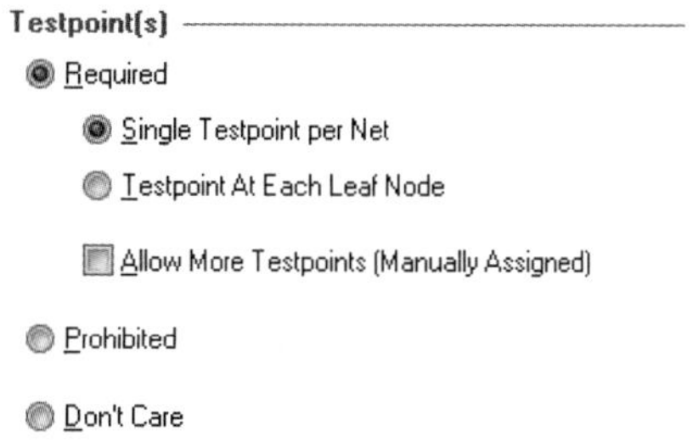

1）Required：必须设置测试点。选中该单选框后，还要做以下设置：

① Single Testpoint per Net：每个网络设置一个测试点。

② Testpoint At Each Leaf Node：每个分支节点设置一个测试点。

③ Allow More Testpoints [Manually Assigned]：允许设置更多的测试点（手工分配）。

2）Prohibited：禁止设置测试点。

3）Don't Care：测试点设置与否都可以。

图 12-28　Fabrication Testpoint Usage 设计规则

3. Assembly Testpoint Style（装配用测试点样式）设计规则

Assembly Testpoint Style 设计规则用于约束装配用测试点的样式，包括大小和形状，此时元件已经装配到电路板上。装配用测试点样式设计规则的设置方法与制造用测试点样式设计规则一样，不再赘述。

4. Assembly Testpoint Usage（装配用测试点使用）设计规则

Assembly Testpoint Usage 设计规则用来设置装配用测试点的使用。装配用测试点使用设计规则的设置方法与制造用测试点使用设计规则一样，不再赘述。

12.2.7　Manufacturing（制造）设计规则

Manufacturing 类设计规则用于设置与生产制造电路板相关的规则。最好通过咨询制造厂商获取参数。

1. Minimum Annular Ring（最小环宽）设计规则

Minimum Annular Ring 设计规则用于设置焊盘或者过孔的直径与钻孔直径的差值，系统并没有提供默认的具体设计规则，其约束区域如图 12-29 所示。

Minimum Annular Ring [X-Y]：设置最小的环宽值。环宽越小，所占用的板子面积越少，能够留出更多的布线空间，但是制板成本会上升，同时越小的环宽加工难度越大，且容易与相连的走线断裂，需要工程师做出综合考虑。

2. Acute Angle 设计规则

Acute Angle 设计规则用于约束属于同一个网络且在同一板层的两个电气对象之间的最小夹角，如属于同一网络的相互连接的两段铜箔导线之间的夹角。小于该夹角时即违反设计规则要求，其约束区域如图 12-30 所示。

图 12-29　Minimum Annular Ring 设计规则　　　图 12-30　Acute Angle 设计规则

1）Minimum Angle：最小夹角值，建议取不小于 90°的夹角。
2）Check Tracks Only：只检查铜箔导线形成的夹角。

3．Hole Size（孔径）设计规则

Hole Size 设计规则用来约束焊盘或者过孔的孔径大小，其约束区域如图 12-31 所示。

Measurement Method：测量方法选择。

① Absolute：采用绝对值的测量方法。选择此项后，还要进行以下设置：

a．Minimum：孔径的最小绝对值。

b．Maximum：孔径的最大绝对值。

② Percent：采用百分比的测量方法。选择此项后，还要进行以下设置：

a．Minimum：孔径占整个焊盘或者过孔的最小百分比。

b．Maximum：孔径占整个焊盘或者过孔的最大百分比。

4．Layer Pairs 设计规则

Layer Pairs 设计规则用于设置是否强制检查实际使用的钻孔层对与系统设置的钻孔层对的匹配情况。其约束区域只有一个选项：

Enforce layer pairs settings：选中该选项则进行钻孔层对是否匹配的强制检查。

5．Hole to Hole Clearance 设计规则

Hole to Hole Clearance 设计规则用于设置不同钻孔间的最小间距。这是二元设计规则，其约束区域如图 12-32 所示。

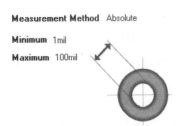

图 12-31　Hole Size 设计规则

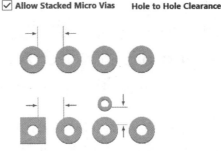

图 12-32　Hole to Hole Clearance 设计规则

1）Allow Stacked Micro Vias：选中则允许使用堆叠放置的微过孔。

2）Hole to Hole Clearance：设置最小的钻孔安全间距。

6．Minimum Solder Mask Sliver 设计规则

Minimum Solder Mask Sliver 设计规则用来约束阻焊层上最窄部分的宽度。这个最窄部分通常出现在阻焊层的开窗之间，如焊盘、过孔之间的阻焊层部分的宽度。这是二元设计规则，其约束区域如图 12-33 所示。

Minimum Solder Mask Sliver：允许的阻焊层的最窄部分的宽度。

7．Silk to Solder Mask Clearance 设计规则

此设计规则用于设置丝印层的图元（文字、图案）与阻焊层开窗处的图元（如裸露在外的焊盘或过孔等）的间距。电路板厂家通常会将与阻焊层开窗处重叠的丝印层文字截断，这样会使得文字无法阅读。通过该设计规则检查，可以防止出现这种情况。这是二元设计规则，其约束区域如图 12-34 所示。

1）Check Clearance to Exposed Copper：检查与暴露在外的铜箔的间距。

2）Check Clearance to Soldre Mask Openings 检查与阻焊层开窗的间距。

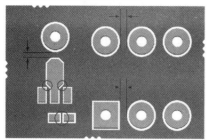
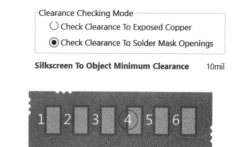

图 12-33　Minimum Solder Mask Sliver 设计规则　　　图 12-34　Silk to Solder Mask Clearance 设计规则

8. Silk to Silk Clearance 设计规则

Silk to Silk Clearance 设计规则用来设置丝印层对象之间的最小间距。这是二元设计规则，其约束区域如图 12-35 所示。

Silk Text to Any Silk Object Clearance：设置两个丝印层对象间的最小距离。

9. Net Antennae 设计规则

一端开路的铜箔走线或者铜箔圆弧会形成天线，达到一定长度后会向外辐射信号。过孔如果只连接一段走线，也会形成天线效应。Net Antennae 设计规则约束这种一端开路的网络天线的最大允许长度。这是一元设计规则，其约束区域如图 12-36 所示。

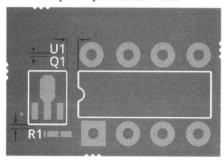
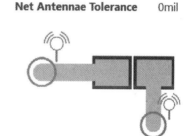

图 12-35　Silk to Silk Clearance 设计规则　　　图 12-36　Net Antennae 设计规则

Net Antennae Tolerance：网络天线允许的最大长度，默认为 0mil，即不允许形成一端开路的铜箔导线。

12.2.8　High Speed（高速）设计规则

High Speed 类设计规则用来提供与高速电路板设计相关的规则，包括六个设计规则子类，这些设计规则都没有系统提供的默认设计规则，分别介绍如下。

1. Parallel Segment（平行走线）设计规则

在高速线路中，过长的平行走线容易引起相互干扰。Parallel Segment 设计规则用来约束最长的平行走线长度，超过该长度限制则会报警。这是二元设计规则，系统并未提供默认的具体设计规则，新建规则的约束区域如图 12-37 所示。

1）Layer Checking：设置待检查的平行走线所在的板层。

① Same Layer：平行走线在同一板层。

② Adjacent Layer：平行走线在相邻板层。

2）For a parallel gap of：设置平行走线的间距，只有存在这个间距的两段平行走线才会被设计规则检查，默认为 10mil。

3）The parallel limit is：设置两条走线允许的最大平行长度，默认为 10000mil。

2．Length 设计规则

Length 设计规则用来约束网络的最小和最大长度。这是一元设计规则，系统并未提供默认的具体设计规则，新建设计规则的约束区域如图 12-38 所示。

1）Minimum：网络的最小允许长度，默认为 0mil。

2）Maximum：网络的最大允许长度，默认为 100000mil。

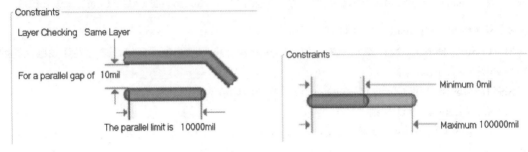

图 12-37　Parallel Segment 设计规则　　　　图 12-38　Length 设计规则

3．Matched Net Lengths 设计规则

Matched Net Lengths 设计规则用来设置不同网络走线长度之间的允许差值。当网络走线之间的长度差值在设计规则约束的范围内时，认为这些网络长度是相互匹配的。设计规则的作用范围用来确定进行比较的网络。该设计规则会以其中最长的一条网络走线作为参照，将其余网络走线的长度与之比较。比较后发现的超出允许偏差范围的导线，可以通过执行菜单命令 Tools » Equalize Net Lengths、Tools »> Interactive Length Tuning 进行加长，差分对线可以通过 Tools » Interactive Diff Pair Length Tuning 进行加长。这是一元设计规则，系统并未提供默认的具体设计规则，新建设计规则的约束区域如图 12-39 所示。

1）Tolerance：设置不同网络长度的最大允许偏差。只要实际差值不超过最大允许偏差，就认为两条网络是匹配的。

2）Group Matched Lengths：取规则作用范围内所有网络中最长的长度 L 作为基准，其他网络长度调整到 [L-Tolerance，L]的范围内。

3）Within Differential Pairs Length：检查同一差分对线内部的两条网络是否长度匹配。

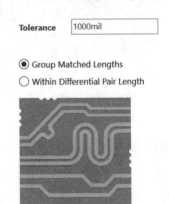

图 12-39　Matched Net Lengths 设计规则

4．Daisy Chain Stub Length（菊花链分支长度）设计规则

Daisy Chain Stub Length 设计规则用来约束采用菊花链拓扑结构的网络的最大允许分支长度。这是一元设计规则，系统并未提供默认的具体设计规则，新建设计规则的约束区域如图 12-40 所示。

图 12-40　菊花链分支长度设计规则

Maximum Stub Length：设置最大分支长度，默认为 1000mil。

5. Via Under SMD（SMD 焊盘下过孔）设计规则

Via Under SMD 设计规则用于设置是否允许在贴片焊盘下放置过孔。这是一元设计规则，系统并未提供默认的具体设计规则，新建设计规则的约束区域如图 12-41 所示。

Allow Vias under SMD Pads：选中该选项则允许在贴片焊盘下放置过孔，否则不允许。

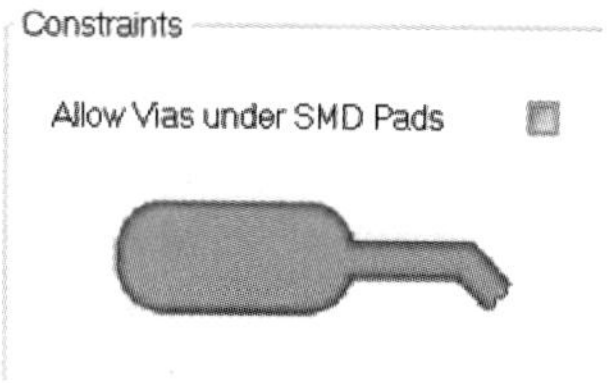

图 12-41　Via Under SMD 设计规则

6. Maximum Via Count（最大过孔数量）设计规则

Maximum Via Count 设计规则用来约束最大允许使用的过孔数量。高速信号线应该使用传输线理论来分析。过孔会使得传输线的阻抗不连续，从而引起信号的反射。此外，过孔具有寄生电容，会增加信号上升和下降的时间，降低电路的工作速度。过孔还具有寄生电感，当旁路电容通过过孔与电源层和接地层连接时，相当于串接了两个电感，电感减弱了电容对高频分量的旁路作用，影响整个电路的滤波效果。因此在高速电路设计时应该限制过孔的使用数量。这是一元设计规则，系统并未提供默认的具体设计规则，新建设计规则的约束区域只包含设置最大过孔数量的选项。

Maximum Via Count：设置最大过孔数量，默认为 1000。

可以使用 InNet、InAnyNet、InNetClass 等查询语句来指定在特定网络或网络类中使用的过孔数目。

12.2.9　Placement（元件布置）设计规则

Placement 类设计规则提供与元件布置相关的设计规则，包括六个设计规则子类，分别介绍如下。

1. Room Definition 设计规则

Room Definition 设计规则用来定义一个矩形空间，元件可以放置在空间内，也可以放置在空间外。这是一元设计规则，其作用范围需要指定属于 Room 的元件类。系统并未提供默认的具体设计规则，新建设计规则的约束区域如图 12-42 所示。

1）Room Locked：选中该选项后 Room 被锁定，自动布线器将无法移动该 Room 的位置，如果手动移动 Room，需要经过确认。

2）Components Locked：选中该选项后锁定 Room 内部的元件位置。

3）Define 按钮：该按钮用来定义一个 Room。单击后会返回到 PCB 编辑窗口，光标变成十字形，单击鼠标后开始绘制 Room，每次单击确定 Room 的一个顶点，可以绘制一个矩形或者多边形。绘制的 Room 不必封口，单击鼠标右键后系统自动将第一个顶点与最后一个顶点相连形成封闭的区域。

4）x1 和 y1：包含 Room 的最小矩形的左下角坐标。

5）x2 和 y2：包含 Room 的最小矩形的右上角坐标。

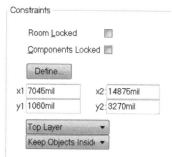

图 12-42　Room Definition 设计规则

6）Layer：定义 Room 所在的板层，可以选择 Top Layer 或者 Bottom Layer。

7）Confinement Mode：定义该设计规则作用范围的元件是放在 Room 内还是放在 Room 外，默认是放在 Room 内部。

定义好 Room 后，还需要将属于 Room 的元件和 Room 关联起来。这需要首先将这些元件生成元件类（Component Class），然后将 Room 设计规则的作用范围指定为该元件类。

2. Component Clearance（元件间距）设计规则

Component Clearance 设计规则用来检查元件间的最小间距。如果元件具有 3D 模型，则用 3D

模型来代表元件体；如果只有 2D Footprint 模型，则利用元件在丝印层（不包括元件的标识符和注释信息）和铜箔层（如顶层和底层）的图元来代表元件体，同时还要利用元件的高度参数。其约束区域如图 12-43 所示。

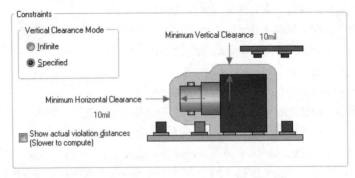

图 12-43　Component Clearance 设计规则

1）Vertical Clearance Mode：垂直间距模式。

① Infinite：无穷大的间距，即不允许在元件的上方或者下方存在其他障碍物。

② Specified：指定垂直方向上的最小间距。选中该选项后，Minimum Vertical Clearance 栏位会被激活。

2）Minimum Vertical Clearance：设置垂直方向上的最小间距。

3）Minimum Horizontal Clearance：设置水平方向上的最小间距。

4）Show actual violation distances [Slower to compute]：选中该选项，当间距违规时，在违规处显示附带距离值的直线，帮助用户调整元件之间的距离。

3．Component Orientations（元件方向）设计规则

Component Orientations 设计规则用于设置允许的元件方向，自动布局器会按照约束来摆放元件。这是一元设计规则，系统并未提供默认的具体设计规则，新建设计规则的约束区域如图 12-44 所示。

Allowed Orientations：允许的方向，可以选择 0°、90°、180°、270°和所有的方向。

4．Permitted Layers（允许的板层）设计规则

Permitted Layers 设计规则用来约束采用 Cluster Placer 自动布局时摆放元件的板层。其约束区域只包含下面一个选项。

Permitted Layers：设置允许放置元件的板层，包括 Top Layer 和 Bottom Layer。

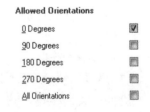

图 12-44　元件方向设计规则

5．Net to Ignore 设计规则

Net to Ignore 设计规则用来约束采用 Cluster Placer 自动布局时可以忽略的网络，这样可以加快元件布局的速度。该设计规则需要在作用范围中指定可以忽略的网络。例如，选择忽略电源网络，则 Cluster Placer 布局时将基于其他网络把元件汇集起来，而不是基于电源网络。

6．Height 设计规则

Height 设计规则用来约束电路中允许的元件高度，其约束区域如图 12-45 所示。

高度设置：可以设置元件的最小、首选和最大高度。

12.2.10　Signal Integrity（信号完整性）设计规则

Signal Integrity 类设计规则用于提供电路设计中与信号完整性相关的约束，包括 13 个设计规则子类，下面分别介绍。

1. Signal Stimulus（激励信号）设计规则

Signal Stimulus 设计规则用于设置信号完整性分析时使用的激励信号的参数。这是一元设计规则，系统并未提供默认的具体设计规则，新建设计规则的约束区域如图 12-46 所示。

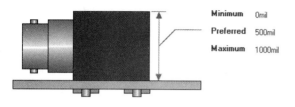

图 12-45 Height 设计规则

图 12-46 Signal Stimulus 设计规则

1）Stimulus Kind：激励类型，包括以下几种。
① Constant Level：采用直流电平。
② Single Pulse：单脉冲。
③ Periodic Pulse：周期脉冲。
2）Start Level：设置起始电平，可以选择以下几种。
① Low Level：逻辑"低"电平。
② High Level：逻辑"高"电平。
3）Start Time [s]：基于脉冲的信号的开始时间。
4）Stop Time [s]：基于脉冲的信号的停止时间。
Stop Time 与 Start Time 的差值即为脉冲宽度。
5）Period Time [s]：定义周期脉冲的周期。

2. OverShoot - Falling Edge（下降沿过冲）设计规则

OverShoot - Falling Edge 设计规则用于定义信号下降沿允许的最大过冲，此处的过冲值指的是信号电平下降后达到的最低电平与稳定后的低电平的差值，其约束区域如图 12-47 所示。

Maximum [Volts]：设置最大下降沿过冲值。

图 12-47 下降沿过冲设计规则

3. OverShoot - Rising Edge（上升沿过冲）设计规则

OverShoot - Rising Edge 设计规则用于定义信号上升沿允许的最大过冲，此处的过冲值指的是信号电平上升后达到的最高电平与稳定后的高电平的差值，其约束区域如图 12-48 所示。

Maximum [Volts]：设置最大上升沿过冲值。

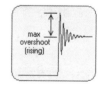

图 12-48 上升沿过冲设计规则

4. UnderShoot - Falling Edge（下降沿欠冲）设计规则

UnderShoot - Falling Edge 设计规则用于定义信号下降沿允许的最大欠冲，此处的欠冲值指的是信号电平下降后振荡所能达到的最高电平与稳定后的低电平的差值，其约束区域如图 12-49 所示。

Maximum [Volts]：设置最大下降沿欠冲值。

图 12-49 下降沿欠冲设计规则

5. UnderShoot - Rising Edge（上升沿欠冲）设计规则

UnderShoot - Rising Edge 设计规则用于定义信号上升沿允许的最大欠冲，此处的欠冲值指的是信号电平上升后振荡所能达到的最低电平与稳定后的高电平的差值，其约束区域如图 12-50 所示。

图 12-50 上升沿欠冲设计规则

Maximum [Volts]：设置最大上升沿欠冲值。

6. Impedance（阻抗）设计规则

Impedance 设计规则用来约束允许的最大和最小的网络阻抗。网络阻抗与导体几何形状、导电性、周围介质材料以及电路板的物理几何形状有关。其约束区域包含以下两个选项：

1）Minimum [Ohms]：允许的最小网络阻抗，默认为 1Ω。

2）Maximum [Ohms]：允许的最大网络阻抗，默认为 10Ω。

7. Signal Top Value（信号高电平）设计规则

Signal Top Value 设计规则用于设置高电平门限，信号只要达到或高于这个电平门限就可认为是高电平。其约束区域如图 12-51 所示。

Minimum [Volts]：设置高电平门限。

8. Signal Base Value（信号低电平）设计规则

Signal Base Value 设计规则用于设置低电平门限，信号只要达到或低于这个电平门限就可认为是低电平。其约束区域如图 12-52 所示。

Maximum [Volts]：设置低电平门限。

9. Flight Time - Rising Edge（上升沿飞行时间）设计规则

Flight Time - Rising Edge 设计规则用于设置信号上升沿允许的最大飞行时间。飞行时间指的是由于互连结构引入的延迟，即从开始驱动信号至信号上升到门限电压（标志信号由"低"变"高"的转换）所需的时间。其约束区域如图 12-53 所示。

Maximum [seconds]：信号上升沿允许的最大飞行时间，默认为 1ns。

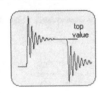 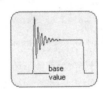

图 12-51　信号高电平设计规则　　图 12-52　信号低电平设计规则　　图 12-53　上升沿飞行时间设计规则

10. Flight Time - Falling Edge（下降沿飞行时间）设计规则

Flight Time - Falling Edge 设计规则用于设置信号下降沿允许的最大飞行时间。飞行时间指的是由于互连结构引入的延迟，即从开始驱动信号至信号下降到门限电压（标志信号由"高"变"低"的转换）所需的时间。其约束区域如图 12-54 所示。

Maximum [seconds]：信号下降沿允许的最大飞行时间，默认为 1ns。

11. Slope - Rising Edge（上升沿时间）设计规则

Slope - Rising Edge 设计规则用来约束信号上升沿的最大允许时间。上升沿时间指的是信号从门限电压 V_T 上升到一个有效的高电压 V_{IH} 所需的时间，其约束区域如图 12-55 所示。

Maximum [seconds]：信号上升沿的最大允许时间，默认为 1ns。

12. Slope - Falling Edge（下降沿时间）设计规则

Slope - Falling Edge 设计规则用来约束信号下降沿的最大允许时间。下降沿时间指的是信号从门限电压 V_T 下降到一个有效的低电压 V_{IL} 所需的时间，其约束区域如图 12-56 所示。

Maximum [seconds]：信号下降沿的最大允许时间，默认为 1ns。

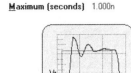 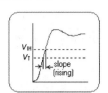 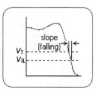

图 12-54　下降沿飞行时间设计规则　　图 12-55　上升沿时间设计规则　　图 12-56　下降沿时间设计规则

13．Supply Net（电源网络）设计规则

Supply Net 设计规则用于设置电源、地网络及其提供的电压值。该设计规则需要在作用范围中选择网络名称或者网络类，然后在约束区域设置对应的电压值即可。

12.3　设计规则向导

设计规则向导可以辅助读者自定义设计规则，对于初学者而言，是一个很好的入门工具。

【例 12-3】自定义一个设计规则将 CLK 网络宽度设为 16mil。

（1）打开例 12-1 中的 Voltage_Meter.PrjPCB 工程，双击其中的 Voltage_Meter.PcbDoc 文档，进入 PCB 编辑环境。

（2）执行菜单命令 Design ≫ Rule Wizard，打开设计规则向导对话框首页。

（3）单击 Next 按钮，进入选择设计规则类型界面，在 Name 文本框中输入新设计规则的名称"CLK_Width"，在 Comment 文本框中输入"The Width of CLK"，在下方的列表中选择要定义的设计规则类型"Width Constraint"，如图 12-57 所示。

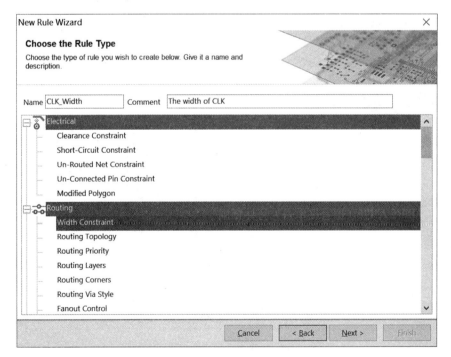

图 12-57　选择设计规则类型

（4）单击 Next 按钮，进入选择设计规则作用范围界面，如图 12-58 所示，选择 1 Net 选项。

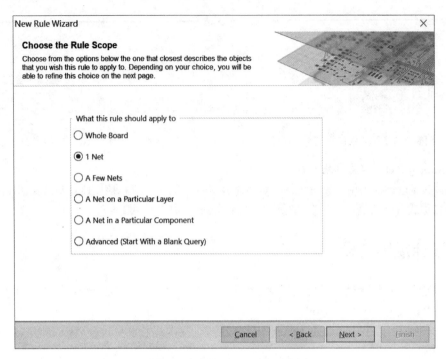

图 12-58 选择设计规则作用范围

（5）单击 Next 按钮，进入高级设计规则作用范围界面，如图 12-59 所示，选中第一个 Belongs to Net 条件，Condition Value 栏位选择 CLK，界面右侧的预览区域会显示定义的查询语句。

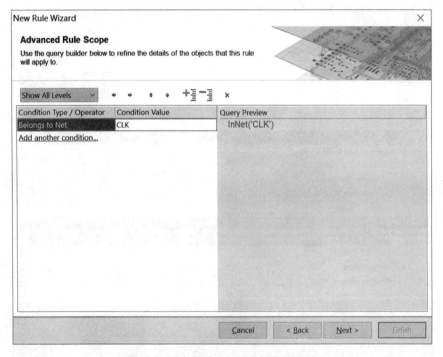

图 12-59 高级设计规则作用范围设置

（6）单击 Next 按钮，进入选择设计规则优先级界面，这里保持系统默认优先级设置不变，即新建的设计规则优先级最高，如图 12-60 所示。

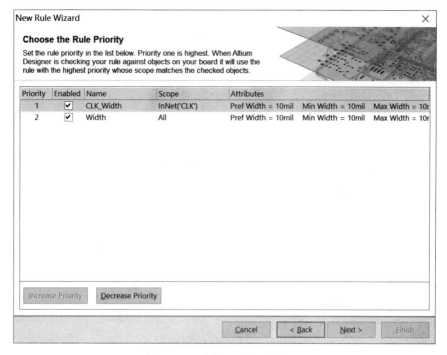

图 12-60 选择设计规则优先级

（7）单击 Next 按钮，进入设计规则完成界面，显示自定义的设计规则的完整信息，如图 12-61 所示。单击 Finish 按钮，打开设计规则及约束编辑器对话框，并显示该设计规则的具体内容，设置设计规则的约束选项，将最大、最小和首选宽度都设为 16mil，如图 12-62 所示。完成后单击 OK 按钮或者 Apply 按钮保存该设计规则。

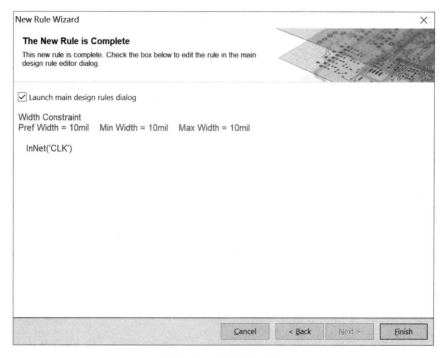

图 12-61 新的设计规则

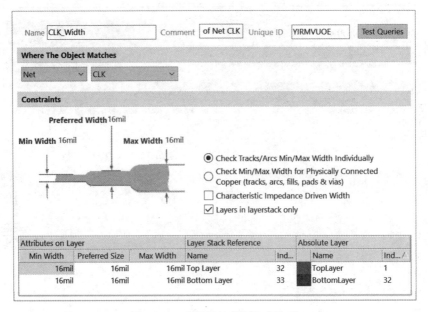

图 12-62　编辑设计规则约束选项

12.4　思考与实践

1．思考题

（1）什么是设计规则，它的作用是什么？

（2）AD 17 包含了几大类设计规则，各用于约束电路设计的哪些方面？

2．实践题

（1）写出限定以下设计规则作用范围的查询语句。

a）所有顶层铜箔走线（提示：使用 OnTop 和 IsTrack 函数）。

b）所有封装中包含"2010"字符串的元件（提示：使用 Footprint 函数）。

c）所有过孔直径为 36，过孔内径为 20 的过孔（提示：使用 ViaSize 和 HoleSize 函数）。

d）所有宽度为 10mil 的走线（提示：使用 IsTrack 和 Width 函数）。

e）所有方形顶层贴片焊盘（提示：使用 PadShape_AllLayers 和 OnTop 函数，前者还需要使用 "Rectangular" 字符串参数）。

f）长度小于 3mil 的走线段（提示：使用 IsTrack、Sqrt（开方）和 Sqr（二次方）函数，走线段为直线，通过两端坐标（X1, Y1）以及（X2, Y2）计算其长度）。

g）所有没有对齐到栅格上的元件，栅格大小为 5mil × 5mil（提示：使用 IsComponent 和 Frac 函数，位于栅格上的元件的 X1 和 Y1 坐标都能被 5 整除，所以小数部分为 0）。

h）所有既不是水平或者垂直，也不是 45°角的信号层走线（提示：使用 IsHorizontal、IsVertical、IsOblique（判断是否 45°角）、IsTrack 和 OnSignal 函数）。

（2）使用设计规则向导创建下列设计规则。

a）将所有属于 VCC 网络的走线宽度设为 16mil。

b）将所有属于 GND 网络的走线宽度设为 18mil。

c）将所有过孔的孔径设为 20mil，过孔直径设为 36mil。

d）将 VCC 与其他网络的安全间距设为 20mil。

e）创建一个网络类，然后将该网络类的走线宽度都设为 12mil。

第 13 章 电路板布局

电路板布局是将电路中的各个元件放置在合适的位置，布局需要满足拓扑连接、电气规则、抗干扰、元件装配、散热、机械连接与固定支撑等各方面的要求，同时还要便于电路调试和使用。

良好的元件布局是优秀电路板设计的重要保证，甚至有种说法："PCB 设计是 90% 的布局 + 10% 的布线"。虽然有些夸张，但至少说明了布局的重要性。布局涉及 PCB 设计的全过程，在布线阶段也可能需要对布局进行调整。

Altium Designer 支持自动布局和手工布局两种方式。但是自动布局并不理想，所以实际中还是采用手工布局。除了放置元件外，PCB 设计还经常需要放置焊盘、过孔、矩形填充、字符串、坐标等对象，本章也一并进行讲解。

13.1 Keepout 区域

在电路板设计中，经常会遇到某些区域禁止布线或者铺铜（指放置成片铜箔）的情景。例如距离板子边缘太近的位置不宜布线，Fiducial Mark 周围不宜铺铜，高压焊盘周围一定范围内禁止走线等，这就需要使用 Keepout 对象。简单而言，Keepout 对象用来定义一块"禁飞区"，如果该区域为实心，则整个区域内禁止放置走线、焊盘、过孔、覆铜等电气对象；如果是空心区域，则区域内外可以放置电气对象，但是它们不能穿越区域边界。

在自动布局或者自动布线时，系统会避开 Keepout 区域。在手工布局布线时，Keepout 区域仍然有用，可以提示用户允许的编辑范围。同时，Keepout 对象与其他电气对象之间仍然要满足安全间距的设计规则约定，一旦违反，系统会主动发出违规警告，通常在违规处显示绿色。

1. Keep-Out Layer

在电路板布局布线之前，首先应该在 Keep-Out Layer（禁止布线层）定义允许布局布线的区域。通常的做法是在 Keep-Out 层用 Line 或者 Arc 绘制一个封闭的几何图形，后续放置的元件的焊盘以及铜箔走线等电气对象都应该限制在这个图形区域内部，即 Keep-Out 层放置的封闭区域对所有信号层以及多层都能起到禁入的作用。

> 板形定义了电路板的机械加工边界，而 Keepout 区域定义了电路板的电气边界，即允许布局和布线的区域，二者并不是一回事儿。不宜直接将板形边界作为电气边界。因为电路板的边缘区域在加工时是易损区，在边缘处布线容易导致铜箔走线被损坏。正确的做法是将 Keepout 区域包含在板形边界内部，且与板形边界保持一定的安全间隔。

【例 13-1】在 Keep-Out 层绘制一个相对于板框内缩 20mil 的禁止布线区域，如图 13-1 所示。

（1）打开本例对应的电子资源 Voltage_Meter.PrjPCB 工程，双击 Voltage_Meter.PcbDoc 进入 PCB 编辑环境。注意板子的左下角已被设为相对原点，栅格大小被设为了 20mil。

（2）单击 PCB 编辑窗口下方板层标签栏的 Keep-Out 板层标签。

（3）执行菜单命令 Place ≫ Line [P, L]，或者单击 Utilities 工具栏上的 ■ 按钮，在弹出的子工具栏中单击 ╱ 按钮，进入放置直线模式。

（4）在编辑窗口坐标（20mil，20mil）处单击鼠标左键，确定起点，然后移动光标至（3180mil，

20mil)、(3180mil、2580mil)、(20mil，2580mil)处分别双击鼠标左键确定禁止布线矩形边界的其余三个顶点，最后回到起点双击，接着双击右键退出放置状态，这样就绘制了一个闭合的矩形边界。

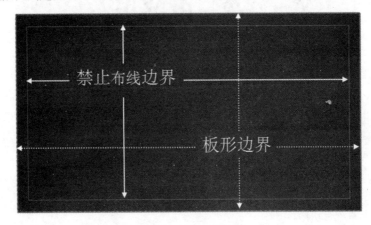

图 13-1　禁止布线区域

（5）添加了禁止布线区域的电路板如图 13-1 所示。

2．仅对指定层有效的 Keepout 对象

在 Keep-Out 层定义的封闭区域对所有层都起作用，也可以定义只对指定层有效的 Keepout 区域，该层中所有元件和布线不得穿越该 Keepout 区域边界。创建指定层 Keepout 区域的步骤如下：

1）单击该指定层的板层标签切换到该层。

2）选择 Place » Keepout 级联菜单，选择放置的各种对象，如圆弧、走线、填充矩形（Fill）等，对象主体由所在层的颜色来显示，但其边缘为 Keep-Out 层的桃红色。例如在顶层放置 Fill 类型的 Keepout 对象，则该 Fill 主体为红色，四边为桃红色，该 Fill 在顶层覆盖的区域内禁止放置电气对象。

Keepout 区域不会包含在制造输出文件（如 Gerber 和 ODB++文件）和打印输出中。

13.2　自动布局元件

元件布局应遵守相关的设计规则。和布局相关的设计规则在 Placement 设计规则类中，包括 Component Clearance（元件间距）、Component Orientation（元件方向）、Permitted Layers（允许板层）等。可以直接采用系统提供的默认设计规则，或根据实际情况自定义设计规则。

Altium Designer 的自动布局命令主要集中在菜单 Tools » Component Placement 下，如图 13-2 所示。

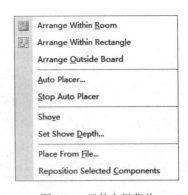

图 13-2　元件布局菜单

1）Arrange Within Room：执行该命令后，将光标移动到某 Room 上单击，会将 Room 关联的元件在 Room 内进行排列。如果 Room 太小，则将元件尽量靠近 Room 排列。如果元件被锁定，则不能移动。

2）Arrange Within Rectangle：执行该命令前，先选中要进行排列的元件，可以选中多个元件，然后执行该命令，用鼠标绘制一个矩形，选中的元件会自动排列在矩形中。

3）Reposition Selected Components：重新放置选中的元件。在执行该菜单命令前，先选中一个或者多个元件，执行该命令后，元件会依次附着在光标上，移动光标到合适的位置单击即可分别放置这些元件。

自动布局结果往往并不理想，当前绝大多数 PCB 设计中的元件布局都是由手工完成的。鉴于此，本文不再对自动布局做过多介绍，感兴趣的读者可以自行尝试。

13.3 手工布局元件

13.3.1 手工布局的常用操作

1．移动元件

单击选中一个元件，或者通过 Shift 键 + 鼠标单击的方式选中多个元件，按下鼠标并拖动即可移动元件。

2．旋转或翻转元件

在移动元件过程中，可以按照如下方法旋转或者翻转元件。

1）按 X 或者 Y 键可以将元件按照 X 或者 Y 轴进行翻转。

2）按空格键可以将元件逆时针旋转，按 Shift 键 + 空格键可以将元件顺时针旋转，旋转步长可以在首选项对话框（DXP≫Preferences）的 PCB Editor→General 配置页中进行设置，默认为 90°，详见 17.1 节。其他图元，如焊盘、过孔、直线、圆弧、矩形填充等也遵守同样的旋转步长设置。相比之下，原理图中的元件旋转步长只能是 90°的整数倍。

3）按 L 键可以将元件放置到电路板另一面。

3．采用图形化方式移动或旋转元件的标识符和注释

单击元件标识符或者注释，其左右两端会出现两个白色控点，可操纵控点旋转或者移动标识符或注释，详见 13.4.8 小节。

4．修改元件、封装、标识符和注释的属性

双击放置好的元件或者在放置过程中按下 Tab 键，打开元件属性对话框，如图 13-3 所示。对话框标题显示其采用的单位为 mil，按下 Ctrl + Q 快捷键，可以切换长度单位。下面介绍该对话框的内容（图 13-3 为元件属性对话框）。

1）Component Properties（元件属性）区域：设置元件本身相关的属性。

① Layer：设置元件放置的板层，只能选择放置在顶层或者底层。

② Rotation：旋转角度。注意，PCB 元件可以旋转任意角度，而原理图中的元件仅能旋转 90°的整数倍。

③ X-Location 和 Y-Location：X 和 Y 坐标。

④ Type：元件类型。这与原理图中的元件属性对话框中的 Type 内容是一致的。

⑤ Height：元件高度。在 3D 视图中生成元件 3D 模型时，需要用到这个高度。

⑥ Lock Primitives：选中该选项则锁住组成该元件的所有图元，取消该选项则可以单独选中并编辑组成元件的图元，还可以移动这些图元，从而改变元件形状。这些图元包括组成元件的直线、圆弧、焊盘等。

⑦ Lock Strings：选中该选项则锁住元件字符串，防止被移动。

⑧ Locked：选中该选项则锁住元件，否则可以移动元件。

⑨ Hide Jumpers：如果元件的焊盘连接有跳线，选中该选项会隐藏跳线。

2）Designator（元件标识符）区域：设置元件标识符属性，这些属性包括标识符的文本、所在的板层、旋转角度、是否隐藏、是否镜像放置等。

① Autoposition：系统提供以元件本体为参照物的不同方位来放置标识符，包括中心、左上角、

右下角等。如果选择了 Manual，则元件旋转时，标识符会随之旋转。如果选择了其他选项，则元件旋转时，标识符原地不动。移动元件标识符以后，Autoposition 属性自动设置为 Manual。还可以执行菜单 Edit ≫ Align ≫ Position Component Text 命令来可视化地选择标识符和注释的位置。

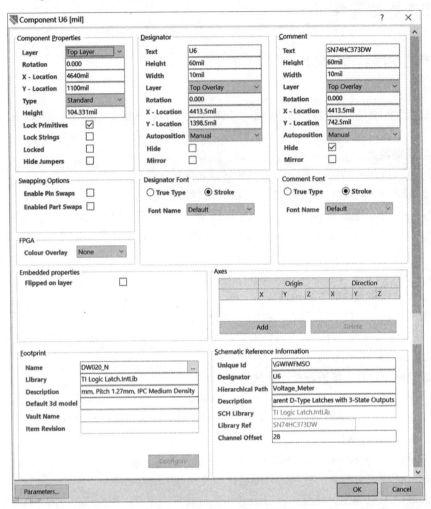

图 13-3 元件属性对话框

② Hide：隐藏元件标识符。

③ Mirror：镜像显示元件标识符。

3）Comment（注释）区域：该区域与第 2）个区域内容相同，不再赘述。

4）Swapping Options 区域：设置是否允许元件交换。

① Enable Pin Swaps：选中则允许具有相同功能且能交换的引脚进行交换，以便于布线。

② Enable Part Swaps：选中则允许复合元件中的相同单元电路之间进行交换，以便于布线。

5）FPGA Colour Overlay 区域：使用颜色来标示不同的 FPGA 区域，包括 I/O Bank、CLK Pins、Diff Pairs、I/O Pins。

6）Designator Font（元件标识符字体）区域：提供了 True Type 和 Stroke 两类字体。

① Stroke 字体：系统默认字体，包括了 Default、Sans Serif 和 Serif 三种字体。这三种字体都是矢量字体，支持英语和其他欧洲语言。

② True Type 字体：提供 Windows 系统支持的字体，可以从下拉列表中选择具体的字体类型。可以选中 Bold（加粗）、Italic（斜体）和 Inverted（反转）显示。其中 Inverted 选项是将字体和背景颜色互换显示，选用该显示方式后，可以输入背景方框距离字体的距离。

7）Comment Font（注释字体）区域：该区域与区域 6）的内容相同，不再赘述。

8）Embedded Properties：

Flipped on Layer：勾选后将板层上的嵌入式元件进行翻转摆放。

9）Axes 区域各项说明如下：

① Origin X、Y、Z：指定参考坐标轴原点的 X、Y 和 Z 坐标。

② Direction X、Y、Z：指示参考坐标轴方向的 X、Y 和 Z 坐标。

③ 单击 Add 按钮增加一个参考坐标轴，单击 Delete 按钮删除一个参考坐标轴。

10）Footprint 区域：设置封装的名称、库名称、描述、3D 模型、Vault 名称和版本等信息。

11）Schematic Reference Information：这个区域包含了与封装（Footprint）模型相链接的原理图元件的参考信息。

① Unique Id：用来链接原理图元件符号和对应的 PCB 封装模型的唯一标识码。也就是说，具有相同 Unique Id 的原理图元件符号和 PCB 封装模型是一一对应的，它们描述的是同一个元件。在原理图文档和 PCB 文档进行同步时，会比较具有相同 Unique Id 的原理图符号和 PCB 封装模型，然后对其差异进行消除。例如，在 PCB 中进行重编号（re-annotate）以后，就可以利用 Unique Id 来对原理图中对应元件的编号进行更改。

② Designator（元件标识符）：该标识符就是原理图中对应元件的标识符。

③ Hierarchical Path：层次化电路设计中的层次化文档路径。

④ Description：原理图中元件的描述。

⑤ SCH Library：元件所在的原理图库。

⑥ Library Ref：元件在原理图库中的标识符。

⑦ Channel Offset：元件在所属通道中的编号。每个通道的元件都放在一个 Room 中，编号从 0 开始，按照元件标识符的字母顺序进行递增编号。

5. 元件的排列对齐操作

排列对齐是元件布局中的常用操作，首先选中要操作的多个对象，然后可以通过 Edit » Align 子菜单、快捷键 A 以及 Utilities 工具栏中的 Alignment Tools 子工具栏访问各种对齐命令。如图 13-4 所示，可以通过菜单命令左边的图标建立和工具栏按钮的对应关系。在 PCB 编辑环境中，选中需对齐的元件，执行对齐命令后，还要单击作为基准的对象。鉴于大部分对齐命令在原理图部分已做介绍（详见 4.2.5 小节），这里仅讲解不同的菜单命令。

1）Position Component Text：可以设置元件标识符和注释相对于元件本体的放置位置。

2）Align Left (maintain spacing)：将所有需对齐的元件按标识符的字母顺序排序，以排在末位的元件为基准，将所有元件水平移动，使其左边沿与基准元件左边沿对齐，但是保持设计规则中规定的安全间距要求。

3）Align Right (maintain spacing)：将所有需对齐的元件按标识符的字母顺序排序，以排在末位的元件为基准，将所有元件水平移动，使其右边沿与基准元件右边沿对齐，但是保持设计规则中规定的安全间距要求。

4）Align Top (maintain spacing)：将所有需对齐的元件按标识符的字母顺序排序，以排在末位的元件为基准，将所有元件垂直移动，使其上边沿与基准元件上边沿对齐，但是保持设计规则中规定的安全间距要求。

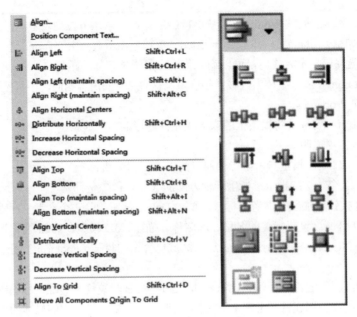

图 13-4 对齐菜单和子工具栏

5) Align Bottom (maintain spacing)：将所有需对齐的元件按标识符的字母顺序排序，以排在末位的元件为基准，将所有元件垂直移动，使其下边沿与基准元件下边沿对齐，但是保持设计规则中规定的安全间距要求。

6) Increase Horizontal Spacing：最左边的对象保持固定，其余对象向右移动，相邻对象之间的距离增加值为 Step X。该参数的设置方法为在 PCB 编辑窗口单击鼠标右键，选择菜单命令 Snap Grid ≫ Snap Grid X ≫ Set Snap Grid。

7) Decrease Horizontal Spacing：最左边的对象保持固定，其余对象向左移动，相邻对象之间的距离减小值为 Step X。该参数的设置方法为在 PCB 编辑窗口单击鼠标右键，选择菜单命令 Snap Grid ≫ Snap Grid X ≫ Set Snap Grid。

8) Increase Vertical Spacing：最底部的对象保持固定，其余对象向上移动，相邻对象之间的距离增加值为 Step Y。该参数的设置方法为在 PCB 编辑窗口单击鼠标右键，选择菜单命令 Snap Grid ≫ Snap Grid Y ≫ Set Snap Grid。

9) Decrease Vertical Spacing：最底部的对象保持固定，其余对象向下移动，相邻对象之间的距离减小值为 Step Y。该参数的设置方法为在 PCB 编辑窗口单击鼠标右键，选择菜单命令 Snap Grid ≫ Snap Grid Y ≫ Set Snap Grid。

10) Align To Grid：将选中元件的参考点移动到最近的栅格点上。通常在改变栅格大小后可以使用该命令将元件重新对齐到新的栅格点上。

11) Move All Components Origin To Grid：将所有元件的参考点移动到栅格点上。

⚠ 锁定的对象无法进行排列对齐操作。

13.3.2 PCB 和原理图的交叉访问

1. 利用 PCB 和原理图交叉选择模式进行手工布局

PCB 布局应该按照信号流向，以电路模块为单位，以核心元件为中心进行布局。这种按功能划分的电路逻辑结构以及模块之间的信号传递关系在原理图中是非常清楚的，但在 PCB 中则难以体现。对于简单的电路，可以在 PCB 编辑环境中将元件一个个地移动到合适的位置，在记不清电路结构时可切换回原理图查看后再进行布局。但对于复杂电路，这种方法并不高效。一种比较好的方法是利用 AD 17 提供的 PCB 和原理图交叉选择模式进行元件布局。通过这种方法，可以在原理图中选取元件，PCB 中对应的封装会被同时选中，反之亦然。

使用多台显示器可以获得交叉选择模式的最佳观察效果，原理图和对应的 PCB 文档分别用一台显示器显示。如果只有一台显示器，那就需要将这两个文档并排显示在屏幕上观察。

【例 13-2】原理图和 PCB 交叉选择模式。

打开例 13-1 编辑好的 Voltage_Meter.PrjPCB 工程，双击打开其中的 Voltage_Meter.SchDoc 和 Voltage_Meter.PcbDoc 文档。对于单显示器，执行菜单命令 Windows ≫ Tile Vertically 或者 Windows ≫ Tile Horizontally 将原理图和 PCB 文档在屏幕上并排显示。对于多显示器，只要将其中一个设计文档拖到另一个显示器上即可。

（1）从原理图选择 PCB 中的元件。

① 进入原理图编辑环境，执行菜单命令 Tools ≫ Cross Select Mode，进入交叉选择模式。

② 在原理图中选择一个或多个元件，PCB 中对应的元件会同时被选中，如图 13-5 所示。

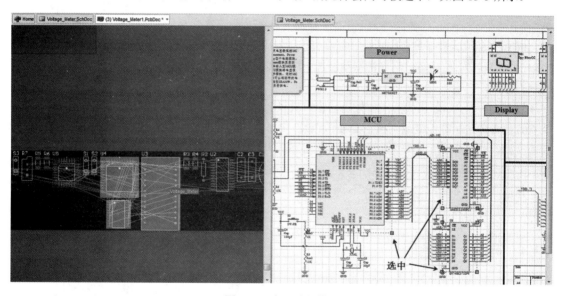

图 13-5 交叉选择模式

③ 将光标从原理图编辑窗口移动到 PCB 编辑窗口的文档标签（见图 10-1）上，并单击左键。

④ 将光标移到被选中的 PCB 元件上方且变为十字箭头时，即可拖动元件到合适的放置位置。

⑤ 第④步介绍的移动 PCB 元件的方法可行但并不方便，笔者特别介绍两个更好的放置元件的方法：

a. 接第③步，单击鼠标左键，再依次按下 T、O、C 键，执行 Reposition Selected Components 命令，选中的若干元件会依次附着在光标上，移动光标到合适的位置单击即可分别放置这些元件。

b. 接第③步，单击鼠标左键，再依次按下 T、O、L 键，执行 Arrange Within Rectangle 命令，光标变为十字形，在 PCB 编辑窗口单击鼠标左键，拉出一个矩形，再次单击后，被选中的若干元件会自动在矩形中排列整齐，然后做进一步的调整。先单击 Utilities 工具栏上的 按钮，然后单击排列子工具栏上的 按钮也有同样的效果。

> 如果读者觉得连续按三个按键仍然不方便，那么可以设置快捷键。在本书 3.4 节演示了如何创建快捷键，可以按照同样的方法为 Arrange Within Rectangle 和 Reposition Selected Components 菜单命令设置快捷键。

（2）从 PCB 选择原理图中的元件。

① 将原理图和 PCB 文档同时打开且并排显示。

② 单击 PCB 编辑窗口，进入 PCB 编辑环境，然后执行菜单命令 Tools ≫ Cross Select Mode，进入交叉选择模式。

③ 在 PCB 中选择一个或多个元件，原理图中对应的元件会同时被选中。

④ 将光标从 PCB 编辑窗口移动到原理图编辑窗口文档标签上并单击左键，进入原理图编辑环境。

⑤ 将光标移动到被选中的原理图元件上，对其执行相关编辑操作。

2. 利用 PCB 和原理图的 Cross Probe（交叉探查）功能进行手工布局

Altium Designer 还提供交叉探查功能。在原理图中选中的元件，会在 PCB 中高亮显示。反之，在 PCB 中选中的元件，在原理图中也会高亮显示。这种方式只能逐个查看元件，无法多选元件。

打开原理图和 PCB 文档并同时显示，单击原理图编辑窗口进入原理图编辑环境，执行菜单命令 Tools ≫ Cross Probe，光标变为十字形，移动光标到某个元件上方，单击鼠标左键或者按下 Enter 键，PCB 中相应元件会被居中放大且高亮显示，其余元件被遮蔽显示。将光标移动到 PCB 编辑窗口单击鼠标右键，然后可以用光标拖动被选中的元件。单击 PCB 编辑窗口右下角的 Clear 按钮恢复原状。

进入 Cross Probe 模式后，如果当前窗口只显示原理图文档，那么在移动光标到元件上方时按下 Ctrl 键再单击鼠标左键或者按下 Ctrl + Enter 快捷键，PCB 文档如果处于打开状态就会自动变为当前文档，并且相应元件被居中放大且高亮显示，其余元件被遮蔽显示。单击 PCB 编辑窗口右下角的 Clear 按钮恢复原状。

按照同样的方法，也可以在 PCB 编辑环境执行 Tools ≫ Cross Probe 菜单命令，在 PCB 中选择元件，然后在原理图中高亮居中显示。

13.4 布局其他图元

布局中除了放置元件以外，还能放置其他的图元，包括焊盘、过孔、直线、字符串等，下面进行简单介绍。

13.4.1 Pad（焊盘）

执行菜单命令 Place ≫ Pad[P, P]或者单击 Wiring 工具栏上的 ◉ 按钮，进入放置焊盘状态，光标变为十字形，同时中心附着一个焊盘，移动光标到合适位置单击鼠标右键即可放置焊盘，放置完成后可以继续放置新的焊盘或者单击鼠标右键退出放置状态。

双击放置的焊盘或者在放置状态按下 Tab 键，打开焊盘属性对话框，如图 13-6 所示，其中的选项说明如下。

1. 焊盘示意图

焊盘示意图区域显示焊盘形状以及焊盘所在的层，单击层标签显示焊盘在该层的截面图。

2. Location（位置）

Location 区域设置焊盘中心的 X、Y 坐标以及旋转角度。

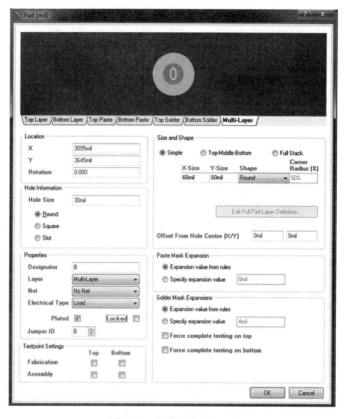

图 13-6 焊盘属性对话框

3. Hole Information（钻孔信息）

Hole Information 区域只对通孔式焊盘激活。有三种焊盘钻孔形式：

① Round：圆形钻孔，此时还需要设置 Hole Size（孔径）。

② Square：方形钻孔，此时还需要设置 Hole Size（孔径）和 Rotation（旋转角度）。

③ Slot：槽形钻孔，此时还需要设置 Hole Size（孔径）、Length（开槽的长度）和 Rotation（旋转角度）。

4. Properties（属性）

1）Designator：设置焊盘标识符。

2）Layer：焊盘所属的层，单击下拉箭头可以选择板层。

3）Net：焊盘所属的网络，单击下拉箭头可以选择网络。

4）Electrical Type：焊盘有三种电气类型，即 Load、Source 和 Terminator，后两种在菊花链拓扑中用到，详见 12.2.2 小节。电气类型影响焊盘在布线拓扑中所处的位置。

5）Plated：使能则该焊盘为电镀孔，否则为非电镀孔。

6）Locked：是否锁定焊盘。

7）Jumper ID：设置跳线 ID。具有相同 ID 且同属一个封装的两个焊盘被认为是用跳线进行连接的。

5. Testpoint Settings（测试点设置）

Testpoint Settings 区域用来设置 Fabrication（制造）和 Assemble（安装）过程所需的测试点。

1）Top：允许该焊盘作为顶层测试点候选对象。

2）Bottom：允许该焊盘作为底层测试点候选对象。

6. Size and Shape（尺寸和形状）

1）Simple：焊盘在所有层的尺寸和形状一致。

选择该模式后，在 X-Size 和 Y-Size 栏位填入焊盘在 X 轴和 Y 轴方向的尺寸，在 Shape 栏位选择焊盘形状：Round（圆形）、Rectangle（矩形）、Octagonal（八角形）和 Rounded Rectangle（圆角矩形）。

2）Top-Middle-Bottom：可以分别设计焊盘在顶层、中间层和底层的尺寸和形状。

3）Full Stack：可以分别设置焊盘在每一层的尺寸和形状。

选中该模式后，单击 Edit Full Pad Layer Definition 按钮编辑焊盘在每一层的尺寸和形状。

对于贴片焊盘，只有 Simple 选项。

4）Offset From Hole Center [X/Y]：设置焊盘钻孔的偏移量。通常钻孔在焊盘中心位置，X 和 Y 方向的偏移量为 0。

7. Paste Mask Expansion（助焊层扩展）

1）Expansion value from rules：根据 Paste Mask Expansion 设计规则确定助焊层扩展值。

2）Specify expansion value：直接在右边栏位指定助焊层扩展值，设计规则失效。

8. Solder Mask Expansion（阻焊层扩展）

1）Expansion value from rule：根据 Solder Mask Expansion 设计规则确定阻焊层扩展值。

2）Specify expansion value：直接在右边栏位指定阻焊层扩展值，设计规则失效。

3）Force complete tenting on top：选中该选项则在顶层直接用阻焊层覆盖该焊盘，不再使用 Solder Mask Expansion 设计规则或者指定的扩展值。

4）Force complete tenting on bottom：选中该选项则在底层直接用阻焊层覆盖该焊盘，不再使用 Solder Mask Expansion 设计规则或者指定的扩展值。

【例 13-3】创建金手指，在顶层和底层各放置 29 个贴片焊盘。

1）打开范例源文件，将 Top Layer 设为当前板层。观察状态栏，如果 Grid 不是 10mil，按下 G 键调整。

2）执行菜单命令 Place ≫ Pad，按下 Tab 键，在 Pad 属性对话框中进行如图 13-7 所示的配置，单击 OK 按钮，然后将焊盘 A1 放置在电路板上的任意位置。

3）单击放好的焊盘 A1，按快捷键 Ctrl + X，然后将光标移动到焊盘中心，当光标处出现 ⊕ 形状时，单击鼠标左键即可完成剪切。

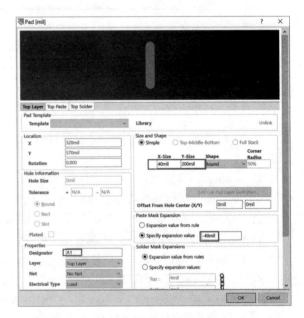

图 13-7 Pad 属性对话框

4）执行菜单命令 Edit ≫ Paste Special，在打开的对话框中单击 Paste Array 按钮打开阵列粘贴设置对话框，按图 13-8 所示进行设置。

5）移动光标至 X 为 40、Y 为 110 的位置（观察状态栏可知），单击鼠标左键，放置 11 个焊盘。

6）执行菜单命令 Place ≫ Pad，按下 Tab 键，将焊盘标识符（Designator）设为 A14，

例 13-3

其余设置与图 13-7 相同，单击 OK 按钮，然后将焊盘放置在电路板上的空白位置。

7）按照第 3）步的方法剪切焊盘 A14，同时按照第 4）步的方法进行阵列粘贴，但是把图 13-8 中的 Item Count 设为 18。

8）移动光标至 X 为 690、Y 为 110 位置，单击鼠标左键，放置 18 个焊盘。

9）将当前板层改为 Bottom Layer，然后按照第 2）步至第 8）步的方法在 Bottom Layer 放置焊盘 B1-B11、B14-B31，其中 B1、B14 的坐标分别与 A1、A14 的坐标相同。

10）放置阻焊。将当前板层改为 Top Solder，然后执行菜单命令 Place ≫ Fill，放置一个覆盖所有顶层焊盘的 Fill。也可放置两个 Fill，分别覆盖焊盘 A1～A11 与 A14～A31。再将当前板层改为 Bottom Solder，继续放置 Fill，其大小与位置均与顶层 Fill 相同。

11）放置丝印。将当前板层改为 Top Overlay，按下快捷键 P+S，放置 A1、A11、A14、A31。按下快捷键 V+B，然后将当前板层切换到 Bottom Overlay，按下快捷键 P+S，并调整字符串方向，放置 B1、B11、B14、B31。

12）按下数字 3，显示电路板 3D 视图，如图 13-9 所示。按下数字 2 返回 2D 视图。

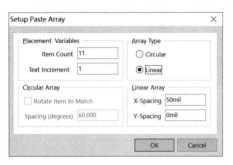

图 13-8 阵列粘贴参数设置

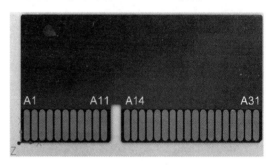

图 13-9 金手指最终 3D 效果

13.4.2 Via（过孔）

执行菜单命令 Place ≫ Via[P, V]或者单击 Wiring 工具栏上的 按钮，进入放置过孔状态，光标变为十字形，同时中心附着一个过孔，移动光标到合适位置单击鼠标左键即可放置过孔，放置完成后可以继续放置新的过孔或者单击鼠标右键退出放置状态。

双击放置的过孔或者在放置状态按下 Tab 键，打开过孔属性对话框，如图 13-10 所示。其中的各选项在焊盘属性对话框中都有介绍，不再赘述。

13.4.3 Line（直线）

执行菜单命令 Place ≫ Line [P, L]，或者单击 Utilities 工具栏上的 按钮，在打开的子工具栏中选择 按钮，进入放置直线状态。单击固定直线起点，然后拉出一条直线，在每个转角处单击鼠标左键进行固定，按下空格键可以切换转角的方向，按下 Shift 键 + 空格键在不同的转角模式中进行切换，可用的模式包括任意角度、45°、带圆弧的 45°、90°、带圆弧的 90°。

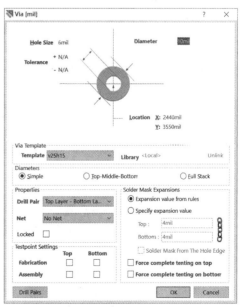

图 13-10 过孔属性对话框

> 直线可以放置到不同的板层，其颜色为所在层的颜色，其意义由所在层决定。例如，放置在顶层信号层，颜色为红色，代表铜箔走线；放置在禁止布线层，颜色为桃红色，代表组成禁止布线区域的一段直线；放置在顶层阻焊层（该层为负片），颜色为暗紫色，表示该直线所在位置不铺绝缘漆；放置在顶层锡膏层，颜色为深灰色，表示该直线所在位置的钢网被镂空，锡膏将从镂空处粘附到焊盘表面；放置在接地平面层（该层为负片），颜色为绿色，表示该直线所在位置的铜箔被移除。
>
> 放置的其他图元与所在的板层也有类似的关系。

双击放置好的直线或者在放置状态按下 Tab 键，都可以打开直线属性对话框，如图 13-11 所示。

按 Ctrl + Q 快捷键，或者在标题栏单击鼠标右键，在弹出菜单中选择 Toggle Units[mm/mil]，可以改变对话框中显示的度量单位。对于其他图元的属性对话框也可同样操作。

直线属性对话框可以编辑直线的坐标、宽度、板层、所连网络、是否锁定、是否禁止布线，以及是否需要设置阻焊和助焊扩展及具体数值等。

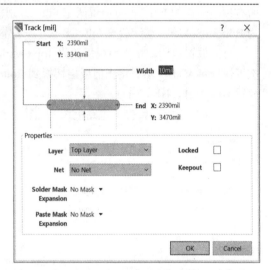

图 13-11　直线属性对话框

13.4.4　Arc（圆弧）

1. 放置 Arc（圆弧）

Altium Designer 支持放置 Arc (Center)、Arc (Edge)、Arc (Any Angle)和 Full Circle。

（1）放置 Arc (Center)

执行菜单命令 Place ≫ Arc (Center) [P, A]，或者单击 Utilities 工具栏上的 按钮，在弹出的子工具栏中选择 按钮，进入绘制 Arc (Center)状态。

1）单击鼠标左键，固定圆弧圆心。
2）移动光标调整圆弧半径，然后单击鼠标左键或者按下 Enter 键确定半径。
3）移动光标调整圆弧起点，然后单击鼠标左键或者按下 Enter 键固定起点。
4）移动光标调整圆弧终点，然后单击鼠标左键或者按下 Enter 键固定终点。圆弧绘制完成。
5）继续放置新的圆弧或者单击鼠标右键退出放置模式。
6）在固定最后一个点之前按下空格键可以将圆弧绘制在相反方向。

（2）放置 Arc (Edge)

执行菜单命令 Place ≫ Arc (Edge) [P, E]，进入绘制 Arc (Edge)状态。

1）单击鼠标左键，确定圆弧起点。
2）移动光标到合适位置，单击鼠标左键或者按下 Enter 键固定圆弧终点。圆弧绘制完成。
3）继续放置新的圆弧或者单击鼠标右键退出放置模式。
4）在固定最后一个点之前按下空格键可以将圆弧绘制在相反方向。

（3）放置 Arc (Any Angle)

执行菜单命令 Place ≫ Arc (Any Angle) [P, N]，进入绘制 Arc (Any Angle)状态。

1）单击鼠标左键，确定圆弧起点。
2）移动光标调整圆弧半径，单击鼠标左键或者按下 Enter 键固定圆弧圆心。

3）移动光标调整圆弧终点，然后单击鼠标左键或者按下 Enter 键固定终点。圆弧绘制完成。

4）继续放置新的圆弧或者单击鼠标右键退出放置模式。

5）在固定最后一个点之前按下空格键可以将圆弧绘制在相反方向。

（4）放置 Full Circle（整圆）

执行菜单命令 Place ≫ Full Circle [P, U]，或者单击 Utilities 工具栏上的 按钮，在弹出的子工具栏中选择 按钮，进入绘制 Full Circle 状态。

1）单击鼠标左键，固定圆心。

2）移动光标调整半径，然后单击鼠标左键或者按下 Enter 键确定半径。整圆绘制完成。

3）继续放置新的整圆或者单击鼠标右键退出放置状态。

2. 调整 Arc 大小和位置

选中的圆弧会显示几个控点，如图 13-12 所示，单击并拖动控点 A 可以调节圆弧半径，单击并拖动控点 B 可以调节圆弧起点，单击并拖动控点 C 或者 A～B 之间的圆弧部分可以拖动圆弧。

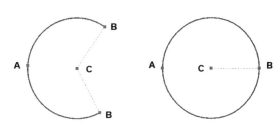

图 13-12　调整圆弧大小和位置

处在拖动状态的圆弧，按下 X 和 Y 键可以进行左右以及上下镜像翻转。按下空格键可以进行旋转，每次旋转的角度在首选项对话框（DXP ≫ Preferences）中的 PCB Editor→General 配置页进行设置，详见 17.1 节。其他图元的旋转角度与此相同。

3. 编辑圆弧属性

双击放置好的圆弧或者在放置状态按下 Tab 键，打开圆弧属性对话框，如图 13-13 所示，在其中可以修改圆弧半径、宽度、起始和终止角度、圆心坐标、所属板层、连接网络、是否锁定和是否禁止布线选项。

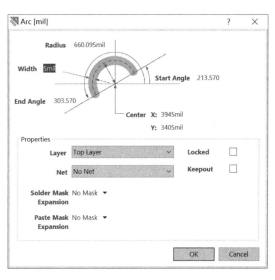

图 13-13　圆弧属性对话框

13.4.5　Coordinate（坐标）

1. 放置坐标

执行菜单命令 Place ≫ Coordinate [P, O]，或者单击 Utilities 工具栏上的 按钮，在弹出的子工具栏中选择 按钮，进入放置坐标状态，光标上附着表示当前光标位置的 X 和 Y 坐标值，并随着光标位置的改变实时更新。

移动光标到编辑窗口合适位置，单击鼠标左键即可放置坐标。坐标左下角有一个小十字，坐标值即为该十字中心点的坐标。

继续放置新的坐标或者单击鼠标右键退出放置状态。

2. 编辑坐标属性

双击坐标或者在放置状态按下 Tab 键，打开坐标属性对话框，如图 13-14 所示。

1）坐标示意图：编辑各种和外形有关的属性，包括坐标线宽、文字宽度和高度等。

2）坐标属性区域：设置坐标所在的板层、度量单位样式、字体以及是否锁定等属性。

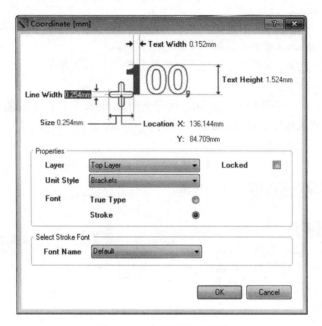

图 13-14　坐标属性对话框

13.4.6　Fill（矩形填充）

Fill 为矩形图元（primitive），放在不同层扮演不同角色。放在信号层代表实心矩形铜箔，可以用作电磁屏蔽或者承载大电流，还可以用来连接焊盘、走线或者过孔等电气对象；放在 Internal Plane、Solder Mask 和 Paste Mask 层，代表一块空的矩形区域；放在 Keep-Out 层代表禁止布局布线区域，还可以设置 Fill 的 Keepout 属性，从而作为所在层的禁止布局布线区域。Fill 还可以在创建元件时使用。

1．放置矩形填充

矩形填充可以放置在任何一个板层，但放置在不同板层的颜色和意义不同，可以参考 13.4.3 小节对于直线的介绍。

执行菜单命令 Place ≫ Fill [P, F]或者单击 Wiring 工具栏上的■按钮，进入放置矩形填充状态，单击鼠标左键确定矩形一个顶点，移动光标到合适位置再次单击，确定矩形另一个顶点，完成矩形填充的放置。

继续放置新的矩形填充或者单击鼠标右键退出放置状态。

2．调整矩形填充大小和位置

选中矩形填充，出现九个控点，如图 13-15 所示。单击并拖动 A 控点，可同时调整矩形填充在水平和垂直方向的大小；单击并拖动 B 控点，调整矩形填充在水平或者垂直方向的大小；单击并拖动 C 控点，可使矩形填充围绕中心点旋转；单击矩形填充其余位置可以进行拖动。

在移动矩形填充的过程中，按下空格键可以旋转矩形填充，按下 X 和 Y 键可使矩形填充进行上下或者左右镜像翻转。

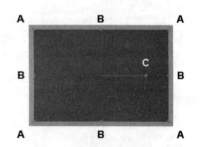

图 13-15　调整矩形填充大小和位置

3．编辑矩形填充属性

双击放置好的矩形填充或在放置状态按 Tab 键，打开其属性对话框，如图 13-16 所示。

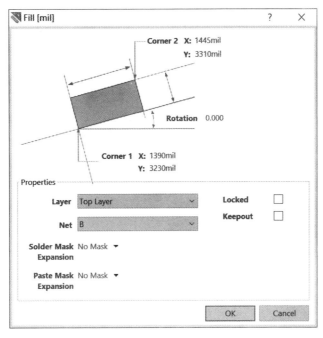

图 13-16　Fill 属性对话框

1）对话框上半部为矩形填充示意图，可以设置顶点坐标、旋转角度。
2）对话框下半部为矩形填充属性区域。
① Layer：设置矩形填充所在的板层。
② Net：设置矩形填充连接的网络。
③ Locked：锁定矩形填充。
④ Keepout：将矩形填充设为禁止布局布线区域。
⑤ Solder Mask Expansion：阻焊层扩展，用于设置是否需要绝缘漆开窗以及开窗区域。
⑥ Paste Mask Expansion：助焊层扩展，用于设定是否需要涂抹焊膏以及涂抹区域。

13.4.7　Solid Region（实心区域）

Solid Region 为多边形图元，除了形状更加复杂多变以外，其基本作用和 Fill 一致。

除此以外，Solid Region 还可以作为负片应用，起到抠铜或者抠板的作用，见本节关于 Solid Region 属性的说明。

1. 放置 Solid Region

执行菜单命令 Place ≫ Solid Region [P, R]，进入放置实心区域状态，单击鼠标左键确定多边形一个顶点，移动光标到合适位置再次单击，确定多边形的另一个顶点，按照同样的方法依次确定多边形的各个顶点，最后单击鼠标右键，系统会自动将第一个顶点和最后一个顶点连接起来形成实心区域。

2. 调整 Solid Region 大小和形状

选中 Solid Region，出现若干控点，实心白色控点为边的顶点，空心白色控点为边的中点，如图 13-17 所示，可以分别调整多边形的边线和顶点。选中实心区域后再进行下列调整操作。

图 13-17　实心区域

1)光标移动到实心区域内部变为十字箭头时,可以单击并拖动实心区域;在移动实心区域的过程中,按下空格键可以旋转实心区域,按下 X 和 Y 键可使实心区域进行上下或者左右镜像翻转。

2)调整边线:有三种模式:平行拖动边线、增加顶点和圆弧化边线。光标移动到边线上变为双向箭头且边线变为白色时,拖动鼠标即可调整边线,此时按下 Shift+Space 快捷键即可在三种模式中切换。

3)调整顶点:有三种模式:自由移动顶点、增加斜边和增加圆弧边。光标移动到实心白色顶点上变为双向或者四向箭头时,拖动鼠标即可调整顶点,此时按下 Shift+Space 快捷键即可在三种模式中切换。

可以通过观察状态栏和 Head Up 信息获知当前的编辑模式。

4)增加顶点:按下 Ctrl 键不放,移动光标到边线上,当光标下方出现一个白色控点时按下光标并轻微拖动即可增加顶点。

5)删除顶点,按下 Ctrl 键不放,移动光标到一个顶点附近,顶点呈现白色交叉线时按下鼠标保持一段短的时间,顶点即被删除。

以上对多边形区域的调整方式也适用于其他具备多边形轮廓的对象,例如电路板板形、覆铜、凸出的 3D 体、空间(room)。

3. 编辑 Solid Region 属性

双击放置好的实心多边形或在放置状态按 Tab 键,打开其属性对话框,如图 13-18 所示,Outline Vertices 选项卡用于设置多边形的每个顶点坐标,Graphical 选项卡用于设置主要属性。

图 13-18 实心区域对话框

1)选项卡上半部为实心区域示意图。

2)选项卡下半部为实心区域属性区域。

① Locked:锁定实心区域。

② Keepout:选中该复选框将实心区域设为禁止布线区域。

③ Kind：设置多边形类型。Copper 表示实心区域为铜箔，Polygon Cutout 表示挖掉和实心区域重叠的覆铜，Board Cutout 表示挖掉和实心区域重叠的电路板。

④ Layer：设置实心区域所在的板层。

⑤ Net：设置实心区域连接的网络。

⑥ Solder Mask Expansion：阻焊层扩展，用于设置是否需要绝缘漆开窗以及开窗区域。

⑦ Paste Mask Expansion：助焊层扩展，用于设定是否需要涂抹焊膏以及涂抹区域。

13.4.8 String（字符串）

字符串可以放置在不同板层上，并可以呈现不同的显示样式和格式，包括常见的条形码。除了用户自定义的字符串外，还可以利用特殊字符串来显示电路板相关的系统信息。

1．放置字符串

执行菜单命令 Place ≫ String[P, S]或者单击 Wiring 工具栏上的 **A** 按钮，进入放置字符串状态，光标变为十字形，并附着上次放置的字符串，移动到合适位置后，单击鼠标左键即可完成字符串的放置。继续放置新的字符串或者单击鼠标右键退出放置状态。

2．旋转并移动字符串

选中字符串，显示两个控点，如图 13-19 所示。单击并拖动 A 控点，可使字符串围绕 B 旋转；单击字符串除 A 控点以外的区域，可以拖动字符串。

3．编辑字符串属性

双击放置好的字符串或在放置状态按 Tab 键，打开字符串属性对话框，如图 13-20 所示。

1）字符串示意图：可以在其中修改字符串的 Height（高度）、Rotation（旋转角度）和 Location（位置）。

2）Properties：

① 文本框：在此输入字符串。输入"."，系统会自动给出预定义的特殊字符串列表，如果要显示其代表的具体内容，需要使能显示特殊字符串的选项，详见 10.7 节。

② Layer：字符串所在的板层。

③ Locked：是否锁定。

④ Mirror：是否镜像。

⑤ Font：字体类型。有三种选项，分别为 True Type、Stroke 和 BarCode（条形码）。Stroke 字体完全由直线和圆点组成，直线之间的夹角为 90°或者 45°。BarCode 字体类型将字符串显示为条形码。

3）根据所选字体的不同，对话框下部区域的选项也有所不同。

① 如果 Font 选择为 True Type，则需设置以下属性，如图 13-20 所示。

a．Font Name：选择字体名称。

b．Bold、Italic：是否粗体、斜体。

c．Inverted：是否反转显示，即用背景颜色显示

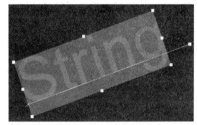

图 13-19　旋转字符串

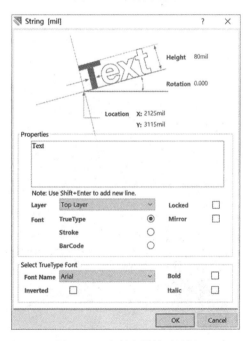

图 13-20　字符串属性对话框

字符串，用字符串颜色作为背景。

② 如果 Font 选择为 Stroke，则只需设置一个 Font Name 属性即可。

③ 如果 Font 选择为 BarCode，则需设置以下属性，如图 13-21 所示。

    a. Type：选择条形码类型，有 Code 39 和 Code 128 两种类型。

    b. Render Mode：表现模式。

    c. Full Width、Full Height、MinWidth：设置条码的完整宽度、高度以及最小宽度，与表现模式有关。

    d. Left/Right Margin 和 Top/Bottom Margin：设置左右上下的边距。

    e. Show Text：是否显示文字。

    f. Inverted：是否翻转。

    g. Font Name：选择字体名称。

不同字体类型的实例如图 13-22 所示。

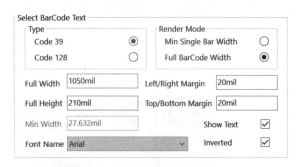

图 13-21　条形码选项

图 13-22　字体类型举例

13.4.9　实例演示

下面利用前面介绍的知识对简易直流电压表进行 PCB 布局。

【例 13-4】手工布局元件。

打开例 13-1 中编辑好的 Voltage_Meter.PrjPCB 工程，双击打开其中的原理图和 Voltage_Meter.PcbDoc 文档，并使用 Windows ≫ Tile Vertically 菜单命令将它们并排显示，如图 13-23 所示。

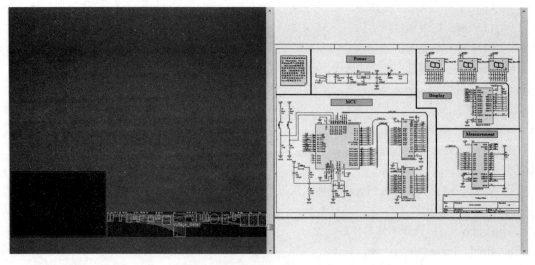

图 13-23　原理图与 PCB 的交叉访问

从原理图中可以看到电路包括 Power、Display、Measurement 和 MCU 四个单元模块。

在例 13-1 中，元件已经全部导入了 PCB 文档，并放置在枣红色的 Room 中，系统为四层板，依次为 Top Layer、Ground（连接 GND 网络）、Power（连接 VCC 网络）和 Bottom Layer。

（1）单击枣红色 Room 区域的空白处选中 Room，按下 Delete 键删除。

（2）按照 13.3.2 小节中介绍的 PCB 和原理图文档的交叉访问方法在原理图中选中元件，然后在 PCB 文档中进行放置。元件放置的基本原则详见 9.3.2 小节。放置后的元件应该尽量减少预拉线的交叉，努力做到平滑顺直，不打结。

（3）在原理图中选中 Power 电源电路的电源插座 J1，PCB 中对应的 J1 会被选中，移动光标到 PCB 编辑窗口文档标签上并单击左键，然后拖动 J1 到电路板区域的边缘放置。

（4）依次在原理图中选中 Power 单元模块的其他元件（可以按下 Shift 键一次选中多个元件），将这些元件移动到电路板区域的合适位置放置。如果元件变为绿色，通常是因为元件间距太小，违反了设计规则。在放置过程中，按下 Space 键可以旋转元件方向，按下 X 和 Y 键可以镜像放置元件。如果需要非 90°的旋转步长，可以在首选项对话框（DXP ≫ Preferences）中的 PCB Editor→General 配置页进行修改，也可以直接在元件属性对话框中修改其摆放角度。注意，连接到 VCC 和 GND 的通孔引脚焊盘之间并没有预拉线，而且焊盘中间有红色或者绿色的十字线，这表示焊盘连接到内部平面层，并通过该层实现互连。放大焊盘，可以看到其所属的网络。

（5）按照同样的方法，依次放置 MCU 模块中的 P89C52X2FA 及其周边元件，Measurement 模块中的 ADC0809FN 及其周边元件，Display 模块中的 MAX7219CWG 及其周边元件，如图 13-24 所示。

（6）放好元件后，需要对元件位置进行细调，同时需要对齐某些元件。例如，对齐三个数码管 DS1~DS3。选中这三个数码管，按下快捷键 A＋T，使它们顶部对齐，再按下快捷键 A＋D，使它们间距相等。

（7）调整丝印层字符的摆放角度，字符串放置尽量方向一致，方便查看。字符串不要与焊盘接触。可以直接拖动字符串到合适的位置。拖动

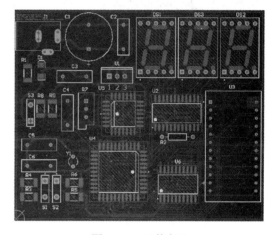

图 13-24　元件布局

字符串时按下 Space 键旋转，按下 X 和 Y 键镜像放置。如有必要，单击并旋转放置好的字符串至合适角度，也可以双击字符串打开其属性对话框，直接输入需要旋转的角度。

（8）放置好的 PCB 布局所占的面积可能与电路板的面积存在较大差异，由于本例中对于电路板尺寸没有严格规定，因此可以移动电路板以及禁止布线区域的边界线进行板形与禁止布线区域的调整。

（9）最终调整好的 PCB 布局如图 13-24 所示。

13.5　思考与实践

1．思考题

（1）如何定义禁止布线区域？它的作用是什么？

（2）列举与布局相关的设计规则。

(3) 简述 PCB 与原理图的交叉访问功能。

2．实践题

（1）重做本章的例 13-4，读者也可以设计与图 13-24 不同的布局。

（2）新建一个空白的 PCB 文档，在其中练习放置焊盘、过孔、圆弧、矩形填充、坐标、实心区域和字符串，并尝试修改其属性，观察结果。

（3）打开第 11 章实践题（3）中的 Chap-11-3.PrjPCB 工程，将 PCB 中的元件进行布局。图 13-25 可以作为参考，但读者完全可以设计不同的布局。

（4）打开第 7 章实践题（1）的 Chap7-1.PrjPCB 工程，在其中新建 Chap7-1.PcbDoc 文档，将原理图同步到 PCB 文档中，对元件进行布局。图 13-26 为参考布局。

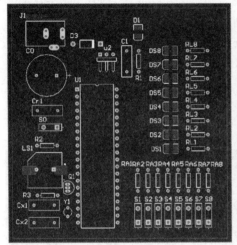 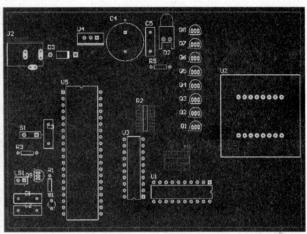

图 13-25　实践题（3）　　　　　　图 13-26　实践题（4）

第 14 章　电路板布线

在完成电路板布局以后,紧接着进行电路板布线工作。Altium Designer 提供强大的自动布线功能,不仅支持对整个电路板的全局布线,而且支持对元件、网络的局部自动布线。除此以外,Altium Designer 还支持更加灵活的手工布线功能,用户可以完全控制走线轨迹和参数。除了通常的交互式布线外,还支持差分对布线、多走线同时布线、等长布线等功能。

在进行电路板布线之前,首先要根据电路板需求设置好相应的设计规则,无论自动布线还是手工布线都受到设计规则的约束。在布线时,对于简单电路板,可以全部手工布线。对于复杂电路板,关键线路执行手工布线,剩下的部分既可以执行自动布线,也可以仍然使用手工布线,最后对走线进行局部调整。

14.1　自动布线

Altium Designer 提供强大的自动布线功能。所谓的自动布线就是根据用户设定的布线规则,利用布线算法,自动在各个元件间进行连线,实现元件之间的电气连接关系,进而快速完成 PCB 的布线工作。布线算法对电路板的布通率有很大影响。

14.1.1　布线相关的设计规则

和布线相关的设计规则很多,包括 Width、Clearance、Short Circuit、Unrouted Net、Routing Vias、Routing Layers、SMD Fanout Control、Routing Priority、Routing Corners 等。系统预定义了必需的具体设计规则。用户可以直接使用这些设计规则进行布线或者根据实际需要自行定义新的设计规则。

14.1.2　全局自动布线

执行菜单命令 Route ≫ Auto Route ≫ All,打开 Situs Routing Strategies 对话框,如图 14-1 所示。Situs 是 Altium Designer 的布线引擎,它会在自动布线前开始 DRC(Design Rule Check),并在对话框上半部分显示检查报告,报告的内容包括当前定义的设计规则、相互冲突的设计规则、信号层的布线方向、钻孔层对的设置等会影响布线性能的内容,并给出一些修改建议。用户应该仔细审查列出的各种错误和警告信息。如有必要,应对相关设计规则进行调整。错误的设计规则可能会显著降低布线速度,并使自动布线算法在无法布通的区域内反复尝试,最终导致布线失败。

其他选项介绍如下:

1)Edit Layer Directions 按钮:单击该按钮打开 Layer Directions 对话框,如图 14-2 所示。其中列出了所有信号层的布线方向,单击 Current Setting 列的单元格,可以在下拉列表中选择布线方向。对于最外面的信号层,建议采用水平或者垂直方向,而对于内部信号层,则可以根据该层连接线的主要分布方向选用相应的时钟方向,如采用 2 O'Clock 方向。尽量不要采用 Any 作为布线方向,除非是单层板布线。

2)Edit Rules 按钮:单击打开设计规则对话框。

Situs Routing Strategies 对话框下半部分列出了当前定义的自动布线策略,如 Default 2 Layer Board、Default Multi-Layer Board 等。

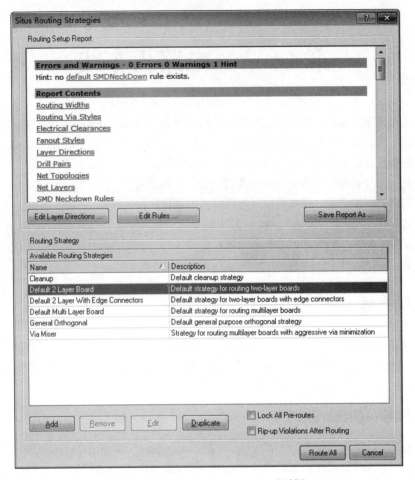

图 14-1　Situs Routing Strategies 对话框

3）Add 按钮：单击打开 Situs Strategy 编辑器，用户可以定义一个新的布线策略，并添加该布线策略的组成部分（Pass），组成部分的顺序可以是任意的，也可借鉴已有布线策略的顺序安排。

4）Remove 按钮：移除用户定义的布线策略。

5）Edit 按钮：编辑用户定义的布线策略。

6）Duplicate 按钮：复制选中的布线策略，可以在此基础上定义新的布线策略。

7）Lock All Pre-routes：使能则保留已有的布线。如果已经布好关键布线，在使用自动布线前，需要选中该复选框，否则自动布线器可能会改变已有的布线。

8）Rip-up Violations After Routing：使能则在自动布线完成后删除违反设计规则的布线。

图 14-2　Layer Directions 对话框

9）Route All 按钮：开始自动全局布线。此时会出现一个对话框，显示布线的进度。如果布线完全成功，最后一条信息是"routing Finished with 0 contentions. Failed to complete 0 connections in x seconds"。

布线完毕以后，可以使用 Ctrl + Z 快捷键取消前面的布线操作，也可以使用 Tools ≫ Un-Route All

取消所有的布线。更多的关于删除布线的操作，详见 14.2 节。

14.1.3 局部自动布线

除了全局自动布线命令以外，AD 17 在 Route ≫ Auto Route 菜单下还提供了其他自动布线命令。

1. 自动布线网络

执行菜单命令 Route ≫ Auto Route ≫ Net，光标变为十字形，移动光标到焊盘或者预拉线上单击，该焊盘或预拉线所属的网络会自动布线。

2. 自动布线网络类

执行菜单命令 Route ≫ Auto Route ≫ Net Class，打开网络类布线选择对话框，在其中选择一个网络类，单击 OK 按钮，该网络类包含的所有网络将自动布线。

3. 自动布线连接

连接（Connection）指的是两个焊盘之间以铜箔走线或者连接线的形式表示的电气连接。执行菜单命令 Route ≫ Auto Route ≫ Connection，光标变为十字形，移动光标到焊盘或者预拉线上单击完成所在连接线的自动布线。

利用 Ctrl 键也可以自动对连接布线。按下 P + T 快捷键进入交互式布线状态，移动光标到焊盘或者预拉线上，然后按下 Ctrl 键不放，再单击鼠标左键，如果存在不违反设计规则的路径，系统会自动完成起点焊盘和终点焊盘之间的走线。

自动完成连接功能还适用于部分完成的走线段，按下 Ctrl 键的同时单击部分完成的走线段的端点或者留存的连接线，也能自动完成走线。

使用 Ctrl 键自动连线的方法只能在同一信号层进行布线。

4. 自动布线区域

执行菜单命令 Route ≫ Auto Route ≫ Area，光标变成十字形，单击鼠标左键确定矩形区域一个顶点，移动光标改变矩形大小，再次单击鼠标左键确定整个矩形区域，所有完全包含在矩形区域内的连接线（含起点和终点）会被自动布线。

5. 自动布线 Room

执行菜单命令 Route ≫ Auto Route ≫ Room，光标变成十字形，移动光标到某个 Room 上单击，所有完全包含在 Room 区域内的连接线（含起点和终点）会被自动布线。

6. 自动布线元件

执行菜单命令 Route ≫ Auto Route ≫ Component，光标变成十字形，移动光标到某个元件上单击，该元件的所有连接线会被自动布线。

7. 自动布线元件类

执行菜单命令 Route ≫ Auto Route ≫ Component Class，打开元件类布线选择对话框，选择一个元件类，该元件类中所有元件的连接线会被自动布线。

8. 自动布线被选中元件的连接线

首先选中待布线的一个或多个元件，然后执行菜单命令 Route ≫ Auto Route ≫ Connections On Selected Component，被选中元件的所有连接线会被自动布线。

9. 自动布线被选中元件之间的连接线

首先选中待布线的两个或更多元件，然后执行菜单命令 Route ≫ Auto Route ≫ Connections Between Selected Component，被选中元件之间的所有连接线会被自动布线。

10. 自动布线策略控制

Route ≫ Autoroute 子菜单下的 Setup 用来配置自动布线策略，Stop 用于停止自动布线，Reset

用于重置自动布线配置，Pause 用于暂停自动布线。

14.1.4 子网跳线命令

Subnet Jumper（子网跳线）是系统自动增加的一小段铜箔走线，用来将断开的走线连接起来。

1. 添加子网跳线

当一个网络的铜箔走线从中间断开时，执行菜单命令 Route ≫ Add Subnet Jumper，弹出 Jumper Connector 对话框，在 Maximum Subnet Separation 文本框输入最大断开间距，所有间距小于该最大断开间距的断线都会用 Jumper 自动接续上。例如，图 14-3 中从总线两端的焊盘分别向中间引出两段总线并保留一小段间距不连接（图 14-3 中间的 8 根白色斜线段实为连接线），执行该命令并设置合适的最大断开间距后，系统会自动将两段总线用一小段 Jumper 连接上，如图 14-4 所示。

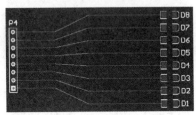 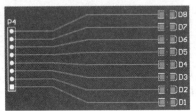

图 14-3　中间断开的总线　　　　　　　图 14-4　使用 Jumper 连接的总线

2. 移除子网跳线

执行菜单命令 Route ≫ Remove Subnet Jumper，所有添加的 Jumper 会被删除。

14.1.5 扇出命令

Fanout（扇出）是对贴片元件的一种自动布线操作，其具体内容详见 12.2.2 小节。菜单 Route ≫ Fanout 下包含若干与扇出相关的菜单命令，见表 14-1。

表 14-1　Fanout 相关菜单命令

菜单命令	说明
All	扇出所有贴片元件的焊盘
Power Plane Nets	扇出连接到平面层的贴片焊盘
Signal Nets	扇出连接到信号层的贴片焊盘
Net	扇出某网络的贴片焊盘，执行该命令后需选择该网络中的焊盘或连接线
Connections	扇出某连接线上的贴片焊盘，执行该命令后需选择连接线
Select Components	扇出选中元件的贴片焊盘
Pad	扇出贴片焊盘，执行该命令后需选择焊盘
Room	扇出某个 Room 中的贴片焊盘，执行该命令后需选中 Room

在这些命令当中，最重要且最基础的是 Fanout ≫ All 命令。

1）Fanout ≫ All（全部扇出）：该命令用来扇出当前工程中所有表贴式焊盘，无论这些焊盘是连接到信号还是内部平面层。扇出过程受到以下设计规则的约束。

① Fanout Control 设计规则子类：包含的具体设计规则按照优先级从高到低依次为：

　　a. Fanout_BGA：适用于 BGA 封装的元件。

　　b. Fanout_LCC：适用于 LCC 封装的元件。

　　c. Fanout_SOIC：适用于 SOIC 封装的元件。

d. Fanout_Small：适用于引脚数目小于 5 个的小型贴片封装元件。

e. Fanout_Default：适用于其他贴片元件。

② Routing Via Style 设计规则：控制扇出的过孔的样式。

③ Routing Width 设计规则：控制连接焊盘和过孔的走线宽度。

④ Routing Layers 设计规则：控制布线板层。

⑤ Clearance 设计规则：控制走线之间的安全间距。

需注意无法满足设计规则的焊盘不会扇出。

执行该命令后，弹出 Fanout Options 对话框，如图 14-5 所示，其选项说明如下。

① Fanout Pads Without Nets：扇出没有网络连接的焊盘，这类焊盘其实并没有与其他焊盘或者内部平面层连接。

② Fanout Outer 2 Rows of Pads：扇出最外面的两排焊盘。最外面的两排焊盘如果直接连接到同一信号层的其他焊盘，可能并不需要扇出，而是直接在本信号层上走线即可。

③ Include escape routes after fanout completion：选中该选项后，在扇出完成后系统还会为过孔加上一段走线并引到元件覆盖区域外部，这也是逃逸布线名称的由来。逃逸布线可以在任何允许布线的板层完成。选中该选项后会激活下面的 BGA 逃逸布线选项：

a. Cannot Fanout using Blind Vias（no layer pairs defined）：选中该选项，则在扇出过程中禁止使用未经板层对定义的盲孔。

b. Escape differential pair pads first if possible（same layer, same side）：选中该选项后，在需要放置多条逃逸走线时优先放置差分对逃逸布线。

图 14-6 是 SOIC 和 BGA 封装的芯片扇出的例子。

2）掌握了 Fanout ≫ All 命令以后，理解其他扇出命令非常容易，不再赘述。

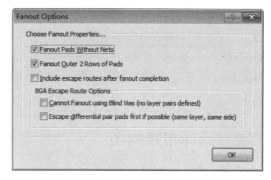

图 14-5 Fanout Options 对话框

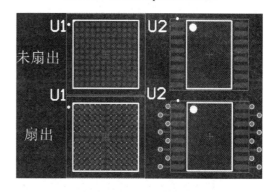

图 14-6 贴片封装扇出

【例 14-1】电路板自动布线。

（1）打开本例对应的电子资源 Voltage_Meter.PrjPCB 工程，双击打开 Voltage_Meter.PcbDoc 文档，进入 PCB 编辑环境。

（2）自动布线一个网络。打开 Filter 工具栏，在最左边的网络过滤框中选择 OE，编辑窗口会遮蔽其他对象，仅显示属于 OE 网络的两个焊盘。执行菜单命令 Route ≫ Auto Route ≫ Net，光标变为十字形，移动光标到其中一个焊盘上单击，系统会弹出 Messages 面板显示布线过程，关闭 Messages 面板，可以看到这两个焊盘之间已经完成了走线。

（3）自动布线一个元件。打开 Filter 工具栏，在中间的元件过滤框中选择 U2，编辑窗口会遮蔽其他对象，仅显示 U2。执行菜单命令 Route ≫ Auto Route ≫ Component，光标变为十字形，移动光标到 U2 上单击，系统会弹出 Messages 面板显示布线过程，关闭 Messages 面板，可以看到元件 U2 已经完成了走线。

（4）自动完成两个元件之间的走线。打开 Filter 工具栏，在右边的查询语句框中输入"InComponent('U3') Or Incomponent('U4')"，按下 Enter 键以后编辑窗口会遮蔽其他对象，仅显示 U3 和 U4。同时选中这两个元件，然后执行菜单命令 Auto Route ≫ Connections Between Selected Component，系统会弹出 Messages 面板显示布线过程，关闭 Messages 面板，单击编辑窗口右下角的 Clear 按钮，可以看到元件 U3 和 U4 之间的所有走线都已经完成。

⚠ 对于本例，因为元件不多，容易找到 U3 和 U4，所以也可以不使用 Filter 工具栏和查询语句，但是对于比较复杂的电路，利用查询语句是一个好的方法。

（5）自动完成电路板全局布线。首先删除已有布线，按下 U 键，然后按下 A 键，清除所有布线。执行菜单命令 Route ≫ Auto Route ≫ All，系统开始全局自动布线过程，Messages 面板显示布线过程，最终的布线结果如图 14-7 所示。

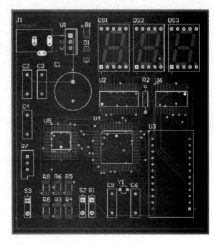

图 14-7　全局自动布线

14.2　选择布线网络

1. 选择或高亮显示网络

直接在走线上单击鼠标左键，只能选中单击处的走线段，不会选中由多条走线段组成的完整走线。

按下 S + C 快捷键或者执行菜单命令 Edit ≫ Select ≫ Physical Connection，光标变为十字形，在走线上单击，可以选中位于两个焊盘之间的完整走线（不包括焊盘）。

按下 S + N 快捷键或者执行菜单命令 Edit ≫ Select ≫ Net，光标变为十字形，在走线、焊盘、过孔、矩形填充等电气对象上单击，可以选中该电气对象所属的整个网络。

按下 Ctrl + H 快捷键或者执行菜单命令 Edit ≫ Select ≫ Connected Copper [S, P]，光标变为十字形，单击任意电气对象（走线、焊盘、矩形填充、覆铜等），可以将所有与之互连的铜箔都选中。

按下 Ctrl 键再单击网络中的任何对象（焊盘、走线、过孔等），可以正常显示该网络，而遮蔽其他对象。按下 Ctrl 键，然后光标在空白部位双击可以清除遮蔽状态，也可单击 Clear 按钮清除遮蔽状态。

2. 使用菜单命令选择多条走线（Track）

（1）执行菜单命令 Edit ≫ Select ≫ Touch by Line，然后用光标画一条虚线，所有与该虚线接触的走线段都被选中。如果按下 Shift 键再画虚线，则可以在已有被选中走线段的基础上继续增加选择新的走线段。

（2）执行菜单命令 Edit ≫ Select ≫ Touch by Rectangle，单击鼠标左键，然后拉出一个矩形，再次单击鼠标左键确定矩形区域，所有全部或者部分包含在矩形区域内的对象都会被选中。

以上方式也可以用来选择其他 PCB 对象。

3. 选择连接线（Connection Line）及其所在网络

（1）选择单条连接线：按下 Alt 不放，同时单击某条连接线即可选中。

（2）选择多条连接线：按下 Alt 不放，同时按下鼠标左键，从左向右拖出一个矩形，所有完全包含在矩形内的连接线都被选中；或者从右向左拖出一个矩形，所有与矩形接触的连接线都被选中（这称为 AD 的智能拖拽选择）。

（3）使用 Tab 键进行扩展选择：保持上面连接线的选中状态，按下 Tab 键即可选中连接线所在网络的所有对象（包括焊盘、过孔、走线等），继续按下 Tab 键循环切换以前的选择状态。

4. 选择焊盘、过孔或走线段及它们所在的网络

（1）选择单个焊盘、过孔或走线段：单击某个焊盘、过孔或走线段，即可选中。

（2）选择多个焊盘、过孔或走线段：按下 Ctrl 键不放，同时按下鼠标左键，从左向右拖出一个矩形，所有完全包含在矩形内的焊盘、过孔或走线段都被选中；或者从右向左拖出一个矩形，所有与矩形接触的焊盘、过孔或走线段都被选中（这称为 AD 的智能拖拽选择）。

（3）使用 Tab 键进行扩展选择：保持上面焊盘、过孔、走线段的选中状态，第一次按下 Tab 键选中与焊盘、过孔、走线段连接且在同一层的走线，第二次按下 Tab 键选中焊盘（或过孔、走线段）所在网络的所有对象（包括焊盘、过孔、走线等）。继续按下 Tab 键循环切换以前的选择状态。

在执行上述操作时，按下 Shift 键可以保持已有的对象被选中状态，同时添加新的选择对象。

14.3 删除布线

在自动或者手工布线后，如果不满意，可以按下 Ctrl + Z 快捷键取消前面的布线操作，或者选中走线（选择走线的方法有多种，详见 14.6.1 小节）后，按 Delete 键删除，也可以使用 Altium Designer 提供的删除布线命令。删除布线的命令主要在 Route ≫ Un-Route 菜单下，也可以按下快捷键 U+U 来调出该菜单。这些菜单命令介绍如下：

1）Route ≫ Un-Route ≫ All：删除电路板上的所有布线。

2）Route ≫ Un-Route ≫ Net：删除某个网络的所有布线。执行该命令后，光标变为十字形，移动到属于某个网络的铜箔走线或者焊盘上单击，即可删除该网络的所有走线。

3）Route ≫ Un-Route ≫ Connection：删除两个焊盘之间的铜箔走线。执行该命令后，光标变为十字形，移动到铜箔走线或者任意一个焊盘上方，单击鼠标左键即可删除该走线，取而代之的是预拉线连接。

4）Route ≫ Un-Route ≫ Component：删除某元件连接的所有铜箔走线。执行该命令后，光标变为十字形，移动到该元件上单击，即可删除该元件所有焊盘连接的走线。

5）Route ≫ Un-Route ≫ Room：删除某个 Room 中的所有铜箔走线。执行该命令后，光标变为十字形，移动光标到某个 Room 上单击，弹出如图 14-8 所示的确认对话框。单击 Yes 按钮，则所有从 Room 内部延伸到外部的铜箔导线也会被删除。而单击 No 按钮，则只有完全包含在 Room 内部的铜箔导线才会被删除。

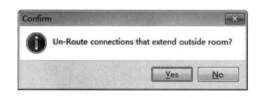

图 14-8　删除 Room 布线确认对话框

14.4 交互式布线

交互式布线其实就是手工布线，也就是将属于同一个网络的焊盘、过孔用铜箔走线（Track）进行手工连接。在布线过程中，可以随时利用快捷键设置走线和过孔的参数，包括走线的线宽、板层、过孔的大小等，还可以控制走线路径、冲突解决方案、转角模式等。总之，交互式布线对布线过程能够完全控制，具有高度的灵活性，能够反映工程师的设计风格和专业水平。在设计美观、实用、稳定工作的电路板时，交互式布线是必不可少的环节。

在开始交互式布线之前，需要制定好相应的设计规则，如走线宽度、安全间距等，对于普通电路，可以直接使用系统提供的默认设计规则。

⚠ 布线过程中的所有操作都必须遵守设计规则约束。如违反，则操作不会成功或者会显示违规报警。默认情况下，违规部位会呈现绿色，放大观察会看到 DRC 符号标记，详见 17.7 节。

和交互式布线相关的选项可通过以下两种方式进行配置：
1）首选项对话框（DXP ≫ Preferences）中的 PCB Editor→Interactive Routing 配置页。
2）在交互式布线状态按下 Tab 键打开的交互式布线对话框。

1. 基本布线操作

执行菜单命令 Route ≫ Interactive Routing 或者单击 Wiring 工具栏上的 按钮或者按下快捷键 P+T，光标变为十字形，进入交互式布线状态。移动光标到一个焊盘上，单击后该焊盘所属网络被高亮显示，而其余对象都变暗。此时移动光标即可拉出一条走线，走线颜色由当前工作层的颜色决定，如顶层信号层的走线默认为红色，底层信号层的走线默认为蓝色。

（1）系统规划路径

随着光标的移动，系统会根据当前的走线模式、转角方向、冲突解决方案以及相关的设计规则，在起点焊盘和光标位置间规划一条走线路径，铜箔走线将从起点焊盘出发，沿着该路径一直延伸到光标当前位置。移动光标到终点焊盘后，如果对系统规划路径满意，按鼠标左键将铜箔走线固定到终点焊盘处。此时仍处在该网络的走线状态，可将终点焊盘作为新起点，继续走线，也可单击鼠标右键退出该网络的布线，然后可以选择新的起点焊盘开始布线。所有走线完成后，单击鼠标右键或者按下 Esc 键退出交互式布线状态。

该规划路径是以光标移动轨迹为导引的，因此不同的光标移动轨迹可能会产生不同的规划路径。如果发现规划路径并不沿着光标轨迹运动，则可以修改 Follow Mouse Trail 属性，详见 17.8 节。

（2）自定义路径

由于系统规划路径要受到走线模式、转角方向、冲突解决方案以及相关的设计规则的约束，同时还要尽量满足走线段数量最小的要求，并且只能在同一板层走线，因此在复杂布线区域容易出现无法找到规划路径的情形，也就是说铜箔走线无法从起点焊盘一直延伸到终点焊盘。

对于不存在规划路径或者即使找到了规划路径，但是用户对规划路径不满意的情况，可以用光标引导走线走用户自定义的路径。每走出一段满意的路线，按下鼠标左键加以固定，然后继续走出下一段路线，再次单击左键固定该部分走线，如此继续，直到到达终点焊盘。完成走线后，单击鼠标右键退出交互式布线操作。

2. 前瞻模式

走线时系统默认采用前瞻模式（Look Ahead Mode）。在此模式下，当未固定的走线部分包含转角时，直接与光标相连的走线段为空心部分，其余走线段填充有交叉线，如图 14-9 所示。当单击鼠标左键时，固定的是填充交叉线的走线段。因此，前瞻模式可以提前走一段线，待预览合适后再进行固定。这种方式有利于控制走线的趋势，更好地确定各段走线的长度和转折点。非前瞻模式没有空心走线段，单击鼠标左键所有走线段都被固定，如图 14-10 所示。

图 14-9 前瞻模式

图 14-10 非前瞻模式

当采用前瞻模式从一个焊盘连线到另一个焊盘时,如果最后待固定的走线包含了转角,则需要单击鼠标左键两次才能将走线固定到终点焊盘。

按下键 1 可以在前瞻和非前瞻模式之间进行切换。

3. 交互式布线快捷键

在交互式布线状态,可以使用以下几个快捷操作。

1)按下 Enter 键或者单击鼠标左键固定一段走线。

2)按下 Esc 键或者单击鼠标右键终止当前走线。

3)按下 Backspace 键删除前一段走线的固定状态,使其回到自由状态。可以连续使用 Backspace 键依次删除前面固定的各走线段直到整条走线都恢复自由状态。

4)如果起点焊盘连接到多个其他焊盘,按下键 7 可以在这些不同连接间进行循环切换。例如,焊盘 A 同时连接焊盘 B1 和 B2,假设开始从 A 到 B1 走线,按下键 7 后改为从 A 到 B2 走线。

5)按下键 9 可以交换起点和终点焊盘。原来的起点焊盘变为终点焊盘,原来的终点焊盘变为起点焊盘。

6)按下 Ctrl 键 + 单击鼠标左键可以自动完成当前走线,但是当距离太远或者跨层走线时会失败。

7)按下 ~ 键或者 Shift + F1 快捷键,可以显示布线操作相关的菜单及其快捷键。

4. 交互式布线中的拓扑连接

在布线时,连接线具有指示终点焊盘的作用。但实际上,手工布线时不是必须要连接到连接线所指示的焊盘,可以用铜箔走线连接属于同一个网络的任意两个焊盘,而不用管这两个焊盘之间是否有连接线连接。Altium Designer 的连接分析器会实时跟踪分析网络布线的完成情况,并根据 Routing Topology 设计规则添加或者删除连接线,确保整个网络拓扑的连通性。例如,在图 14-11 中,焊盘 A 与 C 没有连接线连接,但是属于同一个网络,在交互式布线中,可以直接连接 A 与 C 这两个焊盘,布线完成后,网络拓扑会自动更新。

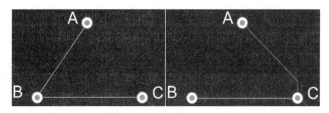

图 14-11 焊盘之间的拓扑连接

5. 转角模式

在布线时,往往需要改变走线方向,AD 17 提供了几种转角模式,这些转角模式决定了相邻走线段之间的连接方式和夹角。在交互式布线状态下,按下 Shift + 空格键在这些转角模式间切换,按下空格键可以切换转角的方向。这些转角模式如图 14-12 所示。

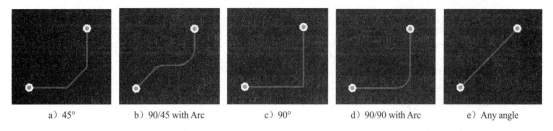

a)45°　　b)90/45 with Arc　　c)90°　　d)90/90 with Arc　　e)Any angle

图 14-12 交互式布线转角模式

1）45°：相邻两段走线的夹角为 45°。

2）90/45 with Arc：带弧度的 90/45 转角模式。

3）90°：相邻两段走线的夹角为 90°。

4）90/90 with Arc：带弧度的 90/90 转角模式。

5）Any angle：任意角度转角模式。

对于带弧度的转角模式，在布线时可以使用英文符号"."增加圆弧半径，使用英文符号","减小圆弧半径，按下 Shift+"."或者 Shift+","，圆弧半径改变速率增加 10 倍。

6．冲突解决方案

在交互式布线过程中，当走线在前进路径上遇到电路板上其他对象（如焊盘、走线、过孔等）阻挡时，就会产生冲突，AD 17 提供了几种冲突解决方案。

1）Ignore Obstacles（忽略障碍物）：这是最鲁莽的一种冲突解决方案。此方案跟随光标轨迹走线，无视前进路径上障碍物的存在。用户可以随意走线，如果违规，系统会高亮显示违规部分。

2）Push Obstacles（推挤障碍物）：此方案将跟随光标的轨迹，试图推开障碍物（如走线、过孔等），以腾出容纳新走线的空间。如果无法在不违反设计规则的前提下推开障碍物并腾出足够空间，走线会在产生冲突处停止。

3）Walk around Obstacles（绕开障碍物）：此方案将跟随光标轨迹，试图找到一条绕过障碍物的路径。如果无法在不违反设计规则的前提下绕过障碍物，走线会在产生冲突处停止。

4）Stop At First Obstacle（在第一个障碍物处停止）：这是最谨慎的一种冲突解决方案，走线会在第一个障碍物前停下。

5）Hug and Push Obstacles（紧贴并推挤障碍物）：此方案紧贴障碍物走线，即与障碍物保持尽可能小的间距，在必要时会推挤障碍物以继续走线。可以用这种方案实现与已有布线平行走线。

6）AutoRoute On Current Layer（在当前层自动布线）：此方案会选择 Pushing 或 Walking around 方案在当前板层进行最短长度的自动布线。

7）AutoRoute On Multiple Layers（在多层自动布线）：此方案会选择 Pushing 或 Walking around 方案以及板层切换以实现多层最短路径自动布线。

前五种非自动布线方案见表 14-2。

表 14-2 冲突解决方案说明

冲突解决方案的布线	说　　明
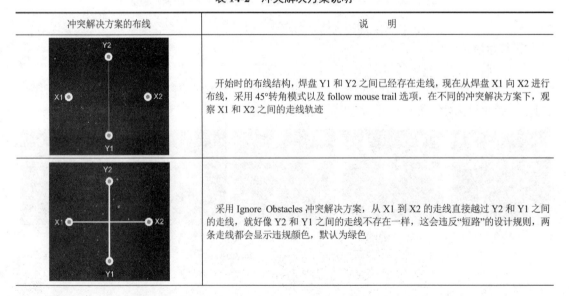	开始时的布线结构，焊盘 Y1 和 Y2 之间已经存在走线，现在从焊盘 X1 向 X2 进行布线，采用 45°转角模式以及 follow mouse trail 选项，在不同的冲突解决方案下，观察 X1 和 X2 之间的走线轨迹
	采用 Ignore Obstacles 冲突解决方案，从 X1 到 X2 的走线直接越过 Y2 和 Y1 之间的走线，就好像 Y2 和 Y1 之间的走线不存在一样，这会违反"短路"的设计规则，两条走线都会显示违规颜色，默认为绿色

（续）

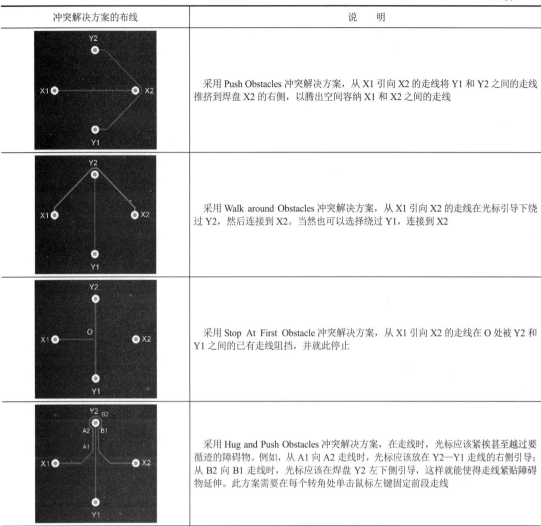

冲突解决方案的布线	说　明
	采用 Push Obstacles 冲突解决方案，从 X1 引向 X2 的走线将 Y1 和 Y2 之间的走线推挤到焊盘 X2 的右侧，以腾出空间容纳 X1 和 X2 之间的走线
	采用 Walk around Obstacles 冲突解决方案，从 X1 引向 X2 的走线在光标引导下绕过 Y2，然后连接到 X2。当然也可以选择绕过 Y1，连接到 X2
	采用 Stop At First Obstacle 冲突解决方案，从 X1 引向 X2 的走线在 O 处被 Y2 和 Y1 之间的已有走线阻挡，并就此停止
	采用 Hug and Push Obstacles 冲突解决方案，在走线时，光标应该紧挨甚至越过要循迹的障碍物。例如，从 A1 向 A2 走线时，光标应该放在 Y2—Y1 走线的右侧引导；从 B2 向 B1 走线时，光标应该在焊盘 Y2 左下侧引导，这样就能使得走线紧贴障碍物延伸。此方案需要在每个转角处单击鼠标左键固定前段走线

在布线过程中，按下 Shift + R 快捷键可以在这几种冲突解决方案中进行切换；按下 Tab 键可以在打开的交互式布线对话框中激活或者禁用这些冲突解决方案。

7. 改变走线宽度

在交互式布线过程中，可以通过改变走线宽度模式来改变走线宽度。一共有四种走线宽度模式：Rule Maximum、Rule Preferred、Rule Minimum 和 User Choice。交互式走线时按下数字 3 键可以在这四种宽度模式之间进行循环切换，或者按下 Tab 键后在打开的交互式布线对话框中进行选择。通过 HUD 和状态栏可以查看实际采用的走线宽度和模式。

在交互式布线时，下列两种方式均可设置 User Choice 宽度并进入 User Choice 走线宽度模式：

（1）按下 Shift +W 快捷键打开预定义的走线宽度对话框，如图 14-13 所示，可从中选择合适的宽度。每种

图 14-13　走线宽度对话框

宽度都用英制和公制同时表示，第三列 Units 表示走线宽度实际采用的长度单位。例如，选用 5mil 线宽时，系统采用英制单位；选用 7.874mil 时，系统采用公制单位。选中 Apply To All Layers 复选框，此宽度将应用到所有层的走线。通过首选项对话框（DXP》Preferences）中的 PCB Editor→Interactive Routing 配置页的 Favorite Interactive Routing Widths 按钮可增删预定义走线宽度。

（2）按下 Tab 键，在打开的交互式布线对话框左上区域的宽度文本框中直接输入走线宽度数值。

四种宽度模式下使用的走线宽度介绍如下：

1）在 User Choice 模式下，走线宽度分为两种情况：

① 如是首次布线，则走线宽度为 Width 设计规则范围内与 10mil 最接近的宽度。

② 否则，走线宽度为 Width 设计规则范围内与上次使用的走线宽度最接近的宽度。

注意：User Choice 宽度受到作用于当前走线网络的 Width 设计规则的约束，超出范围的 User Choice 宽度会被截断。例如，Width 设计规则规定的最小宽度为 10mil，最大宽度为 20mil，用户选择 25mil，那么实际采用的线宽为 20mil。

2）在其余三种走线宽度模式下，走线宽度分别为作用于当前走线网络的 Width 设计规则中规定的最大、首选和最小值。

8．布线时添加过孔

在布线过程中可以添加过孔，但是只能在合法的位置加入。软件会防止在和其他对象存在冲突的位置放置过孔（除非使用了 Ignore Obstacles 冲突解决方案）。放置的过孔必须符合 Routing Via Style 设计规则。

1）在交互式布线状态，按下数字键盘（有些笔记本电脑并没有数字键盘）上的"*"或者"+"键添加一个过孔并切换到下一个信号层，按下"-"键添加一个过孔并切换到上一个信号层，单击鼠标左键固定过孔位置并继续布线。如果没有数字键盘，则可以使用快捷键 Shift + Ctrl + 滚动鼠标滚轮，同样可以添加过孔并在信号层之间进行切换。

2）在交互式布线状态，按下 2 键可以添加一个过孔，但并不切换信号层，单击鼠标左键固定过孔位置并继续布线。

3）在交互式布线状态，按下数字键盘上的"/"键可以插入一个过孔，单击鼠标左键固定过孔位置，同时回到交互式布线状态，允许用户开始新的布线操作。这种方式对于扇出布线非常方便。

4）在对通孔焊盘布线时，按下 L 键可以直接切换到下一个信号板层进行布线，这个操作不会添加过孔。如果当前走线有任何已经固定的走线段部分，该操作将失效。

9．改变过孔大小

同走线宽度一样，过孔大小也有四种模式：Rule Maximum、Rule Preferred、Rule Mininum、User Choice。前三种模式为 Routing Via Style 设计规则中规定的过孔尺寸最大、首选和最小值，最后一种为用户设置的值。可以通过数字 4 键在四种模式之间进行循环切换。

在交互式布线时，下列两种方式均可设置 User Choice 大小并进入 User Choice 过孔大小模式：

（1）按下快捷键 Shift + V 打开交互式过孔尺寸对话框，如图 14-14 所示。左边区域列出了系统预定义的一些过孔大小，右边区域可以对过孔直径和钻孔尺寸进行设置。

（2）按下 Tab 键，在打开的交互式布线对话框左上区域直接输入过孔直径和孔径数值。

需要注意的是，所设置的过孔大小必须符合 Routing Via Style 设计规则的规定，超出了设计规则范围的过孔大小是无效的。

10．使用交互式布线对话框修改布线选项

在布线过程中，也可以按下 Tab 键打开当前网络的交互式布线对话框，如图 14-15 所示。该对话框可以全面控制当前布线的走线宽度、过孔大小、冲突解决方案等各选项。它的右边区域与首选

项对话框（DXP ≫ Preferences）中的 PCB Editor→Interactive Routing 配置页的内容是相同的。

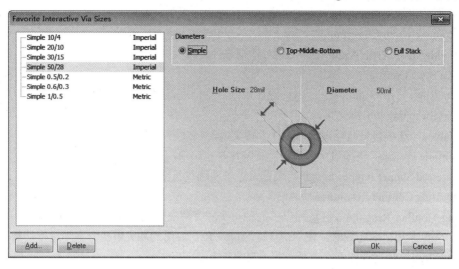

图 14-14　交互式过孔尺寸对话框

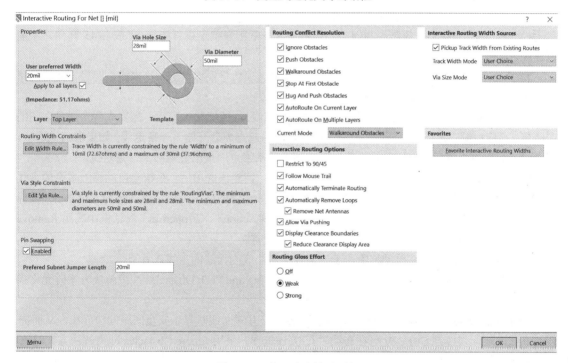

图 14-15　交互式布线对话框

（1）Properties

Properties 区域用于设置走线宽度和过孔大小。

1）Width from user preferred value：从下拉列表中选择一个用户期望的值，也可以直接在该栏位输入期望的值。

2）Apply to all layers：选中该复选框将选择的值应用到所有板层。

3）Via Hole Size：设置过孔孔径大小。

4）Via Diameter：设置过孔直径大小。

5）Layer：指定布线所在的板层。

以上设置的走线宽度、过孔大小均需满足设计规则的限制，否则系统会给出错误提示。

（2）Routing Width Constraints

Edit Width Rule：打开 Width 设计规则对话框进行编辑。

（3）Via Style Constraints

Edit Via Rule：打开 Routing Via Style 设计规则对话框进行编辑。

（4）Pin Swapping（引脚交换）

1）Enabled：选中该复选框则允许进行引脚交换。

2）Compile Project：该按钮仅当工程没有编译时才出现，单击该按钮进行编译。

3）Preferred Subnet Jumper Length：设置首选子网跳线长度。

（5）Routing Conflict Resolution

Routing Conflict Resolution 区域列出了七种布线冲突解决方案，选中左边的复选框会启用冲突解决方案，否则禁用。在布线时，使用快捷键 Shift + R 在启用的冲突解决方案中进行切换。

Current Mode：从下拉列表中选择当前冲突解决方案。

关于冲突解决方案的具体内容见本节前面的介绍。

（6）Interactive Routing Options（交互式布线选项）

1）Restrict To 90/45（限制为 90/45）：选中该复选框则限制走线只能是 90°或者 45°转角，不能再使用带圆弧的拐角模式。

2）Follow Mouse Trail（跟踪鼠标轨迹）：使能该选项后将根据鼠标轨迹来规划路径，此时的路径并不追求最短，而是根据用户的意愿来规划。

3）Automatically Terminate Routing（自动终止布线）：使能该选项后，当完成两个焊盘之间的走线后，光标与铜箔走线自动断开，用户可以单击新的起点焊盘开始下一条走线。如果取消该选项，则走线连到终点焊盘后，光标仍然连接铜箔走线，并从终点焊盘出发继续下一条走线。

4）Automatically Remove Loops（自动移除环路）：使能该选项后，系统会自动移除多余的走线环路。通常使能该选项。对于确实需要环路的网络，如电源网络，可以在该网络的 Edit Net（鼠标右键单击网络中的走线或焊盘，在弹出菜单中选择 Net Actions ≫ Properties）对话框中禁用 Remove Loop 选项，针对某个特定网络的设置会优先于全局设置。

Remove Net Antennas：自动移除由于一端开路从而成为天线的走线或者圆弧。

5）Allow Via Pushing：使用 Push Obstacles 或者 Hug and Push Obstacles 冲突解决方案时允许推开过孔。

6）Display Clearance Boundaries：使能该选项在交互式布线时显示安全间距的边界线，从而提示可布线区域。快捷键 Ctrl + W 可在布线时开/关该选项。采用 Ignore Obstacles 冲突解决方案时该选项失效。

Reduce Clearance Display Area：在交互式布线时，仅在以光标为圆心的一个圆内显示安全间距的边界线。

（7）Routing Gloss Effort（走线磨光效果）

在布线时，如果走线路径比较曲折，则会产生许多小转角，看上去就像走线上长了很多"毛刺"一样，走线磨光效果可以减少这些转角的数量，使得走线看上去比较光滑。

1）Off：关闭磨光效果。此模式通常用在电路板设计的最后阶段，用于对布线的最终微调。

2）Weak：使用低级别的磨光效果，通常用在精确调整走线或对关键线路进行布线的阶段。

3）Strong：使用高级别的磨光效果，交互式布线器寻找最短的路径，并使走线光滑，通常用在电路板设计的早期阶段，能够尽快地实现电路板的全局布线。

图 14-16 为三种磨光方式的效果图。

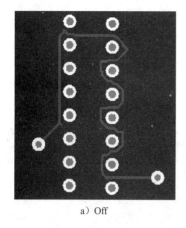 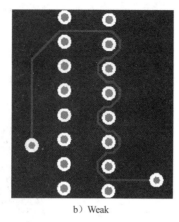 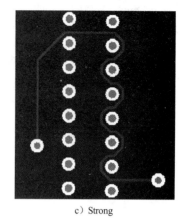

a) Off　　　　　　　　b) Weak　　　　　　　　c) Strong

图 14-16　布线磨光效果

（8）Interactive Routing Width/Via Size Sources

1) Pickup Track Width From Existing Routes：使能该选项则从已有布线中提取走线宽度，即使该宽度与当前走线宽度不一致。但该宽度仍需满足设计规则的规定。

2) Track Width Mode：选择走线宽度模式，可选择的宽度包括以下几种。

① User Choice：用户选择的走线宽度。该宽度在交互式布线状态中按下 Shift + W 快捷键进行选择，或者按下 Tab 键打开交互式布线对话框进行设置。

② Rule Minimum：选择作用于当前网络的 Width 设计规则中的最小线宽。

③ Rule Preferred：选择作用于当前网络的 Width 设计规则中的首选线宽。

④ Rule Maximum：选择作用于当前网络的 Width 设计规则中的最大线宽。

3) Via Size Mode：选择交互式布线中添加的过孔大小。可选择的大小包括以下几种。

① User Choice：用户选择的过孔大小。该大小在交互式布线状态中按下 Shift + V 快捷键进行选择，或者按下 Tab 键打开网络交互式布线对话框进行设置。

② Rule Minimum：选择作用于当前网络的 Routing Via Style 设计规则中的最小过孔尺寸。

③ Rule Preferred：选择作用于当前网络的 Routing Via Style 设计规则中的首选过孔尺寸。

④ Rule Maximum：选择作用于当前网络的 Routing Via Style 设计规则中的最大过孔尺寸。

（9）Favorites 区域

Favorite Interactive Routing Widths：打开走线宽度对话框，如图 14-13 所示。

14.5　多走线布线

Altium Designer 支持对多条走线同时进行布线，尤其适用于对总线进行布线的场合，因此多走线布线也称为总线布线。

多走线布线首先需要选中进行布线的多个起点焊盘，可以采用 Shift 键 + 鼠标单击的方法逐个选择焊盘，但是更方便的做法是按下 Ctrl 键的同时用鼠标拖出一个矩形框，覆盖所有起点焊盘。按下 Ctrl 键是为了只选取矩形框中的焊盘，而不选取元件的其他部分。被选中的焊盘呈白色。

执行菜单命令 Route ≫ Interactive Multi-Routing 或者单击 Wiring 工具栏上的 按钮，光标变为

十字形，移动光标到被选中的任何一个起点焊盘上，单击鼠标左键后移动光标就可以从选中的多个焊盘同时拉出走线。在走线过程中，按下 Tab 键可以打开 Interactive Routing 对话框，可以直接输入 Bus Spacing（总线间距，即相邻走线之间的距离），也可以按下 B 键减小 Bus Spacing，按下 Shift + B 键增大 Bus Spacing，每次改变的长度为栅格大小。

> 如果进行连接的两组焊盘间距不一样，笔者建议分别从两端向中间走线，并将两段总线的间距调为一样，然后相连；或者将两端的总线互相靠近放置，然后使用 Add Subnet Jumper 功能自动接续。

【例 14-2】将图 14-17 中 P4 的八个焊盘与对应的八个 LED 进行总线连接。

（1）打开本例对应的电子资源 Multi-Routing.PrjPcb，双击打开 Multi-Routing.PcbDoc 文档。

（2）按下 Ctrl 键的同时用光标拖出一个矩形框，将 P4 的八个焊盘完全包含在内，注意不要把标识符 P4 包含进来，释放鼠标，即可以选中这八个焊盘。选中的焊盘呈现白色，如图 14-18 所示。

（3）执行菜单命令 Route ≫ Interactive Multi-Routing [U, M]或者单击 Wiring 工具栏上的按钮，光标变为十字形，单击任何一个选中的焊盘，移动光标，即可同时拉出八条走线，如图 14-18 所示，按下 Tab 键，弹出如图 14-19 所示的对话框，记住 Bus Spacing 为 90mil。

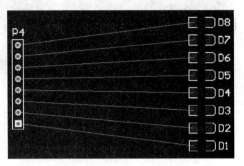

图 14-17 多走线布线

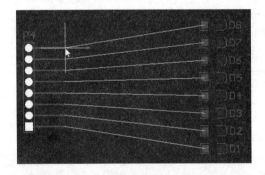

图 14-18 多走线布线步骤（1）～（3）

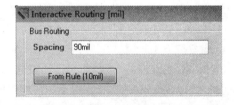

图 14-19 左侧总线间距

例 14-2

（4）拉出总线到一定的距离，单击鼠标右键退出放置多走线状态。然后按下 Ctrl 键的同时框选 D1～D8 的左边焊盘，选中的焊盘呈现白色，如图 14-20 所示。

（5）执行菜单命令 Route ≫ Interactive Multi-Routing [U, M]或者单击 Wiring 工具栏上的按钮，光标变为十字形，单击 D1～D8 元件的任何一个选中的焊盘，移动光标，即可同时拉出八条走线，如图 14-21 所示，按下 Tab 键，弹出如图 14-22 所示的对话框，在 Spacing 文本框输入 90mil。这样从两侧引出的总线间距就相同了，可以平整地接续在一起。

（6）将右侧总线向左侧总线靠拢，并做对齐调整，当两侧总线完全对齐后，单击鼠标左键即可完成"合拢"，如图 14-23 所示。

> 采用 Subnet Jumper（Route ≫ Add Subnet Jumpers）也可以进行两侧总线的连接，事先无须将两侧总线间距调得相同。

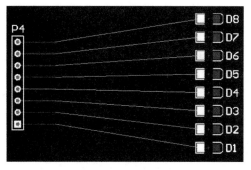

图 14-20 多走线布线步骤（4）

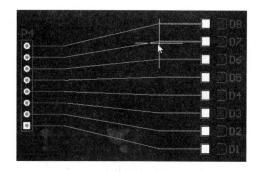

图 14-21 多走线布线步骤（5）

图 14-22 右侧总线间距

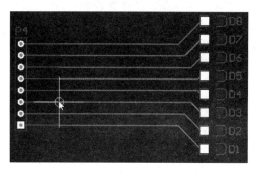

图 14-23 多走线布线步骤（6）

14.6 差分对布线

差分信号系统是采用一对紧密耦合的线路传输信号的系统，一条线路传送原信号，另一条传送的是与原信号反相的信号。差分对信号是为了解决信号源和负载之间缺少良好的逻辑参考地连接而采用的方法，它对电子产品的干扰具有较好的抑制作用，同时能减小信号线对外产生的电磁干扰（Electromagnetic Interference，EMI）。

对差分对进行交互式布线首先需要定义差分对，即确定哪两个网络属于同一差分对，然后才能利用系统提供的交互式差分对布线工具进行布线。

既可以在原理图中利用 Differential Pair 指示符定义差分对，也可以在 PCB 面板中通过差分对编辑器模式定义差分对，而且差分对编辑器还提供了两种定义方法。

1．在原理图中定义差分对

【例 14-3】将图 14-24 中 P1-1 至 P2-1 引脚的连线与 P1-2 至 P2-2 引脚的连线定义为差分对线。

（1）打开本例对应的电子资源 Differential_Pair.PrjPcb，双击 Differential_Pair.SchDoc 文档进入原理图编辑环境。

（2）执行菜单命令 Place ≫ Net Label [P, N]，在两个引脚上分别放置两个网络标签，并分别命名为 TX_DIFF_1_N 和 TX_DIFF_1_P。用户也可以定义其他的网络标签名称，但是这些名称必须满足后缀分别为_N 和_P 且其余部分完全相同的要求。

（3）执行菜单命令 Place ≫ Directive ≫ Differential Pair，光标变为差分对指示符形状，移动光标在上述两个网络上分别单击，即可放置差分对指示符。这样就完成了差分对 TX_DIFF_1 的定义。最后的结果如图 14-25 所示。

（4）执行菜单命令 Design ≫ Update PCB Document 将原理图中增加的差分对信息同步到 PCB 中。

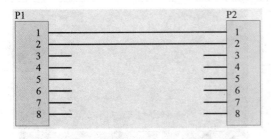
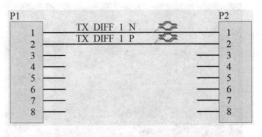

图 14-24　元件 P1 和 P2 之间的两条连线　　　图 14-25　定义差分对线

2. 在 PCB 中创建差分对

单击面板标签栏的 PCB 标签，在弹出的菜单中选择 PCB 菜单命令，打开 PCB 面板，在最上部的下拉列表中选择 Differential Pairs Editor（差分对编辑器），面板显示如图 14-26 所示。

在 PCB 面板的差分对编辑器中，从上到下的三个列表区分别是差分对类列表、当前差分对类中的差分对列表和当前差分对中的网络列表。图 14-26 显示当前差分对类为 All Differential Pairs，当前差分对为 TX_DIFF_1，它包含的两个网络为 TX_DIFF_1_N 和 TX_DIFF_1_P。这两个网络的布线长度为 0mil，即还未布线。

PCB 面板的差分对编辑器提供了两种方法创建差分对，分别通过单击 Add 和 Create From Nets 按钮完成。

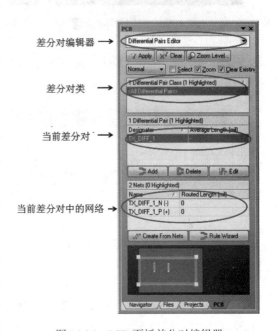

图 14-26　PCB 面板差分对编辑器

【例 14-4】通过差分对编辑器的 Add 按钮创建差分对。

（1）打开随书电子资源中的 Differential_Pair.PrjPcb 工程，双击其中的 Differential_Pair.PcbDoc 文档进入 PCB 编辑环境。

（2）打开 PCB 面板，进入差分对编辑器，单击 PCB 面板的 Add 按钮，打开差分对对话框，如图 14-27 所示。

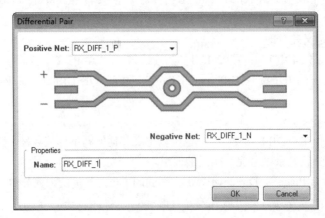

图 14-27　通过 Add 按钮创建差分对

（3）在 Positive Net 下拉列表中选择差分对正网络 RX_DIFF_1_P，在 Negative Net 下拉列表中选择差分对负网络 RX_DIFF_1_N，在 Name 文本框中输入新的差分对名称 RX_DIFF_1，单击 OK 按钮即可完成差分对的创建。

⚠ 通过这种方法定义的差分对中包含的两个网络的名称可以是任意的，对后缀没有特殊要求。但为了方便阅读和识别，还是建议读者遵守差分对命名的一般约定，即除后缀以外，其余部分都相同。

【例 14-5】通过差分对编辑器的 Create From Nets 按钮创建差分对。

（1）打开随书电子资源中的 Differential_Pair.PrjPcb 工程，双击其中的 Differential_Pair.PcbDoc 文档进入 PCB 编辑环境。

（2）打开 PCB 面板，进入差分对编辑器，单击 PCB 面板的 Create From Nets 按钮，打开如图 14-28 所示的对话框。

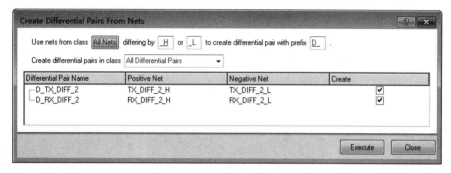

图 14-28 从网络创建差分对

（3）该对话框默认列出当前工程的 All Nets 网络类（该类包含所有网络）中网络名称后缀为_H 或者_L，且其余部分都相同的网络，并自动将这些网络归入 D_开头的差分对中，这些差分对默认放在差分对类 All Differential Pairs 中。

（4）本例中满足该条件的差分对网络为 TX_DIFF_2_H 和 TX_DIFF_2_L、RX_DIFF_2_H 和 RX_DIFF_2_L，它们被分别归入差分对 D_TX_DIFF_2 和 D_RX_DIFF_2 中。

（5）选中差分对右侧的 Create 复选框，单击 Execute 按钮就可以实际创建差分对。

读者也可以修改后缀，如将_H 和_L 分别修改为_P 和_N，即列出所有后缀名为_P 和_N 的差分对网络。

定义好的差分对可以通过 PCB 面板中的 Delete 按钮删除，也可以通过 Edit 按钮编辑。

3．定义差分对设计规则

定义好差分对后，可以直接使用系统预定义的和差分对相关的设计规则，也可以根据需要创建新的差分对设计规则。这些设计规则包括 Routing Width、Differential Pair Routing、Matched Length Rule，可以通过菜单 Design ≫ Rules 创建，也可以单击 PCB 面板中的 Rule Wizard 按钮打开设计规则向导。向导创建的设计规则的作用范围就是 PCB 面板中当前选中的对象，可以是差分对类，也可以是具体的差分对。常用的确定作用范围的查询语句如下：

① InDifferentialPairClass（'差分对类名'）   //属于某个差分对类的差分对
② InDifferentialPair（'差分对名称'）   //某个具体差分对
③ IsDifferentialPair and Name Like（'D*'）:   //以"D"开头的差分对

4. 差分对布线

定义好了差分对及其设计规则后，就可以对差分对进行布线了。

【**例 14-6**】完成图 14-29a 中的差分对布线。其中 A1 和 B1 为起点焊盘，A2 和 B2 为终点焊盘。布线过程如图 14-29b~f 所示。

例 14-6

（1）打开本例对应的电子资源 Differential_Pair.PrjPcb，双击 Differential_Pair.PcbDoc 文档进入 PCB 编辑环境。

（2）执行菜单命令 Route » Interactive Differential Pair Routing 或者单击 Wiring 工具栏上的 按钮，光标变为十字形，同时所有差分对的焊盘都会高亮显示。

（3）移动光标到差分对的任何一个焊盘上，这里移动到焊盘 A1 上，单击并移动光标就可以同时从 A1 和 B1 拉出一对差分对走线。差分对走线间距、线宽受对应的设计规则约束。本例中差分对间距小于焊盘间距，因此会引出一个 Y 字形走线，走出一小段后，单击左键固定。

（4）在遇到障碍物时，可以使用 Shift +R 快捷键切换冲突解决方案。此外，按 Shift + Space 快捷键切换走线转角模式，按 Space 键改变走线方向。

（5）继续走线到中间位置 M 附近，单击鼠标右键退出当前走线状态。

（6）执行菜单命令 Route » Interactive Differential Pair Routing 或者单击 Wiring 工具栏上的 按钮，光标变为十字形，移动光标到 A2 焊盘处，单击即可从焊盘 A2 和 B2 处同时引出 Y 字形差分对走线，走出一小段后，单击左键固定，然后继续向 M 位置移动光标，实现两边差分线走线的对接，单击左键即可完成差分对布线工作。

a）差分对布线

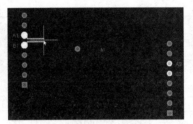
b）进入交互式差分对布线状态，单击焊盘 A1，引出一段 Y 形线，单击鼠标左键固定

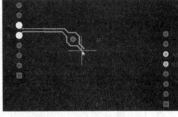
c）绕开障碍物，走线到中间位置 M 附近，单击鼠标左键固定走线，单击鼠标右键退出当前走线状态

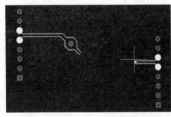
d）单击焊盘 A2，引出一段 Y 形走线，单击鼠标左键固定

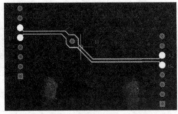
e）走线到 M 附近并使两段走线对接，单击鼠标左键完成差分对布线

f）最终的差分对布线

图 14-29　差分对布线示意图

14.7　ActiveRoute 布线

ActiveRoute 是一种自动化的交互式布线工具，能够对多个选中的网络进行自动布线，同时允许用户定义 Route Guide（布线向导）。布线向导和走线的关系类似铺设电缆的管道与电缆的关系，所有走线都将穿过布线向导内部。如果布线向导宽度不够或者位置不合适，将导致 ActiveRoute 布线

失败。默认的 Route Guide 宽度 Width = ((W+C)/L)*1.3，其中 W 为所有布线的宽度之和，C 为它们之间的安全间距之和，L 为允许布线的板层数，1.3 为默认的拓宽倍数。在放置 Route Guide 过程中，按▲键增大拓宽倍数，最大倍数为 2，按▼键减小拓宽倍数，最小倍数为 1。

ActiveRoute 受到设计规则 Width、Clearance、Diff pair gaps 的限制，如果这些设计规则无法得到满足，则 ActiveRoute 将无法完成布线操作。

ActiveRoute 布线时只能使用 45°走线段，无法使用圆弧转角或者任意角度的走线段。

ActiveRoute 可以指定允许布线的板层，并且将所有待布线网络自动分配到这些板层上进行布线，但是 ActiveRoute 不能放置过孔，因此每个网络的走线只能位于同一个板层。对于类似 BGA 封装的元件，通常需要将元件焊盘扇出后再进行 ActiveRoute 布线。

ActiveRoute 最简单的用法：先选中一个或多个网络的连接线，然后按下 Shift + A 快捷键，或者执行菜单命令 Route》ActiveRoute，或者单击 Wiring 工具栏上的 按钮即可进行 ActiveRoute 布线。但是通常我们需要规划一个 Route Guide，然后让 AciveRoute 工具沿着 Route Guide 进行布线。

【例 14-7】使用 ActiveRoute 布线工具完成布线操作。

（1）打开本例对应的电子资源 Activeroute_demo.PrjPcb，双击 activeroute.PcbDoc 进入 PCB 编辑环境。

例 14-7

（2）按下 Alt 键不放，用鼠标从右向左拖出一个矩形，接触所有连接线，此时所有连接线将被选中。

（3）单击 PCB 编辑窗口右下角的面板标签栏的 PCB 标签，在弹出菜单中选择打开 PCB ActiveRoute 面板，如图 14-30 所示，选中 Top Layer 左侧的复选框，允许在 Top Layer 进行布线。如果不选中任何板层左侧的复选框，则会在当前板层进行布线。

（4）单击 PCB ActiveRoute 面板左下方的 Route Guide 按钮，进入 PCB 编辑窗口，此时单击鼠标左键可以放置 Route Guide，其操作方法与放置走线段一样。放置如图 14-31 所示的 Route Guide 后单击鼠标右键返回 PCB ActiveRoute 面板。在放置 Route Guide 过程中，按▲键或▼键可以增加或减少 Route Guide 宽度。

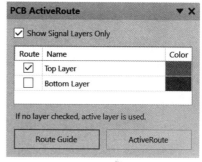

图 14-30　PCB ActiveRoute 面板

（5）单击 PCB ActiveRoute 面板右下方的 ActiveRoute 按钮，系统根据放置的 Route Guide 进行布线。状态栏左侧将显示布线进度，消息面板将显示布线完成率，结果如图 14-32 所示。

（6）对完成的布线，如果不满意，还可以进一步调整，结果如图 14-33 所示。

图 14-31　放置 Route Guide　　图 14-32　ActiveRoute 布线结果　　图 14-33　调整后的布线结果

需要注意的是，Route Guide 其实就是放置在名为 Route Guide 的机械层上的走线（Track），默认为锁定状态，解锁后可以调整 Route Guide 位置。在调整完毕后，按下 Shift + A 快捷键即可进行 ActiveRoute 布线。

选中某一段 Route Guide，按下 Del 键即可将其删除。

14.8 等长布线

高速电路板设计中为了实现正确的时序关系，需要同一类信号线具备相同的传输时延，等长布线技术可以用来满足这样的需求。AD 提供的等长布线功能可以将信号网络长度自动调整至指定的范围。使用该命令之前应先定义 Matched Net Lengths 设计规则，将需要进行调整的网络列入规则作用范围，并指定容差范围。然后执行等长布线命令。该命令会对所有定义的 Matched Net lengths 设计规则进行操作，对每个设计规则，以其作用范围内最长的走线为基准，通过增加蛇形走线段的方式对其余较短的走线进行增长，直到增加后的长度位于容差范围内为止。

例 14-8

【例 14-8】对两条信号线 Sig1 和 Sig2 进行自动等长布线调整。

（1）打开本例对应的电子资源 Equalize_Length.PrjPcb，双击 Equalize_Length.PcbDoc，进入 PCB 编辑器环境，如图 14-34 所示。该 PCB 文档已经创建了一个 Sigs 网络类，类成员为 Sig1 和 Sig2。本例的目的是增加较短的 Sig2 的长度，使之与 Sig1 的长度符合容差要求。

图 14-34　Sig1 和 Sig2 需要调至等长

（2）执行菜单命令 Design >> Rules，在 High Speed 规则的 Matched Lengths 子类中定义一个名称为 MatchSigs 的设计规则，如图 14-35 所示进行设置。

在本例中，Sig1 的长度为 1738.40mil，Sig2 的长度为 1610mil，再结合设计规则中的容差（Tolerance）20mil，系统会尽力将 Sig2 的长度调整到[1738.40 - 20，1738.40]mil 范围内。

（3）回到 PCB 编辑环境，执行菜单命令 Tools >> Equalize Net Lengths，弹出 Equalize Net Lengths 对话框，如图 14-36 所示。各选项含义如下：

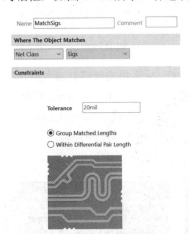

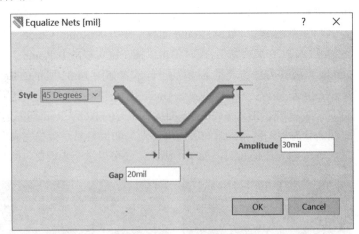

图 14-35　Matched Lengths 设计规则　　　图 14-36　Equalize Net Lengths 对话框

1）Style：蛇形线样式。可选 90°、45° 和圆角；2）Amplitude：蛇形线幅度；3）Gap：间距。

上面三个参数的含义通过对话框示意图即可一目了然。如图 14-36 所示设好选项，单击 OK 按钮，即可执行等长布线的操作。

（4）执行完毕后，系统会自动针对 Matched Lengths 设计规则执行 DRC 检查，并且自动打开检查报告。如果 Rule Violations 的数目不为 0，则表示本次等长操作未达到容差规定的范围，并显示违规原因。在本例中，违规原因为 "Matched Net Lengths: Between Net Sig2 And Net Sig1

Length:1634.853mil is not within 20mil tolerance of Length:1738.406mil (83.553mil short)",即增加了蛇形线的 Sig2 长度仍然比需要达到的长度下限（1738.406－20）mil 短 83.553mil。

（5）继续执行 Tools ≫ Equalize Net Lengths 菜单命令 4 次,且保持蛇形线设置不变,最终可以将 Sig2 调整到容差范围内。此时检查报告的 Rule Violations 的数量为 0,调整后的走线如图 14-37 所示。

需要注意的是,并非所有的等长布线操作都能成功执行,这取决于蛇形线、容差设置是否合理以及是否有足够的空间能够容纳增加的走线。

图 14-37 调整后的走线

14.9 交互式长度调整

该命令允许用户手动调整网络走线的长度,相比自动调整而言,交互式调整更加灵活、可控性强。调整后期望达到的目标长度（target length）有三种来源：Manual（手动）、现有网络长度和设计规则。选择好目标长度来源后,利用鼠标即可调整选中网络的长度,调整方式仍然是增加蛇形线。在调整过程中,可以在走线的不同位置添加蛇形线,还可以实时修改各段蛇形线的形状参数。添加的蛇形线可以作为独立对象被选中并且依靠拖动选择框的控点进一步调整。放置过程中可以根据长度调整小工具实时获取当前调整长度和距离目标长度的偏差。

在交互式网络调整过程中按下 Tab 键打开交互式长度调整对话框,如图 14-38 所示,对话框标题栏显示待调整的网络的原有长度。其余各区域说明如下：

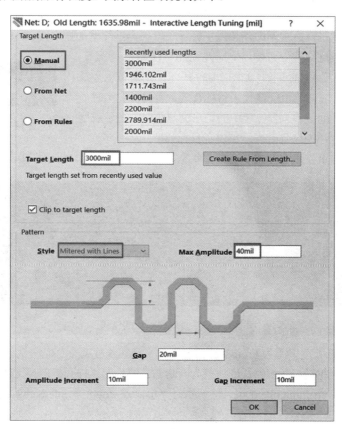

图 14-38 交互式长度调整对话框之 Manual

（1）Target Length（目标）区域：用于设置目标长度。

1）从 Manual、From Net 或者 From Rules 中选择一个作为目标长度来源。

2）Target Length：根据选择的目标长度来源设置或者显示网络调整后应该达到的长度。

3）Clip to target length：调整后的长度如果超过目标长度，则进行截断，不再增加蛇形线。

（2）Pattern 区域：用于设置蛇形线的样式（Style）、最大幅度（Max Amplitude）、间距（Gap）、幅度增量（Amplitude Increment）、间距增量（Gap Increment）。

【例 14-9】目标长度来源为 Manual 情况下的交互式长度调整。

（1）本例将网络 D 的长度调整为 3000mil。打开本例对应的电子资源 Interactive_tuning.PrjPcb，双击 Interactive_tuning.PcbDoc，然后执行菜单命令 Route ≫ Interactive Length Tuning，进入交互式长度调整状态。

（2）将光标移到网络 D 的走线上，当光标处出现小圆圈时单击，选中要调整的走线，按下 Tab 键，打开交互式长度调整对话框，如图 14-38 所示，对话框标题栏显示了网络 D 的原有长度。按照图 14-38 所示进行设置，其中目标长度可以从右上角的列表框中选择历史目标长度，也可以在 Target Length（目标长度）栏位手工输入。本例中输入 3000mil，该值必须大于待调整网络的原有长度。

（3）单击 OK 按钮，移动光标到网络 D 的走线上，在靠近光标处的走线位置即会出现蛇形线。沿着走线移动光标，蛇形线也会不断延长，若将光标远离走线，则当前增加的蛇形线段会消失。单击鼠标左键，结束放置当前这段蛇形线，此时仍然处在交互式长度调整状态，移动光标到网络 D 走线的其余位置单击，然后沿着走线移动，即可在该位置继续放置新的蛇形线。本例中共在走线三处位置单击，添加了三段蛇形线。因为勾选了 Clip to target length 复选框，所以走线长度调整至目标长度后即不再增加蛇形线，否则即使超过了目标长度仍会继续增加蛇形线。

（4）在交互式长度调整中，使用快捷键 Shift + G 显示/隐藏长度调整标尺。该标尺形似进度条，如图 14-39 所示，左侧黄色竖线代表网络原有长度，右侧黄色竖线代表目标长度，当前长度实时显示在长度调整标尺中间位置。当标尺中的条形为绿色时，表示长度小于或等于目标长度，为红色时表示超过了目标长度。

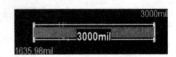

图 14-39　长度调整标尺

（5）单击鼠标右键结束交互式长度调整状态，调整后的网络 D 的走线如图 14-40 所示。

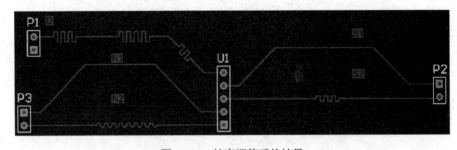

图 14-40　长度调整后的结果

【例 14-10】目标长度来源为 From Net 情况下的交互式长度调整。

（1）在本例中，将网络 S2 的长度调整为网络 S1 的长度。打开范例源文件 Interactive_tuning.PrjPcb，双击 Interactive_tuning.PcbDoc，然后执行菜单命令 Route ≫ Interactive Length Tuning，进入交互式长度调整状态。

（2）将光标移动到网络 S2 的走线上单击，选择调整该走线，按下 Tab 键，打开交互式长度调整对话框,按照图 14-41 所示设置选项,即将网络 S1 的长度作为目标长度。然后按照与前例同样的方法增加蛇形线段。本例中长度调整标尺的显示含义与前例相同。

(3) 单击鼠标右键结束交互式长度调整状态,调整后的网络 S2 如图 14-40 所示。

【例 14-11】目标长度来源为 From Rules 情况下的交互式长度调整。

(1) 在本例中,根据 Length Rule 和 Matched Length Rule 来调整网络 N2 的长度。打开范例源文件 Interactive_tuning.PrjPcb,双击 Interactive_tuning.PcbDoc,然后执行菜单命令 Route ≫ Interactive Length Tuning,进入交互式长度调整状态。

(2) 执行菜单命令 Route ≫ Interactive Length Tuning,进入交互式长度调整状态,将光标移动到网络 N2 的走线上单击,选择调整该走线,按下 Tab 键,打开交互式长度调整对话框,按照图 14-42 所示设置选项,即采用设计规则设置目标长度。系统会搜索所有作用到 N2 的 Length 和 Matched Lengths 设计规则。

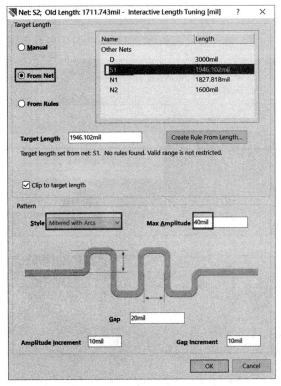

图 14-41 交互式长度调整对话框之 From Net

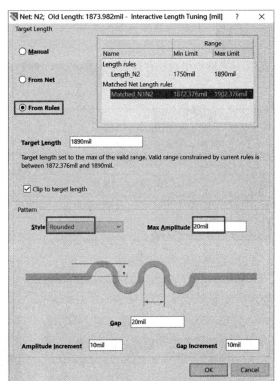

图 14-42 交互式长度调整对话框之 From Rules

交互式长度调整对话框右上角的区域显示作用到 N2 的设计规则有:

① length 设计规则:作用范围为 N2 网络,mininum 为 1750mil,maximum 为 1890mil,即限制 N2 长度范围为[1750,1890]mil。

② matched length 设计规则:作用范围为 N1 与 N2 网络,Tolerance 为 30mil。本例中 N1 长度为 1902.376mil 且大于 N2 长度,于是该规则限制 N2 长度范围为[1872.376,1902.376]mil。

系统会选取上述两个设计规则长度范围的交集,即最终的目标长度范围为[1872.376,1890]mil,并取 1890mil 为目标长度。

注意:当存在多个作用到 N2 的 Length 设计规则时,只考虑优先级最高的 Length 设计规则。当存在多个作用到 N2 的 Matched Lengths 设计规则时,要考虑所有的 Matched Lengths 设计规则,然后取这些设计规则所约束的长度范围的交集。

（3）按照与［例 14-8］同样的方法增加蛇形线，在此模式下，调整长度标尺左侧的黄色竖线为长度范围的下限，右侧黄色竖线为长度范围的上限，如图 14-43 所示，当调整后的长度位于上下限之间时，长度条为绿色，否则为红色。

为保持 PCB 设计的简单明了，防止发生网络长度冲突，应该使得目标长度来源尽量单一。当目标长度来源于 Manual 或者 From Net 时，要尽量避免该长度同时受到设计规则的约束。

图 14-43　长度调整标尺

14.10　调整蛇形线

在等长布线和交互式长度调整中，都涉及蛇形线的调整操作。

1. 利用快捷键实时调整蛇形线

在交互式长度调整过程中，会遇到网络长度无法进一步逼近目标长度的情况，此时可以利用快捷键对蛇形线形状进行微调。具体的快捷键见表 14-3。

表 14-3　调整蛇形线的相关快捷键及功能

快捷键	功能	快捷键	功能
Spacebar	在三种蛇形线模式之间进行切换	1	减少转角斜切度
,（英文逗号）	按照设置的幅度增量递减幅度	2	增加转角斜切度
.（英文点号）	按照设置的幅度增量递增幅度	3	按照设置的 Gap 增量递减 Gap
Y	切换蛇形线出线方向	4	按照设置的 Gap 增量递增 Gap
Shift+G	显示/隐藏长度调整标尺	Tab	打开交互式长度调整对话框

2. 调整已放置的蛇形线

单击放置好的蛇形线，其周围会出现带有控点的多边形线框，如图 14-44 所示，可以按照调整多边形的方法（见 13.4.7 小节）调整线框的边和顶点，框内的蛇形线也会跟随改变。

3. 删除蛇形线

选中蛇形线，按 Del 键，即可删除。

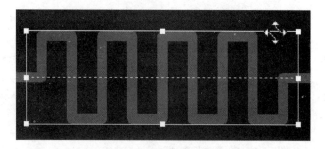

图 14-44　编辑蛇形线

14.11　调整布线

无论是自动还是手动完成布线后，都需要对不满意的布线进行调整。下面介绍常用的一些布线调整操作。

14.11.1　自动环路移除

对于有些不合适的走线，通常的想法是先删除该走线，再重新布线。AD 17 提供了更高效的自动环路移除（Remove Loops）功能，用户不必先删除旧走线，而是可以直接进行新的布线，当新旧走线形成环路时,旧走线会自动删除,如图 14-45 所示。

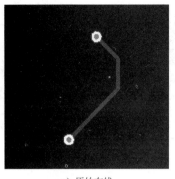 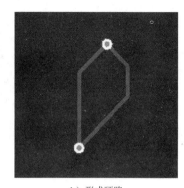 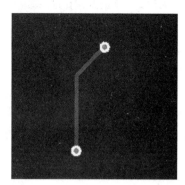

　　　a)原始布线　　　　　　　　b)形成环路　　　　　　　　c)环路移除

图 14-45　环路移除功能

环路移除功能在首选项对话框(DXP ≫ Preferences)的 PCB Editor→Interactive Routing 配置页中设置,也可以在交互式布线过程中按 Tab 键打开对话框进行设置,默认该功能是使能的。

14.11.2　拖拽布线

选中一段走线,移动光标到走线段上,当光标变为 形状时,拖动即可以平行移动该走线段,并保持与其他走线段的角度不变。

也可以先不选择走线段,按下 Ctrl 键,然后直接单击并拖拽走线段,也能保持角度不变。

如果先不选择走线段,直接单击并拖拽走线段,会使其断开与其他走线段的连接。

如果要拖拽多条走线段,先选中多条走线段,移动光标到其中一条走线段上,当光标变为 形状时进行拖动,所有选中的走线段会同时移动。前提条件是这些走线段的方向相同且不属于同一网络,如图 14-46 所示。

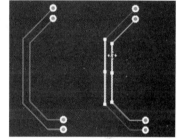

图 14-46　拖拽调整布线

在拖拽走线过程中,如果遇到过孔或者焊盘,则会越过它们继续拖拽。如果当前冲突解决方案(快捷键 Shift + R 切换)为推挤障碍物,那么拖拽过程中会推开前进路径上已有的布线,但会遵守安全间距等设计规则,如图 14-47 所示。

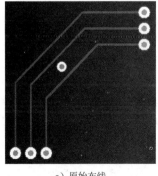 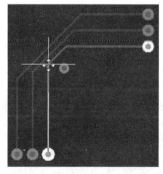 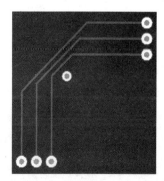

　　　a)原始布线　　　　　　　　b)拖拽推挤　　　　　　　　c)最终结果

图 14-47　拖拽推挤调整布线

14.11.3 增加新的走线段

移动光标到走线段的中心控点时,光标变为双向箭头,此时拖动可以增加新的走线段,如图 14-48 所示。

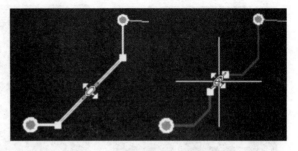

图 14-48 增加新的走线段

14.11.4 锁定已有布线

为了防止已有布线被推挤或被移动,可以锁定走线段。双击要锁定的一段走线,在打开的属性对话框中选中 Locked 复选框即可。

如果要锁定整个网络的走线,按下 Ctrl + H 快捷键,选中要锁定的网络,然后按下 F11 键打开 PCB Inspector 面板,单击面板上方的 all types of objects,然后选择 Display Only 和 Track,如图 14-49 所示。最终的对话框如图 14-50 所示,选中 Locked 复选框即可锁定整个网络的走线。

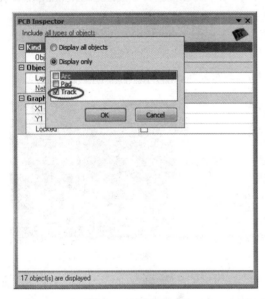

图 14-49 选中 Track

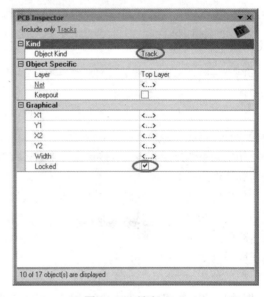

图 14-50 锁定 Track

14.11.5 延长多条走线

先选择多条走线段,移动光标到其中一条走线段的端点,光标变为双向箭头时,拖动即可从端点拉出新的走线,释放鼠标左键,即可将延长的走线部分固定。此时这些走线段仍然处在选中状态,移动光标到任意一条走线端点上,再次按下鼠标左键后可向不同的方向继续延长走线,也可以按下快捷键 Shift + R 切换冲突解决方案,如图 14-51 所示。

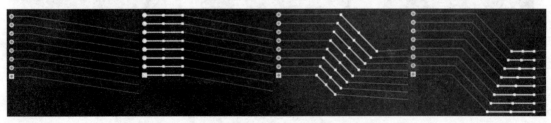

图 14-51 延长走线

14.11.6 复制走线

在布线过程中，如果有些走线的形状、长度是完全相同的，则可以先绘制一条走线，然后采用复制的方法快速粘贴放好的走线，既省时又省力。

【例 14-12】完成图 14-52 中焊盘 A2 – B2、A3 – B3、A4 – B4 之间的走线。

例 14-12

（1）打开本例对应的电子资源 Copy_Route.PrjPcb，双击 Copy_Route.PcbDoc 进入 PCB 编辑环境。

（2）其中从 A1 到 B1 的走线已经布好，中间绕开了两个焊盘。可以复制并粘贴该走线以完成剩下的三条走线。

（3）按下快捷键 S + C，光标变为十字形，移动光标到焊盘 A1 – B1 之间的走线上，单击鼠标左键选中 A1 – B1 之间的走线，如图 14-53 所示。单击鼠标右键退出选择状态。

（4）按下快捷键 Ctrl + R 启动橡皮图章功能，移动光标到焊盘 A1 中心以确保光标对准走线上方端点，单击鼠标左键以复制该走线。移动光标，此时光标上会附着刚才复制的走线，如图 14-54 所示。

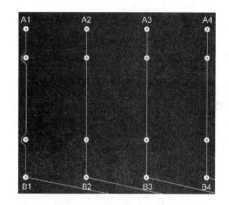

图 14-52 复制走线（一）

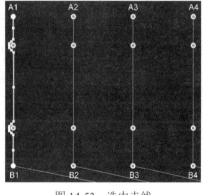

图 14-53 选中走线

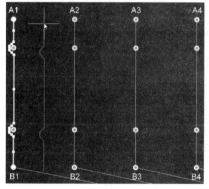

图 14-54 复制走线（二）

（5）将光标移动到焊盘 A2 中心，单击鼠标左键即可粘贴该走线，如图 14-55 所示。

（6）继续移动光标到焊盘 A3 和 A4 的中心并单击左键，完成粘贴工作，结果如图 14-56 所示。

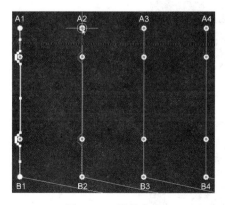

图 14-55 粘贴走线

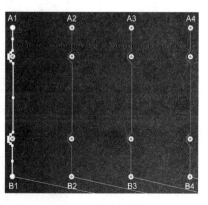

图 14-56 最终结果

14.12 思考与实践

1. 思考题

（1）布线相关的设计规则有哪些？

（2）列举 AD 17 提供的自动布线命令及其功能。

（3）什么是扇出？系统提供了哪些与扇出相关的设计规则？

（4）创建差分对的方法有哪些？

2. 实践题

（1）对例 14-1 中的工程完成手工布线。

（2）完成第 13 章实践题（3）的手工布线。将 GND 网络和 VCC 网络宽度设为 50mil，其余网络宽度设为 30mil。图 14-57 为参考布线，读者完全可以设计出不同的布线结果。

（3）完成第 13 章实践题（4）的手工布线。将 GND 网络宽度设为 50mil，VCC 网络宽度设为 40mil，其余网络宽度设为 20mil。图 14-58 为参考布线，读者完全可以设计出不同的布线结果。

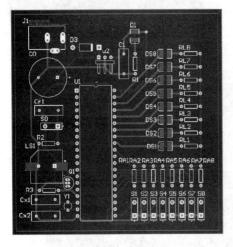

图 14-57 实践题（2）

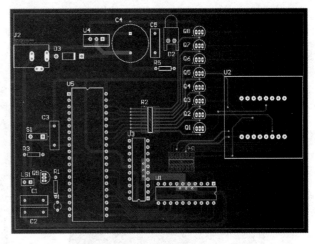

图 14-58 实践题（3）

（4）完成第 4 章实践题（2）的手工布线。将 GND 和 VCC 网络宽度设为 30mil，其余网络宽度设为 20mil。图 14-59 为参考布线，读者完全可以设计出不同的布线结果。

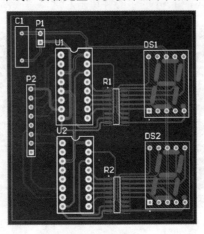

图 14-59 实践题（4）

（5）加载本实践题对应的电子资源"Chap14-实践题（5）.IntLib"集成库，然后新建"Chap14-5.PrjPcb"工程，在其中添加"Chap14-5.SchDoc"和"Chap14-5.PcbDoc"文档。在原理图文档中绘制如图 14-60 所示的电路图，然后转移到 PCB 中，完成元件布局、布线工作，图 14-61 可供读者参考。

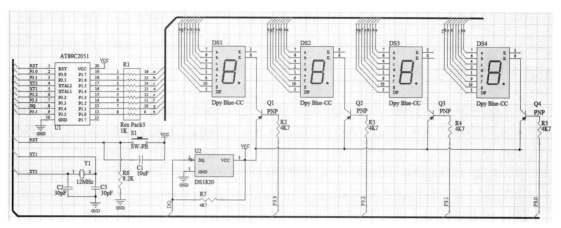

图 14-60　实践题（5）

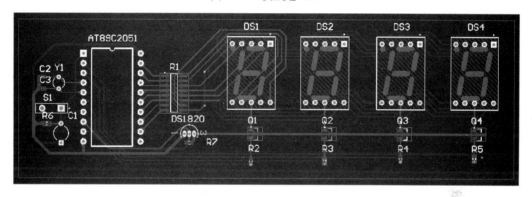

图 14-61　实践题（5）参考结果

第 15 章　电路板进阶优化

15.1　重新编号

在将原理图转移到 PCB 后，由于进行了元件布局工作，元件在原理图中的相对位置和它的封装在 PCB 中的相对位置极有可能不再对应，因此 PCB 中元件的编号也就不再具有和放置位置相关的规律性。当电路板出现故障需要检测时，从原理图定位电路板上的元件就变得很麻烦。

重新编号（Re-Annotate）能够将 PCB 上的元件封装按照一定的排列规律重新进行编号，并把这种变更反映到原理图，这样从原理图定位电路板上的元件就变得容易。

【例 15-1】对 Voltage_Meter.PcbDoc 中的元件重新编号。

（1）打开本例对应电子资源的 Voltage_Meter.PrjPCB 工程，双击其中的 Voltage_Meter. PcbDoc 文档，进入 PCB 编辑环境。

（2）执行菜单命令 Tools ≫ Re-Annotate，弹出重新编号对话框，如图 15-1 所示，共有五种编号顺序。

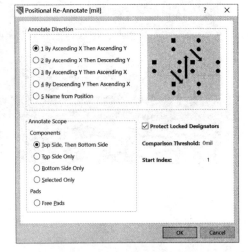

① By Ascending X Then Ascending Y：将元件按 X 坐标递增的顺序进行编号，X 坐标小的元件先编号，X 坐标大的元件后编号，X 坐标相同的元件按照 Y 坐标递增的顺序进行编号。

② By Ascending X Then Descending Y：将元件按 X 坐标递增的顺序进行编号，X 坐标小的元件先编号，X 坐标大的元件后编号，X 坐标相同的元件按照 Y 坐标递减的顺序进行编号。

③ By Ascending Y Then Ascending X：将元件按 Y 坐标递增的顺序进行编号，Y 坐标小的元件先编号，Y 坐标大的元件后编号，Y 坐标相同的元件按照 X 坐标递增的顺序进行编号。

图 15-1　重新编号对话框

④ By Descending Y Then Ascending X：将元件按 Y 坐标递减的顺序进行编号，Y 坐标大的元件先编号，Y 坐标小的元件后编号，Y 坐标相同的元件按照 X 坐标递增的顺序进行编号。

以上四种编号顺序如图 15-2 所示。

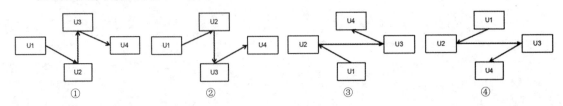

图 15-2　重新编号示意图

⑤ Name from Position：用元件的 X 和 Y 坐标来命名。例如，电容的坐标为（96.892mm，117.034mm），则命名为 C096_117；如果电容的坐标为（2710mil，2890mil），则命名为 C027_028。

（3）选择好编号顺序以后，单击 OK 按钮，系统执行重新编号。编号完成以后，原理图中的元件编号和 PCB 中对应封装的编号就不一致了，这就需要将 PCB 中编号的修改同步到原理图中。

（4）更新原理图中元件的编号。执行菜单命令 Design ≫ Update Schematics in Voltage_Meter.PrjPCB，系统会对工程中的 PCB 文件与原理图文件进行比较，并弹出差异对话框，如图 15-3 所示，提示信息表明检测到了两个文件的多处差异。单击 Yes 按钮，接着打开 Engeering Change Order 对话框，如图 15-4 所示，其中列出了需要对原理图文档所做的更新操作。不难看出，这些更新操作都是对原理图中的元件编号进行更改（Modify），以保持与 PCB 的一致。

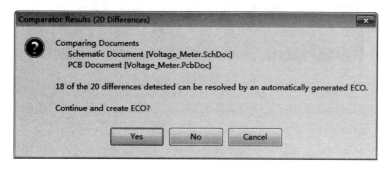

图 15-3　差异比较结果

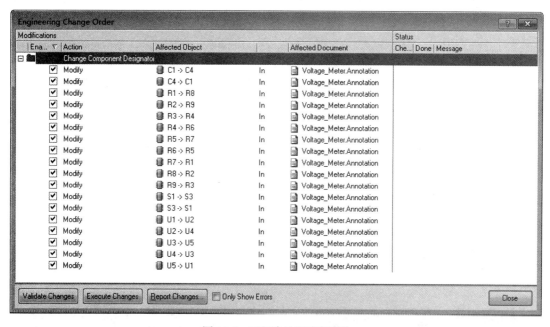

图 15-4　工程编号更改变更单

（5）单击 Validate Changes 按钮对更新进行验证，单击 Execute Changes 按钮实际执行对原理图中元件编号的更新，最后单击 Close 按钮退出该对话框。

15.2　平面层分割

平面层是压合在电路板内部的整片铜箔，通常用来连接电源与地，如 VCC 和 GND 网络。AD 17 会在设置了内部平面层的电路板周围显示一圈绿色或者深褐色边框线，称为 Pullback 线，其颜色就是系统默认的内部平面层的颜色。连接 VCC 的平面层颜色为深褐色，而连接 GND 的平面层颜色为绿色。

图 15-5 所示为 Ground 平面层的示意图，可以看到在整片铜箔上分布着一些形状大小不一的钻孔。

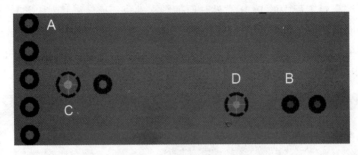

图 15-5　Ground 内部平面

1）A 处对应与 Ground 平面层无连接关系的通孔式焊盘穿过平面层时产生的钻孔。
2）B 处对应与 Ground 平面层无连接关系的过孔穿过平面层时产生的钻孔。
3）C 处对应与 Ground 平面层具有连接关系的通孔式焊盘与平面层的连接样式。
4）D 处对应与 Ground 平面层具有连接关系的过孔与平面层的连接样式。

设置内部平面层不仅可以提高整个电路板的抗干扰能力，而且可以降低布线密度。如果没有内部平面层，电源网络的引脚之间就需要在信号层进行布线连接，而如果设置了内部平面层，各引脚只需要与内部平面层连接即可，不再占用信号层宝贵的布线面积。

平面层通常连接一个网络，如 GND 或者 VCC。但是也可以根据需要将平面层分成几个部分，每个部分连接一个网络，这就叫作平面层分割（Split Plane）。平面层分割是通过在平面层上用直线画出封闭区域实现的。

【例 15-2】在如图 15-6 所示的 Ground 平面层上分割出一个连接 NP 网络的部分。

其中元件 R2、R1 和 C1 上部的引脚都属于网络 NP，可以从 Ground 平面层分割出一个连接 NP 网络的封闭区域，从而可以取消这三个焊盘之间的顶层走线。

（1）首先将工作板层切换到 Ground 平面层。

（2）执行菜单命令 Place ≫ Line 或者单击 Utility Tools 子工具栏上的 / 按钮，进入绘制直线状态，本例中需要绘制一个将三个焊盘完全包含在内的封闭矩形。

（3）单击鼠标左键，确定矩形第一个顶点，然后移动光标，拉出矩形一条边，到合适位置再次单击鼠标左键，确定矩形第二个顶点，照此操作，最终绘制完成一个闭合的矩形，如图 15-7 所示。

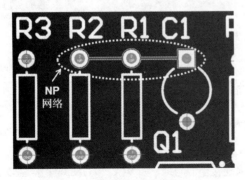

图 15-6　平面层分割前的 PCB

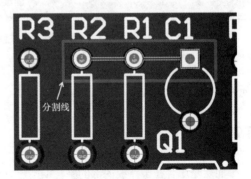

图 15-7　绘制封闭矩形

（4）原先的平面层被矩形边界分割成两个平面层：矩形边界内的平面层和矩形边界外的平面层。双击矩形边界内的平面层，在弹出的对话框中将连接网络设为 NP，如图 15-8 所示。

（5）单击 OK 按钮后关闭该对话框，返回 PCB 编辑窗口，可以看到 R1、R2、C1 上部的三个焊盘中心出现了十字线，表明与平面层连接上了，如图 15-9 所示。此时可以删除信号层上 R1、R2 和 C1 上部三个焊盘之间的铜箔走线。

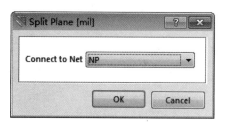

图 15-8　设置分割平面的连接网络

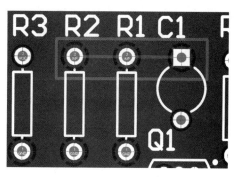

图 15-9　平面层分割后的结果

平面层分割完成以后，打开 PCB 面板，在面板上部的下拉列表中选择 Split Plane Editor，切换到平面层分割编辑器模式，该模式显示系统各个平面层及其分割的情况，如图 15-10 所示。可以观察到系统包含 Power 和 Ground 两个平面层，其中 Ground 又被分割成两个平面层，一个连接 NP 网络，一个连接 GND 网络。

如果想删除平面层，只要删除分割平面层的任何一条直线，使得它们无法形成封闭边界即可。当然将组成分割平面层边界的所有直线都删除是最好的。

15.3　布线密度图

布线密度图可以形象地反映电路板上不同区域的布线密集程度，帮助工程师改善布线。

执行菜单命令 Tools ≫ Density Map [T, Y]，系统会在当前电路板上显示布线密度图，如图 15-11 所示。密度不同的部位用不同的颜色表示，红色表示高密度，黄色表示中密度，绿色表示低密度。

执行菜单命令 Tools ≫ Clear Density Map [T, Y]，清除布线密度图，电路板恢复正常显示。

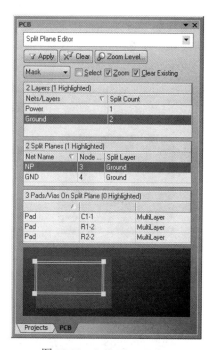

图 15-10　Split Plane Editor

15.4　补泪滴

补泪滴是为了加宽导线和焊盘的连接面积，这样做的好处是焊盘不容易起皮，另外可以防止在钻孔过程中由于振动造成的导线和焊盘之间的断裂。

图 15-11　布线密度图

执行菜单命令 Tools » Tear Drops，打开泪滴选项对话框，如图 15-12 所示。

1）Working Mode 区域用来选择泪滴操作。Add：添加泪滴；Remove：移除泪滴。

2）Objects 区域选择执行泪滴操作的对象。

① All：所有对象。

② Selected Only：仅选中的对象。

3）Options 区域设置泪滴操作选项。

① Teardrop Style：Curved 为圆弧形泪滴；Line 为直线形泪滴。

② Force Teardrops：忽略规则约束，强行按规定尺寸补泪滴。

③ Adjust Teardrop Size：如果没有足够空间补泪滴，则缩小泪滴尺寸。

④ Create Report：创建补泪滴报告。

4）Scope 区域用来定义补泪滴的对象类型以及泪滴尺寸。这些对象包括通孔焊盘\过孔、贴片焊盘、走线和 T 形连接，可以直接修改图示中的尺寸数值。

图 15-13 为焊盘补泪滴前的示意图；图 15-14 为补泪滴后的示意图，泪滴形状为圆弧形；图 15-15 为补泪滴后的示意图，泪滴形状为直线形。

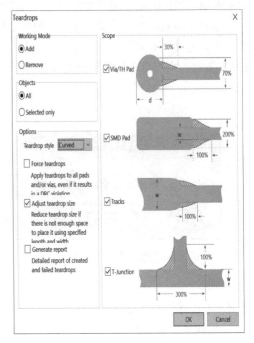

图 15-12　泪滴选项对话框

图 15-13　焊盘补泪滴前

图 15-14　圆弧形泪滴

图 15-15　直线形泪滴

15.5　覆铜

覆铜（Polygon Pour）是 PCB 设计中的一项重要操作，通常在元件布局和布线完成以后进行。覆铜本质上是成片的铜箔，这些铜箔填充了电路板上没有放置元件和走线的空白区域。覆铜可以连接网络，通常是连接 GND，当然也可以连接其他网络。它就像普通走线一样，可以传递电气信号。

13.3 节介绍的 Fill（矩形填充）和 Solid Region（实心区域）虽然也是整片的铜箔，但它们和覆铜相比有一个明显的不同，覆铜会自动避开被填充区域内的电气对象，从而不会发生不同网络之间的短路现象，但是 Fill 和 Solid Region 不具备这个特性。

覆铜具有几个优点：一是由于面积大，可以承载大负荷电流；二是大面积覆铜有助于散热；三是覆铜连接 GND 网络时具有较强的抗干扰性能；四是覆铜后的电路板更加美观；五是对整个电路板进行覆铜操作后，在加工电路板时需要腐蚀掉的铜箔大大减少，这样也可以降低对环境的破坏和资源的浪费。

覆铜相关的操作命令分布于以下四处：

1）Tools ≫ Polygon Pours 子菜单。

2）鼠标右键单击覆铜，在弹出菜单中的 Polygon Actions 子菜单。

3）Place ≫ Polygon Pour（放置覆铜）菜单命令或者 Wiring 工具栏上的 ▰ 按钮。

15.5.1 放置覆铜

覆铜通常放置在信号层，如顶层和底层信号层，也可以放置在中间信号层。执行菜单命令 Place ≫ Polygon Pour [P, G]或者单击 Wiring 工具栏上的 ▰ 按钮，打开覆铜对话框，其中的选项介绍如下。

1. Fill Mode（填充模式）

有三种填充模式，不同的填充模式会显示不同的覆铜尺寸设置参数。

1）Solid [Copper Regions]：实心填充模式，即覆铜区域内全部填满覆铜。选择该选项后，还需要接着设置以下几个覆铜尺寸参数，如图 15-16 所示。

① Remove Islands Less Than：孤岛是指被其他网络的焊盘或者走线分隔开而没能连接到指定网络的小块覆铜。此处设置孤岛被自动移除时的面积阈值，小于该阈值面积的覆铜将被移除。

② Arc Approximation：指定圆弧偏离理想圆弧的最大值。

③ Remove Necks When Copper Width Less Than：指定一个宽度值，当覆铜宽度小于该值时会被移除。

2）Hatched [Tracks/Arcs]：阴影填充模式，即在覆铜区域内填充栅格状的覆铜。选择该选项后，还需要接着设置下面几个覆铜尺寸参数，如图 15-17 所示。

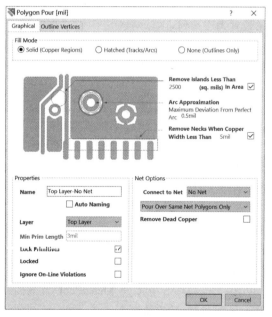

图 15-16 覆铜对话框之 Solid 填充模式

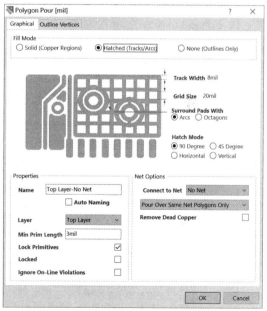

图 15-17 覆铜对话框之 Hatched 填充模式

① Track Width：线轨宽度。

② Grid Size：栅格尺寸。如果该栅格尺寸小于线轨宽度，则实际覆铜为实心填充模式。

③ Surround Pads With：围绕焊盘的覆铜形状，有圆弧形和八角形。

④ Hatch Mode：有 90°、45°、Horizontal（水平）和 Vertical（垂直）四种阴影模式。

3）None [Outlines Only]：无填充模式，即只保留覆铜区域的边界，内部不进行填充。选择该选项后，还需要接着设置下面几个覆铜尺寸参数，如图 15-18 所示。

① Track Width：覆铜边框的宽度。

② Surround Pads With：围绕焊盘的覆铜形状，有圆弧形和八角形。

2. Properties

1）Name：覆铜的名称。如果选中 Auto Naming 复选框，则根据电路板选项对话框（Design ≫ Board Options）中设定的覆铜命名模板来自动命令覆铜。

2）Layer：单击下拉框选择覆铜所在的层，通常选择信号层。

3）Min Prim Length：指定填充模式下线轨和圆弧所允许的最小长度。

4）Lock Primitives：选中该选项会锁定覆铜中的图元。

5）Locked：锁定整个覆铜，锁定后如果移动覆铜，则会弹出确认对话框。

6）Ignore On-Line Violations：选中该复选框则忽略在线 DRC。

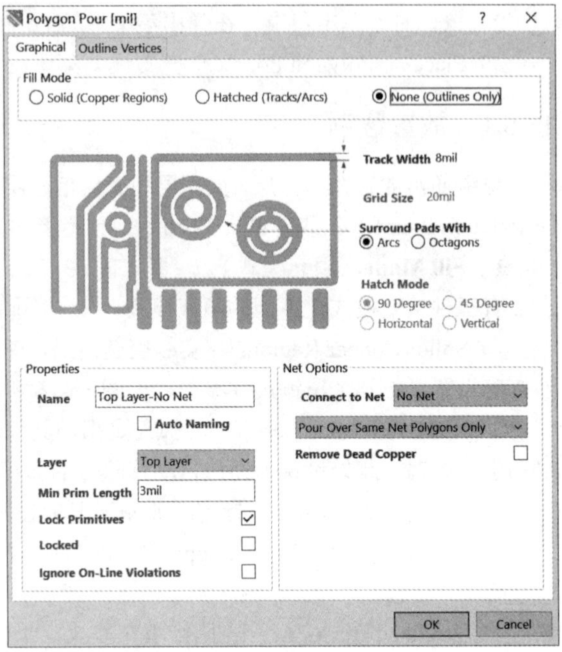

图 15-18 覆铜对话框之 None 填充模式

3. Net Options

1）Connect to Net：选择覆铜连接的网络，通常设置为连接到 GND 网络。

2）覆铜连接网络的方式：

① Pour Over All Same Net Objects：选择该选项后，覆铜自动连接到在其填充范围内且属于同一网络的所有电气对象上，包括走线、焊盘、过孔、覆铜等。

② Pour Over Same Net Polygons Only：选择该选项后，覆铜仅连接到在其填充范围内且属于同一网络的焊盘、过孔、覆铜上，不会与走线连接。

③ Don't Pour Over Same Net Objects：选择该选项后，覆铜不连接到属于相同网络的走线与覆铜上，只会连接到属于相同网络的焊盘、过孔上。

3）Remove Dead Copper：移除死铜。死铜是指没有没与指定网络的焊盘或过孔相连的覆铜。移除后覆铜使用空心边框表示。

设置好覆铜选项后，单击 OK 按钮，回到 PCB 编辑窗口，光标变为十字形，拖出一个多边形覆铜区域后，系统自动对该区域进行覆铜。

【例 15-3】对 Voltage_Meter.PcbDoc 文档进行覆铜操作。

（1）打开本例对应的电子资源 Voltage_Meter.PrjPCB 工程，双击 Voltage_Meter.PcbDoc 文档。

（2）执行 Place ≫ Polygon Pour 命令或者单击 Wiring 工具栏上的 ▇ 按钮，在打开的对话框中设置覆铜的相关选项，具体设置为实心填充模式，覆铜板层为 Top Layer，连接网络为 GND，去除死铜，与网络连接方式为 Pour Over Same Net Polygons Only。

（3）设置完毕后单击 OK 按钮，退出对话框。此时光标变为十字形，进入绘制覆铜状态。

（4）绘制一个覆盖电路板的多边形，该多边形确定覆铜的填充范围。连续单击鼠标左键，分别确定多边形的四个顶点，在单击第四个顶点后，按鼠标右键退出，系统会自动将起点和终点连接起来构成闭合区域，同时会按照设置的选项对该区域进行覆铜，如图 15-19 所示。

（5）按照同样的方法在 Bottom Layer 也进行覆铜。

15.5.2 编辑覆铜

1．交互式编辑覆铜

首先将编辑区切换到覆铜所在的板层（否则无法选中覆铜），然后移动光标到待编辑的覆铜上单击鼠标左键选中它，覆铜会呈现灰白色，同时周围会出现几个白色控点，然后按照 13.3.7 节的方法调整覆铜的形状，完毕后右键单击覆铜，在弹出菜单中选择 Polygon Actions ≫ Repour Modified 命令重新填充覆铜。

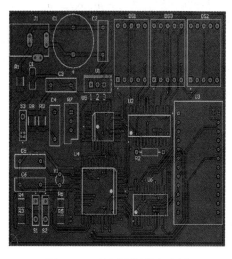

图 15-19　经过覆铜的电路板

2．通过对话框编辑覆铜

首先将编辑窗口切换到覆铜所在的板层，然后双击覆铜，打开覆铜属性对话框，可以在其中修改各种属性值。修改完毕，单击 OK 按钮退出，然后重新填充覆铜。

3．通过 PCB 面板编辑覆铜

打开 PCB 面板，在面板顶部的下拉列表中选择 Polygons（覆铜），切换到 Polygons 浏览器模式。在面板的第一个列表区域显示 Polygon Classes（覆铜类），第二个列表区域显示当前覆铜类中的覆铜，如果该覆铜为 Hatched 或者 None 填充模式，在第三个列表区会显示该覆铜所包含的所有图元，如 Track、Arc 等。

在列表框中双击自定义的覆铜类、覆铜或者覆铜包含的图元，都可以打开其属性对话框。

15.5.3 删除覆铜

覆铜可以删除。切换到覆铜所在的板层，然后在覆铜上方单击鼠标左键选中覆铜，此时覆铜会呈现灰白色，按 Delete 键，即可删除覆铜。

15.5.4 切除覆铜

如果覆铜内部有不需要覆铜的区域，则可以把这块区域从覆铜中切除。切除区其实也是通过绘制的方法来定义的。

【例 15-4】在例 15-3 的覆铜区域定义切除区。

执行菜单命令 Place ≫ Polygon Pour Cutout，光标变为十字形，此时可以绘制一个多边形，该多边形并不一定完全位于覆铜内部，二者的重叠区域才是覆铜切除区域。单击鼠标左键即可确定多边形的各个顶点，确定好最后一个顶点后，单击鼠标右键，系统会自动将起点和终点连接起来，形成一个封闭区域。

绘制过程中存在的一个问题是切除区多边形被固定的边的颜色和覆铜颜色一致，无法实时观察多边形的形状。这里笔者建议可以先单击板层标签切换到其他工作板层，然后执行 Place ≫ Polygon Pour Cutout 命令，这样绘制多边形时使用的颜色就不同了。当绘制完多边形，并且形状调整合适后，再双击该多边形切除区，打开其属性对话框，将工作板层切换到 Top Layer，如图 15-20 所示。读者应该注意到，对话框的名称是 Region 且其类型（Kind）为 Polygon Cutout，所以覆铜切除区本质上就是覆铜切除类型的 Solid Region（实心区域）。因此也可以通过放置 Solid Region 的方法来定义覆铜切除区。

定义好切除区后，再选中覆铜，单击鼠标右键，在弹出的菜单中选择 Polygon Actions ≫ Repour Selected 命令，重新覆铜，图 15-21 显示经过切除的覆铜。

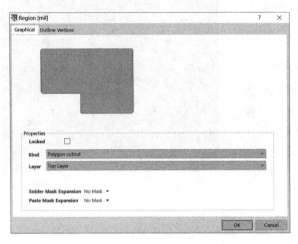 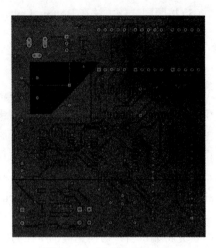

图 15-20 多边形切除区属性对话框　　　　图 15-21 经过切除的覆铜

覆铜切除区也可以删除，单击鼠标左键选中覆铜，再次单击选中覆铜切除区，按下 Delete 键，即可删除。然后选中覆铜，单击鼠标右键，在弹出菜单中选择 Polygon Actions ≫ Repour Modified 命令，可以恢复原先被切除的区域。

15.5.5　利用选中的对象生成覆铜

虽然利用 Place ≫ Polygon Pour 菜单命令可以直接在信号层放置覆铜，但只能放置多边形覆铜，且不容易控制其精确的大小和形状。

在实际电路设计过程中，如果需要覆铜的区域形状比较复杂，用绘制多边形的方法并不方便。此外，经常需要生成覆盖整个电路板的覆铜，当板形不是常规形状，如包括圆弧时，采用 Place ≫ Polygon Pour 命令无法恰好覆盖整个电路板。

这里笔者介绍自己总结的一套方法，即先在机械层用直线、圆弧等图形工具绘制复杂图形的封闭边界线，然后利用该边界线生成覆铜。下面通过两个例子进行说明。

【例 15-5】生成恰好覆盖电路板的覆铜。

（1）打开本例对应的电子资源 Polygon_Pour.PrjPcb 工程，双击其中的 Board_Shape_without_Polygon_Pour.PcbDoc 文档，进入 PCB 编辑环境。该电路板板形中包括了两个半圆，如图 15-22 所示，采用 Place ≫ Polygon Pour 菜单命令并不适用。

（2）将编辑窗口的工作板层切换到机械层，本例中为机械层 1。

（3）执行菜单命令 Design ≫ Board Shape ≫ Create Primitives from Board Shape，在弹出的对话框中将 Layer 设为 Mechanical 1，确认后系统自动在机械层 1 生成电路板边界线，如图 15-23 所示。

（4）按下快捷键 S + Y，选中整个边界线，如图 15-24 所示。

（5）执行菜单命令 Tools ≫ Convert ≫ Create Polygon from Selected Premitives，系统即在边界线内机械层 1 填充覆铜。

图 15-22　电路板板形　　　　　　图 15-23　自动生成板形边界线

（6）双击边界线内部的覆铜，打开覆铜属性对话框，将填充模式设为 Hatched，所在板层 Layer 设为 Top Layer，单击 OK 按钮退出。

（7）将当前板层切换到 Top Layer，在电路板上右键单击覆铜，在弹出菜单中选择 Polygon Actions ≫ Repour Modified 命令重新填充覆铜即可，如图 15-25 所示。

图 15-24　选中整个边界线　　　　　　图 15-25　生成覆铜

【例 15-6】生成图 15-26 所示不规则形状的覆铜。

（1）打开本例对应的电子资源 Polygon_Pour.PrjPcb 工程，双击其中的 Irregular_Board_Shape.PcbDoc 文档进入 PCB 编辑环境。

（2）单击板层标签栏的 Mechanical 1 标签切换到机械层 1。

（3）利用 ![icon] 子工具栏中的直线 ![icon] 和圆弧 ![icon] 按钮绘制如图 15-27 所示的不规则形状，完成的图形应该是完全闭合的。

（4）按下快捷键 S +Y，选中整个不规则形状的边界线。

（5）执行菜单命令 Tools ≫ Convert ≫ Create Polygon from Selected Premitives，系统即在边界线内的机械层 1 填充覆铜。

（6）双击边界线内部的覆铜，打开覆铜属性对话框，将填充模式设为 Solid，所在板层 Layer 设为 Top Layer，单击 OK 按钮退出。

（7）将当前板层切换到 Top Layer，在电路板上右键单击覆铜，在弹出菜单中选择 Polygon Actions ≫ Repour Modified 命令重新填充覆铜即可。结果如图 15-27 所示。如果覆铜区域有电气对象，则覆铜会自动避开与之无网络连接关系的对象，如图 15-28 所示。

  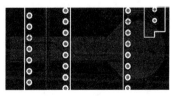

图 15-26　不规则形状　　　　图 15-27　生成覆铜　　　　图 15-28　实际电路板上的覆铜

15.5.6　其他覆铜操作

选中覆铜，单击鼠标右键，在弹出菜单中选择 Polygon Actions 菜单项，其级联菜单均为覆铜操作相关命令。下面选择几个命令进行讲解。

1. Move Polygon

在覆铜上单击鼠标右键，在弹出菜单中选择 Polygon Actions ≫ Move Polygon 菜单命令，光标变为十字形，同时覆铜附着在光标上并随之移动，移动到合适位置后，单击鼠标左键即可放置，然后重新覆铜。

2. Shelve（收纳覆铜）

覆铜完成后，如果还要调整覆铜区域内的元件或者走线的位置将很不方便，因为彼此会互相影响。此时可以收纳覆铜，收纳后的覆铜暂时被隐藏，但仍然保留在工程中。选中要收纳的覆铜，单击鼠标右键，执行菜单命令 Polygon Actions ≫ Shelve，覆铜即被收纳。Polygon Actions ≫ Shelve All 命令收纳所有覆铜。

3. 恢复覆铜

执行菜单命令 Tools ≫ Polygon Pours ≫ Restore 1 shelved polygon，即可恢复收纳的覆铜。

4. 重新覆铜

选中一个覆铜，单击鼠标右键，在弹出的菜单中执行 Polygon Actions ≫ Repour Selected 命令，即可对选中的覆铜区域重新覆铜。除此以外，Repour All 对所有覆铜区域重新覆铜，Repour Violating Polygons 对发生违规的覆铜区域重新覆铜，Repour Modified 对修改的覆铜区域重新覆铜。

5. 分割覆铜

执行菜单命令 Place ≫ Slice Polygon Pour，光标变为十字形，单击鼠标拖出一条穿越整个覆铜的分割线，即可将覆铜分割为两部分。

15.6 思考与实践

1. 思考题

（1）为什么需要重新编号？
（2）什么是平面层分割？如何实现分割？
（3）补泪滴的作用是什么？
（4）什么是覆铜？覆铜的好处是什么？覆铜和矩形填充有何异同之处？

2. 实践题

对第 14 章实践题（2）、（3）、（4）的 PCB 分别执行重新编号、补泪滴和覆铜操作。

第 16 章　电路板后期处理

16.1　尺寸标注

为了方便 PCB 设计以及后期的制板工作，常常需要对 PCB 中各类对象的尺寸进行标注，以供参考。尺寸标注（Dimension）通常放置在机械层或丝印层，因此在放置前应先切换到这些层。Altium Designer 提供了丰富的尺寸标注工具，能够满足多种情况下的尺寸标注要求。

AD 17 提供的尺寸标注工具通过 Place ≫ Dimension 子菜单访问，也可以通过 Utilities 工具栏中的 按钮对应的尺寸标注子工具栏访问，如图 16-1 所示。系统共提供了 10 个尺寸标注工具，下面分别介绍。

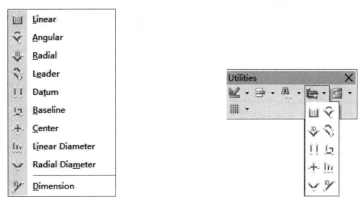

图 16-1　尺寸标注（Dimension）菜单和工具栏

16.1.1　线性标注

线性标注（Linear Dimension）用来标注对象水平和垂直方向上的尺寸。

1．放置线性标注

放置线性标注需要单击鼠标左键三次，分别确定测量的起点、终点和测量数值的显示位置。

【例 16-1】标注图 16-2a 中矩形的长和宽。

（1）首先标注矩形宽度。执行 Place ≫ Dimension ≫ Linear 菜单命令或者在尺寸标注子工具栏中单击 按钮，光标变为剪刀形，下方带有数字，如图 16-2b 所示。

（2）移动光标到矩形框右上角顶点，当光标出现白色圆圈时，单击鼠标左键确定测量的起点，如果弹出多对象选择提示框，选择水平方向的 Track。

（3）向矩形框右下角顶点移动光标，同时观察线性标注测量的方向，如果测量方向为水平方向，按下 Space 键切换测量方向至垂直方向。

（4）当光标移动到右下角顶点且出现白色圆圈时，单击鼠标左键确定测量的终点，如图 16-2c 所示。

（5）左右移动光标，调整测量数值的显示位置，最后单击鼠标左键即可完成矩形框宽度的尺寸标注，如图 16-2d 所示。

（6）按照同样的方法分别单击矩形框的左上角顶点和右上角顶点，并调整测量数值的放置位置，可以完成矩形框长度的尺寸标注。最终的结果如图16-2e所示。

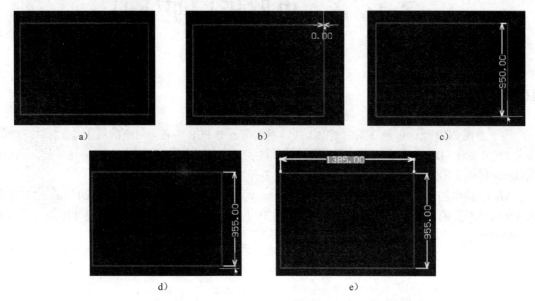

图16-2 线性标注

2．交互式位置调整

放置好线性标注后，单击鼠标左键选中标注，会出现几个白色控点，移动这几个白色控点可以对标注的大小和测量数值位置进行调整。

3．编辑属性

在放置过程中按下Tab键或者在放置完毕后双击该线性标注，打开其属性对话框，如图16-3所示。属性对话框上半部示意图用来设置线性标注各部分的大小，下半部分设置其他属性，分别介绍如下。

（1）线性标注示意图

1）Arrow Length：设置位于标注外部的箭头及线段的长度。

2）Arrow Size：设置箭头长度。

3）Pick Gap：设置标注与被标注对象的距离。

4）Extension Width：设置标注延伸线的宽度。

5）Line Width：设置箭头线段的宽度。

6）Offset：设置箭头的偏移量。

7）Rotation：设置标注旋转的角度。

8）Text Height：设置标注文字的高度。

9）Text Width：设置标注文字的宽度。

10）Text Gap：设置标注文字与箭头线段的距离。

（2）Properties（属性）

1）Layer：设置线性标注放置的板层。

2）Unit：设置线性标注使用的单位。

3）Format：设置线性标注的格式。

4）Precision：设置线性标注的精度，其中的数字表示小数点后的位数。

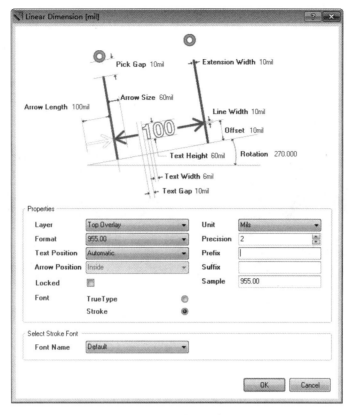

图 16-3　线性尺寸标注属性对话框

5）Text Position：设置标注文字相对于标注本身的位置。

6）Prefix：设置标注文字的前缀。

7）Suffix：设置标注文字的后缀。

8）Locked：设置是否锁定标注。

9）Sample：标注文字样例。

10）Font：设置标注文字的字体，可以使用 True Type 和 Stroke 两种字体。选中 True Type 字体，可以在下面的 Select True Type Font 区域设置字体名称、粗体和斜体选项；选中 Stoke 字体，可以在下面的 Select Stroke Font 区域设置字体名称。

16.1.2　角度标注

角度标注（Angular Dimension）用来标示夹角的度数。

1．放置角度标注

放置过程中需要单击鼠标左键五次，前两次单击鼠标左键用于确定夹角第一条边的内点和外点，第三、四次单击鼠标左键用于确定第二条边的内点和外点，第五次单击鼠标左键用于确定测量数值的放置位置。

【例 16-2】标注图 16-4a 所示夹角的角度。

（1）执行 Place ≫ Dimension ≫ Angular 菜单命令或者在 Dimension 子工具栏中单击 按钮，进入放置角度标注状态。

（2）移动光标到第一条边上，依次单击其上的两点，不妨设为 A1 和 A2 点，这样可以确定待测量夹角的第一条边，如图 16-4b、c 所示。

(3) 移动光标到第二条边上,依次单击其上的两点,不妨设为 B1 和 B2 点,这样可以确定待测量夹角的第二条边,如图 16-4d、e 所示。

(4) 移动光标调整测量值的放置位置,调整合适后单击鼠标左键完成角度标注的放置,如图 16-4f 所示。

(5) 此时仍然处于放置角度标注的状态,可以继续放置新的角度标注,或者单击鼠标右键退出。最终的结果如图 16-4g 所示。

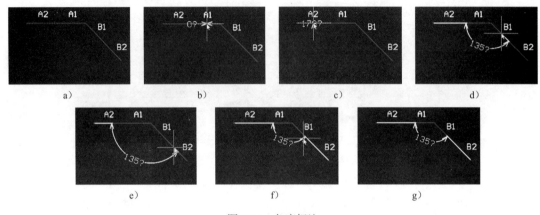

图 16-4 角度标注

2. 交互式位置调整

放置好角度标注后,单击选中标注,会出现几个白色控点,移动这几个白色控点可以对标注的形状、尺寸等进行调整。

3. 编辑属性

在放置过程中按下 Tab 键或者在放置完毕后双击该角度标注,打开其属性对话框,其中的各种属性与线性标注类似,读者可以自行学习实践。

16.1.3 半径标注

半径标注(Radial Dimension)用来测量圆或者圆弧的半径。

1. 放置半径标注

放置过程中需要单击鼠标左键三次,分别确定要测量的圆或圆弧、箭头位置及箭头直接连接的第一段线的长度、第二段线的长度和方向。

【例 16-3】标注图 16-5a 中的圆形半径。

(1) 执行 Place » Dimension » Radial 菜单命令或者在 Dimension 子工具栏中单击 按钮,光标变为剪刀形,下方带有测量数值,开始为 0.00,如图 16-5b 所示。

(2) 移动光标到圆形圆周上任意一点单击,测量数值变为圆形半径。绕圆周移动光标,可以改变箭头和圆周的接触点;沿圆周径向移动光标,可以伸缩与箭头连接的第一段线的长度。单击鼠标左键,固定箭头位置以及第一段线,如图 16-5c 所示。

(3) 继续移动光标可以调整第二段线的长度和方向,调整完毕后单击鼠标左键可以固定第二段线并完成半径标注的放置,如图 16-5d 所示。此时可以继续放置新的半径标注,也可以单击鼠标右键退出放置状态。最终的结果如图 16-5e 所示。

2. 交互式位置调整

放置好半径标注后,单击鼠标左键选中标注,会出现几个白色控点,移动这几个白色控点可以对标注的形状、尺寸等进行调整。

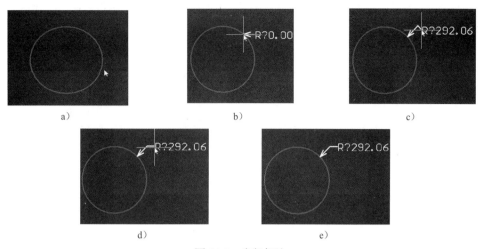

图 16-5 半径标注

3. 编辑属性

在放置过程中按下 Tab 键或者在放置完毕后双击该半径标注，打开其属性对话框，其中的各种属性与线性标注类似，读者可以自行学习实践。

16.1.4 引线标注

引线标注（Leader Dimension）用来在 PCB 文档上放置带指示标志的文字信息。

1. 放置引线标注

放置引线标注时每单击一次鼠标左键就固定一段直线，调整合适后，按鼠标右键退出放置状态。

【例 16-4】放置图 16-6a 所示的引线标注。

（1）执行 Place ≫ Dimension ≫ Leader 菜单命令或者在尺寸标注子工具栏中单击 按钮，光标变为带有箭头的"String"字符串，单击鼠标左键即可固定箭头位置，如图 16-6b 所示。

（2）移动光标即可拉出一段直线，直线方向可以随意调整，再次单击鼠标左键固定该段直线，按照此法可以拉出更多的直线段并分别固定，调整合适后单击鼠标右键放置字符串，如图 16-6c～e 所示。

（3）双击该字符串，弹出属性对话框，在 Text 文本框输入 Socket，在 Shape 下拉列表框中选择 Rectangle，单击 OK 按钮完成放置。最终的结果如图 16-6f 所示。

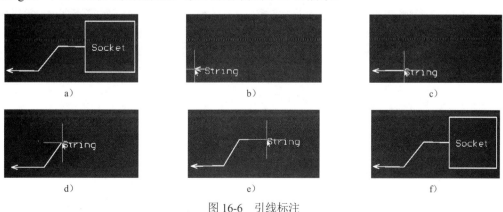

图 16-6 引线标注

2. 交互式位置调整

放置好引线标注后，单击鼠标左键选中标注，其周围出现几个白色控点，移动这几个白色控点可以对标注的形状、尺寸等进行调整。

3. 编辑属性

在放置过程中按下 Tab 键或者在放置完毕后双击该引线标注，打开其属性对话框，其中的各种属性与线性标注类似，读者可以自行学习实践。

16.1.5 数据线标注

1. 放置数据线标注

数据线标注（Datum Dimension）用来标注一系列对象相对于某一个参考点的直线距离。

在放置数据线标注过程中，第一次单击鼠标左键确定标注起点，随后可以在需要标注直线距离的位置单击鼠标左键放置新的标注线及数据，放置完所有标注线及数据后可以移动标注数据的位置，调整合适后再次单击鼠标左键完成放置。

【例 16-5】为图 16-7a 中的坐标轴放置数据线标注。

（1）切换到 Top Overlay 工作板层。

（2）执行 Place » Dimension » Datum 菜单命令或者在尺寸标注子工具栏中单击 按钮，光标变为剪刀形且初始标注数据为 0.00。

（3）按下 Tab 键，打开属性对话框，将其中的 Font 设为 True Type 字体。

（4）移动光标到最左边的刻度线，对齐（非常靠近但不要接触刻度线）后单击鼠标左键放置数据线标注参考点，该处的标注数据为 0.00，如图 16-7a 所示。

（5）移动光标依次对齐参考点右侧的三个刻度线，在每个对齐处单击鼠标左键放置相应的标注数据。在放置过程中，如果对已经放置好的数据标注不满意，可以按下 Backspace 键逐个删除，如图 16-7b～e 所示。

（6）单击鼠标右键，然后移动光标可以调整标注数据与被测对象的距离，如图 16-7f 所示。单击鼠标左键后即可完成数据标注的放置。此时可以继续放置新的数据标注，也可以单击鼠标右键退出放置状态。

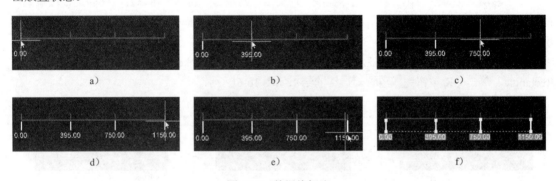

图 16-7 数据线标注

2. 交互式位置调整

放置好数据线标注后，单击鼠标左键选中标注，其周围会出现几个白色控点，移动这几个白色控点可以对标注的形状、尺寸等进行调整。

3. 编辑属性

在放置过程中按下 Tab 键或者在放置完毕后双击该数据线标注，打开其属性对话框，其中的各种属性与线性标注类似，读者可以自行学习实践。

16.1.6 基准线标注

基准线标注（Baseline Dimension）用于标注各测量直线与基准线之间的直线距离。

1. 放置基准线标注

在放置基准线标注过程中，首先单击鼠标左键确定基准线，然后单击鼠标左键确定第一条测量直线，接着调整测量数值放置位置，再次单击鼠标左键固定测量数值，按照同样的操作方法确定后续的测量直线并放置测量数值，最后单击鼠标右键完成基准线标注的放置。

【例 16-6】对图 16-8a 中的图形放置基准线标注。

（1）切换到 Top Overlay 工作板层。

（2）执行 Place ≫ Dimension ≫ Baseline 菜单命令或者在尺寸标注子工具栏中单击 按钮，光标变为剪刀形且初始标注数值为 0.00，如图 16-8b 所示。

（3）按下 Tab 键，打开属性对话框，将其中的 Font 设为 True Type 字体。

（4）移动光标到中间的竖线上，单击鼠标左键确定基准线。

（5）移动光标到左边竖线上，单击鼠标左键确定第一条测量直线，测量数值显示该直线与基准线之间的水平距离。如果测量方向不对，可以按 Space 键进行旋转，如图 16-8c 所示。

（6）移动光标调整测量数值的位置，调整好后单击鼠标左键将其固定，如图 16-8d 所示。

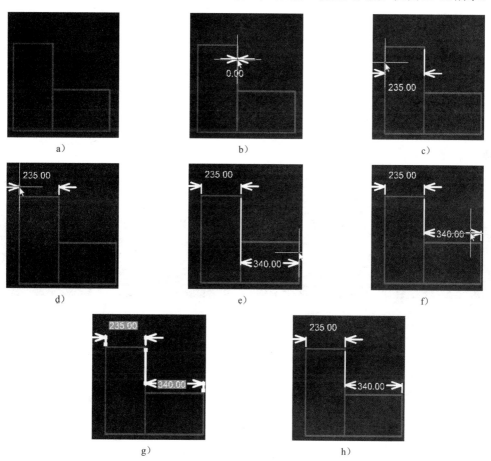

图 16-8 基准线标注

（7）移动光标到右侧竖线上，单击鼠标左键确定第二条测量直线，测量数值显示该直线与基准线之间的水平距离，如图 16-8e 所示。

（8）上下移动光标调整测量数值的放置位置，调整好后单击鼠标左键将其固定，如图 16-8f 所示。

（9）在放置过程中按下 Backspace 键可以删除前一个测量数值。

（10）单击鼠标右键完成该基准线标注的放置，如图 16-8g 所示。此时仍然处在放置基准线标注状态，可以继续放置或者单击右键退出放置状态。最终的结果如图 16-8h 所示。

2. 交互式位置调整

放置好基准线标注后，单击鼠标左键选中标注，会出现几个白色控点，移动这几个白色控点可以对标注的形状、尺寸等进行调整。

3. 编辑属性

在放置过程中按下 Tab 键或者在放置完毕后双击该基准线标注，打开其属性对话框，其中的各种属性与线性标注类似，读者可以自行学习实践。

16.1.7 圆心标注

圆心标注（Center Dimension）用来标示圆或者圆弧的圆心。

1. 放置圆心标注

放置圆心标注需要单击两次鼠标左键，第一次单击将在圆心位置放置标注，第二次单击即可最终固定圆心标注。

【例 16-7】标注图 16-9a 所示的圆心位置。

（1）切换到 Top Overlay 工作板层。

（2）执行 Place ≫ Dimension ≫ Center 菜单命令或者在尺寸标注子工具栏中单击 ✛ 按钮，光标变为十字形，移动光标到圆周上任意一点单击，在圆心处会自动出现一个十字形，十字形中心与圆心重合，如图 16-9b、c 所示。

（3）移动光标可以调整十字形的大小，调整合适后单击鼠标左键完成圆心标注的放置，如图 16-9d 所示。

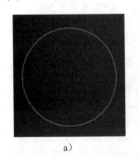
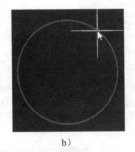

　　　　a)　　　　　　　　　b)　　　　　　　　　c)　　　　　　　　　d)

图 16-9　圆心标注

（4）可以继续放置新的圆心标注，或者单击鼠标右键退出放置状态。

2. 交互式位置调整

放置好圆心标注后，单击鼠标左键选中标注，会出现几个白色控点，移动这几个白色控点可以对标注的形状、尺寸等进行调整。

3. 编辑属性

在放置过程中按下 Tab 键或者在放置完毕后双击该圆心标注，打开其属性对话框，其中的各种属性设置比较简单，读者可以自行学习实践。

16.1.8 线状直径标注

线状直径标注（Linear Diameter Dimension）用来标示圆或者圆弧的直径。

1. 放置线状直径标注

放置线状直径标注时首先在圆周上单击鼠标左键确定要标注的圆或圆弧，然后移动光标调整直径数值的位置，最后单击鼠标左键完成放置。

【例 16-8】标注图 16-10a 中圆的线状直径。

（1）切换到 Top Overlay 工作板层。

（2）执行 Place ≫ Dimension ≫ Linear Diameter 菜单命令或者在尺寸标注子工具栏中单击 按钮，光标变为剪刀形且初始标注数值为 0.00，如图 16-10b 所示。

（3）移动光标到要标注直径的圆周上，单击鼠标左键，线状直径标注随即出现。

（4）按下 Space 键可以旋转直径标注方向。

（5）移动光标调整直径数值的位置，调整合适后单击鼠标左键完成放置，如图 16-10c 所示。

（6）可以继续放置新的线状直径标注，或者单击鼠标右键退出放置状态。

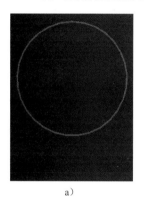 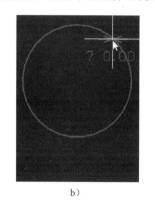 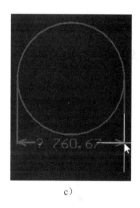

a)　　　　　　　　　　　b)　　　　　　　　　　　c)

图 16-10　线状直径标注

2. 交互式位置调整

放置好线状直径标注后，单击鼠标左键选中标注，会出现几个白色控点，移动这几个白色控点可以对标注的形状、尺寸等进行调整。

3. 编辑属性

在放置过程中按下 Tab 键或者在放置完毕后双击该线状直径标注，打开其属性对话框，其中的各种属性与线性标注类似，读者可以自行学习实践。

16.1.9 放射状直径标注

放射状直径标注（Radial Diameter Dimension）用来标注圆或者圆弧的直径。

1. 放置放射状直径标注

在放置放射状直径标注过程中需要单击三次鼠标左键，分别确定要测量的圆或圆弧、箭头位置及箭头连接的第一段线的长度、第二段线的长度及方向。

【例 16-9】标注图 16-11a 中圆的放射状直径。

（1）执行 Place ≫ Dimension ≫ Radial Diameter 菜单命令或者在尺寸标注子工具栏中单击 按钮，光标变为剪刀形，下方带有测量数值，开始为 0.00，如图 16-11b 所示。

（2）移动光标到圆周上任意一点单击，出现直径标注线，同时测量数值变为圆的直径。绕圆周移动光标,可以改变箭头和圆周的接触点;沿圆周径向移动光标,可以伸缩与箭头连接的第一段线的长度。单击鼠标左键,固定箭头位置以及第一段线,如图 16-11c 所示。

(3)继续移动光标可以调整第二段线的长度和方向,如图 16-11d 所示。

(4)调整完毕后单击鼠标左键可以固定第二段线并完成直径标注的放置,如图 16-11e 所示。此时可以继续放置新的直径标注,也可以单击鼠标右键退出放置状态。

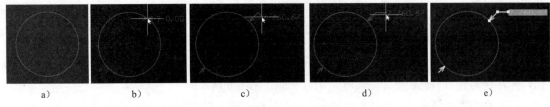

图 16-11 放射状直径标注

2. 交互式位置调整

放置好放射状直径标注后,单击鼠标左键选中标注,其周围会出现几个白色控点,移动这几个白色控点可以对标注的形状、尺寸等进行调整。

3. 编辑属性

在放置过程中按下 Tab 键或者在放置完毕后双击该放射状直径标注,打开其属性对话框,其中的各种属性与线性标注类似,读者可以自行学习实践。

16.1.10 标准标注

标准标注(Standard Dimension)用来标注任意两点之间的尺寸。

1. 放置标准标注

放置标准标注过程中需要单击鼠标左键两次,分别确定要测量的起点和终点。

【例 16-10】测量图 16-12a 所示的 A、B 两点之间的距离。

(1)执行 Place ≫ Dimension ≫ Standard 菜单命令或者在尺寸标注子工具栏中单击 ✂ 按钮,光标变为剪刀形,下方带有测量数值,初始值为 0。

(2)移动光标到 A 点,单击鼠标左键固定起点,如图 16-12b 所示。

(3)移动光标到 B 点,测量数值显示 A 和 B 之间的直线距离,如图 16-12c 所示。

(4)单击鼠标左键固定终点,即可完成标准标注的放置,如图 16-12d 所示。

(5)可以继续放置标准标注或者单击鼠标右键退出放置状态。

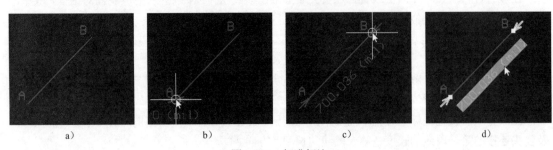

图 16-12 标准标注

2. 交互式位置调整

放置好标准标注后,单击鼠标左键选中标注,会出现几个白色控点,移动这几个白色控点可以对标注的形状、尺寸等进行调整。

3. 编辑属性

在放置过程中按下 Tab 键或者在放置完毕后双击该标准标注,打开其属性对话框,其中的各种属性设置非常简单,读者可以自行学习实践。

16.2 测量命令

AD 17 提供了三个实用的测量命令,可以方便地测量各种对象之间的距离,这三个命令都位于 Report 主菜单下,如图 16-13 所示,下面分别介绍。

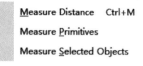

图 16-13 测量命令

1. 测量距离

执行菜单命令 Report ≫ Measure Distance [R, M]或者按下快捷键 Ctrl + M,光标变为十字形,移动光标到测量起点单击鼠标左键,然后移动光标到测量终点再次单击鼠标左键,弹出测量结果信息框,如图 16-14 所示,其中显示了待测起点和终点的距离以及两点之间 X 和 Y 坐标的差值。测量完毕后,测量结果仍然会显示在电路板中,按下快捷键 Shift + C 即可消除。

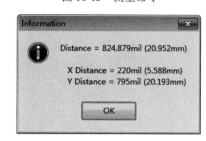

图 16-14 测量结果信息框

2. 测量图元之间的距离

执行菜单命令 Report ≫ Measure Primitives [R, P],光标变为十字形,移动光标依次单击两个图元,随即弹出测量结果信息框,显示被测图元边界之间的最近距离。图 16-15 所示为通过测量两条线段之间的距离得到的信息框。

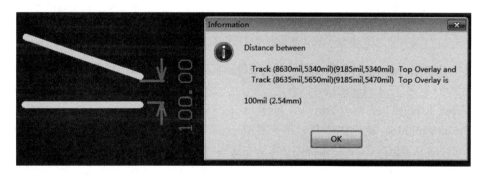

图 16-15 测量两条线段之间的距离

3. 测量选中对象的长度

首先选中一个或多个对象,执行菜单命令 Report ≫ Measure Selected Objects[R, S],弹出测量结果信息框,显示选中对象的长度。该命令通常用来测量一条或者多条走线段的总长度。

16.3 DRC

DRC(Design Rule Check,设计规则检查)是 Altium Designer 提供的一项重要验证工具。它可以自动发现 PCB 设计中违反设计规则的情况,并给出违规报告,从而确保设计的电路板满足要求。AD 17 提供了两种类型的 DRC:Online DRC(在线 DRC)和 Batch DRC(批处理 DRC),前者一直在后台运行,当违规出现时能够立刻发现并给出警示信息,后者则需要手工执行 DRC 命令才进行检查。

执行菜单命令 Tools ≫ Design Rule Check，打开设计规则检查对话框，如图 16-16 所示。对话框左边包括两个目录：Report Options（报告选项）和 Rules to Check（待检查规则）。

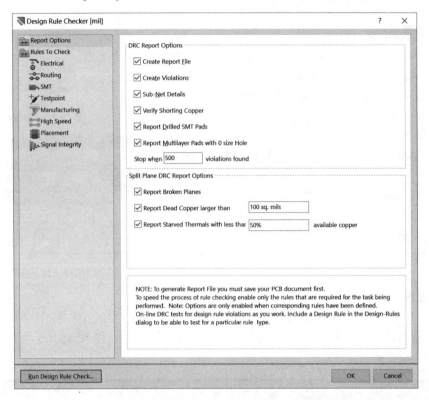

图 16-16　设计规则检查对话框的 Report Options 选项

当选中 Report Options 目录时，对话框右边显示具体的报告选项，如图 16-16 所示。选取各选项前面的复选框，会产生相应的报告内容。

1）Create Report File：运行 DRC 后，创建报告文档。

2）Create Violations：运行 DRC 后，在 PCB Rules and Violations 面板中生成违规信息，建议选中。

3）Sub-Net Details：在 DRC 报告中包含未布线网络的详细信息。

4）Verify Shorting Copper：检查 Net Tie 元件，在这类元件中是否存在未连接的铜箔（如一个焊盘没有短路其他焊盘）。

5）Report Drilled SMT Pads：报告被钻孔的 SMT 焊盘。

6）Report Multilayer Pads with 0 size Hole：报告未开孔的多层焊盘。

7）Stop when 500 violations found：当发现 500 个违规时停止检查。

当选中 Rules to Check 目录时，对话框右边显示待检查的设计规则、规则所属类别，以及是否激活该设计规则的 Online DRC 或者 Batch DRC 功能，如图 16-17 所示。

1. Online DRC

Online DRC 在系统后台运行，能够实时发现违反设计规则的操作行为并进行警示。要对某个设计规则进行 Online DRC，需要满足以下三个条件。

1）定义了该设计规则并使能（通过 Design ≫ Rules 菜单命令打开 PCB Rules and Constraints Editor 进行设置）。

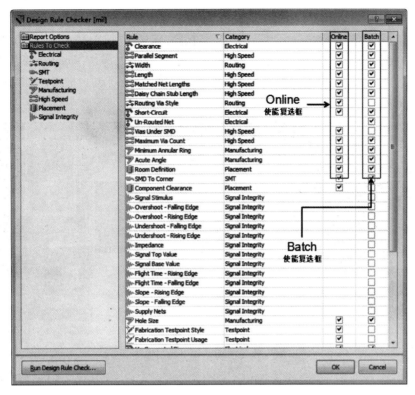

图 16-17 设计规则检查对话框的 Rules to Check 选项

2）该设计规则类型在设计规则检查对话框中选取了 Online 复选框。

3）启动了 Online DRC 工具（执行 DXP≫Preferences 菜单命令打开首选项对话框，在 PCB Editor→General 配置页中选取 Online DRC 复选框）。

任何违反了 Online DRC 的对象将被高亮显示，默认情况下对象轮廓会显示为醒目的绿色。

2. Batch DRC

Batch DRC 可以在设计过程的任何阶段手工运行，检查结果会根据报告选项生成相应的报告内容。在设计过程中，最好采用累积式的检查方法，即每完成一定量的设计工作就进行一次 Batch DRC，以及时纠正错误。如果在整个设计完成后才进行 Batch DRC，容易出现太多错误，修改起来比较困难。

单击设计规则检查对话框左下角的 Run Design Rule Check 按钮，开始 Batch DRC，检查完成后自动打开 Messages 面板，显示检查到的各种违反设计规则的信息。双击违规信息，编辑窗口会跳转到违规处显示。

如果选取了 Create Report File 选项，PCB 编辑窗口还会显示报告文档的内容，详细列出检查的设计规则和违规情况，并给出链接，单击链接可以跳转到 PCB 文档的错误处，单击导航工具栏的后退按钮返回报告文档。报告文档同时保存在当前工程的 Generated/Documents 目录下。

3. 解决设计规则违规问题

对检查出的设计规则违规问题，有以下四种方法进行处理。

（1）通过消息面板

双击违规消息，可以跳转到编辑窗口违规处进行修改。

（2）通过编辑窗口

对于 Width、Clearance 和 Short-Circuit 之类的违规，系统默认会用醒目的绿色显示在编辑窗口中，放大观察会发现里面填充 DRC 符号标记。移动光标到违规处停留片刻，编辑窗口左上角的 Head

Up Display 区域会显示违规内容（如没有显示，按下 Shift + H 快捷键）。移动光标到违规处，按下快捷键 Shift + V，打开 Board Insight 对话框，此时里面显示设计规则违规内容，如图 16-18 所示，最上方为违规位置的对象示意图，下方为 Violation（违规）列表。单击 Violation 前面的+号，展开违规所涉及的对象。每个违规对象右侧的三个按钮 、 和 ，分别对应缩放、选择违规对象和显示对象属性对话框的功能。

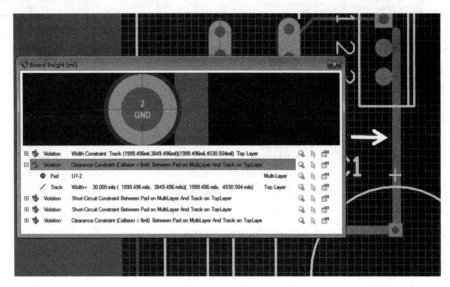

图 16-18　编辑窗口中的设计规则违规

（3）通过右键菜单

在违规处单击鼠标右键，在弹出的菜单中选择 Violations（违规），其级联菜单会显示该处发现的所有违规信息菜单，如图 16-19 所示。单击某个违规菜单项，同样会弹出设计规则违规细节信息框。

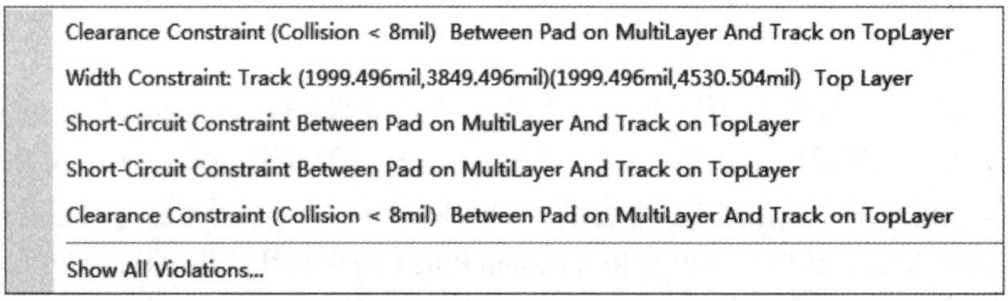

图 16-19　右键菜单 Violations

（4）通过 PCB Rules And Violations 面板

单击面板标签栏中的 PCB 标签，在弹出的菜单中选择 PCB Rules And Violations 命令，打开该面板，如图 16-20 所示。

PCB Rules And Violations 面板上部的按钮及复选框与 PCB 面板是一样的，不再赘述。往下是三个列表区域：第一个列表区域显示所有的设计规则类；第二个列表区域显示当前设计规则类中的具体设计规则，如果没有当前设计规则类，则显示所有定义的设计规则；第三个列表区域显示针对当前设计规则的违规情况。这样便于将众多的违规问题分类处理。

下面通过一个例子来介绍如何使用 PCB Rules And Violations 面板解决设计规则违规问题，涉及的设计规则是 UnRoutedNet，该设计规则的最大用途是检查电路板的所有布线是否完成，如果有未完成的布线，就会检查出违规问题。因此设计人员不用再担心出现遗漏布线的情况。

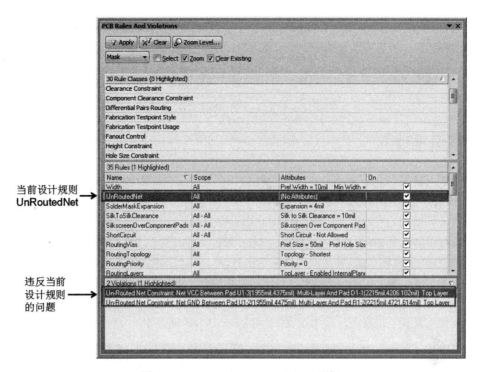

图 16-20　PCB Rules And Violations 面板

【例 16-11】 执行 Batch DRC 并解决违规问题。

（1）打开本例对应的电子资源 Voltage_Meter.PrjPCB 工程，双击其中的 Voltage_Meter_with_Violation.PcbDoc 文档。

（2）执行菜单命令 Tools ≫ Design Rule Check，打开设计规则检查对话框，确保选中 Create Violations 报告选项以及 Electrical 目录下的 UnRouted Net 设计规则的 Batch 复选框，单击对话框左下角的 Run Design Rule Check 按钮，开始进行 DRC。

（3）DRC 结束后，进入 PCB 编辑环境，打开 PCB Rules And Violations 面板，将高亮选项设置为 Mask，在面板第二个列表区域选择 UnRoutedNet，第三个列表区域随即显示两条违规项，如图 16-20 所示，这表明电路板遗漏了两处布线。单击违规项，编辑窗口高亮显示对应的违规位置，本例中分别是 D1 连接 VCC 网络的 1 号贴片引脚和 R1 连接 GND 网络的 2 号贴片引脚，这两个引脚均未与对应的网络连接。

（4）双击第三个列表区域的违规项，打开违规细节信息框，如图 16-21 所示，其中详细介绍了设计规则的违规情况。单击 Highlight 按钮在编辑窗口中高亮显示违规处，单击 Jump 按钮跳转到编辑窗口中的违规处。

（5）改正违规问题。可以将这两个焊盘分别与其他同网络焊盘连接，或者就近放置两个连接到 VCC 和 GND 网络的过孔，然后将过孔分别与这两个引脚相连。

（6）改正以后，还要进行验证。在第二个列表区域选择 UnRoutedNet，单击鼠标右键，在弹

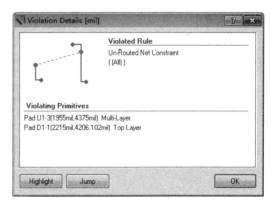

图 16-21　违规细节信息框

出菜单中选择 Run DRC Rule（UnRoutedNet）命令，系统自动对 UnRoutedNet 设计规则进行检查，如果发现违规情况，则会显示在第三个列表区域中，否则不会显示任何内容。

> 并不是所有的违规都需要改正，有些违规情况可以忽略，具体需结合电路板实际情况以及咨询 PCB 厂家。

16.4 板层堆栈表

电路板层堆栈表（Layer Stack Table）包含电路板的板层信息，对电路板的组成起到说明的作用。

【例 16-12】放置电路板堆栈表。

（1）首先切换到适当的板层，通常为机械层或者丝印层。

（2）执行菜单命令 Place ≫ Layer Stack Table，光标上即附着一个板层堆栈表，移动光标到编辑窗口合适位置，单击鼠标左键，即可放置板层堆栈表。双击该板层堆栈表，在打开的 Layer Stack Table 对话框中取消 Draw Board Map 复选框，这样可以隐藏板层堆栈表下方的电路板外形阴影框。最终的结果如图 16-22 所示。

（3）若要删除板层堆栈表，选中该表，然后按下 Delete 键删除。

Layer	Name	Material	Thickness	Constant	Board Layer Stack
1	Top Overlay				
2	Top Solder	Solder Resist	0.40mil	3.5	
3	Top Layer	Copper	1.40mil		
4	Dielectric1	FR-4	12.60mil	4.8	
5	Ground	Copper	1.40mil		
6	Dielectric5	FR-4	12.60mil	4.8	
7	Power	Copper	1.40mil		
8	Dielectric6	FR-4	12.60mil	4.8	
9	Bottom Layer	Copper	1.40mil		
10	Bottom Solder	Solder Resist	0.40mil	3.5	
11	Bottom Overlay				

图 16-22　板层堆栈图例

16.5 3D 视图显示

AD 17 提供了 PCB 的 3D 视图功能，3D 视图环境中可以看到更接近实物的电路板。在 PCB 编辑环境中，按下数字键 3 可从普通的 2D 视图切换到 3D 视图，按下数字键 2 可以从 3D 视图切换回 2D 视图。

一个元件如果没有相对应的 3D 模型或者 3D Body，则在 3D 视图中将看不到呈现立体感的元件，而只能看到其对应的焊盘和轮廓线。

1．3D 视图的颜色配置

按下快捷键 L，打开视图颜色配置对话框，在左上区域列出了若干系统预定义的 3D 视图配置，如 Altium 3D Black、Altium 3D Blue 等。当前使用的 3D 视图配置处于选中状态。在 3D 视图配置对话框中，可以更改各种视图选项，包括各层颜色、对象颜色、3D 体设置等。

2．缩放编辑窗口

在 3D 视图下，可以使用以下快捷方式进行编辑窗口的缩放。

1）按下鼠标滚轮并前后移动鼠标。

2）Ctrl 键 + 滚动鼠标滚轮或者 Ctrl 键 + 按下鼠标右键不放并拖动鼠标。

3）PgUp（放大）和 PgDn（缩小）快捷键，同时按下 Ctrl 键可以加快缩放速度。

3．移动编辑窗口

按下鼠标右键不放，光标变为手形，然后拖动鼠标即可移动编辑窗口。

4．旋转 3D 电路板

按下 Shift 键进入 3D 旋转模式，在光标位置会出现一个带四个方向箭头的球形控件，如图 16-23 所示。使用这个球形控件可以在 3D 视图内旋转电路板。在旋转之前，应该弄清楚 3D 视图采用的坐标系：X 轴方向为屏幕的左右方向，Y 轴方向为屏幕的上下方向，Z 轴方向则是垂直于屏幕的方向。

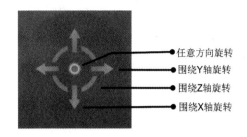

图 16-23　3D 视图旋转控件

1）移动光标到中心圆点上，按下鼠标右键并拖动鼠标可以向任意方向旋转电路板。
2）移动光标到水平箭头上，按下鼠标右键并拖动鼠标可以使电路板围绕 Y 轴旋转。
3）移动光标到垂直箭头上，按下鼠标右键并拖动鼠标可以使电路板围绕 X 轴旋转。
4）移动光标到圆弧上，按下鼠标右键并拖动鼠标可以使电路板围绕 Z 轴旋转。

16.6　生成 PCB 报表

同原理图编辑环境一样，PCB 编辑环境也可以生成各种报表。

16.6.1　网表（Netlist）

执行菜单命令 Design ≫ Netlist ≫ Create Netlist from Connected Copper，系统会根据元件以及布线过程中放置的铜箔（走线、矩形填充等）形成的连接情况创建网表文件，文件名格式为"Generated + PCB 文档名称"，扩展名为".Net"，存放在与 PCB 设计文档相同的目录下，同时在设计窗口中显示其内容。网表的基本内容包括元件和网络两部分，详见 5.4.1 小节。本命令创建的网表不包括单焊盘网络，不包括自由图元。

执行菜单命令 Design ≫ Netlist ≫ Edit Nets，系统会打开网表管理器对话框，如图 16-24 所示，左边列表框为当前 PCB 文档包含的所有网络，右边列表框为当前网络中的焊盘，包括属于元件的焊盘和自由焊盘。单击对话框中的 Edit 按钮，会弹出网络编辑对话框，如图 16-25 所示，可以在其中进行网络更名、修改该网络预拉线颜色、隐藏预拉线、添加或删除网络中焊盘的操作。

网络编辑对话框也可以通过右键单击网络对象（焊盘、走线、过孔等），在弹出的菜单中选择 Net Actions ≫ Properties 打开。

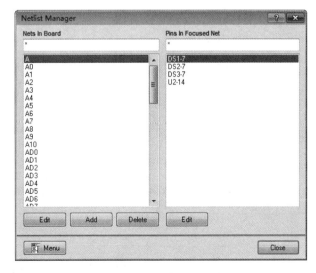

图 16-24　网表管理器对话框

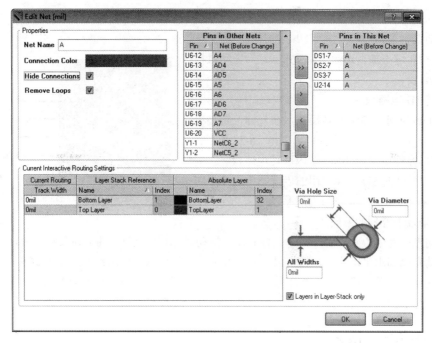

图 16-25 网络编辑对话框

16.6.2 电路板信息

执行菜单命令 Report » Board Information,打开 PCB Information 对话框,如图 16-26 所示。该对话框包含三个选项卡,下面分别介绍。

1. General

General 选项卡提供了 PCB 中所有图元(圆弧、矩形填充、焊盘、字符串、铜箔走线、过孔、覆铜、坐标、尺寸标注)的数量、电路板的尺寸(长、宽以及左下角顶点的绝对坐标)和其他信息,包括焊盘钻孔数量、焊盘槽型和方形孔数量、DRC 错误数目等,如图 16-26 所示。

2. Components

Components 选项卡提供了 PCB 中包含的所有元件标识符、元件总数以及位于顶层和底层的元件数量,如图 16-27 所示。

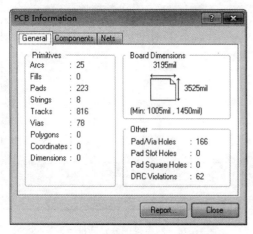

图 16-26 PCB 信息对话框 General 选项卡

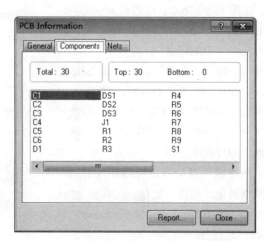

图 16-27 PCB 信息对话框 Components 选项卡

3. Nets

Nets 选项卡显示 PCB 中包含的所有网络信息，如图 16-28 所示。单击 Pwr/Gnd 按钮，打开内部平面层信息框，其中显示了穿过内部平面层的焊盘与平面层的连接关系，Relief 表示十字花形连接，No Connxn 表示无连接，如图 16-29 所示。

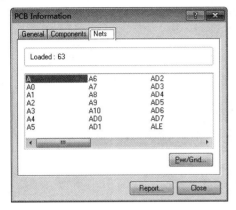

图 16-28 PCB 信息对话框 Nets 选项卡

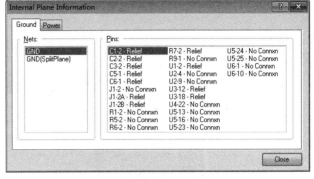

图 16-29 PCB 信息对话框内部平面层信息框

16.6.3 元件清单

PCB 编辑环境产生的元件清单内容与原理图编辑环境产生的元件清单一样，详见 5.4.2 小节。

16.6.4 简易元件清单

PCB 编辑环境产生的简易元件清单与原理图编辑环境产生的简易元件清单一样，详见 5.4.3 小节。

16.7 文件输出与打印

16.7.1 智能 PDF

Altium Designer 提供的 Smart PDF（智能 PDF）工具可以将多个设计文档放在一个 PDF 文档中输出。作为一种广泛使用的文档格式，PDF 文档更便于电路设计数据的分享和交流。

【例 16-13】将 Voltage_Meter.PrjPCB 工程中的设计文档生成一个 PDF 文档。

（1）打开本例对应的电子资源 Voltage_Meter.PrjPCB 工程，在原理图或者 PCB 编辑环境中执行菜单命令 File » Smart PDF，弹出 Altium Designer Smart PDF 首页，如图 16-30 所示。

（2）单击 Next 按钮，进入选择输出目标界面，如图 16-31 所示。

1）Current Project：选中该选项会将该工程的所有文档都包含在创建的 PDF 文件中。

2）Current Document，选中该选项只会将当前设计文档包含在创建的 PDF 文件中。

3）Output File Name：该栏位为输出文件路径和名称。单击右侧的 按钮，可以更改输出 PDF 文件的路径和名称。

本例中选择 Current Project 选项，其余保持不变。

（3）单击 Next 按钮，进入选择工程文档界面，如图 16-32 所示，处于选中状态的文档将被包含在输出的 PDF 文档中。

（4）单击 Next 按钮，进入输出元件清单界面，如图 16-33 所示，保持默认设置不变。

图 16-30　Smart PDF 首页　　　　　　图 16-31　Choose Export Target 界面

图 16-32　Choose Project Files 界面　　　图 16-33　Export Bill of Materials 界面

（5）单击 Next 按钮，进入 PCB Printout Settings 界面，如图 16-34 所示。该界面默认配置是将每个 PCB 文档分别打印一张纸，纸上重叠打印多个板层，包括 Top Overlay、Top Layer、Bottom Layer、多个 Mechanical Layer、Keep-Out Layer、Multi-Layer。更详细的关于 PCB 文档打印的内容，详见 16.7.3 小节。

（6）单击 Next 按钮，进入 Additional PDF Settings 界面，如图 16-35 所示，可以设置额外的 PDF 打印选项。

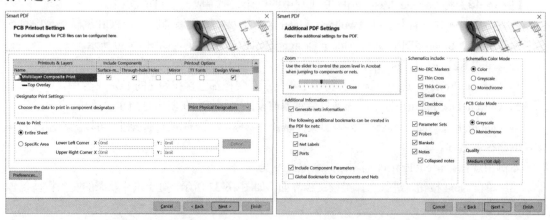

图 16-34　PCB Printout Settings 界面　　　图 16-35　Additional PDF Settings 界面

1）Zoom 区域：设置在 PDF 文档中跳转到查看对象时的放大倍数。

2）Additional Bookmark 区域：增加 PDF 文档中的书签。

Generate nets information：会在 PDF 文档中创建网络书签。选中该复选框后，会激活三个复选框：

① Pins：创建引脚书签。

② Net Labels：创建网络标签书签。

③ Ports：创建端口书签。

3）Schematics 区域：选择原理图中要打印的一些对象。

选中 No-ERC Marksers、Parameter Sets、Probes、Blankets 复选框，则在 PDF 文档中包含这些对象。

Color mode：包括三个选项，Color 为彩色打印，Grayscale 为灰度打印，Monochrome 为黑白打印。

4）PCB 区域：

Color mode：该选项与 Schematics 区域的 Color mode 完全一样，不再赘述。

（7）单击 Next 按钮，进入 Structure Settings 界面，如图 16-36 所示，主要针对多通道电路进行设置，可以使用逻辑结构还是物理结构来表现电路以及采用何种名称显示相应对象，保持默认配置不变。

（8）单击 Next 按钮，进入 Final Steps 界面，选中 Open PDF file after export 选项，取消其余两个选项，结果如图 16-37 所示。

图 16-36　Structure Settings 界面　　　　　图 16-37　Final Steps 界面

（9）单击 Finish 按钮，系统按照前面各界面的设置创建 PDF 文档，并使用 PDF 阅读软件打开，如图 16-38 所示。

16.7.2　工程打包

一个工程中往往包括各种类型的文件：原理图文档、PCB 文档、源代码文件、库文件、报告、网表等。Altium Designer 的工程打包器支持将工程中的文件打包到一个压缩文件中，方便存储和迁移。

1）执行菜单命令 Project ≫ Project Packager，进入工程打包器界面，首先选择要打包的工程。

① Package focused Project：打包当前工程。

② Package focused Project tree, starting from the focused project：打包工程树中从当前工程开始的所有工程，适用于同时包含 PCB + FPGA + 嵌入式系统的工程。

③ Package workspace：打包工作空间的所有工程。

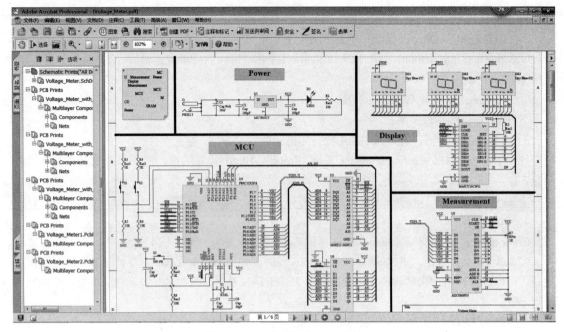

图 16-38　生成的智能 PDF 文档

2）单击 Next 按钮，进入 Zip File Options 界面，可以设置下列选项。

① Zip File Name：设置压缩文件名称和路径，单击右侧的按钮可以修改路径和文件名。

② Directories in Zip File：设置如何显示压缩文件中包含的各文件的路径，包含完整路径或者包含相对于共同父目录的路径。

③ Generated File：是否包含工程中生成的一些文件，如 DRC 报告、工程层次结构报告等。

④ Additional file to include：

a．Output Folder and Sub-folders：包含所有 Output 文件夹及其子文件夹。

b．History Files：包含历史文件。

c．EDIF Files：包含 EDIF 文件。

d．All in Project Directories：包含所有工程目录下的文件。

3）单击 Next 按钮，进入 Select File to Include 界面，显示拟包含在压缩包中的所有文件，可以进一步进行筛选。

4）单击 Next 按钮，进入 Packaging Complete 界面，显示最终包含在压缩包中的文件。确认无误后，单击 Finish 按钮，系统即在指定目录下生成压缩包。

16.7.3　打印 PCB

PCB 文档的打印命令在 PCB 编辑环境的 File 主菜单下，共有四个菜单命令，如图 16-39 所示。Page Setup 用来设置打印的板层和板层上的对象，Print Preview 用来预览打印结果，Print 用来设置打印缩放比例和打印颜色模式并执行打印操作，Default Prints 用来设置默认的打印文件类型。后三个菜单命令与 5.5.2 小节中原理图环境的打印菜单相同。本小节只介绍 Page Setup 菜单命令。

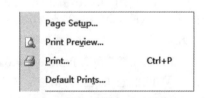

图 16-39　PCB 打印相关菜单

执行菜单命令 File》 Page Setup 后打开如图 16-40 所示的 Composite Properties 对话框，除了 Advanced 按钮外，该对话框其余各选项的含义和用法与原理图环境执行 File》 Page Setup 菜单命令打开的对话框是一样的。

单击 Advanced 按钮打开 PCB Printout Properties 对话框，如图 16-41 所示。

1. 对话框上部的列表给出了打印相关的选项

1）Printouts & Layers 列：一个 Printout 包含多个板层，对应一张打印纸，所有板层都叠加打印在这张打印纸上。图 16-41 中深灰色背景的 Multilayer Composite Print 即为一个 Printout，它包含的板层为 Top Overlay、Top Layer、BottomLayer、若干 Mechanical Layer、Keep-Out Layer 和 Multi-Layer。

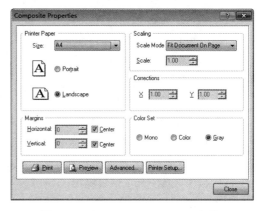

图 16-40　Composite Properties 对话框

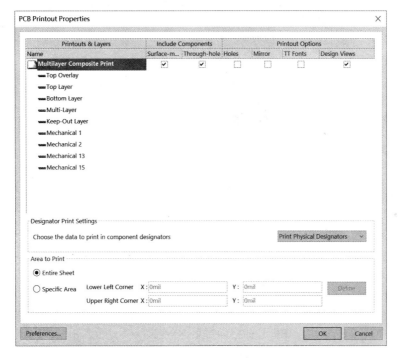

图 16-41　PCB Printout Properties 对话框

2）Include Components 列：指定打印输出的元件，Surface-mount 为贴片元件、Through-hole 为通孔元件，勾选的元件的焊盘将被打印。

3）Printout Options 列：设置是否打印钻孔、是否镜像打印、是否打印 True Type 字体以及是否打印 Design View。Design View（Place》 Design View）是电路板外部放置的一个视图，可以用来缩放显示电路板的任何一个区域。

2. Area to Print 区域

1）Entire Sheet：打印整张图样。

2）Specific Area：打印指定区域，需输入区域左下角和右上角的 X 和 Y 坐标。

3）Define：单击该按钮，回到 PCB 编辑窗口，用鼠标可以绘制一个待打印的矩形区域，绘制完毕后返回本对话框。

从上面的配置选项可看出，该对话框用来选择待打印的板层、板层上的对象以及打印方式。

3. Preferences 按钮

单击 Preferences 按钮，打开 PCB Print Preferences 对话框，如图 16-42 所示，各选项介绍如下。

1）Colors & Gray Scales：单击灰度框选择灰度打印时板层使用的灰度，单击颜色框选择彩色打印时板层使用的颜色。

2）Retrieve Layer Colors From PCB：从 PCB 电路板中拾取现有的板层颜色。

3）Font Substitutions 区域：

① Default：选中复选框可以定义默认字体的替换字体，单击右边的按钮可以在打开的字体对话框中选取替换字体。

② Serif：选中复选框可以定义 Serif 字体的替换字体，单击右边的按钮可以在打开的字体对话框中选取替换字体。

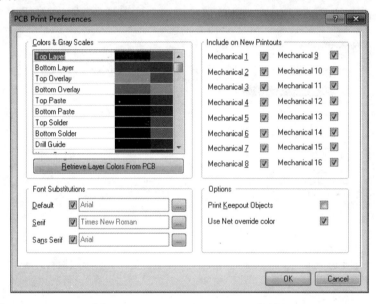

图 16-42　PCB Print Preferences 对话框

③ Sans Serif：选中复选框可以定义 Sans Serif 字体的替换字体，单击右边的按钮可以在打开的字体对话框中选取替换字体。

4）Include on New Printouts：这是机械层列表，选中复选框对应的机械层会包含在新的 Printout 中。

5）Options 区域：

① Print Keepout Objects：使能该选项则打印 Keepout 对象。

② Use Net Override Color：使能该选项则使用用户指定颜色替换板层颜色。

除了上面这些设置以外，在 PCB Printout Properties 对话框的列表中单击鼠标右键，弹出的菜单非常有用，如图 16-43 所示，分别介绍如下。

图 16-43　PCB 打印属性对话框右键菜单

1）Create Final、Create Composite、Create Power- Plane Set、Create Mask Set、Create Dirll Drawings、Create Assembly Drawings、Create Composite Drill Guide：这些都是系统预定义的 Printout 集合，每个 Printout 集合包含至少一个 Printout，每个 Printout 包含特定的板层集合。

2）Move Up：上移当前 Printout。

3）Move Down：下移当前 Printout。

4）Insert Printout：在当前 Printout 前面插入一个空白的 Printout。

5）Insert Layer：在当前 Printout 中插入一个板层。

6）Delete：删除当前的 Printout 或者 Layer。

7）Properties：打开当前 Printout 或者 Layer 的属性对话框。

8）Preferences：打开 PCB Print Preferences 对话框。

当前 Printout 的属性对话框如图 16-44 所示，可以对 Printout 进行打印属性设置。

1）Printout Name：设置 Printout 名称。

2）Components：设置需要打印的元件，包含以下两种选项。

① Include Surface-mount：包含贴片元件。

② Include Through-hole：包含通孔元件。

3）Options：包括以下四个选项。

① Show Holes：显示钻孔。

② Mirror Layers：镜像打印。

③ Enable Font Substitution：允许字体替换。

④ Enable Design Views：打印设计视图。

4）Pad Display Options：包括以下三个选项。

① Show Pad Numbers：打印焊盘编号。

② Show Pad Nets：打印焊盘所属网络名称。

图 16-44 Printout 属性对话框

③ Font Size：所用字体的大小。

5）Layers：该区域列出了当前 Printout 包含的各板层。

6）Add：在当前 Printout 中增加打印的板层。

7）Remove：移除当前选中的打印板层。

8）Edit：编辑当前选中的板层。

9）Move Up：将选中的板层上移。

10）Move Down：将选中的板层下移。

【例 16-14】单面板的 PCB 打印。

假设该电路板只利用底层进行布线，可通过以下设置打印单面板，以便用热转印法制板。

（1）完成元件布局和底层布线，并经过 DRC 无误后，执行菜单命令 File ≫ Print 打开复合打印属性对话框，将 Scaling 区域设为 Scaled Print, Scale 为 1（1∶1 打印），Color Set 选项设为 Mono（黑白打印），设置结果如图 16-45 所示。

（2）单击 Advanced 按钮，进入 PCB Printout Preperties 对话框，如图 16-41 所示，右键单击当

前的 Printout，在弹出菜单中选择 Properties，打开 Printout Properties 对话框，如图 16-46 所示，在该对话框中进行如下设置。

1）Components 区域：选中该区域三个复选框，打印所有元件。
2）Options 区域：选中 Show Holes 复选框，显示钻孔，方便后续手工钻孔。
3）Layers 区域：只包含三个板层，依次为 Multi-Layer、Bottom Layer、Keep-Out Layer。

最终的设置结果如图 16-46 所示。

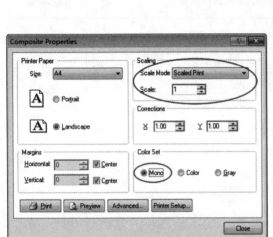

图 16-45　单面板打印的复合打印属性对话框

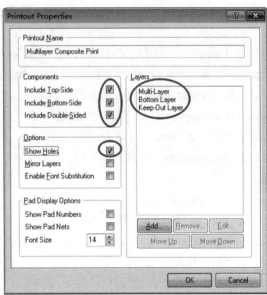

图 16-46　单面板打印的 Printout 属性对话框

（3）执行菜单命令 File ≫ Print Preview，查看预览图是否正确。
（4）执行菜单命令 File ≫ Print，在弹出的打印对话框中选择合适的打印机，然后单击 OK 按钮即可进行打印。

16.8　PCB 打样

完成了 PCB 设计工作以后，如想将纸面上的设计转化为电路板实物，就需要 PCB 打样。对于单面板（线宽及间距最好在 10mil 以上），可以通过热转印法或感光法自行制作电路板，但是对于双面板以及多层板，建议将 PCB 源文件或者生成的 Gerber 文件（File ≫ Fabrication Outputs）提交给 PCB 专业厂家加工。

16.9　思考与实践

1. 思考题

（1）AD 17 提供几种尺寸标注线，适用于什么场合？
（2）常用的 PCB 报表有哪些？
（3）什么是智能 PDF？它可以包含哪些内容？
（4）打印需手工制作的单面板时应做哪些设置？

（5）假设例16-14中需要打印电路板的顶层走线、焊盘和过孔做热转印，是否需要设置镜像打印？

2．实践题

（1）新建一个空白的PCB文档，在其中绘制16.1节中的各种尺寸标注线。

（2）对第14章的实践题（2）、（3）、（4）进行如下操作：

① 进行DRC。

② 使用3D视图观察。

③ 生成工程的网表、电路板信息、元件清单。

④ 生成工程的智能PDF文档。

⑤ 将工程打包。

第 17 章　PCB 编辑器首选项配置

通过前面对 PCB 编辑器的学习，用户已经初步掌握了编辑器默认的行为表现。与原理图编辑器一样，PCB 编辑器的行为表现也受到 PCB 首选项的控制。

执行菜单命令 DXP ≫ Preferences 或者菜单命令 Tools ≫ Preferences，都可打开首选项对话框，如图 17-1 所示，其左边是树形目录列表，列出了 Altium Designer 中的 12 个首选项分类，单击 PCB Editor 前面的"+"号，展开其包含的 15 个配置页，对话框右边显示当前配置页的具体选项。下面介绍这些 PCB 编辑器首选项的内容。

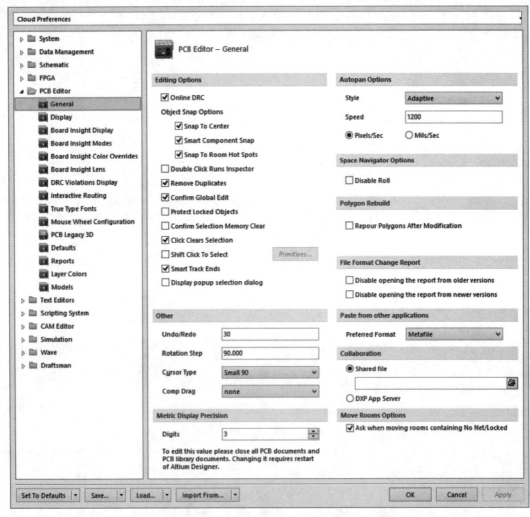

图 17-1　PCB Editor 之 General 配置页

17.1　General（常规）配置

常规配置页如图 17-1 所示，包含的各选项说明如下。

1. Editing Options

Editing Options 区域包含和 PCB 编辑相关的选项。

1）Online DRC（在线 DRC）：使能该选项将使得系统能够实时监测用户的编辑行为，并且能够立即高亮显示任何违规情况。如果禁用该选项，则违规情况只有用户主动运行设计规则检查（DRC）才会被高亮显示，详见 16.3 节。

2）Snap To Center：使能该选项使得移动对象时光标自动跳转到对象参考点上。当移动一个自由焊盘或者过孔时，光标会跳转到焊盘中心；当移动一个元件时，光标会跳转到元件参考点（通常也为中心位置）。如果禁用该选项，则移动对象时光标将保持在单击对象时光标所在的位置。由于光标只能停留在栅格点上，使能该选项将使得对象容易对齐到栅格上。禁用该选项，则移动对象过程中光标会始终抓住移动对象前的单击处。

3）Smart Component Snap：使能该选项，移动对象时光标将跳转到离单击处最近的焊盘或者参考点位置。如果禁用 Snap to Center 选项，则该选项也自动禁用。

4）Snap to Room Hot Spots：使能该选项使得移动 Room 时光标跳转到其热点，一般为其顶点。

5）Double Click Runs Inspector：使能该选项后，双击对象将打开 PCB Inspector 面板而不是对象的属性对话框。

6）Remove Duplicates：当系统准备向矢量设备，如笔式绘图仪、矢量光绘机输出数据时，使能该选项将会移除重复的图元。

7）Confirm Global Edit：当进行全局性编辑操作时，使能该选项将弹出一个确认对话框，用户可以做进一步的确认或者取消全局操作。禁用该选项，全局操作将立刻执行而不需要再次确认。

8）Protect Locked Objects：使能该选项将无法移动被锁定的对象。

9）Confirm Selection Memory Clear：使能该选项后，当用户想要清除选择记忆面板时会弹出一个确认对话框。

10）Click Clears Selection：使能该选项后，在编辑窗口任意空白地方单击鼠标左键即可清除所有对象的选中状态。禁用该选项后，只有再次单击选中的对象才能清除其选中状态，而其他被选中的对象不会受到影响，因此可以逐个选择需要的多个对象。

11）Shift Click To Select：使能该选项后，按下 Shift 键的同时单击鼠标左键才能选择特定的图元。单击该选项旁边的 Primitives 按钮打开图元选择列表，可以指定该选项作用的图元。禁用该选项后按照常规的方法选择图元。

12）Smart Track Ends：使能该选项后，网络分析器将连接线连接到走线的开路端。例如，从焊盘 A 向焊盘 B 走线，未到 B 时中途停止走线，使走线一端处于开路状态，则网络分析器将用连接线连接焊盘 B 和该走线的开路端。而默认情况下，网络分析器采用最短距离的原则，于是有可能连接线连接焊盘 A 和 B，而不是连接 B 和走线开路端。在很多情况下，连接线连接走线开路端恰恰符合最短距离原则，此时使能和禁用该选项会产生相同的拓扑连接。

13）Display popup selection dialog：使能该选项，单击重叠在一起的元件，会弹出选择对话框；禁用该选项，则单击重叠元件会轮流选中这些元件。

2. Autopan Options

当鼠标拖动对象至编辑窗口边缘时，窗口会进行移动，以便将被遮挡的部分移入屏幕。Autopan Options 区域定义窗口的边移样式。

Style：该下拉列表列出了以下几种自动边移选项。

① Disable：禁用自动边移功能。

② Re-Center：当光标移动到编辑窗口边缘时，将边缘位置重新置于窗口中心位置显示。

③ Fixed Size Jump：按照在 Step Size Value 中规定的步长移动窗口。

④ Shift Accelerate：按照在 Step Size 栏位设置的步长移动窗口，按下 Shift 键将窗口移动步长升至 Shift Step。

⑤ Shift Decelerate：按照 Shift Step 栏位设置的步长移动窗口，按下 Shift 键将窗口移动步长降至 Step Size。

⑥ Ballistic：根据光标移动至窗口边缘时的速度决定窗口移动的步长。步长的变化范围从 Step Size 到 Shift Step。按下 Shift 键时移动步长为 Shift Step。

⑦ Adaptive：当光标移至 PCB 窗口边缘时，窗口将以稳定速度移动，当边移发生的区域没有设计对象时，移动速度会降低。Speed 栏位设置当前自动边移的速度，单位为像素/秒（pixels/s）或密耳/秒（mils/s）。

3. Space Navigator Options

Disable Roll：选中该选项将禁用空间导航功能。

4. Polygon Rebuild

Always repour polygons on modification：使能该选项，则在移动或者编辑覆铜后总是自动重新覆铜。

5. File Format Change Report

1）Disable opening the report from older versions：使能该选项后，在打开以前版本的 Altium Designer 创建的 PCB 文档时将不会创建关于版本的报告。该复选框默认是禁用的。

2）Disable opening the report from newer versions：使能该选项后，在用 Altium Designer 打开更高版本创建的 PCB 文档时不会创建关于版本的报告。该复选框默认是禁用的。

6. Other

1）Undo/Redo：设置撤销或者重做的最大次数。当次数为 0 时，撤销操作被禁用。

2）Rotation Step：设置旋转步长，单位为度。当对象处在放置状态时，每按下 Space 键一次，按设置的旋转步长逆时针方向旋转对象。如果同时按下 Shift 键，则顺时针方向旋转对象。默认的旋转步长为 90°，允许的最小步长为 0.001°。

3）Cursor Type：设置处于编辑状态（如放置或者移动对象）时的光标形状。

① Small 90：十字形小光标，这是默认选项。

② Large 90：十字形大光标，组成十字形的水平和垂直线贯穿整个编辑窗口。

③ Small 45："X"形小光标。

4）Comp Drag：当拖动元件时，如何处理与元件连接的走线。拖动元件的菜单命令为 Tools ≫ Move ≫ Drag。

① None：当拖动元件时，所有与元件连接的走线都与元件断开。

② Connected Tracks：当拖动元件时，所有连接的走线都保持与元件的连接关系。

7. Paste from other applications

Preferred Format：处理粘贴数据时的首选格式。

① Metafile：作为 Windows 增强的图元文件数据处理。如果没有图元文件数据，则作为 Unicode 文本数据处理。

② Text：作为 Unicode 文本数据处理。如果没有 Unicode 文本数据，则作为增强的图元文件数据处理。

8. Collaboration Server Path

1）Shared file：单击右侧的 图标选择协作的服务器路径。当多个工程师同时设计 PCB 时需要使用此设置。此设置更改后，需保存且重启 Altium Designer 后才能生效。

2）Dxp App Server：工程师使用 Dxp App Server 进行协作。

9. Metric Display Precision

Digits：设置小数点右侧显示的位数。例如，实际测量值为 1.23456，当 Digits 栏位为 2 时，显示结果为 1.23；Digits 栏位为 3 时，显示结果为 1.234。注意，设置的 Digits 值不能超过系统所能支持的最高精度。

10. Move Rooms Options

Ask when moving rooms containing No Net/Locked Objects：移动不包含网络或者锁定的 Room 之前先询问。

17.2 Display（显示）配置

Display 配置页用来设置 PCB 编辑环境中与显示有关的选项，如图 17-2 所示。

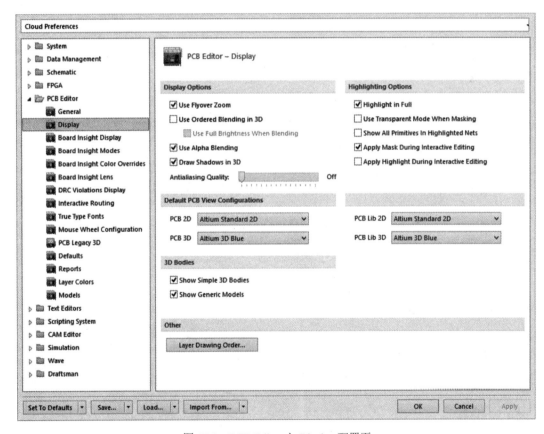

图 17-2　PCB Editor 之 Display 配置页

1. Display Options

1）Use Flyover Zoom：使能该选项将使用平滑动态的缩放功能。

2）Use Ordered Blending in 3D：使能该选项将在 3D 视图中使位于其他对象前面或上面的对象透明显示，以增强 3D 效果。使能该选项后，将激活下面 Use Full Brightness When Blending 选项。

3）Use Full Brightness When Blending：使能该选项将在对象与背景融合时显示全部亮度。

4）Use Alpha Blending：使能该选项将使用 α 融合技术，当拖动一个对象到另一个对象上方时，被拖动对象呈现出半透明或者全透明效果。

5）Draw Shadows in 3D：使能该选项后，在 3D 视图中对象具有阴影效果。

6）Antialiasing Quality：反锯齿程度，滑块左移程度增强，往右程度减弱。

2．Highlighting Options

操作某个对象，其他非操作对象为 Dim 显示模式时，高亮显示选项会起作用。

1）Highlight in Full：使能该选项，处在高亮状态的元件整体都将使用"Selections（选择）"颜色显示。禁用该选项，只有元件的轮廓使用 Selections（选择）颜色高亮显示。Selections 颜色默认为白色。该颜色可以通过在 PCB 编辑窗口按下 L 键打开视图配置对话框进行修改，详见 10.7 节。

2）Use Transparent Mode When Masking：使能该选项，当对象被遮蔽时将变透明。用户可以透过遮蔽对象看到下层的对象。该选项要生效，必须首先在视图配置对话框（Design ≫ Board Layers & Colors）的 View Options 选项卡中选中 Use Transparent Layers 复选框。

3）Show All Primitives In Highlighted Nets：使能该选项后，在单层模式时仍然显示被筛选出来的网络位于所有板层的图元。禁用该选项，则位于隐藏板层的图元不会显示。

4）Apply Mask During Interactive Editing：使能该选项后，在交互式布线时遮蔽非相关对象。

5）Apply Highlight During Interactive Editing：使能该选项，在交互式布线或筛选操作且显示模式设为 Dim 时高亮显示被操作的对象，禁用该选项则使用被操作对象的本色（由其所在板层决定）。

⚠ 对象 Mask 和 Dim 的程度可通过 PCB 编辑窗口右下角的 Mask Level 面板控制，详见 10.1.5 小节。

3．Default PCB View Configurations

1）PCB 2D：设置默认的 PCB 2D 视图配置，视图配置包括各板层的颜色以及各种对象的颜色、可视化以及显示效果。

2）PCB 3D：设置默认的 PCB 3D 视图配置。当在 PCB 编辑窗口按下数字键 3 进入 PCB 3D 视图时，将采用此处设置的 3D 视图配置。

4．Default PCB Library View Configurations

1）PCB Lib 2D：设置默认的 PCB Lib 2D 视图配置。当打开 PCB 库文档时，如果该文档没有指定的 2D 视图配置，将会应用此处设置的 2D 视图配置。

2）PCB Lib 3D：设置默认的 PCB Lib 3D 视图配置。当打开 PCB 库文档并进入 3D 视图时，如果该文档没有指定 3D 视图配置，将会应用此处设置的 3D 视图配置。

5．3D Bodies

1）Show Simple 3D Bodies：使能该选项显示元件的简单 3D 体。

2）Show Generic Models：使能该选项显示元件的 3D 模型，通常为 STEP 格式的模型。

6．其他

Layer Drawing Order：单击该按钮打开板层绘制顺序对话框，可以设置所有板层重绘时的顺序，如图 17-3 所示。

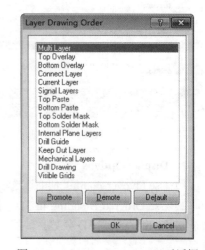

图 17-3　Layer Drawing Order 对话框

最上面的板层显示在所有其他板层的上方。单击 Promote 按钮可以上移板层，单击 Demote 按钮下移板层，单击 Default 按钮恢复默认顺序。

17.3　Board Insight Display 配置

Board Insight Display 配置页提供电路板洞察系统相关选项，如图 17-4 所示。

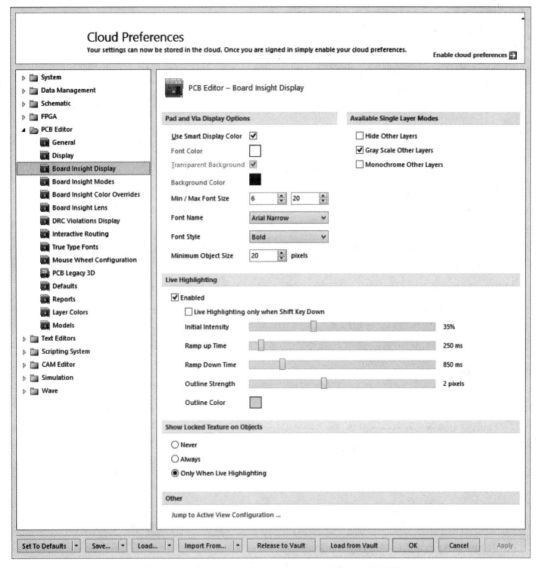

图 17-4　PCB Editor 之 Board Insight Display 配置页

1．Pad and Via Display Options

1）Use Smart Display Color：使能该选项将由软件自动控制焊盘和过孔上字体的颜色。禁用该选项将激活下面的 Font Color 和 Transparent Background 选项，供用户手动选择字体颜色。

2）Font Color：单击颜色块打开标准颜色对话框，从中可以选择焊盘和过孔上字体的颜色。

3）Transparent Background：使能该选项将使用透明背景来显示焊盘和过孔的细节。禁用该选项则需要使用特定颜色的背景。

4）Background Color：单击颜色块将打开标准颜色对话框，从中可以选择背景颜色。禁用选项1）和3）才能设置该选项。

注意：如果启用了 DirectX 功能，则始终使用透明背景。

5）Min/Max Font Size：设置用来显示焊盘和过孔信息的最大和最小字体。

6）Font Name：设置用来显示焊盘和过孔信息的字体名称。

7）Font Style：设置用来显示焊盘和过孔信息的字体样式。可以选择的样式包括常规、粗体、斜体、粗斜体。

8）Minimum Object Size：设置显示焊盘和过孔信息的最小对象大小。

2. Available Single Layer Modes（可用的单层显示模式）

单层显示模式可以屏蔽其他层的对象，使用户能够不受干扰地查看位于某一层的对象。

1）Hide Other Layers：仅仅显示当前板层，隐藏其他层。

2）Gray Scale Other Layers：显示当前板层，其他层的对象根据颜色和亮度的不同采用不同的灰度级别显示。

3）Monochrome Other Layers：显示当前板层，其他层的对象使用同一个灰度级别显示。

勾选以上各单层显示模式前的复选框，则激活对应的单层显示模式。

3. Live Highlighting（实时高亮显示区域）

1）Enable：使能该选项后，将光标停留在某网络（如焊盘、过孔、走线等）上方时会实时高亮显示该网络。当光标离开该网络时，亮度恢复正常。

2）Live Highlighting only when Shift Key Down：使能该选项后，仅仅当按下 Shift 键时才会应用上面的实时高亮功能。

3）Initial Intensity：表示实时高亮时的初始强度。该值可以通过右边的滑动条来调整。

4）Ramp up Time：表示从初始高亮强度上升到完全高亮强度所需要的时间。该时间可以通过右侧的滑动条进行调整，单位为毫秒。

5）Ramp Down Time：表示网络从完全的高亮强度下降到正常显示亮度的时间。该时间可以通过右侧的滑动条进行调整，单位为毫秒。

6）Outline Strength：表示高亮的轮廓宽度。宽度范围从 1~5 像素，可以通过右侧的滑动条进行调整。

7）Outline Color：表示高亮的轮廓颜色，单击右侧的颜色块以选择合适的颜色。

4. Show Locked Texture on Objects

锁定纹理可以让用户很容易地识别出锁定的对象。该纹理显示为一把钥匙，有以下几个选项。

1）Never：从不显示锁定纹理。

2）Always：总是显示锁定纹理。

3）Only When Live Highlighting：仅当实时高亮显示锁定对象时才显示锁定纹理。

5. Jump to Active View Configuration

单击 Jump to Active View Configuration 超链接跳转到视图配置对话框，详见 10.7 节。

17.4 Board Insight Modes 配置

Board Insight Modes 配置页用来设置电路板洞察显示模式，如图 17-5 所示。

1. Display

1）Display Heads Up Information：使能该选项会打开头显，在编辑窗口左上角显示坐标、板层、尺寸以及操作信息。

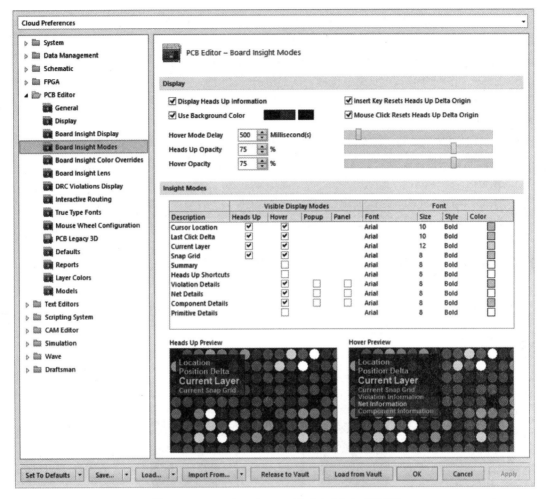

图 17-5　PCB Editor 之 Board Insight Modes 配置页

2）Use Background Color：使能该选项则使用指定背景颜色，可以使用旁边的三个颜色块进行设置，从左到右分别设置头显上部颜色、下部颜色和边框颜色。禁用该选项则头显采用透明背景。

3）Insert Key Resets Heads Up Delta Origin：使能该选项后，按下 Insert 键可以重置 dx 和 dy 的值为 0、0。

4）Mouse Click Resets Heads Up Delta Origin：使能该选项后，单击鼠标左键可以重置 dx 和 dy 的值为 0、0。

5）Hover Mode Delay：控制光标停止移动后多长时间头显转变为 Hover（悬停）模式。

6）Heads Up Opacity：控制头显模式的透明度。该配置页下方的预览窗口可以实时观察设置后的效果。

7）Hover Opacity：控制悬停模式的透明度。该配置页下方的预览窗口可以实时观察设置后的效果。

2. 中部表格

中部表格列出了各种设计信息允许的显示模式以及字体设置，各列说明如下。

1）Description 列：该列为各种待显示的设计信息，包括 Cursor Location（光标位置）、Last Click Delta（Delta 信息）、Current Layer（当前层）、Snap Grid（捕获栅格）、Summary（汇总信息）、Heads

Up Shortcuts（头显相关快捷键）、Violation Details（违规细节）、Net Details（网络细节）、Component Details（元件细节）、Primitive Details（图元细节）。

2）Heads Up 列：选中该列的任意复选框，其对应的设计信息将会采用 Heads Up 显示模式。

3）Hover 列：选中该列的任意复选框，其对应的设计信息将会采用 Hover 显示模式。

4）Popup 列：选中该列的任意复选框，其对应的设计信息将会显示在 Pop-Up Board Insight 对话框中，详见 10.5 节。

5）Panel 列：选中该列的任意复选框，其对应的设计信息将会显示在 Board Insight 面板中。

6）Font 复合列包含了四个子列，分别控制设计信息的字体、大小、样式和颜色。

3. 预览区

1）Heads Up Preview：显示 Head Up 模式的预览图。

2）Hover Preview：显示 Hover 模式的预览图。

17.5　Board Insight Color Overrides 配置

Board Insight Color Overrides 配置页用来设置网络颜色覆盖选项，如图 17-6 所示。

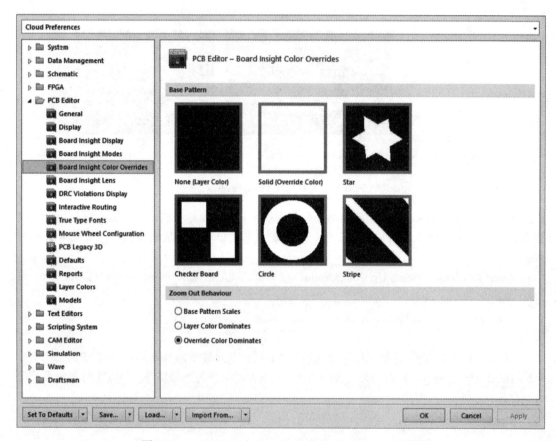

图 17-6　PCB Editor 之 Board Insight Color Overrides 配置页

该选项用来设置如何用板层颜色和网络颜色显示已经完成布线的网络。通常情况下完成布线的网络使用其所在板层的颜色表示，例如顶层的走线默认为红色。

1. Base Pattern

Base Pattern 区域用于设置网络颜色覆盖的基本模式。当打开网络颜色覆盖开关时，即采用此处设置的基本模式。该区域包括以下六个图案。

1）None（Layer Color）：使用板层本身的颜色。采用此设置则网络与通常情况显示相同。
2）Solid（Override Color）：使用网络颜色。
3）Star：使用星形模式。其中白色代表网络颜色，黑色代表板层颜色，以下同。
4）Checker Board：使用棋盘模式。
5）Circle：使用圆环模式。
6）Stripe：使用条纹模式。

2. Zoom Out Behaviour

Zoom Out Behaviour 区域用来设置当电路板缩小到一定程度时采用的显示方案。

1）Base Pattern Scales：使用上面设置的基本模式缩放。
2）Layer Color Dominates：采用板层颜色显示。
3）Override Color Dominates：采用网络颜色显示。

17.6 Board Insight Lens 配置

Board Insight Lens 配置页用于设置 Board Insight 放大镜的相关选项，如图 17-7 所示。

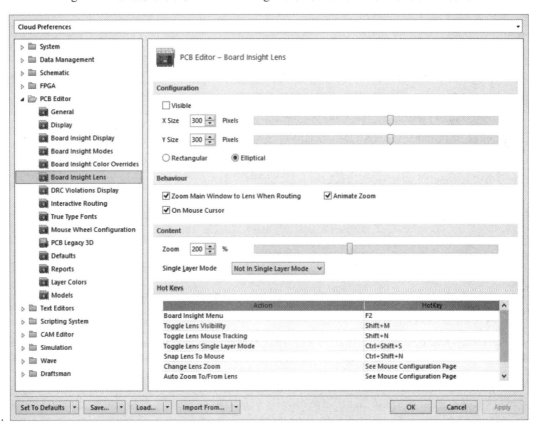

图 17-7　PCB Editor 之 Board Insight Lens 配置页

1. Configuration

1）Visible：使能该选项将激活 Board Insight Lens 功能。Board Insight Lens 是用一个独立的小窗口放大显示当前光标所在区域的内容。

2）X Size：设置放大镜的 X 轴尺寸，可以单击右侧数字选择控件的上下箭头或者拖动滑动条的滑块来调整。

3）Y Size：设置放大镜 Y 轴的尺寸，可以单击右侧数字选择控件的上下箭头或者拖动滑动条的滑块来调整。

4）Rectangular：设置 Board Insight 放大镜为矩形。

5）Elliptical：设置 Board Insight 放大镜为椭圆形。

> 如果使用了 DirectX 功能，则只能使用矩形放大镜。
---

2. Behaviour

1）Zoom Main Window to Lens When Routing：手工布线时，放大镜消失。布线完成后，放大镜重新显示。

2）Animate Zoom：使用动画效果反映光标在编辑窗口的移动。

3）On Mouse Cursor：使能该选项后放大镜将随着光标移动，禁用该选项放大镜将静止。

3. Content

1）Zoom：设置放大镜的放大倍数，可以单击右侧数字选择控件的上下箭头或者拖动滑动条的滑块来调整。

> Alt 键 + 滚动鼠标滚轮也可以调整放大镜的放大倍数。

2）Single Layer Mode：显示以及设置放大镜当前的单层显示模式。下拉列表框中列出了在 PCB Editor→Board Insight Display 配置页中激活的单层模式。

① Hide Other Layers：仅显示当前层的图元，隐藏其他层的所有图元。

② Gray Scale Other Layers：显示当前层的图元，其他层的图元用不同的灰度级别显示。

③ Monochrome Other Layers：显示当前层的图元，其他层的图元用相同灰度级别显示。

④ Not In Single Layer Mode：显示所有层上的所有图元。

4. Hot Keys

Hot Keys 表中列出了各种和放大镜有关的快捷键。

17.7 DRC Violations Display 配置

DRC Violations Display 配置页提供与违规显示相关的配置，如图 17-8 所示。

1. Violation Overlay Style

Violation Overlay Style 区域共提供了四种样式来表示 PCB 设计中违反设计规则之处，包括 None（板层颜色）、Solid（覆盖颜色）、Style A 和 Style B。Style A 和 Style B 中黑色的部分代表板层颜色，白色的部分代表覆盖颜色。有蓝色边框的为当前样式。

默认情况下覆盖颜色为绿色，也就是 View Configuration 对话框（Design ≫ Board Layers & Colors）中的 DRC Error Markers 的颜色。

通常为了突出显示违规处，应优先选择除了 None（板层颜色）以外的三种样式，否则单从外观上难以识别出违规处。

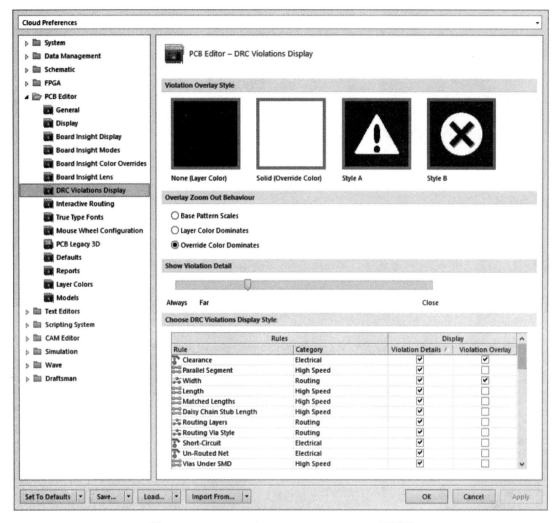

图 17-8　PCB Editor 之 DRC Violations Display 配置页

2. Overlay Zoom Out Behavior

Overlay Zoom Out Behavior 区域用来设置电路板缩小时违规图案的变化行为。

1）Base Pattern Scales：缩小到一定程度时违规处采用基本样式显示。

2）Layer Color Dominates：缩小到一定程度时违规处采用板层颜色显示。例如，违规的是顶层走线，则缩小到一定程度时走线由违规图案样式转变为红色。

3）Override Color Dominates：缩小到一定程度时违规处使用覆盖颜色显示。例如，违规的是顶层走线，则缩小到一定程度时走线由正常的违规图案样式转变为绿色。

3. Show Violation Detail

当出现违规情况时，除了用颜色图案来突出显示违规处以外，还会使用相应的违规细节符号来展示违规的细节信息。例如，图 17-9 表示 Net Antenna、安全间距和短路的违规细节符号。Show Violation Detail 选项用来设置违规细节符号显示与消失的临界值。当违规细节符号缩小到该临界值以下时会消失。可以通过滑动条的滑块来调整该临界值，滑块越靠左侧，符号越不容易消失。当滑块位于 Always 处时，始终显示违规细节符号。而当滑块位于 Close 处时，从不显示违规细节符号。

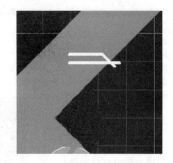

图 17-9 违规细节符号

4．Choose DRC Violations Display Style

Choose DRC Violations Display Style 表格用来为设计规则的违规情况设置显示选项。

表格每一行对应一项设计规则，如果选中第三列的复选框，则违反该设计规则时会显示违规细节符号；如果选中第四列的复选框，则违反该设计规则时会显示违规图案样式。

17.8　Interactive Routing 配置

Interactive Routing 配置页设置与交互式布线相关的选项，如图 17-10 所示。

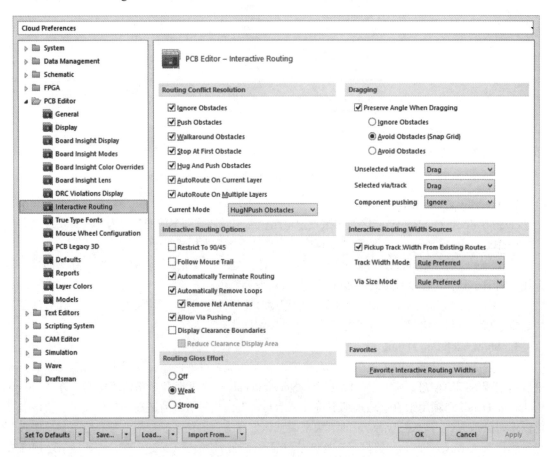

图 17-10　PCB Editor 之 Interactive Routing 配置页

1. Routing Conflict Resolution

Routing Conflict Resolution 区域各选项的内容详见 14.3 节。

2. Dragging

定义拖动走线时的行为。

1) Preserve Angle When Dragging：拖动布线时保持走线段之间的角度不变。

2) Ignore Obstacles：拖动布线时为了保持角度不变，可以忽略障碍物。

3) Avoid Obstacles (Snap Grid)：保持角度的同时要避开障碍物，并受到栅格的约束。

4) Avoid Obstacles：系统避开障碍物时将不受栅格的限制。

5) Unselected via/track：未事先选择过孔或者走线，就直接对其拖动的操作被视为移动还是拖动。

6) Selected via/track：先选择过孔或者走线，然后对其拖动的操作被视为移动还是拖动。

7) Component pushing：设置当前元件冲突解决模式。

在移动元件时，需要用到元件冲突解决方案：

1) Ignore Obstacles：此为默认行为，移动元件时忽略其周边的元件。这种模式可能会导致元件之间的安全间距违规。系统使用元件的 3D body 或者属于元件的图元来界定元件所占用的空间。

2) Push Obstacles：元件在移动中可以推开其他元件（未被锁定）以满足元件安全间距规则。在本模式下，元件所占区域为元件被选中时显示的选择框，其为一个包含元件所有图元的最小矩形。

3) Avoid Obstacles：元件在移动中必须避开其他元件以防产生元件安全间距违规。

按下字母 R 键在这些模式之间进行切换。

* 本配置页其余选项的内容详见 14.3 节，不再赘述。

17.9 True Type Fonts 配置

True Type Fonts 配置页用来设置 True Type 字体的相关选项。

True Type Fonts Save/Load Options

1) Embed True Type fonts inside PCB documents：在 PCB 文档中嵌入 True Type 字体。这将允许没有安装 True Type 字体的计算机也能正确显示字体。

2) Substitution font：如果打开的文档中使用了在本机上没有的字体，就使用该处设置的替换字体。替换字体从下拉列表中选择。

17.10 PCB Legacy 3D 配置

PCB Legacy 3D 配置页用来设置和旧版本的 3D 视图相关的选项，如图 17-11 所示。

查看 PCB Legacy 3D 视图，可以执行菜单命令 Tools ≫ Legacy Tools ≫ Legacy 3D Views 打开旧版本的 3D 视图。

1. Highlighting

1) Highlight Color：高亮颜色，单击右侧颜色条进行设置。

2) Background Color：背景颜色，单击右侧颜色条进行设置。

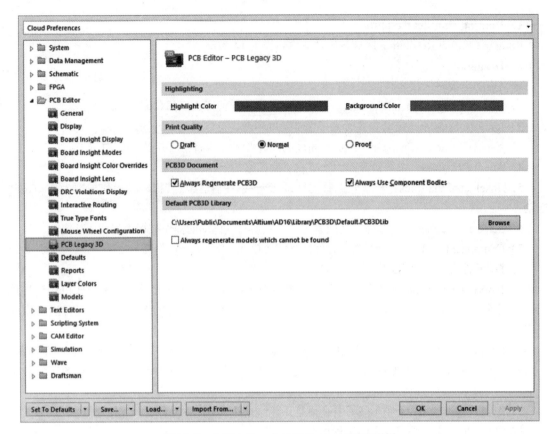

图 17-11　PCB Editor 之 PCB Legacy 3D 配置页

2．Print Quality

设置打印质量，有三种打印质量：

1）Draft：草稿级别。

2）Normal：普通级别。

3）Proof：样刊级别。

3．PCB 3D Document

1）Always Regenerate PCB 3D：总是重新生成 PCB 3D 模型。

2）Always Use Component Bodies：总是使用元件体来构建 3D 模型。

4．Default PCB 3D Library

Default PCB 3D Library 区域用来设置 PCB 3D 库的路径。

17.11　Defaults 配置

Defaults 配置页用来设置与各种图元对象默认属性相关的选项，如图 17-12 所示。

1）Primitive Type 列表：该列表显示所有可以被编辑的 PCB 设计对象，包括焊盘、走线、圆弧、元件、覆铜等。

2）Edit Values 按钮：选中某个对象，单击该按钮或者双击某个对象，即开启对象的属性对话框。可以在该对话框中修改对象的默认属性，修改完成后，在 PCB 编辑区放置对象时，按下 Tab 键打开属性对话框，可以看到对象已经采用修改过的属性。

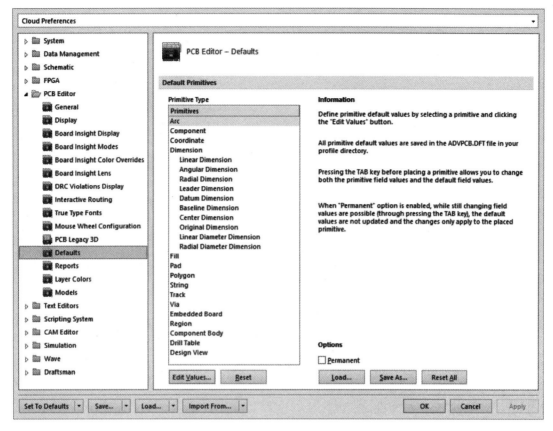

图 17-12　PCB Editor 之 Defaults 配置页

3）Reset 按钮：单击该按钮将当前选中对象的属性恢复为系统默认属性。

4）Reset All 按钮：单击该按钮将 Primitive Type 列表中所有对象的属性恢复为系统默认值。

5）Load 按钮：单击该按钮加载以前存储的对象属性文件（*.DFT）。

6）Save As 按钮：单击该按钮将当前对象的属性存成对象属性文件，用户需要指定文件名和存储路径。

7）Permanent 复选框：

① 取消该复选框，在放置对象时，通过 Tab 键打开属性对话框不仅可以修改当前对象的属性，而且可以修改该类对象的系统默认属性并影响后续放置的同类对象。

② 选中该复选框，系统默认属性即被锁定，放置对象时按下 Tab 键打开属性对话框修改的属性只能影响当前放置的对象，而不会影响后续放置的同类对象。

17.12　Reports 配置

Reports 配置页用来设置和报告相关的选项，如图 17-13 所示。

该配置页列出了 PCB 的报告类型，包括 Design Rule Check、Net Status、Board Information、BGA Escape Route、Move Component(s) Origin to Grid、Embedded Boards Stackup Compatibility。

每种报告可以创建成 TXT、HTML 和 XML 三种格式。用户可选择产生一种或多种格式，还可以选择显示以及创建文件，只要选中相应位置的复选框即可。

XML Transformation Filename 列显示的是 XSL 模板文件，可以用来修改报告的样式。

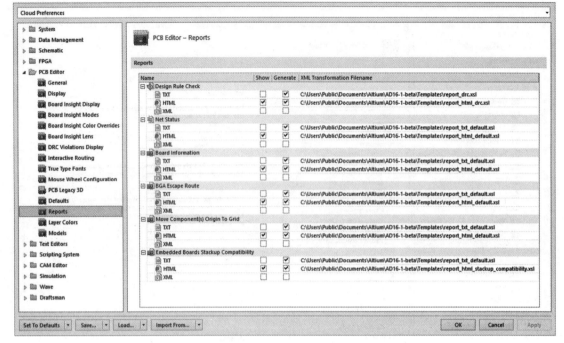

图 17-13　PCB Editor 之 Reports 配置页

17.13　Layer Colors 配置

Layer Colors 配置页用来设置与板层颜色相关的选项，如图 17-14 所示。

1．Saved Color Profiles

Saved Color Profiles 区域列出了当前保存的 2D 视图下的板层配色方案，包括 Default、DXP2004、Classic，单击某个配色方案即可激活使用。

1）Location of saved profile：显示了当前 2D 配色方案文件的存储路径。

2）Explore Folder：单击该链接即在资源浏览器中打开配色方案文件存储目录。

3）Save color profile：保存当前选择的配色方案。

4）Save As color profile：另存当前选择的配色方案。

5）Load color profile：加载以前保存的配色方案文件。

6）Rename color profile：重新命名配色方案文件。

7）Remove color profile：从硬盘上删除当前的配色方案文件。

2．Active color profile

Active color profile 区域包含 Layers 和 Color 两列，分别列出了当前配色方案中涉及的所有板层和对应的颜色。为了改变某一个层的颜色，首先选中该层，然后在右侧的颜色对话框中选择新的板层颜色。

3．颜色对话框

颜色对话框提供基本、标准和自定义三个颜色板供用户选择。

如果用户对配色方案中的板层颜色进行了调整，并想以后继续使用，应该在关闭首选项对话框之前将其保存。

配色方案是影响全局的，所有 PCB 文档都将使用当前的 2D 配色方案。

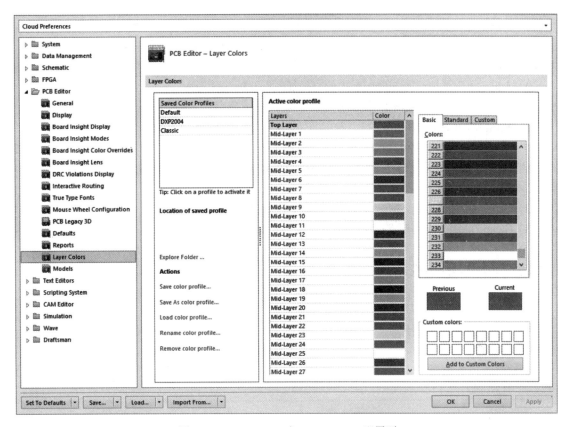

图 17-14　PCB Editor 之 Layer Colors 配置页

17.14　Models 配置

Models 配置页用来设置与 3D 模型相关的选项，如图 17-15 所示。

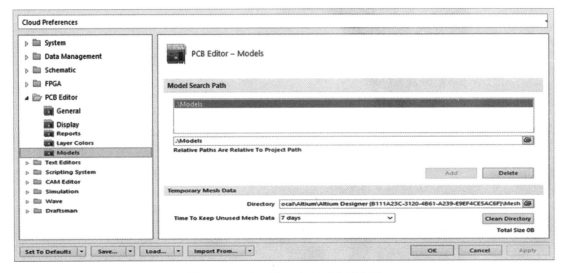

图 17-15　PCB Editor 之 Models 配置页

1. Model Search Path

1）List Paths：列出了所有链接 3D Step 文件时需要搜索的文件路径。单击该栏位右侧的按钮，打开文件浏览对话框，在其中选择模型文件目录。

2）Add：单击该按钮将 Edit Path 中的路径加入 List Paths 列表中。

3）Delete：单击该按钮将 List Paths 列表中选中的路径删除。

2. Temporary Mesh Data

1）Directory：单击 Directory 栏位右侧的按钮打开文件浏览器，选择临时存放 3D 模型网格数据的路径。网格数据在 3D 模型第一次创建时通过计算产生，存放网格数据能够提高系统的 3D 性能。

2）Time to Keep Unused Mesh Data：选择保存网格数据的最长时间。

3）Clean Directory：清除路径中存放的临时网格数据。

17.15 思考与实践

1. 思考题

PCB 首选项的作用是什么？

2. 实践题

尝试修改各个 PCB 首选项，并观察 PCB 编辑器的相应变化。

第 18 章 创建库与元件

AD 17 自带了大量的库文件,涵盖了世界主流电子厂商的产品。库文件默认会在安装程序时一并安装在 C 盘的公共文档目录下,如笔者计算机上的库文件存放路径为 C:\Users\Public(公共)\Documents(公共文档)\Altium\AD17\Library。虽然 Altium Designer 库文件很多,提供了大量的元件供用户选择,但是在电路设计过程中还是经常遇到无可用元件的情况。一方面是因为现代电子电路中使用的元件种类繁多,有时还需要使用一些特殊的、非标准化的元件;另一方面是因为元器件的发展日新月异,新的元器件不断涌现。因此,设计人员需要掌握创建新元件的方法。Altium Designer 提供的库元件创建工具能够方便高效地创建元件,帮助工程师轻松应对日益复杂的电子电路设计挑战。

18.1 元件及其模型

创建新元件主要包括创建原理图符号(Symbol)和封装(Footprint)。此外,还包括添加元件的仿真、信号完整性以及 3D 模型等。其中,原理图符号和元件封装是电路板设计中必不可少的模型,其他模型可以根据实际情况进行取舍。

创建原理图符号和元件封装时,关注重点有所不同,如图 18-1 所示。

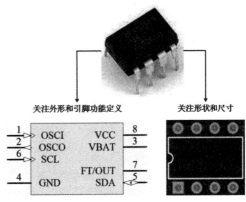

原理图符号侧重的是元件的外形和引脚的电气特性,对符号本身的尺寸大小并无严格要求,只要保证其包含的引脚信息正确即可。但从美学角度考虑,原理图符号尺寸应该与引脚数目及长度相匹配,不宜过大或过小,同时应尽量与系统集成库提供的类似库元件在样式风格和大小比例上保持一致。

元件封装侧重的是元件形状与尺寸,与元件实物尺寸的偏差必须满足精度要求,特别是焊盘的位置、形状和尺寸与元件引脚必须严格匹配,否则会

图 18-1 原理图符号和 PCB 封装的侧重点

造成元件安装困难,甚至无法安装的后果。元件准确的形状和尺寸通过厂商发布的数据手册获取。如无手册,则通过游标卡尺等满足精度要求的量具对元件实物进行测量获得。

创建元件与模型通常遵循下面的思路:

1)创建原理图符号,需创建一个原理图库文件(*.SchLib),并在其中添加原埋图符号。

> 🔔 在某些场合,常常不加区分地使用"元件"和"原理图符号"这两个术语,如在原理图库中添加元件其实就是添加原理图符号。

2)创建元件封装,需要创建一个 PCB 库文件(*.PcbLib),并在其中添加元件封装。

3)元件的仿真和信号完整性模型文件一般从厂商网站下载获得,并通过元件属性对话框建立与原理图符号的链接关系。AD 17 也自带了常用分立元件的仿真模型,参数可以配置。

4)复杂 3D 模型可以通过专业的 3D 建模软件创建,并可以存放在 PCB 3D 模型库文件中。简单 3D 模型可以通过 Altium Designer 中的 3D Body 创建。

18.2 创建集成库的基本步骤

集成库是 AD 17 推荐使用的标准库形式。这种库能够集中存放元件具有的各类模型，使得原本分散的资源整合在一起，极大提高了管理和使用的效率。用户只需要加载集成库一次，就可以在电子设计的各个阶段使用所需要的元件模型。

在集成库出现之前，元件的原理图符号通常存放在原理图库文件（*.SchLib）中，元件的封装通常存放在 PCB 库文件（*.PcbLib）中。原理图库文件和 PCB 库文件既可以作为自由文件创建，也可以在 PCB 工程中创建，但最常见的还是在集成库工程中创建。集成库工程中的原理图库文件和 PCB 库文件最终可以编译生成统一的集成库文件。

1. 创建一个集成库的步骤

1）新建集成库工程。
2）在集成库工程中添加原理图库文件，并在其中新建原理图符号。
3）在集成库工程中添加 PCB 库文件，并在其中新建 PCB 封装。
4）如果需要进行仿真、信号完整性分析以及显示元件 3D 模型，还需要准备好相应的模型文件。
5）在原理图库文件中打开原理图符号属性对话框，添加到各个所需模型的链接。
6）元件规则检查。
7）编译整个集成库工程，生成集成库文件，该库文件中会包含完整的元件符号以及所链接的模型，并且自动添加到系统当前安装库列表中。
8）生成库报表。

2. 新建集成库工程

执行菜单命令 File ≫ New ≫ Project ≫ Integrated Library，工程面板中会出现一个名称为 Integrated_Library1.LibPkg 的工程，右键单击该工程名，在弹出的菜单中选择 Save 或者 Save As，在打开的保存对话框中选择适当的路径。建议为该工程创建一个单独的目录，以免和其他文件混杂在一起，这里创建目录 New_IntLib。然后输入文件名 New_IntLib.LibPkg，单击 OK 按钮，即可新建一个集成库工程。

18.3 新建原理图库与元件符号

18.3.1 新建原理图库文件

在工程面板中右键单击 New_IntLib.LibPkg 工程名，在弹出菜单中选择 Add New to Project ≫ Schematic Library，即可在当前工程中添加一个名为 SchLib1.SchLib 的空白原理图库文件，在该库文件上单击鼠标右键，选择 Save As 命令，然后输入文件名 SCH_Components.SchLib，单击 OK 按钮，即可创建一个原理图库文件。

18.3.2 原理图库编辑环境

双击 18.3.1 小节新建的原理图库文件 SCH_Components.SchLib，即可进入原理图库编辑环境，下面介绍其各个组成部分。

1. 原理图库编辑区

原理图库编辑区分为三部分，如图 18-2 所示。上半部分为原理图符号编辑窗口，用来绘制原理图符号外形和电气引脚。该区域被两条相互正交的直线划分为四个象限,直线的交点为原点,坐标为(0, 0),可以通过快捷键 J + O 或者 Ctrl + Home 快速跳转到原点。下半部分的左边区域为元件模型管理区,可以用来添加、删除、编辑原理图符号所链接的模型。下半部分的右边区域为元件模型预览区域。为了扩大原理图符号编辑区显示范围,可以单击元件模型预览区域右上角的上三角标志"▲"关闭下半部分区域,"▲"会变成"▼"下三角标志,单击可以恢复被隐藏的区域。

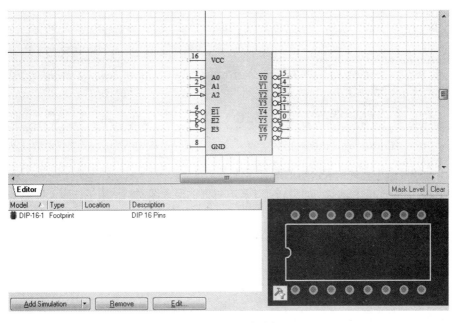

图 18-2 原理图库编辑区

2. SCH Library(原理图库)面板

SCH Library 面板是对原理图库中的元件进行编辑时最常用的面板,该面板可以对元件进行统一的管理和操作。单击编辑区右下方的面板标签 SCH,在弹出的菜单中选择 SCH Library 即可打开 SCH Library 面板,如图 18-3 所示,具体内容介绍如下。

1)元件筛选栏:输入查询语句以筛选出符合条件的元件,筛选后的结果会显示在下面的元件列表区域。若该栏位为空,则元件列表区域显示当前原理图库中的所有元件。

2)缩放按钮：单击打开缩放比例对话框,如图 18-4 所示。

Zoom Library Components 区域:设置打开库元件时的缩放比例。

① Do Not Change Zoom Between Components:打开一个元件时使用前一个元件的缩放比例。

② Remember Last Zoom For Each Component:记住每一个元件上次显示时的缩放比例。

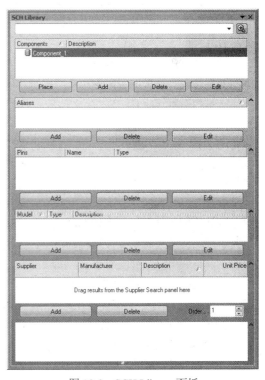

图 18-3 SCH Library 面板

③ Center Each Component in Editor：将每一个元件放置在库编辑区中央显示。选中该选项时，可以利用右边的 Zoom Precision 滑动条调节显示的缩放比例。

3) Components（元件）：该区域显示经过筛选后的库元件列表。新建的原理图库中会预先创建一个名为 Component_1 的空白元件。单击某个元件，该元件成为当前元件，其背景变为蓝色。双击某个元件，打开库元件属性对话框。在元件列表区域单击鼠标右键，弹出的菜单中包含下列命令，如图 18-5 所示。

图 18-4 缩放比例对话框

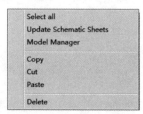

图 18-5 元件列表区右键弹出菜单

① Select all：选中元件列表区域的所有元件。
② Update Schematic Sheets：如果当前工程有打开的原理图文档使用了该库元件的实例，则执行该命令会用库元件的改变更新这些实例。
③ Model Manager：打开模型管理器，在其中可以编辑所有元件的模型链接关系。
④ Copy：复制当前选中的元件。
⑤ Cut：剪切当前选中的元件。
⑥ Paste：从剪贴板粘贴元件。
⑦ Delete：删除当前选中的元件。

库元件列表区域下方有四个按钮，分别介绍如下。

① Place 按钮：单击该按钮会将当前选中的元件放置在最近一次打开的原理图文档中。如果当前没有打开的原理图文档，系统会开启一个空白的原理图文档，并在其中放置选中的元件。
② Add 按钮：在库中添加新元件。单击该按钮弹出 New Component Name 对话框，在其中输入新元件的名称，单击 OK 按钮返回，新元件将被加入到元件列表区域，同时打开空白库元件编辑区供定义新元件使用。
③ Delete 按钮：永久从库中删除当前选中的元件。
④ Edit 按钮：单击打开当前元件的属性对话框，在其中可以设置元件的各种属性以及模型链接信息。此处的元件属性对话框与原理图编辑环境中打开的元件属性对话框是一样的，只是大部分属性内容为空，需要用户设置。

4) Aliases（别名）：该区域用来定义元件的别名。这样同一个元件可以具有不同的名称，或者说不同名称的元件可以拥有相同的元件符号和封装。例如，74ACT32 / 74HC32，原理图符号一样，但是属于不同的逻辑系列，这时别名就派上用场了。

Aliases 区域下方的三个按钮功能如下：
① Add 按钮：单击该按钮为当前元件添加一个别名。
② Delete 按钮：单击该按钮删除当前选中的别名。
③ Edit 按钮：单击该按钮修改当前别名。

5) Pins（引脚）：该区域会显示当前元件每个引脚的编号（Pin）、名称（Name）、类型（Type）。如果元件有链接的模型，还会列出每个引脚所映射的模型的引脚。

单击某个引脚，该引脚会在原理图符号编辑区居中放大显示。双击某个引脚，会弹出该引脚的属性对话框，该对话框的内容详见 18.3.3 小节。

引脚列表区域下方的三个按钮功能介绍如下：

① Add 按钮：单击该按钮，移动光标到原理图符号编辑区，光标上会浮动一个引脚，移动光标到合适位置，单击鼠标左键即可放置该引脚，此时仍然处在放置引脚状态，可以继续放置引脚或者单击鼠标右键退出。

② Delete 按钮：单击该按钮删除当前选中的一个或多个引脚。

③ Edit 按钮：单击该按钮打开当前选中的引脚的属性对话框。

6）Models（模型）：该区域列出所有当前元件链接的模型，包括模型名称、类型和描述。

模型链接区域下方的三个按钮功能如下：

① Add 按钮：单击该按钮打开添加新模型对话框，如图 18-6 所示，单击下拉箭头，可以在封装、PCB 3D、仿真、Ibis 和信号完整性五种模型中进行选择，根据选择的模型，会打开不同的对话框。

② Delete 按钮：删除当前选中的模型。

③ Edit 按钮：编辑当前选中的模型。

7）Suppliers（供应商）：用来管理元件供应商的信息，包括元件供应商、厂家、描述以及单价。

该区域下方的两个按钮一个文本框功能如下：

① Add 按钮：增加新的供应商，获取供应商信息需要提供正确的用户名和密码。

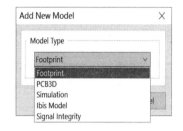

图 18-6　添加新模型对话框

② Delete 按钮：删除当前选中的供应商。

③ Order 文本框：输入订购的元件数量，不同的订购数量对应不同的元件单价。

8）元件参数：该区域显示当前选中元件的具体参数资料。

3. 主菜单

原理图库编辑环境的主菜单与原理图编辑环境的主菜单类似，但是有些主菜单包含的菜单命令发生了较大变化，下面具体介绍。

1）Place 菜单：该菜单用来绘制元件外形的各种图形、文字，如直线、圆弧、矩形、字符串等。此外，还可以放置 IEEE Symbols，这是 IEEE 协会制定的用来标识功能部件逻辑特性的一些符号。

以上这些图形对象以及 IEEE 符号都不具有电气意义，只作为外形表示。Place 菜单还可以包含 Pin 命令，用来放置元件引脚，这是唯一具有电气意义的对象。

简单而言，元件符号就是由图形外观加上引脚构成的。

2）Tools 菜单：该主菜单包含一些用于元件编辑的命令，可以通过这些命令执行创建新元件、删除元件、删除重复元件、重命名元件、复制元件、移动元件、创建新部件、删除新部件以及切换元件模式等操作。

3）Reports 菜单：该菜单用来生成各种报告，如元件信息报告、元件库中的元件列表报告、库报告以及元件规则检查报告。

4. 工具栏

原理图库编辑环境的特色工具栏包括 Utilities（实用）工具栏和 Mode（模式）工具栏。

1）实用工具栏：该工具栏按钮的功能如图 18-7 所示。

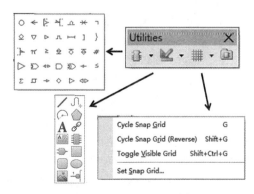

图 18-7　Utilities 工具栏

① 单击按钮弹出 IEEE Symbols 子工具栏，该工具栏上的 IEEE 符号主要用来表示器件各引脚的逻辑状态、信号流向、组合关系等。这些符号与 Place » IEEE Symbols 子菜单下的命令是一一对应的。移动光标到各符号上停留片刻，会弹出各符号的说明信息，见表 18-1。

表 18-1　IEEE Symbols 符号说明

符 号	说 明	符 号	说 明	符 号	说 明	符 号	说 明
○	点符号	←	从右向左信号流	▷	时钟符号		低电平有效输入
	模拟信号输入		非逻辑连接		延迟输出	◇	集电极开路
▽	高阻符号	▷	高电流	⊓	脉冲符号	⊢⊣	延迟符号
]	信号组	}	二进制信号组		低电平有效输出	π	π 符号
≥	大于等于		带上拉电阻的集电极开路		发射极开路		带上拉电阻的发射极开路
#	数字信号输入	▷	反相符号		或门	◁▷	输入输出
D	与门		异或门	←	左移	≤	小于等于
Σ	Sigma 符号		施密特符号	→	右移	◇	输出开路
▷	从左向右信号流	◁▷	双向信号流				

② 单击按钮弹出 Utility Tools 子工具栏，用来绘制原理图符号的外形。该工具栏各按钮都可以在 Place 菜单下找到对应的命令。移动光标到各按钮上停留片刻，会弹出各按钮的说明信息。

由于该工具栏大部分按钮功能都与原理图环境中的 Utility Tools 子工具栏相同，在此不再赘述。

③ 单击按钮弹出栅格设置相关菜单，该菜单各命令说明如下。

a．Cycle Snap Grid[G]：循环切换栅格大小。

b．Cycle Snap Grid(Reverse)[Shift + G]：反向循环切换栅格大小。

c．Toggle Visible Grid[Shift + Ctrl + G]：开关栅格的可视化状态。

d．Set Snap Grid：打开栅格大小设置对话框，在其中设置当前栅格大小。

④ 单击按钮打开模型管理器，在其中可以链接不同类型的模型，一般用来链接封装模型。

2）模式工具栏：同一个元件按照不同的标准会有不同的外观，Altium Designer 把这些不同的外观称为模式（Mode）。用户可以创建不同的元件模式，而模式工具栏可以在不同的模式间切换，如图 18-8 所示。

① 单击 Mode 按钮，会弹出包含当前元件所有模式的下拉列表供用户选择。

图 18-8　Mode 工具栏

② 单击 ➕ 按钮，将增加一个新的元件模式，并打开空白编辑区供用户创建新模式。
③ 单击 ➖ 按钮，将当前元件模式删除。
④ 单击 ⬅ 按钮，切换到上一个元件模式。
⑤ 单击 ➡ 按钮，切换到下一个元件模式。

18.3.3 创建元件的原理图符号

原理图符号包括两部分：一部分是用图形对象绘制的外形轮廓；另一部分是作为电气连接的引脚。前者不具有电气意义，后者具有电气意义。绘制元件外形时，元件的大小应该适当，这样和同类型的元件放在一起时观感会比较和谐，引脚的间距也应该符合通常的标准，如平行引脚多采用 100mil 的间隔。这样连线、对齐都比较方便，最好的办法是参照元件库中已有的同类元件来绘制。

1. 引脚属性对话框

在创建原理图符号时，绝大多数情况要用到引脚属性对话框，下面先来详细介绍它的内容，为后面的学习做好铺垫。

在 Utilities 工具栏中单击 按钮，弹出 Utility Tools 子工具栏，单击其中的 ，光标上会附着一个引脚，移动到编辑窗口适当位置，单击鼠标左键即可放置该引脚，再次单击鼠标右键退出放置状态。双击放置的引脚，即可打开 Pin 属性对话框，如图 18-9 所示，下面具体介绍。

图 18-9　Pin Properties 对话框

（1）常规设置

1）Display Name：引脚名称。选中其后面的 Visible 复选框，则引脚名称可见，否则隐藏。

2）Designator：引脚编号。选中其后面的 Visible 复选框，则引脚编号可见，否则隐藏。

3）Electrical Type（电气类型）：包括以下几种电气类型。

① Input：输入型引脚。

② I/O：输入/输出型引脚。

③ Output：输出型引脚。

④ Open Collector：集电极开路。

⑤ Passive：无源引脚，如电阻、电容和电感等无源器件的引脚。

⑥ HiZ：高阻态，一般用作三态缓冲器的输出引脚。

⑦ Open Emitter：发射极开路。

⑧ Power：电源型引脚。

有些电气类型会在引脚外侧显示相应的 IEEE 符号。

4）Description：关于元件的描述。

5）Hide：是否隐藏引脚。选中复选框后，在 Connect To 栏位输入该引脚连接的网络。

6）Part Number：当元件为多部件元件时，此栏位设置引脚所属的部件。

（2）Symbols

Symbols 区域用于设置表示各引脚逻辑状态和信号流向的符号，此处使用的符号就是 IEEE Symbols 的子集。这些符号起到标注说明的作用，本身并不具备电气特性。

1）Inside：放置在引脚内部的符号。

2）Inside Edge：放置在引脚内部边沿的符号。

3）Outside Edge：放置在引脚外部边沿的符号。

4）Outside：放置在引脚外部的符号，该符号会覆盖掉 Electrical Type（电气类型）显示的 IEEE 符号。

5）Line Width：符号的线宽。

以上这些符号都是 IEEE Symbols 的子集，可以参见表 18-1。

（3）Graphical

1）Location X：引脚的 X 坐标。

2）Location Y：引脚的 Y 坐标。

3）Length：引脚长度。

4）Orientation：引脚方向。

5）Color：单击颜色块设置引脚颜色。

6）Locked：锁定引脚。

（4）Name Position and Font

该区域用来设置引脚名称的位置和字体。

1）Custom Position：勾选复选框用于自定义引脚名称位置和字体。

2）Margin：名称与符号边界的空格数。

3）Orientation：设置引脚名称方向，为 0°或 90°，To 后面为方向的参照物，为引脚或元件。

4）Use local font setting：勾选则可以使用本地字体。

（5）Designator name and font

该区域用来设置引脚编号的位置和字体。其各选项含义与引脚名称区域相同，不再赘述。

（6）VHDL Parameters

VHDL Parameters 区域用于设置 VHDL 相关的参数。

1）Default Value：设置默认值。

2）Format Type：设置格式类型。

3）Unique Id：唯一的 ID 值，不建议修改此项。

（7）PCB Options

Pin/Pkg Length：引脚的 PCB 封装长度。

2．创建原理图符号

下面通过一个实例来说明如何创建原理图符号。

【例 18-1】绘制如图 18-10 所示的三极管 NPN1。

（1）打开本例对应的电子资源 New_IntLib.LibPkg 工程，双击 SCH_Components.SchLib 进入原理图库编辑环境。

（2）打开库面板 SCH Library，空白的库中默认包含一个名称为 Component_1 的元件。

（3）更改元件名称。选中 Component_1 元件，执行 Tools ≫ Rename Component 命令，在弹出的重命名对话框中输入新元件名称 NPN1，单击 OK 按钮退出。

（4）设置度量系统。执行菜单命令 Tools ≫ Document Options，打开文档选项对话框，在 Unit 选项卡中将当前度量系统设为英制系统，同时度量单位设为 DXP Defaults。

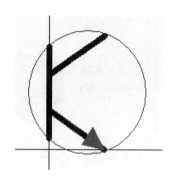

图 18-10　元件 NPN1 的原理图符号外形

（5）调整栅格大小。执行菜单命令 View ≫ Grids ≫ Set Snap Grid，将栅格大小设置为 1，也可按 G 键将栅格大小循环切换到 1。

（6）绘制元件外形。

① 单击 Utility Tools 子工具栏上的 ╱ 按钮，进入绘制直线状态，在点(0, 2)和点(0, 18)之间画一条直线，绘制完成后单击鼠标右键。

② 按照同样的方法再画两条直线，第一条连接点(0, 13)和点(10, 20)，第二条连接点(0, 7)和点(10, 0)。在绘制过程中需要按下快捷键 Shift + Space 切换转角模式为 Any Angle。

③ 单击 Utility Tools 子工具栏上的 ⌒ 按钮，进入绘制椭圆弧状态，按下 Tab 键开启属性对话框，按照图 18-11 所示设置椭圆线宽、半径、起始和终止角度、中心的 X 和 Y 坐标等属性，设置完毕后单击 OK 按钮回到原理图库编辑窗口，不要移动鼠标，连续单击鼠标左键五次完成放置，单击鼠标右键退出放置椭圆弧状态。

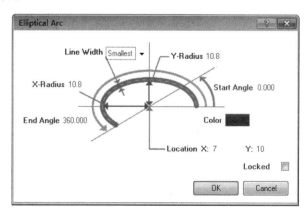

图 18-11　椭圆弧属性对话框

④ 单击 Utility Tools 子工具栏上的☒按钮,进入绘制多边形状态,在原理图库编辑窗口任意三个不同的位置分别单击鼠标左键,构成一个三角形,然后单击鼠标右键退出放置多边形状态。双击刚才放置好的三角形打开多边形属性对话框,在 Graphical 选项卡中设置 Fill Color(填充颜色)和 Border Color(边框颜色)均为红色,颜色编号为 227,线宽为 Small,如图 18-12 所示。切换到该对话框的 Vertices 选项卡,将多边形的三个顶点设置为(10, 0)、(8, 4)、(6, 1),如图 18-13 所示。单击 OK 按钮退出属性对话框。

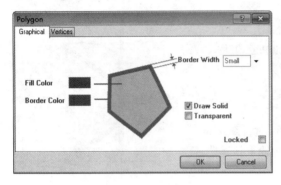 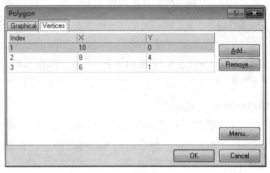

图 18-12　多边形属性对话框 Graphical 选项卡　　　图 18-13　多边形属性对话框 Vertices 选项卡

绘制好的元件外形如图 18-10 所示。

(7) 放置元件引脚。

① 单击 Utility Tools 子工具栏上的↱按钮或者连按两下 P 键,进入放置引脚状态,光标上会附着一个浮动引脚,引脚的一个端点上有"×"符号,该端点为电气热点,用来连接外部导线,放置时应使得该引脚端点朝向离开元件体的一侧,如图 18-14 所示。

② 按下 Tab 键打开引脚属性对话框,在 Display Name(显示名称)栏位输入 C,取消后面的 Visible 复选框,在 Designator(引脚编号)栏位输入 1,在 Length(引脚长度)栏位输入 20,设置完毕后,单击 OK 按钮关闭对话框。移动引脚位置,在移动过程中,按下 Space 键可以旋转引脚方向,最终将该引脚与三极管 C 极相连。

③ 继续放置第二和第三个引脚。第二个引脚的 Display Name(显示名称)为 B,取消后面的 Visible 复选框,Designator(引脚编号)为 2,Length(引脚长度)为 20;第三个引脚的 Display Name(显示名称)为 E,取消后面的 Visible 复选框,Designator(引脚编号)为 3,Length(引脚长度)为 20。三个引脚最终放置的位置如图 18-15 所示。

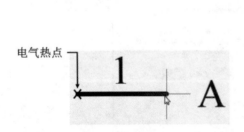 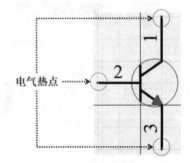

图 18-14　引脚电气热点　　　　　　图 18-15　最终的元件 NPN1

(8) 修改元件属性对话框。绘制好元件外形并且放置好电气引脚后,在 SCH Library 面板中双击元件名称 NPN1 打开元件属性对话框,设置元件的默认属性。此处只设置三个属性,在 Default

Designator 栏位输入"Q?",在 Comment 栏位输入"NPN Transistor",在 Description 栏位输入"Generic NPN Transistor",如图 18-16 所示。读者也可根据需要设置更多的属性。

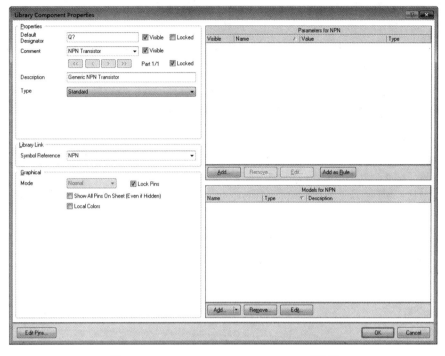

图 18-16 Library Component Properties 对话框

【例 18-2】创建如图 18-17 所示的元件 3-8 译码器。

(1) 打开例 18-1 创建的 SCH_Components.SchLib,进入原理图库编辑环境。打开 SCH Library 面板,继续在这个原理图库中添加 3-8 译码器元件。

(2) 执行菜单命令 Tools ≫ New Component 或者单击 Utility Tools 子工具栏上的 按钮,打开 New Component 对话框,在其中输入新元件的名称 74X138。单击 OK 按钮,SCH Library 面板的 Components 区域出现元件 74X138,同时打开一个新的库元件编辑区。

(3) 双击该元件,在打开的元件属性对话框中做如下修改:在 Default Designator 栏位输入"U?",在 Comment 栏位输入"3-8 decoder",然后单击 OK 按钮退出。

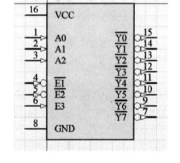

图 18-17 74X138 原理图符号

(4) 绘制元件 74X138 矩形轮廓。

① 按照例 18-1 的做法将度量单位设为 DXP Defaults,按下 G 键切换栅格大小为 10。

② 执行菜单命令 Place ≫ Rectangle 或者单击 Utility Tools 子工具栏上的 按钮,光标变为十字形,在(0, 0)处单击鼠标左键,确定矩形一个顶点,然后移动光标到(80, -120)再次单击鼠标左键完成矩形绘制。矩形的大小也可以先大概画一下,添加引脚后如果觉得不合适可以调整。

(5) 放置电气引脚。

① 执行菜单命令 Place ≫ Pin[P, P]或者单击 Utility Tools 子工具栏上的 按钮,进入放置引脚状态,按下 Tab 键打开引脚属性对话框,在该对话框中将 Designator(引脚编号)改为 1,Length(引脚长度)设为 30,单击 OK 按钮关闭对话框,光标上会附着一个浮动引脚,移动到如图 18-17

所示的位置单击鼠标左键放置好引脚，注意务必使引脚端点朝向离开元件体的一侧。

② 此时仍然处在放置引脚状态，并且引脚的编号会自动加 1，按照图 18-17 所示依次放置 2～16 号引脚，所有引脚放置完成后单击鼠标右键退出放置引脚状态。

③ 打开 SCHLIB List 面板，将面板最上方的控制选项改为 Edit 模式、显示 all objects、Include only Pins，这样面板会显示所有 16 个引脚列表，在 Show Designator 列的标题栏单击，使得所有引脚按照引脚编号从低到高排序，然后在 Name（名称）、IEEE Symbol Outside Edge（IEEE 符号外部边沿）、Electrical Type（电气类型）列输入图 18-18 所示的值（注意：显示的列标题和顺序可以通过右键菜单中的 Choose Columns 命令进行调整，因此读者看到的 SCHLIB List 面板中各列标题的排列顺序可能会有所不同。）。

Object Kind	Pin Designator	Name	Show Name	IEEE Symbol Outside Edge	Electrical Type	Show Designator
Pin	1	A0	☑	No Symbol	Input	☑
Pin	2	A1	☑	No Symbol	Input	☑
Pin	3	A2	☑	No Symbol	Input	☑
Pin	4	E\1\	☑	Dot	Input	☑
Pin	5	E\2\	☑	Dot	Input	☑
Pin	6	E3	☑	No Symbol	Input	☑
Pin	7	Y\7\	☑	Dot	Output	☑
Pin	8	GND	☑	No Symbol	Power	☑
Pin	9	Y\6\	☑	Dot	Output	☑
Pin	10	Y\5\	☑	Dot	Output	☑
Pin	11	Y\4\	☑	Dot	Output	☑
Pin	12	Y\3\	☑	Dot	Output	☑
Pin	13	Y\2\	☑	Dot	Output	☑
Pin	14	Y\1\	☑	Dot	Output	☑
Pin	15	Y\0\	☑	Dot	Output	☑
Pin	16	VCC	☑	No Symbol	Power	☑

图 18-18　74X138 引脚的 SCHLIB List 面板

（6）输入完毕后，关闭 SCHLIB List 面板，最终得到的 74X138 的元件符号如图 18-19 所示。

⚠ 虽然也可以双击引脚打开引脚属性对话框，逐个设置引脚的名称、电气类型等属性，但是这样操作过于烦琐，通过 SCHLIB List 面板对引脚进行修改更为方便。

3. 添加新的模式

元件可以有不同的显示模式，这里为元件 74X138 添加一个使用 IEEE 符号的模式。

【例 18-3】为元件 74X138 添加一个使用 IEEE 符号的模式。

（1）进入例 18-2 的原理图库编辑环境，打开 SCH Library 面板，单击其中的 74X138 元件，执行菜单命令 Place ≫ Mode ≫ Add 或者单击 Mode 工具栏中的 ➕ 按钮，打开空白的原理图库编辑区，按照例 18-2 的做法绘制元件矩形边框和引脚，如图 18-19 所示。

（2）从 IEEE 符号工具栏中单击 IEEE 符号 "}"，按下 Tab 键，在打开的 IEEE 符号属性对话框中设置 Size 为 40，Line Width 为 Small，如图 18-20 所示，然后将该符号放置到图 18-21 所示的位置。

（3）单击 Utility Tools 子工具栏中的 A 按钮，按下 Tab 键打开其属性对话框，在 Text 栏位输入 "G"，然后将该字符放置到图 18-21 所示的位置。采用同样的方法，放置字符 "0" "7"。

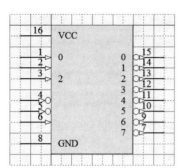  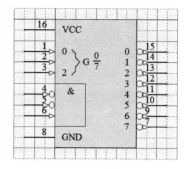

图 18-19 Normal 模式原理图符号　　图 18-20 IEEE Symbol 对话框　　图 18-21 Alternate 模式原理图符号

（4）在字符串"0""7"之间放置 Line（单击 Utility Tools 子工具栏中的 / 按钮），作为分数线。

（5）在引脚 4、5、6 右边绘制矩形框，然后放置字符"&"到合适位置，从而完成最终的显示模式。

（6）单击 Mode 工具栏中的 Mode 按钮，在弹出的下拉菜单中可以发现元件 74X138 有了两个模式：一个是 Normal，也就是最开始绘制的符号；另一个是 Alternate 1，就是本例中绘制的符号。单击这两个模式名称，原理图库编辑区会在它们之间进行切换。

4．利用已有元件创建库元件

创建元件时，不必从零开始，可以复制已有的原理图符号，在此基础上进行修改生成自己的原理图符号。这里介绍从原理图库文件、集成库文件以及从原理图文档中复制库元件符号的方法。

（1）从原理图库文件中复制原理图符号。

【例 18-4】从 SCH_Components.Schlib 库文件中复制原理图符号到 SCH_Components_1. Schlib 库文件中。

① 新建一个集成库工程 New_IntLib_1.IntLib，在其中添加一个空白原理图库文件 SCH_Components_1.SchLib。

② 打开例 18-2 的 SCH_Components.SchLib 库文件进入库编辑环境，开启 SCH Library 面板，在面板中选择元件 NPN1，单击鼠标右键，在弹出的菜单中选择 Copy 命令。

③ 打开 SCH_Components_1.SchLib 库文件进入其编辑环境，开启 SCH Library 面板，在面板中单击鼠标右键，在弹出的菜单中选择 Paste 命令，即可将 NPN1 复制到 SCH_Components_1.SchLib 库文件中。

④ 在复制过来的原理图符号基础上进一步创建新的原理图符号。

（2）从集成库文件中复制原理图符号。

集成库中包含了原理图库文件，自然也可以从中复制原理图符号。但是集成库中包含的原理图符号不能直接进行复制，需要首先从集成库中释放其包含的原理图库文件。

【例 18-5】释放 Miscellaneous Connectors.IntLib 集成库文件并从中复制原理图符号。

① 执行菜单命令 File ≫ Open[Ctrl + O]，在打开的文件对话框中找到该集成库文件，单击 OK 按钮退出对话框。

② 此时弹出一个释放或者安装集成库文件的对话框，如图 18-22 所示，从中可以释放或者安装集成库文件。单击 Extract Sources 按钮，系统即在此集成库文件所在路径下新建一个与集成库文件同名的目录，并将集成库中包含的各类文件释放到此目录下，同时自动在 Project 面板中新建一

个与集成库文件同名的集成库工程,如图 18-23 所示。

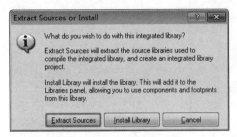

图 18-22　提取源或者安装集成库对话框

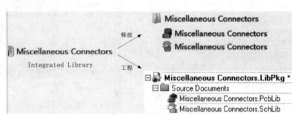

图 18-23　集成库释放源文件以及创建工程

③ 打开 Miscellaneous Connectors.SchLib 文件,进入其编辑环境。

④ 打开 SCH Library 面板,其中列出了该原理图符号库中的所有元件符号,可以复制其中的任何符号,复制方法与前面讲述的第(1)种方法相同,不再赘述。

(3)从原理图文档中复制原理图符号。

可以复制原理图文档中放置的任何一个原理图符号,然后在目标原理图库文档中打开 SCH Library 面板,在其中单击鼠标右键,选择 Paste 命令,即可将该符号复制到目标原理图库文件中。

5. 创建多部件元件

有时候将一个元件表示成几个单元电路的组合最为合适。例如,具有多个相同逻辑门的集成芯片,与其用一个元件符号来表示芯片中包含的所有逻辑门,不如单独绘制每一个逻辑门符号,并且每一个逻辑门能够被独立地放置在原理图中。这样的元件称为多部件元件,其中每一个单元电路称为一个部件。

需要提醒读者注意的是,多部件元件中的每一个部件不一定要完全相同。现代芯片日益复杂,引脚数动辄成百上千,如果仅用一个大的方块状原理图符号来表示,既不便于原理图的绘制,也不利于逻辑功能的识别,因此将来的趋势是将这些芯片也绘制成多部件元件。例如,FPGA 芯片通常都比较复杂,可以按照引脚功能将其划分成几个单元部件,这些部件并不一定一样,每个部件都对应一个原理图符号,合在一起才代表完整的 FPGA 芯片。

【例 18-6】创建具有六个反相器(Inverter)的集成电路芯片 74X04。

(1)打开例 18-2 创建的原理图库文件 SCH_Components.SchLib。

(2)打开 SCH Library 面板,执行菜单命令 Tools ≫ New Component,在弹出的新元件对话框中输入新元件名称 74X04,单击 OK 按钮关闭对话框,此时 SCH Library 面板的元件列表中出现新的元件 74X04。

(3)按下 G 键将栅格大小调整为 10。绘制第一个反相器的原理图符号并放置引脚,如图 18-24 所示。其中,1 号引脚的 Electrical Type 设为 Input,2 号引脚的 Electrical Type 设为 Output,Outside Edge 设为 Dot。反相器三角形边框由直线构成,左侧竖线长度为 40,左侧竖线到右侧顶点距离为 40。

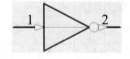

图 18-24　第一个反相器

(4)绘制完毕后按下快捷键 Ctrl+A 选中所有图元,再按下快捷键 Ctrl+C 复制所有图元。这是为创建后面的部件做准备。

(5)执行菜单命令 Tools ≫ New Part,此时 SCH List 面板元件列表中 74X04 左边会出现一个"+"号,单击"+"号会出现 PartA 和 PartB 两个部件,同时打开新的原理图库编辑区供创建 PartB 部件。PartA 就是在步骤(3)中创建的第一个反相器。

(6)因为 PartB 和 PartA 外形一样,只是引脚编号不同,所以可以在 PartA 的基础上进行修改,而不必从零开始。在新的原理图库编辑窗口按下快捷键 Ctrl + V，将 PartA 的所有图元复制进来，并且对引脚编号进行修改，修改后的 PartB 如图 18-25 所示。

（7）按照步骤（4）～（6）的方法创建部件 PartC～PartF，创建好的元件如图 18-25 所示。

（8）下面添加电源和接地引脚。这两个引脚是六个逻辑门共用的，可以把它们单独放在第 0 个部件中。第 0 个部件是一个特殊的部件，所包含的引脚是所有其他部件共用的。

（9）放置接地引脚。在任意一个部件的编辑窗口放置新的引脚，Display Name 设为 GND，Designator 设为 7，Electrical Type 设为 Power，选中 Hide 复选框，连接网络设为 GND，Part Number 设为 0，如图 18-26 所示。

（10）放置电源引脚。在任意一个部件的编辑区中放置新的引脚，Display Name 设为 VCC，Designator 设为 14，Electrical Type 设为 Power，选中 Hide 复选框，连接网络设为 VCC，Part Number 设为 0，如图 18-27 所示。

（11）在 SCH Library 面板双击该元件，打开库元件属性对话框，在 Default Designator 栏位输入 "U?"，在 Default Comment 栏位输入 "Hex Inverter"，单击 OK 按钮关闭对话框。

（12）保存 SCH_Components.SchLib 文件。

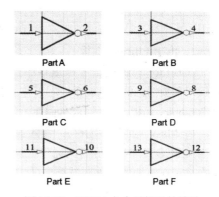

图 18-25　74X04 六个反相器的符号

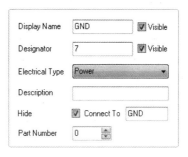

图 18-26　添加 GND 引脚

图 18-27　添加 VCC 引脚

> 在库元件属性对话框中，单击 Edit Pins 按钮，打开 Component Pin Editor 对话框，可以对元件的所有引脚进行查看和修改。元件的引脚同时列在 SCH Library 面板的 Pins 列表区域中，双击某个 Pin，也可以打开其属性对话框。

18.4　新建 PCB 库与元件封装

18.4.1　新建 PCB 库文件

在工程面板中右键单击例 18-1 创建的 New_IntLib.LibPkg 工程，在弹出菜单中选择 Add New to Project ≫ PCB Library 命令，即可在当前工程中添加一个空白的 PCB 库文件 PcbLib1.PcbLib，在其上单击鼠标右键，选择 Save As 命令，在打开的保存对话框中输入文件名 PCB_Footprints.PcbLib，单击 OK 按钮即可保存该文件。

18.4.2　PCB 库编辑环境

双击上面创建的 PCB 库文件 PCB_Footprints.PcbLib，即可进入 PCB 库编辑环境。该编辑环境与前面学过的 PCB 编辑环境非常类似，而且做了一些简化。下面分别介绍各个组成部分。

1. PCB 库编辑区

PCB 库编辑窗口是 PCB 库编辑环境的主要部分，在该窗口中绘制封装外形、放置焊盘。该窗口中心为用⊗符号表示的原点，通过 Ctrl + End 快捷键可以快速将光标定位到原点。

2. PCB Library 面板

PCB Library 面板是对 PCB 库中的封装进行编辑时最常用的面板，该面板可以对封装进行统一的管理和操作。单击库编辑区右下方的面板标签 PCB，在弹出的菜单中选择 PCB Library 即可打开 PCB Library 面板，如图 18-28 所示，具体内容介绍如下。

1）Mask（封装筛选栏）：输入筛选语句以筛选出当前 PCB 库中符合条件的元件封装，筛选后的结果会显示在下面的元件封装列表区域。若该栏位为空，则元件封装列表区域显示当前库中的所有元件封装。例如，筛选语句 "B*"，将筛选出所有以字母 B 开头的封装。

2）Apply：执行筛选对象操作。

3）Clear：清除当前筛选状态，PCB 库编辑窗口中恢复正常显示。

4）Magnify：放大镜。单击后光标变为一个十字形和放大镜，移动到编辑窗口，十字形中心所在的区域会放大显示在面板下部的预览区中。

5）显示模式下拉列表：

① Normal：非筛选图元仍然正常显示。

② Dim：非筛选图元淡化显示。

③ Mask：非筛选图元遮蔽显示。

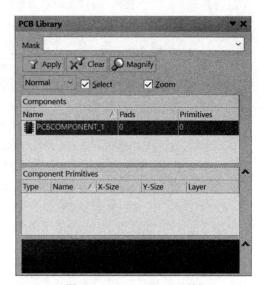

图 18-28　PCB Library 面板

Dim 和 Mask 的比例可以通过单击 PCB 库编辑区右下角的 Mask Level 按钮，打开调节面板，通过相应的滑动条调整。

6）Select：选中该复选框，则在面板中选中的 Component Primitives（元件图元）在编辑窗口也会处于选中状态。

7）Zoom：选中该复选框，则在面板中选中的元件图元会在编辑窗口放大显示。

8）Components（元件封装列表）：该区域显示当前库中经过筛选的元件封装，包括封装名称、包含的焊盘数量和图元数量。单击表的各列标题，可以按照该列的内容对元件封装进行升序或者降序排列。在该区域单击鼠标右键，弹出的菜单包含下面一些命令（见图 18-29）。

① New Blank Component：创建新的空白元件封装，此时元件封装列表区域会添加一个名为 PCBCOMPONENT_1 的封装，并且开启空白的封装编辑区。

② Component Wizard：开启元件封装向导，详见 18.4.3 小节。

③ Cut：剪切选中的一个或多个封装。

④ Copy：复制当前选中的一个或多个封装。

⑤ Copy Name：复制当前选中的一个或多个封装的名称。

⑥ Paste：粘贴封装到当前库中，如果当前库中已有同名

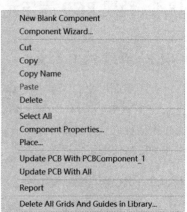

图 18-29　元件列表区域右键菜单

封装，则粘贴过来的封装名称后面会加上 Duplicate 字样。

⑦ Delete：删除当前选中的一个或多个封装。

⑧ Select All：选中当前库中的所有封装。

⑨ Component Properties：执行该命令后，打开库元件对话框，如图 18-30 所示，可以在名称栏位修改元件封装名称，在高度栏位输入元件高度，在描述栏位输入该封装简介。

⑩ Place：执行该命令后，最近一次打开的 PCB 文档会成为当前文档，同时打开 Place Component 对话框设置 Footprint（封装）、Designator（标识符）和 Comment（注释）等信息，单击 OK 按钮关闭该对话框后，移动光标到编辑窗口合适位置单击鼠标左键，即可完成封装的放置。

⑪ Update PCB With <当前元件封装的名称>：将当前封装更新到所有打开且放置该封装的 PCB 文档中。

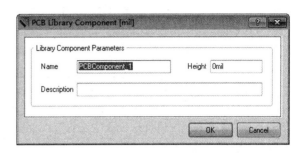

图 18-30　库元件对话框

⑫ Update PCB With All：将封装库中全部的封装更新到所有打开且放置这些封装的 PCB 文档中。

⑬ Report：生成一个当前元件封装的报告。执行该命令后，生成一个<PCB 库文件名称>.CMP 的报告文档，包括封装尺寸、组成图元、所在板层等信息。该文件会和 PCB 库文件放在相同的目录下。

⑭ Delete All Grids and Guides in Library：删除库中的所有栅格和导引。

9）Component Primitives（元件图元）：该区域列出了当前封装包含的所有图元，每个图元的信息包括类型（如 Pad、Track、Arc 等）、名称、X 和 Y 坐标、所在板层。

在该区域单击鼠标右键，弹出的菜单命令如图 18-31 所示，介绍如下。

① Show Pads：显示焊盘。

② Show Vias：显示过孔。

③ Show Tracks：显示走线。

④ Show Arcs：显示圆弧。

⑤ Show Regions：显示实心区域。

⑥ Show Component Bodies：显示元件体。

⑦ Show Fills：显示矩形填充。

⑧ Show Strings：显示字符串。

以上这些菜单命令前面如果有一个"√"即表示显示对应的图元，否则不显示。单击命令可以切换显示状态。

⑨ Select All：选中所有图元。

⑩ Report：生成当前封装所含图元的报告。

⑪ Properties：打开选中图元的属性对话框。

10）预览区：显示当前选中封装的预览图。

图 18-31　图元区域右键菜单

3. 主菜单

PCB 库编辑环境主菜单与 PCB 编辑环境主菜单类似，只有 Tools 菜单相差较大，该菜单主要提供与 PCB 元件封装创建、编辑相关的命令，后面用到时再详细讲解。

4. 工具栏

PCB 库编辑环境工具栏比 PCB 编辑环境工具栏要精简一些，只提供与创建、管理封装相关的工具栏。其中最常用的是 PCB Lib Placement 工具栏，如图 18-32 所示。该工具栏按钮说明见表 18-2。

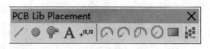

图 18-32　PCB Lib Placement 工具栏

表 18-2　PCB Lib Placement 工具栏按钮说明

按钮	说明	按钮	说明
/	放置直线	⊙	放置焊盘
◉	放置过孔	A	放置字符串
₊¹⁰,¹⁰	放置坐标	⌒	放置由圆心确定的圆弧
⌒	放置由边缘确定的圆弧	⌒	放置由边缘（任意角度）确定的圆弧
○	放置完整的圆形	■	放置矩形填充
▦	阵列粘贴		

18.4.3　创建 PCB 封装

1. 手工创建 PCB 封装

PCB 封装通常由外形和焊盘组成。外形通常绘制在 Overlay 层（丝印层），有时也绘制在机械层。而焊盘又分为两种情形，通孔式焊盘放置在 Multilayer，贴片式焊盘放置在 Top Layer 或者 Bottom Layer。

实际创建元件的 PCB 封装时要严格匹配元件实物的形状尺寸。要想获取正确的尺寸，可以参考元件的数据手册或用测量工具实际测量。但是本章的主要目的是讲解创建封装的过程，所用的尺寸是自定义的。

创建封装时可以采用两种长度度量系统：英制（mil）和公制（mm）。按下 Q 键在这两种单位间进行切换。按下 G 键可以在弹出菜单中选择栅格大小。

【例 18-7】创建 BCY-W3-1 封装。

（1）打开 18.4.1 小节创建的 PCB_Footprints.PcbLib 文件，进入 PCB 库编辑环境。

（2）打开 PCB Library 面板，其中已有一个名称为 PCBCOMPONENT_1 的空白封装。

（3）双击该元件封装，弹出一个 PCB Library Component 对话框，在 Name（名称）栏位输入新的元件封装名称"BCY-W3-1"，在 Height（高度）栏位输入"400mil"，在 Description（描述）栏位输入"BCY-W3-1 for Transistor"。

（4）单击 PCB 库编辑窗口，按下 Ctrl + End 快捷键移动光标到原点，同时反复按下 PgUp 键直到编辑窗口出现栅格，按下 Q 键将度量单位设为 mil，按下 G 键将栅格大小调为 5mil。

（5）放置焊盘。焊盘必须放置在与元件引脚相对应的位置，这样才能正确地将元件焊在 PCB 上。

① 执行菜单命令 Place » Pad [P, P]或者按下 PCB Lib Placement 工具栏上的 ⊙ 按钮，光标上会附着一个浮动焊盘。按下 Tab 键打开焊盘的属性对话框，在 Sides and Shape 区域选择 Simple 形式的焊盘，该区域的 X-Size、Y-Size 和 Shape 分别设为 70mil、40mil 和 Round；Hole Information 区域的 Hole Size 设为 30mil，形状为 Round。这将创建一个拉长的圆形焊盘。

② 单击 OK 按钮关闭焊盘属性对话框，移动光标到坐标(0, -50)mil 处（坐标值显示在状态栏上），单击鼠标左键放置好 1 号焊盘，焊盘上显示的数字 1 即为其编号（Designator）。

③ 此时仍然处在放置焊盘状态，并且新焊盘编号自动增加 1。

④ 移动光标到坐标(0, 0) mil 和(0, 50) mil 处分别放置 2 号和 3 号焊盘。

⑤ 单击鼠标右键退出放置状态。放置好的三个焊盘如图 18-33 所示。

（6）绘制封装外形。

① 单击 Top Overlay 板层标签将当前工作板层切换到 Top Overlay。

② 按下 G 键将栅格大小切换为 1mil。

③ 绘制圆弧。圆弧可以采用两种方法绘制：第一种是图形化的编辑方法，需要单击四次鼠标，分别确定圆心、半径、起始角和终止角，用户可以实时观察到圆弧的形状；第二种是在圆弧属性对话框中编辑圆弧的各种属性值，从而确定圆弧最终形状的方法。本例中由于已经计算出圆弧的各种属性值，采用第二种方法更为简单。

④ 执行菜单命令 Place ≫ Arc（Center）或者单击 PCB Lib Placement 工具栏上的 按钮，进入放置圆弧状态。按下 Tab 键，打开圆弧属性对话框，输入如下属性值：Width=6mil, Start Angle=55, End Angle=305, Radius=105mil，单击 OK 按钮关闭对话框。移动光标到原点，连续单击鼠标左键四次即可完成圆弧的放置。

⑤ 此时仍然处在放置圆弧状态，单击鼠标右键退出。

⑥ 绘制直线。执行菜单命令 Place ≫ Line 或者单击 PCB Lib Placement 工具栏上的 按钮，进入放置直线状态。按下 Tab 键，在打开的直线属性对话框中将 Line Width 栏位设为 6mil，用该直线连接圆弧的两个端点。最终完成的封装如图 18-33 所示。

【例 18-8】创建具有 16 个直插式引脚的封装 DIP-16-1。

该封装具有的引脚数目较多，而且引脚整齐排列在芯片本体两边，可以采用 Paste Array 工具进行批处理操作。

（1）打开例 18-7 中的 PCB_Footprints.PcbLib 文件，进入 PCB 库编辑环境，打开 PCB Library 面板。

（2）执行菜单命令 Tools ≫ New Blank Component，在 PCB Library 面板的 Components 区域出现一个新的封装 PCBCOMPONENT_1。双击该封装，弹出 PCB Library Component 对话框，在 Name 栏位输入新的元件封装名称 "DIP-16-1"，在 Height（高度）栏位输入 "200mil"，在 Description（描述）栏位输入 "DIP 16 Pins"。

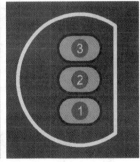

图 18-33　BCY-W3-1 封装

（3）按下 Q 键，将度量单位设为 mil。按下 G 键，在弹出的菜单中选择栅格大小为 5mil。

（4）绘制封装外形。

① 执行菜单命令 Place ≫ Line 或者单击 PCB Lib Placement 工具栏上的 按钮，进入绘制直线状态。按下 Tab 键，在打开的直线属性对话框中将直线宽度设为 6mil。用直线依次连接以下坐标点：(0, −25)、(0, −150)、(800, −150)、(800, 150)、(0, 150)、(0, 25)，如图 18-34 上半部分所示。移动光标到这些坐标点时，既可以采用手工移动的

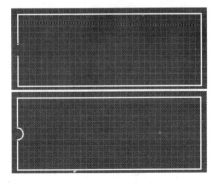

图 18-34　DIP-16-1 封装

方式，也可以使用 J + L 快捷键直接输入坐标，从而快速将光标移动到指定位置。

② 执行菜单命令 Place ≫ Arc（Center）或者单击 PCB Lib Placement 工具栏上的◎按钮，进入绘制圆弧状态。按下 Tab 键，在打开的圆弧属性对话框中将宽度设置为 6mil，半径设置为 25mil，起始角设为 270°，终止角设为 90°，单击 OK 按钮关闭属性对话框。移动光标到原点处，连续单击鼠标左键 4 次放置半圆。绘制好的元件外形如图 18-34 下半部分所示。

（5）放置焊盘。采用阵列粘贴工具快速放置成排焊盘。

① 执行菜单命令 Place ≫ Pad 或者单击 PCB Lib Placement 工具栏上的◎按钮，光标上会附着一个浮动焊盘。按下 Tab 键，打开焊盘的属性对话框，将 Designator 设置为 1，将 X-Size 和 Y-Size 设置为 50mil，Shape 设置为 Round，将 Hole Size 设置为 30mil，Hole 的形状为 Round。单击 OK 按钮放置一个焊盘，单击鼠标右键退出放置焊盘状态。

② 粘贴阵列焊盘。选中刚刚放置的焊盘，按下 Ctrl + X 快捷键，移动光标到焊盘上单击鼠标左键，即可剪切该焊盘。单击 PCB Lib Placement 工具栏最右边的██按钮，打开 Paste Array 对话框，如图 18-35 所示进行如下设置。

a. Item Count 栏位：输入 8，表示依次粘贴 8 个焊盘。
b. Text Increment 栏位：输入 1，表示焊盘编号依次增加 1。
c. Array Type 区域：选中 Linear 单选框，表示粘贴的焊盘排成一行或一列。
d. X-Spacing 栏位：输入 100mil，表示相邻焊盘的 X 坐标间隔为 100mil。
e. Y-Spacing 栏位：输入 0mil，表示相邻焊盘的 Y 坐标间隔为 0mil。

以上设置的目的是为了粘贴排成一行的 8 个焊盘，焊盘之间的水平间距为 100mil。设置完毕后，单击 OK 按钮退出对话框。移动光标到坐标点(50, -200)处，单击鼠标左键，即可在芯片本体下方一次性放置 8 个焊盘，且其编号从 1 增加到 8，如图 18-36 所示。

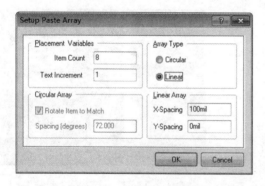
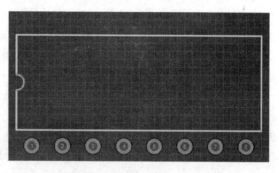

图 18-35　对应下面一排焊盘的阵列粘贴对话框　　　图 18-36　放置下面一排焊盘

③ 执行菜单命令 Place ≫ Pad 或者单击 PCB Lib Placement 工具栏上的◎按钮，再次进入放置焊盘状态，按下 Tab 键，将其编号设为 9。放置好该焊盘后，剪切该焊盘，单击 PCB Lib Placement 工具栏最右边的██按钮，打开 Paste Array 对话框，按照图 18-37 所示进行属性设置。注意 X-Spacing 栏位输入"-100mil"，单击 OK 按钮关闭对话框。移动光标到坐标点(750, 200)的位置，单击鼠标左键放置芯片本体上方的编号从 9 到 16 的 8 个焊盘。

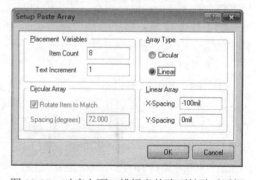

图 18-37　对应上面一排焊盘的阵列粘贴对话框

（6）完成的 DIP-16-1 封装如图 18-38 所示。

2．利用向导创建封装

对于经常使用的标准封装，Altium Designer 提供了强大的封装创建向导，用户只要设置好相关的参数，向导就能自动创建复杂的封装，大大节约了用户的时间，并且提高了封装的准确性。

1）IPC 兼容的封装向导（IPC Compliant Footprint Wizard）：IPC 国际电子工业联接协会是一家全球性非盈利电子行业协会。IPC 总部位于美国伊利诺伊州，其会员企业遍布在包括设计、

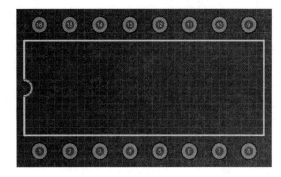

图 18-38　放置上面一排焊盘

印制电路板、电子组装和测试等电子行业产业链的各个环节。IPC 制定了电子元件装配、印制电路板、器件封装等领域的标准，是业内具有广泛影响力的协会组织。IPC 兼容的封装向导就是按照 IPC 标准来创建元件封装的自动化工具，支持创建各种常见的标准封装。

【例 18-9】创建一个具有 484 个引脚的 BGA 封装。

（1）打开例 18-7 中的 PCB_Footprints.PcbLib 文件，执行菜单命令 Tools ≫ IPC Compliant Footprint Wizard，打开向导首页。

（2）单击 Next 按钮，进入选择元件封装类型对话框，如图 18-39 所示，选择 BGA 封装。

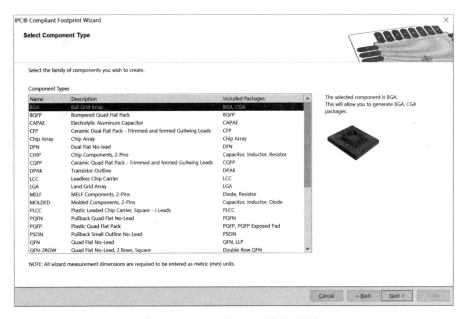

图 18-39　IPC 封装向导之元件类型选择界面

（3）单击 Next 按钮，进入 BGA 封装尺寸设置对话框，按照图 18-40 所示输入尺寸信息。

（4）单击 Next 按钮，进入 BGA 布局选项对话框，Matrix Type 选 Plain Grid 和 Full Matrix。

（5）单击 Next 按钮，进入 BGA Pads Diameter（焊盘直径）对话框，保持默认设置不变。

（6）单击 Next 按钮，进入 BGA Silkscreen Dimensions 对话框，保持默认设置不变。

（7）单击 Next 按钮，进入 BGA Courtyard、Assembly and Component Body Information 对话框，保持默认设置不变。

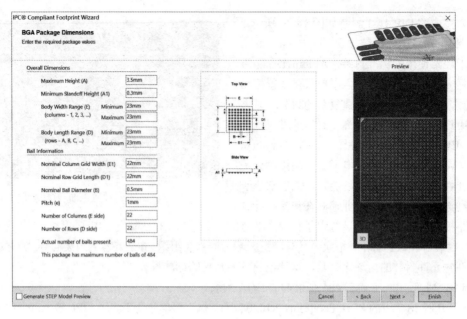

图 18-40 IPC 封装向导之 BGA 尺寸选择界面

（8）单击 Next 按钮，进入 BGA Footprint Description 对话框，可以使用系统建议的元件封装名称和描述信息，也可以自行定义。

（9）单击 Next 按钮，进入 Footprint Destination 对话框，设置存放封装的库文件，保持默认设置不变。

（10）单击 Next 按钮，进入封装创建完成对话框，单击 Finish 按钮完成创建。系统会在当前 PCB 库文件中新建一个 BGA 封装，如图 18-41 所示。

在上面的任何步骤中，都可以单击对话框的 Cancel 按钮退出创建封装过程，单击 Back 按钮返回上一对话框，单击 Finish 按钮完成封装的创建工作。

图 18-41 BGA 封装

2）Component Wizard（元件向导）：执行菜单命令 Tools ≫ Component Wizard 打开元件向导，该向导可用来创建一些常见的封装，从简单的电容、二极管封装，到复杂的 BGA 封装。封装设计的方法跟前面介绍的 IPC 封装向导基本一样，需要输入一些参数，然后向导会根据这些参数自动生成相应的封装，在此不再赘述。

18.5 元件规则检查

对原理图库元件符号和 PCB 库元件封装都需要进行元件规则检查。

1. 原理图符号的元件规则检查

双击 SCH_Components.SchLib 文件，进入原理图库编辑环境，执行菜单命令 Reports ≫ Component Rule Check，打开如图 18-42 所示的 Library Component Rule Check（库元件规则检查）对话框，具体内容如下。

（1）Duplicate

1）Component Names：是否有重复的元件名称。

图 18-42 库元件规则检查对话框

2）Pins：是否有重复的引脚。

（2）Missing

1）Description：是否遗漏元件描述。

2）Pin Name：是否遗漏元件引脚名称。

3）Footprint：是否遗漏元件封装。

4）Pin Number：是否遗漏引脚编号。

5）Default Designator：是否遗漏元件默认标识符。

6）Missing Pins in Sequence：是否遗漏按照顺序编号的引脚。

单击 OK 按钮执行相应的重复和遗漏性检查，检查结果生成 SCH_Components.ERR 文件。

2．PCB 封装的元件规则检查

双击 PCB_Footprints.PcbLib 文件，进入 PCB 库编辑环境，执行菜单命令 Reports ≫ Component Rule Check，打开如图 18-43 所示的元件规则检查对话框，具体内容如下。

（1）Duplicate

1）Pads：是否有重复的焊盘。

2）Primitives：是否有重复的图元。

3）Footprints：是否有重复的封装。

（2）Constraints

1）Missing Pad Names：是否遗漏焊盘名称。

2）Mirrored Component：是否存在镜像元件。

3）Offset Component Reference：是否存在元件参考点偏移。

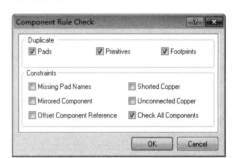

图 18-43　元件规则检查对话框

4）Shorted Copper：元件封装是否存在短路的铜箔。

5）Unconnected Copper：元件封装是否存在未连接的铜箔。

6）Check All Components：检查所有库中的元件封装。

单击 OK 按钮执行封装的元件规则检查，并将检查结果生成 PCB_Footprints.ERR 文件。

18.6　生成集成库

18.6.1　建立原理图符号与封装之间的链接关系

创建封装以后，还需要建立元件符号与封装模型之间的链接关系，这样在将原理图转移到 PCB 中时，才能正确地生成元件在 PCB 中的封装。

【例 18-10】将原理图符号 NPN1 和封装 BCY-W3-1 建立链接。

（1）打开本例对应的电子资源 New_IntLib.LibPkg 工程，双击 SCH_Components.SchLIb 文件，进入库编辑环境，并打开 SCH Library 面板。

（2）在 NPN1 元件上单击鼠标右键，在弹出的菜单中选择 Model Manager 命令，打开 Model Manager，如图 18-44 所示。在左边的元件列表中选择 NPN1，在右边的模型区域单击 Add Footprint 按钮，打开 PCB Model 对话框，此时并未链接封装，PCB Model 对话框的下部预览区为空，如图 18-45 所示。

（3）单击 Browse 按钮，弹出浏览库对话框，如图 18-46 所示。在 Libraries 栏位列出了所有当前工程的可用 PCB 库文件，这些可用库文件有三个来源：①工程自身包含的 PCB 库文件；②系统安装的 PCB 库文件；③在指定搜索路径上找到的 PCB 库文件。在 Libraries 下拉列表中选择 PCB_Footprints.PcbLib 库文件，在下方列表区域显示该库中的所有 PCB 封装。

（4）选中 BCY-W3-1 封装，单击 OK 按钮即会返回 PCB 模型对话框。如果成功找到该封装，PCB 模型对话框下方会显示封装图形，如图 18-47 所示。这表明元件 NPN1 和封装 BCY-W3-1 已经建立了链接关系。

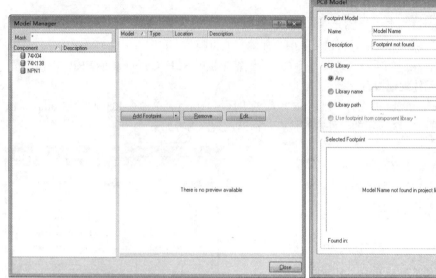

图 18-44　Model Manager　　　　　　　图 18-45　PCB Model 对话框——未找到封装

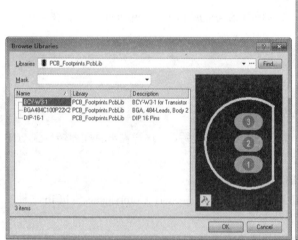

图 18-46　Browse Libraries 对话框　　　　图 18-47　PCB Model 对话框——找到封装

（5）如果当前可用库中没有需要的封装或者可用库太多难以逐个查找，也可以单击 Find 按钮打开库查找对话框进行自动查找。该对话框的操作与 11.4 节内容基本相同，区别是只有在*.PcbLib 库文件中查找到的封装才能被正确链接，在*.IntLib 集成库中的封装可以被找到，但是不能被链接。

（6）按照同样的方法，建立 74X138 与 DIP-16-1 的链接关系。

18.6.2 生成集成库文件

完成原理图符号和封装的规则检查，并建立原理图符号与封装链接关系以后，就可以创建集成库文件了。

创建集成库文件的菜单命令为 Project ≫ Compile Integrated Library +<工程名>，系统会对整个集成库工程进行编译，如果检查到编译错误，会在 Messages 面板中显示错误信息。如果通过编译，则生成以工程名命名的*.IntLib 集成库文件，库中包含了集成库工程中所有原理图库创建的元件符号及其所链接的模型，没有被元件符号链接的模型将不会包含在集成库中。默认情况下集成库文件存放在 Output Path 下，该路径在集成库工程选项对话框（Project ≫ Project Options）的 Options 选项卡中设置。

单独对集成库中包含的原理图库文件进行编译也是可以的，切换到原理图库编辑环境，执行菜单命令 Project ≫ Compile Document +原理图库名称即可。

18.7 报表输出

1．生成元件符号报表

元件符号通过规则检查以后就可以生成元件符号报表，选中 SCH Library 面板中的某个元件，执行菜单命令 Reports ≫ Component，系统生成与原理图库文件同名的报表文件（*.cmp），里面列出元件的详细信息。

2．生成元件封装报表

元件封装通过规则检查以后就可以生成元件封装报表，选中 PCB Library 面板中的某个封装，执行菜单命令 Reports ≫ Component，系统生成与PCB 库文件同名的报表文件（*.cmp），里面列出封装的详细信息。

3．原理图库报告

进入原理图库编辑环境，执行菜单命令 Reports ≫ Library Reports，弹出如图 18-48 所示的库报告设置对话框，设置报告路径、格式、是否添加到工程中、包含的内容等选项以后，单击 OK 按钮，即可生成原理图库报告，包含库中所有元件及其模型的详细信息。

4．PCB 库报告

进入 PCB 库编辑环境，执行菜单命令 Reports ≫ Library Reports，弹出如图 18-49 所示的库报告设置对话框，设置报告路径、格式、是否添加到工程中等选项以后，单击 OK 按钮，即可生成 PCB 库报告，包含库中所有封装的详细信息。

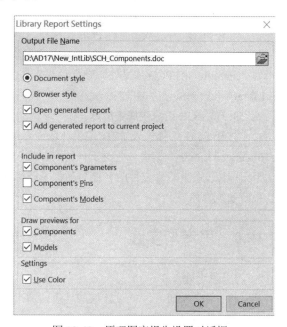

图 18-48 原理图库报告设置对话框

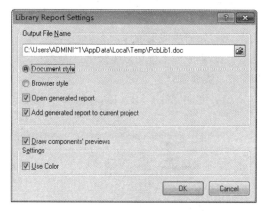

图 18-49 PCB 库报告设置对话框

18.8 从 PCB 工程生成库

除了集成库工程可以生成集成库以外，PCB 工程也可以生成集成库，还可以生成原理图库和 PCB 库。PCB 工程生成的集成库包含该工程的所有元件的原理图符号和对应的封装。如果在将工程迁移到其他计算机上时，同时将生成的库文件一并迁移过去，这样在目的计算机上就不会发生找不到元件或者模型的情况。

1. 从 PCB 工程生成原理图库

打开 PCB 工程，双击目标原理图文档进入原理图编辑环境，然后执行菜单命令 Design » Make Schematic Library，该命令会从目标原理图文档中提取所有的元件符号，并生成一个与目标原理图文档同名，扩展名为".SchLib"的原理图库文件。该文件显示在工程面板中该工程的 Libraries 目录下，可以使用 SCH Library 面板来浏览库中的元件。该文件开始只存在内存中，应及时存盘。

2. 从 PCB 工程生成 PCB 库

打开 PCB 工程，双击目标 PCB 文档进入 PCB 编辑环境，然后执行菜单命令 Design » Make PCB Library，该命令会从目标 PCB 文档中提取所有的封装，并生成一个与目标 PCB 文档同名，扩展名为".PcbLib"的 PCB 库文件。该文件显示在工程面板中该工程的 Libraries 目录下，可以使用 PCB Library 面板来浏览库中的封装。

3. 从 PCB 工程生成集成库

打开 PCB 工程进入 PCB 编辑环境或者原理图编辑环境，然后执行菜单命令 Design » Make Integrated Library，该命令会对工程所有原理图文档中的元件及其链接的模型进行编译，并添加到一个集成库文件中。库文件的名称与工程名称相同，扩展名为".IntLib"。同时该集成库会自动加载到系统安装库列表中。

18.9 思考与实践

1. 思考题

（1）作为元件在不同设计域的代表，原理图符号和封装的侧重点有何不同？
（2）创建集成库的基本步骤是什么？
（3）原理图库面板有哪些功能？
（4）PCB 库面板有哪些功能？
（5）如何生成集成库，库中包含哪些内容？
（6）集成库工程可以生成哪些报表？

2. 实践题

（1）创建元件 USB A Receptacle 的原理图符号和封装，如图 18-50 所示。

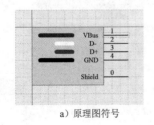
a）原理图符号

b）机械尺寸图

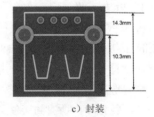
c）封装

图 18-50　USB A Receptacle

（2）创建单片机 STC15W4K60S4 的原理图符号（见图 18-51）和封装（LQFP32，推荐使用 IPC 兼容的封装向导创建，如图 18-52 所示）。

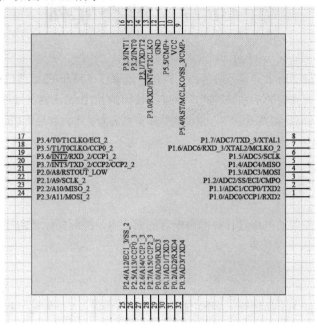

图 18-51　STC15W4K60S4 原理图符号

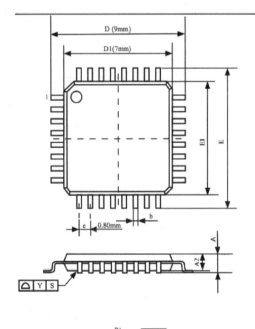

SYMBOLS	MIN.	NOM	MAX.
A	1.45	1.55	1.65
A1	0.01	-	0.21
A2	1.35	1.40	1.45
A3	-	0.254	-
D	8.80	9.00	9.20
D1	6.90	7.00	7.10
E	8.80	9.00	9.20
E1	6.90	7.00	7.10
e		0.80	
b	0.3	0.35	0.4
b1	0.31	0.37	0.43
c	-	0.127	-
L	0.43	-	0.71
L1	0.90	1.00	1.10
R	0.1	-	0.25
R1	0.1	-	-
θ°	0°	-	10°

VARIATIONS (ALL DIMENSIONS SHOWN IN MM)

NOTES:
1. All dimensions are in mm
2. Dim D1 AND E1 does not include plastic flash.
Flash:Plastic residual around body edge after de junk/singulation

图 18-52　STC15W4K60S4 封装尺寸图（LQFP32）

第 19 章 综合实例

本章将综合运用前面所学知识,讲解两个实例:流水灯电路和 FSK 通信演示系统。通过这两个实例,帮助读者掌握完整的从系统构思、原理图设计到 PCB 设计的全过程。

为了能够知其然,而且知其所以然,建议读者在学完前面各章内容后再按照本章内容亲自动手实践。同时,由于篇幅有限,因此有些软件操作细节和理由不再赘述,请读者自行查阅本书的相关内容。

19.1 流水灯电路

流水灯电路是最简单的电路设计。利用电容的充放电,控制晶体管的开关状态,可以观察到 3 个 LED 轮流点亮的流水灯效果。

19.1.1 电路图

流水灯电路图包括 3 个晶体管、3 个电解电容、6 个电阻、3 个发光二极管(从左到右依次为红、绿、黄色)和 1 个接入外部直流电源的 2 针连接器,如图 19-1 所示。

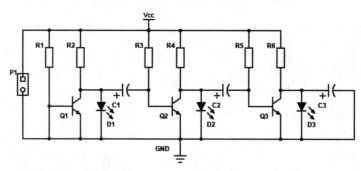

创建流水灯 PCB 工程

安装本地集成库

图 19-1 流水灯电路图

19.1.2 创建一个新的工程

(1)执行菜单命令 File ≫ New ≫ Project,创建一个 PCB project,选择<Default>类型,并将工程 Name 设为 running_water_LED。

(2)在工程面板中右键单击新创建的工程,在弹出菜单中选择命令 Add new to Project ≫ Schematic,向工程中添加原理图文档,并保存为 running_water_LED.Schdoc。

(3)设置文档属性,执行菜单命令 Design ≫ Document Options 打开文档选项对话框,做如下设置:Standand Styles 设为 A4,勾选 Snap 和 Visible,且大小都设为 10,设置完毕以后执行菜单命令 File ≫ Save 保存原理图文档。

(4)执行菜单命令 View ≫ Fit Document(快捷键 V + D)将原理图文档完整显示在视窗中。

19.1.3 安装本地集成库

单击编辑窗口右下方的 System 面板标签按钮,在弹出的菜单中选择 Libraries,打开库面板,然后单击库面板上方的 Install 按钮,打开 Available Libraries 对话框,选择 Installed 选项卡,然后单击右下角的 Install 按钮,选择 Install from file,将本书范例源文件中的 running_water_LED.IntLib 集成库安装进系统。安装成功后,在库面板中最上方的下拉列表框中应该能够看到该集成库,如图 19-2 所示。

19.1.4 放置元件

本工程需要的元件全部在 running_water_LED.intLib 中,见表 19-1。放置元件时,可以利用电路特点(不难看出,除 P1 以外,电路可以分为三个相同的单元),先按图 19-3 所示放置元件(注意不要编号)并连线,然后同时选择并复制这些元件,接着连续粘贴两次,并放置到合适位置,再将两个 RED LED 分别用 Green LED 和 Yellow LED 代替,最后放置元件 P1 以及 VCC、GND 电源端口,并完成所有连线。最终的原理图如图 19-4 所示。

图 19-2 安装流水灯工程集成库

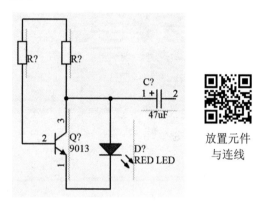

图 19-3 一个基本电路单元

放置元件与连线

表 19-1 流水灯工程所需元件列表

标识符	元件名称	标识符	元件名称
Q1、Q2、Q3	9013_TO-92	C1、C2、C3	Cap_SMT_5mm
P1	Header 2	R1、R3、R5	Res0805(100k)
R2、R4、R6	Res0805(10k)	D1	LED_red_5mm
D2	LED_green_5mm	D3	LED_yellow_5mm

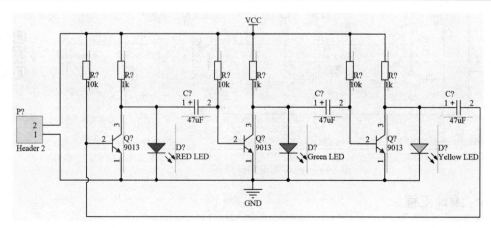

图 19-4 完整流水灯电路原理图

19.1.5　自动编号

执行菜单命令 Tools ≫ Annotation ≫ Annotate Schematics，打开自动编号对话框，如图 19-5 所示。左上角的编号顺序设为 Across Then Down，单击 Update Changes List 按钮，产生建议的元件标识（Proposed Designator），核对无误后单击 Accept Changes（Create ECO）按钮，跳转到 Engineering Change Order 对话框，单击 Execute Changes 按钮，执行自动编号操作，完毕后单击 Close 按钮回到原理图编辑窗口。

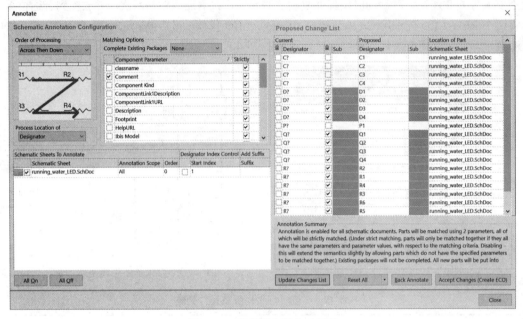

图 19-5　流水灯电路自动编号

完成自动编号的原理图如图 19-6 所示。

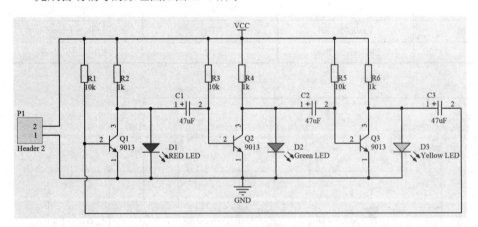

图 19-6　流水灯电路原理图

自动编号与编译

19.1.6　编译工程

执行菜单命令 Project ≫ Compile PCB Project running_water_LED.PrjPcb，如果没有错误，则没有任何反馈，否则会弹出 Message 对话框说明错误内容，并提供错误定位，这时需要修改后再重新编译。完成以上工作后，原理图绘制就结束了。下面进入 PCB 设计阶段。

19.1.7 新建 PCB 文档

执行菜单命令 File ≫ New ≫ PCB，向工程中添加一个新的 PCB 文档，保存该文档为 running_water_LED.PcbDoc。

19.1.8 PCB 设计前的准备工作

进入 PCB 编辑环境，做如下设置：

（1）在合适的位置设置用户定义的原点，执行菜单命令 Edit ≫ Origin ≫ Set。
（2）切换度量系统为公制系统，执行菜单命令 View ≫ Toggle Units。
（3）设置栅格大小为 10mm，按下字母 G 键，选择 Set Global Snap Grid 命令，输入 10mm。
（4）重新定义板层大小为 40mm（高度）× 50mm（宽度）的长方形。
（5）设置板层堆栈。因为本工程只需要使用双面板，与系统默认的板层堆栈一致，所以此处不需要重新设置。
（6）设置栅格大小为 1mm，按下字母 G 键，选择 Set Global Snap Grid 命令，输入 1mm。
（7）在电路板上任意位置放置四个安装孔（Place ≫ pad），每个孔其实是圆形通孔焊盘。双击这四个焊盘，在属性对话框中将其孔径均设为 3.2mm，X-Size 和 Y-Size 均设为 3mm，取消 Plated 复选框，它们的坐标分别为(4, 4)、(4, 36)、(46, 36)、(46, 4)，Designator 分别设为 M1、M2、M3、M4。
（8）切换到 Keep-Out 层，在四个安装孔处各放置一个同心圆，圆心与对应的安装孔圆心坐标一致，半径均设为 3.4mm，如图 19-7 所示。

19.1.9 从原理图向 PCB 转移

在 PCB 编辑环境中，执行菜单命令 Design ≫ Import Changes From running_water_LED.PrjPcb，在弹出的工程变更单中单击 Validate Changes 按钮，验证无误后，单击 Excute Changes 按钮，将原理图网表数据转移到 PCB 中。

图 19-7　PCB 设计前的准备工作

19.1.10 定义设计规则

执行菜单命令 Design ≫ Rules，定义以下设计规则：

（1）定义线宽（width）设计规则。首先将系统默认的 Width 设计规则中的线宽限制为 0.25mm，然后创建一个新的线宽设计规则 Width_Power，将 VCC 和 GND 网络的线宽限制为 0.5mm。注意，要使 Width_Power 的优先级高于 Width 设计规则。
（2）定义安全间距（Clearance）设计规则，将所有对象之间的间距限制为 0.25mm。
（3）定义过孔（Routing Via Style）设计规则，将所有过孔的直径设为 1mm，孔径设为 0.6mm。

19.1.11 电路板布局

（1）更改 Designator 的位置方式为 Center-above。单击选中任何一个元件标识符，例如 Q1，然后单击右键，选择 Find Similar Objects 菜单命令，弹出对话框，在 String Type 所在行的右侧下拉列表框中选择 Same，同时勾选最下面的 Select Matched 和 Run inspector 两个复选框，然后单击 OK 按钮，系统自动选中所有元件标识符，并打开 Inspector 面板，将面板中的 Autoposition 属性设为 Center-above，然后单击 OK 按钮退出。后续旋转元件时，标识符将始终位于元件正上方。

（2）将栅格大小改为 1mm，然后进行布局。布局时可以利用原理图和 PCB 交叉引用的方法定位相关元件。因为本工程比较简单，也可以直接采用逐个布局元件的方法。在布局时，要充分利用栅格实现等间距或者对齐操作。同时可以通过旋转或者移动元件减少交叉线（或打结线）。如果遇到元件无法移动的情况，可能是元件被锁定或者元件移动以后会与其他元件的安全间距过小导致违规，此时需要进行相应的调整。注意：布局的结果并不是唯一的，只要能够满足电气规则的元件布局原则上都是允许的，同时最好兼顾美观整洁、疏密均匀。一种可能的布局如图 19-8 所示。

19.1.12　电路板布线

将栅格大小设为 0.25mm，开始对电路板进行双面布线。布线时的拐角尽量避免直角，而是走 45°或者圆弧角度。布线时按下 ~ 键可以弹出布线相关菜单。

建议使用信号层板层集合或者使用单层模式，这样可以暂时屏蔽掉丝印层以及机械层对象的干扰。

走线时按下 Shift 键 + Ctrl 键 + 滚动鼠标滚轮可以添加一个过孔并切换到另一个信号层，从而完成跨层走线。完成布线后的电路板如图 19-9 所示。

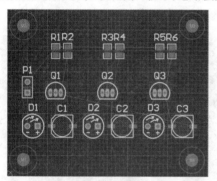

图 19-8　流水灯电路板布局

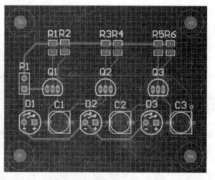

图 19-9　流水灯电路板布线

电路板布线

顶层布线和底层布线如图 19-10 和图 19-11 所示。

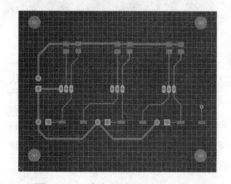

图 19-10　流水灯电路板顶层布线

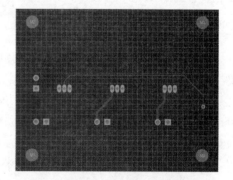

图 19-11　流水灯电路板底层布线

覆铜和 3D 视图

19.1.13　添加覆铜

（1）按下字母 L 键，打开视图配置对话框，勾选一个未使用的机械层（如机械层 3）的 Show

和 Enable 复选框。单击 OK 按钮回到 PCB 编辑界面。

（2）切换到机械层 3，执行菜单命令 Design ≫ Board Shape ≫ Create Primitives From Board Shape，在弹出的对话框中将 Width 设为 0.1mm，Layer 设为 Mechanical 3，单击 OK 按钮，随后在机械层 3 出现四条电路板边界线。

（3）按下快捷键 S + Y，选中这四条边界线，然后执行菜单命令 Tools ≫ Convert ≫ Create Polygon From Selected Primitives，此时会生成一个 Polygon（覆铜）。

（4）双击生成的 Polygon 打开属性对话框，按图 19-12 设置（注意图中的 Component Side 其实就对应 Top Layer）。设置完毕后单击 OK 按钮退出。

（5）切换到机械层 3，按照（3）的做法再次生成一个 Polygon，然后双击该 Polygon，按图 19-13 进行设置（注意图中的 Solder Side 就对应着 Bottom Layer），设置完毕后单击 OK 按钮退出。

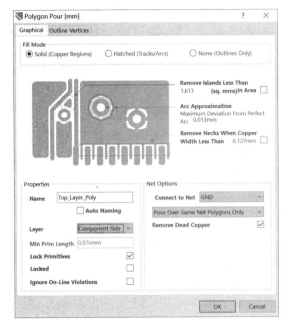

图 19-12　顶层覆铜设置

图 19-13　底层覆铜设置

（6）切换到顶层，单击鼠标右键，在弹出菜单中选中 Polygon Actions ≫ Repour all，重新覆铜，得到的顶层和底层的覆铜结果如图 19-14 和图 19-15 所示。

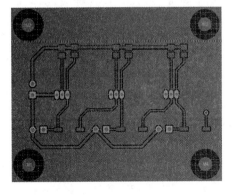

图 19-14　顶层覆铜设置

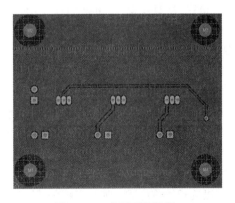

图 19-15　底层覆铜设置

19.1.14　3D 视图

按下 3 键,切换到电路板 3D 视图,如图 19-16 所示。按下 Shift 键,会出现一个带四个方向箭头的球形控件,将鼠标移到控件中心,按下鼠标右键不放,然后拖动鼠标,即可以向任意方向旋转电路板。按下 2 键回到 2D 视图。

19.2　FSK 通信演示系统

图 19-16　流水灯电路板 3D 视图

FSK(Frequency-Shift Keying,频移键控)是非常基础且重要的数字通信技术,它使用不同的频率来传输不同的信息符号,实现起来较容易,抗噪声与抗衰减的性能较好,在中低速数据传输中得到了广泛的应用。

19.2.1　系统简介

该系统包括 FSK 发送/接收模块、控制器模块、Comm 通信模块、LCD 显示模块、电源模块,不仅能够实现基本的 FSK 调制和解调功能,而且能够在 LCD 上实时显示各关键信号点的波形,从而演示整个 FSK 系统的工作情况。系统整体框架如图 19-17 所示。

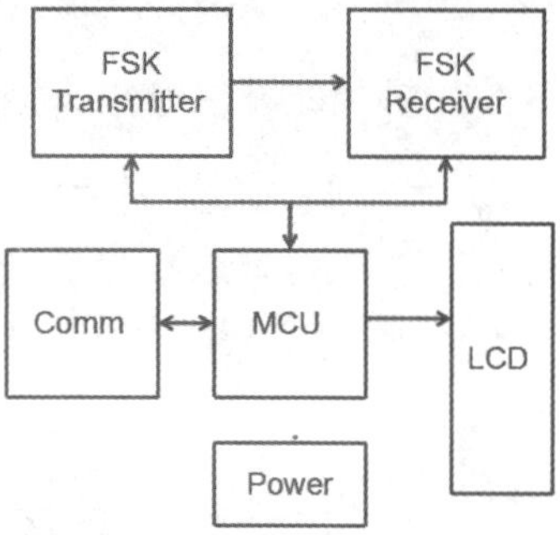

19.2.2　新建工程

图 19-17　FSK 通信演示系统框架

执行菜单命令 File » New » Project » PCB Project,新建一个空白工程,将其保存在 FSK_Demo 目录下,并命名为 FSK_Demo.PrjPCB。

执行菜单命令 File » New » Schematic,在 FSK_Demo.PrjPCB 工程中创建一个空白的原理图文档,并命名为 FSK_Demo.SchDoc。

19.2.3　创建元件

本设计实例需要用到的若干元件需要自行创建。本节介绍创建的过程。建议读者按照本节内容亲自动手创建这些新元件。同时,笔者将创建好的元件放在本例对应的电子资源 FSK_Demo\FSK_Demo.IntLib 中,读者也可以直接使用该库中的元件并跳过本节内容,进入原理图绘制环节。

本设计实例需要创建的元件如下:

1)USB-A 型插座及其封装。

2)USB 转串口芯片 PL-2303SA 及其封装。

3)STC15W4K60S4 控制器芯片及其封装 LQFP32。

4)LCD12864 及其封装。

绘制封装时,特别要注意焊盘的相对位置、间距及尺寸应该与元件实物严格匹配,这些数据都可以从元件的数据手册上获取。应尽量利用 Altium Designer 提供的 IPC 兼容的封装向导来绘制,在绘制封装过程中,还可以使用快捷键 Ctrl + M(Report » Measure Distance)来测量两点之间的距离以验证几何尺寸是否正确。

1. 创建 USB-A 型插座

（1）创建 USB-A 型插座元件符号

1）选中 FSK_Demo.PrjPCB 工程，执行菜单命令 File ≫ New ≫ Schematic Library，在工程中添加一个空白的原理图库文件 Schlib1.SchLib，通过工程面板将其另存为 FSK_Demo.SchLib。双击该库文件进入原理图库编辑环境，按下 G 键将栅格大小设为 100mil，即 10 个 DXP Default 单位。

2）执行菜单命令 Tools ≫ New Component，在弹出的对话框中将新建元件命名为 USB_A_Receptacle。

3）绘制 USB_A_Receptacle 的外形。

① 单击 Utilities 工具栏中的▓按钮，在下拉子工具栏中单击▓按钮，在编辑区原点处绘制元件的矩形边框。

② 单击 Utilities 工具栏中的▓按钮，在下拉子工具栏中单击▓按钮，按下 Tab 键将线宽改为 Large，然后依次在矩形框内放置 4 条长短不一的线。放置完毕后，双击这 4 条线，将其颜色从上到下依次设为红、白、绿和黑色，线宽设为 Large，如图 19-18 所示。

4）放置元件引脚。执行菜单命令 Place ≫ Pin 放置引脚，在矩形边框分别放置 5 个引脚，从上到下引脚编号分别设为 1、2、3、4 和 0，名称分别设为 VBus、D-、D+、GND 和 Shield，最后的结果如图 19-19 所示。

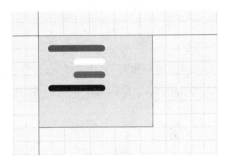
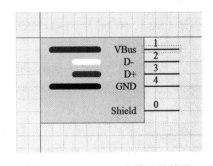

图 19-18　USB - A 符号外形　　　　图 19-19　USB - A 完整元件符号

（2）创建 USB-A 型插座封装

图 19-20 为 USB-A 型插座的几何尺寸。其中包含了 2 个大焊盘和 4 个小焊盘。制作的时候首先将左下角的焊盘中心置于原点处，然后就可以根据图 19-20 计算出其余焊盘中心的坐标位置并分别放置。

1）执行菜单命令 File ≫ New ≫ PCB Library，在 FSK_Demo.PrjPCB 工程中添加一个空白的原理图库文件，并将该文件命名为 FSK_Demo.PcbLib。双击该库文件进入 PCB 库编辑环境。

2）按下 Q 键将度量单位切换到 mm。按下 G 键，在弹出菜单中选中 Set Global Snap Grid，在弹出的对话框中将 Grid 设为 0.01mm。

3）打开 PCB 库面板，其中有一个空白的封装 PCBComponent_1，双击该封装，在打开的对话框中将封装名称改为 USB_A_R。

4）按下 P+P 快捷键，进入放置焊盘状态，按下 Tab 键打开焊盘属性对话框，将焊盘的 X-Size 和 Y-Size 都设为 3.6mm，Hole Size 设为 2.4mm，Designator 设为 0，单击 OK 按钮退出焊盘属性对话框。

5）按下 J + L 快捷键，在弹出的对话框中将 X-Location 和 Y-Location 都设为 0。单击 OK 按钮回到 PCB 库编辑环境，此时焊盘中心应该刚好位于原点，单击鼠标左键即可放置好该焊盘。

6）紧接着按下 J + L 快捷键，在弹出的对话框中将 X-Location 设为 13.14mm，Y-Location 设为 0。单击 OK 按钮返回 PCB 库编辑区，此时焊盘中心应该刚好位于(13.14, 0)处，单击鼠标左键放置第二个焊盘。

7）按照类似的方法分别放置 4 个小焊盘，它们的 X-Size 和 Y-Size 都设为 1.4mm，Hole Size 设为 0.93mm。

8）单击板层标签栏的 Top Overlay 标签，切换到 Top Overlay 层，按下 P + L 快捷键，绘制 USB-A 的边框。最终的封装如图 19-21 所示。

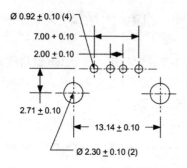

图 19-20　USB - A 型插座封装尺寸

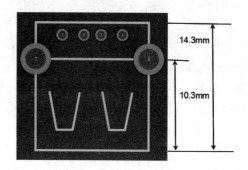

图 19-21　USB - A 型插座封装

2．创建 USB 转串口芯片 PL-2303SA

（1）创建 PL-2303SA 元件符号

1）双击工程面板中的 FSK_Demo.SchLib 文件，进入原理图库编辑环境。执行菜单命令 Tools ≫ New Component，在弹出的对话框中将新建元件命名为 PL-2303SA，单击 OK 按钮后 SCH Library 面板中将添加一个 PL-2303SA 元件。

2）绘制 PL-2303SA 的外形。单击 Utilities 工具栏中的 按钮，在下拉子工具栏中单击 按钮，在编辑窗口原点处绘制元件的矩形边框。边框大小开始时可以大概画一下，后面根据引脚放置的情况再进行调整。

3）放置元件引脚。执行菜单命令 Place ≫ Pin 放置该芯片的各个引脚并命名，最后的结果如图 19-22 所示。

（2）创建 PL-2303SA 的封装

PL-2303SA 的封装为 SOP-8，这里采用 Altium Designer 自带的 IPC 兼容的封装向导制作。

图 19-22　PL-2303SA 元件符号

1）双击 FSK_Demo.PcbLib，进入 PCB 库编辑环境。执行菜单命令 Tools ≫ IPC Compliant Footprint Wizard，弹出向导首页。

2）单击 Next 按钮，进入封装类型选择界面，选择 SOP 封装。

3）单击 Next 按钮，进入尺寸设置界面，输入如图 19-23 所示的封装尺寸，这些数据来自于 PL-2303SA 的数据手册。

4）连续单击 Next 按钮，进入余下各界面，保持其中的各项默认设置不变，直到最后的完成界面，单击 Finish 按钮，即创建一个名称为 SOP127P600-8N 的封装。IPC 封装向导的详细用法参见 18.4.3 小节。

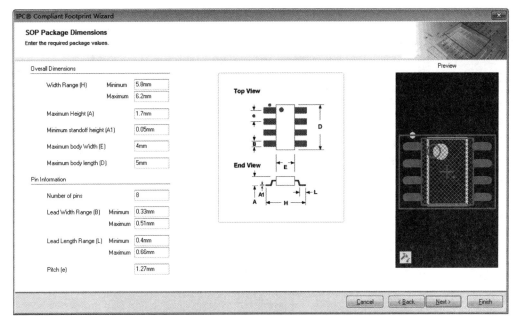

图 19-23　SOP 封装几何尺寸设置

3. 创建 STC15W4K60S4 单片机

（1）创建 STC15W4K60S4 单片机符号

1）双击工程面板中的 FSK_Demo.SchLib 文件，进入原理图库编辑环境。执行菜单命令 Tools ≫ New Component，在弹出的对话框中将新建元件命名为 STC15W4K60S4。

2）绘制 STC15W4K60S4 的外形。单击 Utilities 工具栏中的 按钮，在下拉子工具栏中单击 按钮，在编辑区原点处绘制元件的矩形边框。边框大小开始时可以大概画一下，后面根据引脚放置的情况再进行调整。

3）按下 P+P 快捷键，进入放置引脚状态，然后按下 Tab 键，在打开的属性对话框中将引脚的 Designator 和 Display Name 都设为 1，单击 OK 按钮返回库编辑环境后依次放置 32 个引脚，放置后的结果如图 19-24 所示。

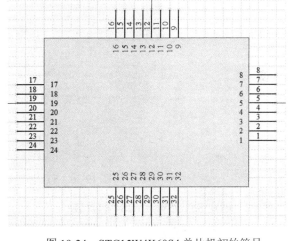

图 19-24　STC15W4K60S4 单片机初始符号

> 若引脚数目过多，如几百个引脚，那么可以使用 Paste Array（粘贴阵列）的方法放置引脚，详见 18.4.3 小节。

4）打开 SCHLIB List 面板，将表格上部的选项按图 19-25 所示进行设置，并使所有引脚按照 Pin Designator（引脚编号）递增排序。

5）在 Pin Name 列中输入各引脚的名称，如 1 号引脚对应的 Name 为 P1.0/ADC0/CCP1/RXD2，完成后关闭 SCHLIB List 面板退出，最终的结果如图 19-26 所示。

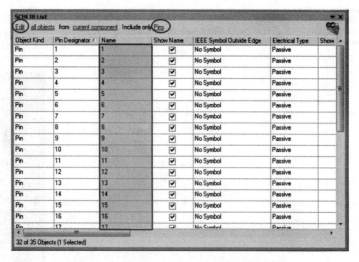

图 19-25　利用 SCHLIB List 编辑引脚名称

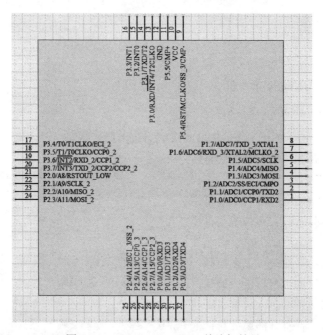

图 19-26　STC15W4K60S4 单片机符号

（2）创建 STC15W4K60S4 的封装

这里采用 LQFP32 封装，依然使用 IPC 兼容的封装向导来绘制封装。

1）双击 FSK_Demo.PcbLib，进入 PCB 库编辑环境。执行菜单命令 Tools ≫ IPC Compliant Footprint Wizard，弹出向导首页。

2）单击 Next 按钮，进入封装类型选择界面，选择 PQFP 封装（LQFP 与 PQFP 封装在引脚中心距上不加区别，只是封装本体厚度不同）。

3）单击 Next 按钮，进入全局封装尺寸设置界面，输入如图 19-27 所示的封装尺寸，这些数据来自于 STC15 数据手册。

4）单击 Next 按钮，进入封装引脚尺寸设置界面，输入如图 19-28 所示的引脚尺寸，这些数据来自于 STC15 数据手册。

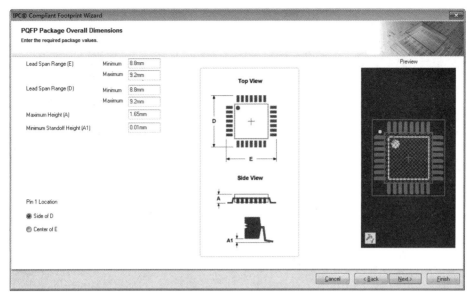

图 19-27　LQFP32 全局封装尺寸

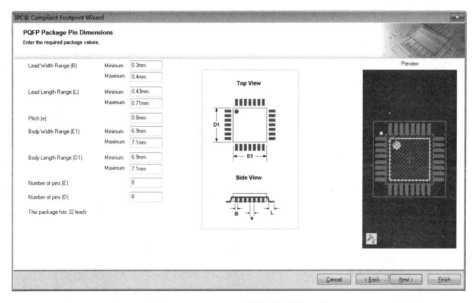

图 19-28　LQFP32 封装的引脚尺寸

5）连续单击 Next 按钮，进入余下各界面，保持其中的各选项默认设置不变，直到最后的完成界面，单击 Finish 按钮，即创建一个名称为 QFP80P900X900X165-32N 的封装，将该封装名称修改为 LQFP32。最终完成的封装如图 19-29 所示。

4. 创建液晶 12864

液晶 12864 的符号及其封装绘制比较简单，符号名称设为 LCD12864，如图 19-30 所示，本体由两个矩形叠放在一起，并将上面的矩形填充颜色改为白色以表示显示屏部分。封装名称设为 SIP254-20，采用 20 引脚的 SIP 封装，引脚间距为 2.54mm，如图 19-31 所示。

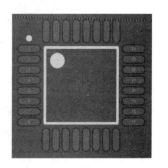

图 19-29　LQFP32 封装

图 19-30　12864 元件符号　　　　　　图 19-31　12864 插座封装

5. 链接元件符号及其封装

完成以上图样符号以及封装后，双击 FSK_Demo.SchLib 进入原理图库编辑环境，打开 SCH Library 面板，双击其中的 USB_A_Receptacle，打开其属性对话框，在 Model 区域中将封装模型设为 USB_A_R，具体过程请参考 18.6.1 小节。按照同样的方法，将元件 PL-2303SA、STC15W4K60S4、LCD12864 分别与其对应的封装建立链接关系。

19.2.4　绘制电路原理图

本节将采用层次化的方法来设计原理图，包括一个 FSK_Demo 顶层原理图文档以及 MCU、Transmitter、Receiver、Comm、LCD_Display、Power 六个底层原理图文档，如图 19-32 所示。

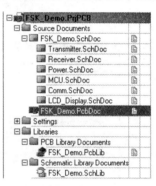

图 19-32　FSK_Demo 工程文档

1. FSK_Demo 顶层原理图

FSK_Demo 顶层原理图模块描述系统整体结构，包括六个图样符号，每个图样符号代表一个电路模块，如图 19-33 所示。

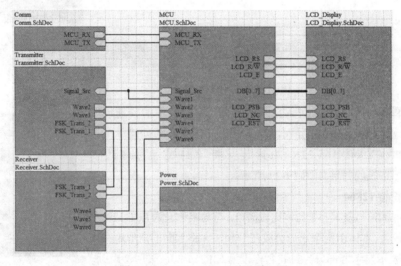

图 19-33　FSK_Demo 顶层原理图

2．MCU 控制模块

MCU 控制模块核心为 STC15W4K60S4 单片机，单片机产生 FSK 基带信号送往 FSK 发送电路，并从 FSK 发送以及接收电路采集关键节点的信号数据，通过 A-D 转换以及其他处理后送往 LCD 显示，如图 19-34 所示。

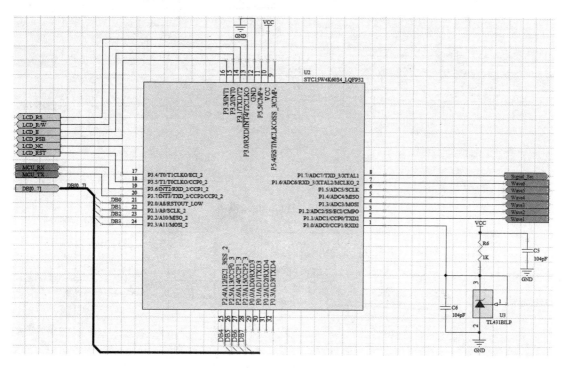

图 19-34　MCU 控制模块

其中的 TL431BILP 来自于 ON Semi Power Mgt Voltage Reference.IntLib，电容建议选择 Cap Semi 类型的，其封装为贴片类型。本原理图为了方便读者阅读事先对元件进行了编号，更好的做法是先不编号，画完原理图后利用全局编号工具自动进行编号。

3．Transmitter 模块

Transmitter 模块用来将单片机产生的基带信号经过缓冲、幅度调整、VCO 电路后调制成 FSK 信号，再经过滤波后发送给接收电路。为了简单起见，本实例没有采用无线链路，而是直接通过传输线路将信号送给接收电路。Transmitter 模块电路原理图如图 19-35 所示。

其中 VCO 电路采用的锁相环芯片 CD4046BCN 取自 FSC Comm Phase Locked Loop.IntLib，运放 HA1630S01CM 取自 Renesas Standard Linear.IntLib，运放 LM358AD 取自 TI Operational Amplifier.IntLib，其余元件均取自 Miscellaneous Devices.IntLib。

4．Receiver 模块

Receiver 模块用来将接收到的 FSK 信号经过带通滤波、限幅放大、微分、整流、脉冲成型电路后，形成与符号对应的频率不同的脉冲序列，再经过低通滤波和比较电路后解调恢复出原始的基带信号。该电路图比较大，拆分成两部分显示，如图 19-36 和图 19-37 所示。

其中与非门 MC74HC132AN 取自 Motorola Logic Gate.IntLib，运放 HA1630D01MM 取自 Renesas Standard Linear.IntLib，运放 LM358AD 取自 TI Operational Amplifier.IntLib，其余元件均取自 Miscellaneous Devices.IntLib。

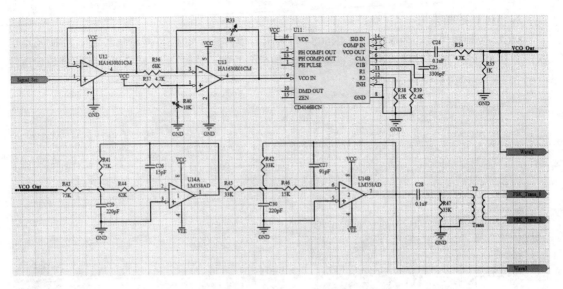

图 19-35　Transmitter 模块

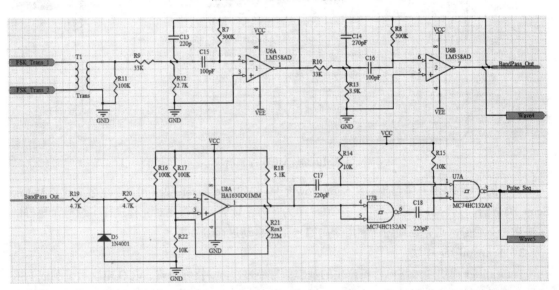

图 19-36　Receiver 模块上半部分

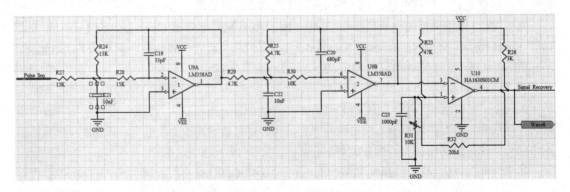

图 19-37　Receiver 模块下半部分

5. Comm 模块

Comm 模块用来与上位机进行通信。由于现在笔记本电脑大多已经取消了串口，因此采用了 USB 转串口的方式。芯片 PL-2303SA 用来将单片机串口数据转换后发往上位机的 USB 口，反之亦然。该模块原理图如图 19-38 所示，其中 1N5817 可以直接使用 Miscellaneous Devices.IntLib 中的 1N4001 的符号。

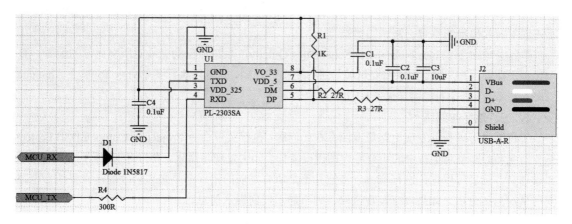

图 19-38 Comm 模块

6. LCD_Display 模块

LCD_Display 模块用来显示单片机发来的波形数据，这样方便观察各关键节点的信号波形，如图 19-39 所示。

7. Power 模块

Power 模块提供电路使用的±5V 电压，如图 19-40 所示。其中 MC7805CT 和 MC7905CT 取自 Motorola Power Mgt Voltage Regulator.IntLib，其余元件均取自 Miscellaneous Devices.IntLib。

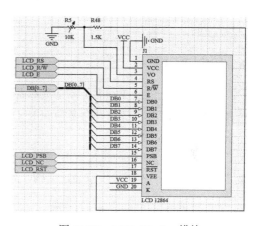

图 19-39 LCD_Display 模块

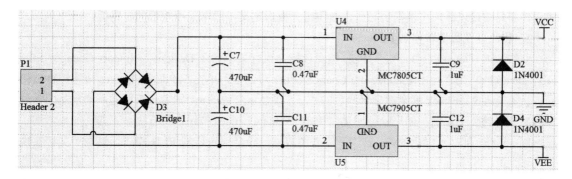

图 19-40 Power 模块

19.2.5 电路原理图的后期处理

原理图绘制完毕后，还需要进行相关的后续操作，包括元件编号、工程编译与纠错、报表输出等。

1．元件编号

采用系统提供的全局编号工具可以自动对所有元件进行编号，这种方法快捷方便且能够避免手工编号容易出现的重号、漏编的弊端。

执行菜单命令 Tools ≫ Annotate Schematics Quietly，系统即自动完成对所有元件的编号，整个过程不需要用户干预。如果需要对编号进行更多的控制，则可以执行菜单命令 Tools ≫ Annotate Schematics，该命令的使用详见 5.1.1 小节。

2．工程编译与纠错

工程编译可以帮助发现电路原理图存在的问题。执行菜单命令 Project ≫ Compile PCB Project + 工程名称，即可对工程中的所有原理图进行编译。如果发现了错误，会打开 Messages 面板显示错误信息，读者可以据此进行修改。当然并不是所有发现的错误都是必须修改的，需要结合电路实际情况具体分析。如果没有发现错误，则不显示任何提示信息。

3．报表输出

通过编译的电路原理图可以产生报表输出，常见的报表为元件清单。执行菜单命令 Report ≫ Bill of Materials，打开工程的元件清单对话框，通过对话框底部的 Export 按钮可以生成元件清单的电子表格文件。

19.2.6 绘制 PCB

在 FSK_Demo.PrjPCB 工程名上单击鼠标右键，在弹出菜单中选择 Add New to Project ≫ PCB，在工程中添加新的 PCB 文档，并命名为 FSK_Demo.PcbDoc。

1．定义板层结构

双击 FSK_Demo.PcbDoc 进入 PCB 编辑环境，执行菜单命令 Design ≫ Layer Stack Manager，打开板层堆栈管理器。本例采用双面板结构，此即为默认的板层结构，单击 OK 按钮关闭对话框返回。

2．定义板形

如果电路板有明确的外形和尺寸要求，则可在此步骤进行定义。如果电路板有安装孔并已知其位置，也应在此时进行定义。本例对电路板外形、尺寸以及安装孔无严格要求，因此可以在完成元件布局布线以后，再根据实际所占面积进行板形定义，通常采用矩形的电路板。

3．将原理图数据转移到 PCB

双击 FSK_Demo.PcbDoc 进入 PCB 编辑环境，执行菜单命令 Design ≫ Import Changes from FSK_Demo.PrjPCB，弹出 Engineering Change Order 对话框，单击 Validate Changes 按钮进行更新验证。如果通过，Check 列全部显示绿色的✓，如果显示红色的✗，则表示有问题，通常是因为缺少封装或者封装不正确。如果验证通过，单击 Excute Changes 按钮，执行更新工作。如果一切正常，Done 列全部显示绿色的✓，这表示原理图数据已经全部转移到 PCB 中了，这两个文档实现了同步。

单击 Close 按钮返回到 PCB 编辑窗口，可以看到在电路板右侧摆放着六个暗红色的 Room，如图 19-41 所示。系统默认为每个包含实际元件的原理图文档生成一个 Room，每个 Room 容纳该原理图文档中的元件，元件之间用白色的连接线进行连接。

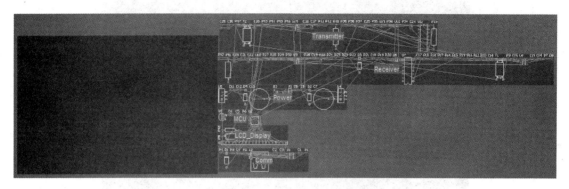

图 19-41　导入原理图数据到 PCB

4．元件布局

如果对元件的间距有特殊要求，在布局前需要首先定义相关的设计规则。如 Component Clearance、Silk to Silk Clearance、Silkscreen over component pads 等设计规则。如果没有自定义，则直接使用系统默认的设计规则。

选中每个 Room，然后按下 Delete 键将其删除。利用 13.2.2 小节介绍的原理图和 PCB 交叉选择的方法进行元件的选择与布局。电路板布局是一个仁者见仁、智者见智的工作。不同的设计人员会得到不同的布局结果，但应该遵循 9.3.2 小节的基本原则。

在本例中，按下 Shift + Ctrl + G 快捷键，输入新的栅格大小为 1mm，笔者设计的电路板顶层布局如图 19-42 所示，电路板底层布局如图 19-43 所示。布局完成以后，在后面的布线过程中还可能进行进一步调整，以达到满意的效果。

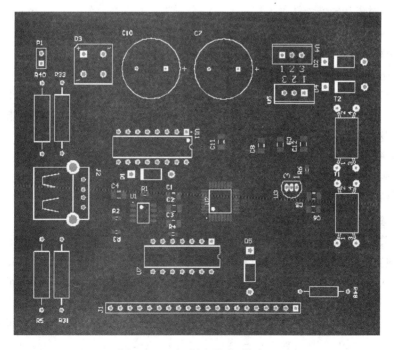

图 19-42　电路板顶层元件布局

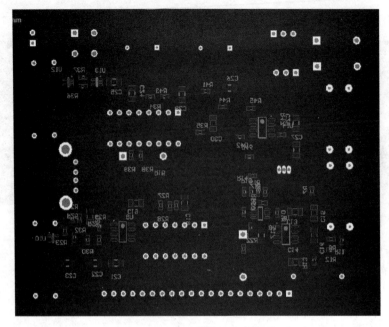

图 19-43　电路板底层元件布局

5．放置安装孔

安装孔放置在电路板四角，各安装孔圆心距离其最近的两条电路板边线的距离均为 5mm。通过放置通孔焊盘来制作。执行菜单命令 Place ≫ Pad，进入放置焊盘状态，按下 Tab 键打开 Pad 属性对话框，将 Hole Size 设为 3.4mm、形状为 Round，X-Size 和 Y-Size 设为 3mm、形状为 Round，取消 Plated 复选框，单击 OK 按钮返回 PCB 编辑窗口。本例中在电路板四角放置四个安装孔。为了避免自动走线时走线与安装孔过于接近，在每个安装孔上放置一个位于 Keep-Out Layer 的同心圆，圆的半径为 4mm，圆周宽度为 0.5mm。

6．自动布线

Altium Designer 提供的自动布线工具可以快速地实现电路板的布线工作。对于某些复杂电路板或者关键线路，采用手工布线是最佳选择。但是在手工布线之前，仍然可以先使用自动布线功能，以验证在当前布局情况下是否存在 100%布通的可能性。同时，自动布线也能给初学者一些走线方面的启发。

在自动布线之前，要在 Keep-Out layer 绘制自动布线区域，同时定义好布线相关的设计规则，以约束布线操作。

在编辑窗口下方的板层标签栏中单击 Keep-Out Layer，执行菜单命令 Place ≫ Line，画一个封闭的矩形，将所有元件包含在内，画完后，可以对边界附近元件进行微调。

和布线相关的最基本的设计规则包括走线宽度和安全间距，如不设置，则采用系统默认的设计规则，即走线宽度为 10mil(=0.254mm)，安全间距也一样。这里将安全间距 Clearance 设为 10mil，VCC、VEE 和 GND 网络的走线宽度设为 20mil，其余网络的走线宽度均设为 10mil。同时将栅格大小也设置为 10mil。

执行菜单命令 Route ≫ Auto Route ≫ All，在弹出对话框的 Routing Strategy 区域选择 Default 2 Layer Board，单击 Route 按钮开始自动布线，同时弹出 Messages 面板显示布线过程信息，布线结束后，通过 Messages 面板的最后一行可知是否 100%布通。

7. 手工调整布线

自动布线完成后，对不满意的布线可以进行手工调整。如果对自动布线整体不满意，则可以按下快捷键 U + U + A 进行撤销，然后全部手工布线。对于复杂电路板或者关键线路，建议采用手工布线方法。进行手工布线时，布线原则可以参考 9.3.3 小节。应该尽量减少走线上的过孔；布线状态下，按下快捷键 Shift + Ctrl +鼠标滑轮滚动可以添加一个过孔并切换到下一信号层；可以利用元件下方的板面走线。手工布线不是一朝一夕就能掌握的，应勤加练习，同时多参考其他优秀的布线案例。

19.2.7 PCB 设计的后期处理

1. 重新定义电路板板形

当布局布线完成以后，就可以确定电路板板形了。这里还是定义一个矩形电路板，电路板的大小应该比禁止布线层定义的矩形略大一点（每条板边相对禁止布线边线外扩 0.3mm 以上），防止加工过程中损坏边缘布线。

2. 整理元件标识符

在布局时，通常由于元件的移动、选装、贴近放置，不同元件的标识符会叠放在一起，同时标识符的摆放方向也不一致，这样安装元件时查看标识符非常不方便，需要进行调整。调整元件标识符时，为了避免走线的干扰，最好隐藏所有的走线。按下 L 键打开视图配置对话框，切换到 Show/Hide 选项卡，选中 Tracks 下面的 Hidden 单选框，隐藏所有走线。调整 Top Overlay 的标识符时，应尽量使得标识符的摆放方向一致，以便于阅读，同时还可以调整标识符的大小以适应电路板的面积（使用 Find Similar Objects + SCH Inspector 功能，选中所有标识符，然后修改字体大小，本例将标识符的 Height 修改为 1mm，Width 修改为 0.2mm）。调整完 Top Overlay 的标识符后，继续调整 Bottom Overlay 的标识符。对于放置在底层的标识符，从顶层看下去是镜像显示的，不容易辨识。执行菜单命令 View » Flip Board 可以将电路板翻转显示，这时底层的标识符显示正常，而顶层的标识符为镜像显示。调整后的顶层和底层元件标识符如图 19-44 和图 19-45 所示。

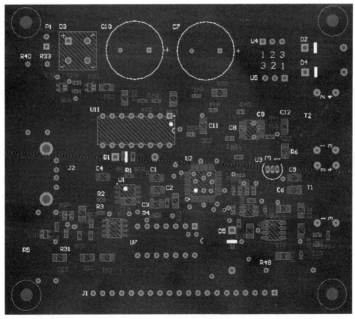

图 19-44　Top Overlay 的元件标识符

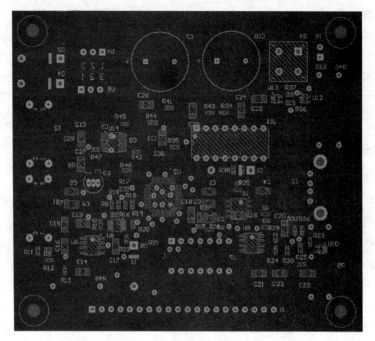

图 19-45 Bottom Overlay 的元件标识符

3．电路板覆铜

由于本例中设计的是双面板，需要在顶层和底层同时覆铜。覆铜的方法参见 19.1.13 小节。放置覆铜后，还可以在覆铜空白处放置若干与覆铜连接相同网络的过孔，通过这些过孔可以增大底层和顶层覆铜的连接面积，增强抗干扰能力。

4．DRC

绘制完 PCB 后，需要进行 DRC，以检查电路是否有违反设计规则的地方。执行菜单命令 Tools ≫ Design Rule Check，打开设计规则检查对话框，在其中可设置检查报告选项和需要检查的设计规则，详细介绍请参考 16.3 节。设置完毕后，单击 Run Design Rule Check 按钮进行检查，检查过程会实时显示在 Messages 面板中，检查完毕后 Altium Designer 自动切换到 DRC 报告文档，用户可以根据该报告中的链接定位到设计规则违规处。

需要注意的是，并不是所有的设计规则违规都需要进行纠正，有些违规是可以忽略的，应该结合电路板的实际情况具体分析。

5．生成智能 PDF 文档

对于完成的 PCB 工程，可将其生成 PDF 文档，以方便共享和交流。执行菜单命令 File ≫ Smart PDF，打开智能 PDF 首页，单击 Next 按钮，进入输出目标选择界面。选择 Current Project [FSK_Demo.PrjPCB]，单击 Next 按钮进入 Choose Project Files 界面，选择要输出的文件，一般全部选择。连续单击 Next 按钮，直到最后的完成界面，单击 Finish 按钮，即可生成智能 PDF 文档。在该文档中，可以无失真地放大观察每个原理图和 PCB 文档。

6．打印输出

在原理图编辑环境执行菜单命令 File ≫ Print，可以打印原理图文档。

在 PCB 编辑环境执行菜单命令 File ≫ Print Setup，进入打印 Composite Properties 对话框，如图 19-46 所示，将缩放比例设为 1，打印颜色设为 Mono（黑白）。单击 Advanced 按钮进入 PCB Printout Properties 对话框，该对话框可以详细设置打印的板层及内容，默认将所有板层打印在一张图纸上,如图 19-47 所示。下面介绍使用热转印法手工制板时打印顶层和底层线路图的设置过程。

首先设置打印顶层线路所需要的板层。单击 Multilayer Composite Print,使其变为可编辑状态,将其名称改为 Top Layer Printout,在对话框中选中 Top Overlay,单击鼠标右键,选择 Delete 菜单命令,删除该层。按照同样的方法,删除 Bottom Overlay、Bottom Layer、Mechanical 13、Mechanical 15,保留 Multi-Layer、Top Layer、Keep-Out Layer,选中 Holes 和 Mirror 复选框。这样就设置好了顶层打印图样。

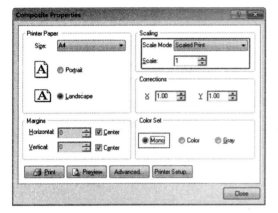
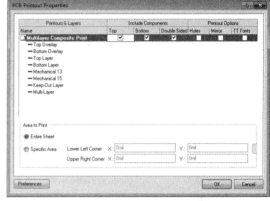

图 19-46　Composite Properties 对话框　　　图 19-47　PCB Printout Properties 对话框

接着设置底层打印图样。在对话框中单击鼠标右键,在弹出的菜单中选择 Insert Printout 命令,增加一张名称为 New Printout 1 的打印图样,单击该名称使其变为可编辑状态,将名称改为 Bottom Layer Printout。右键单击该打印图样,在弹出的菜单中选择 Insert Layer 命令,开启 Layer Properties 对话框,如图 19-48 所示,在最上方的下拉列表框中选择 Bottom Layer,单击 OK 按钮,即可将该层加入到打印图样中。按照同样的方法,依次添加 Keep-Out Layer、Multi-Layer,然后选择 Holes 复选框。设置好的对话框如图 19-49 所示,单击 OK 按钮退出。

图 19-48　底层属性对话框

执行菜单命令 File ≫ Print Preview，可以看到打印预览图，图 19-50 为顶层走线图，图 19-51 为底层走线图。满意的话即可进行实际打印。

至此，FSK_Demo 工程的 PCB 设计已经完成。

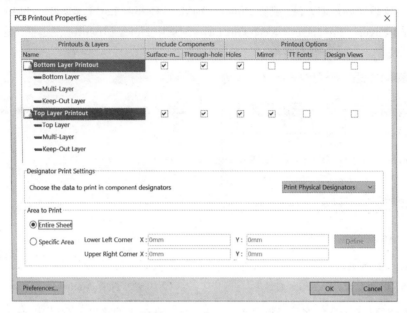

图 19-49　设置好的 PCB Printout Properties 对话框

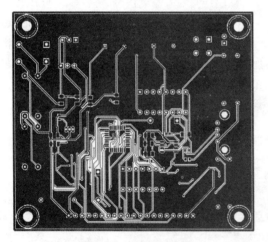

图 19-50　顶层走线图

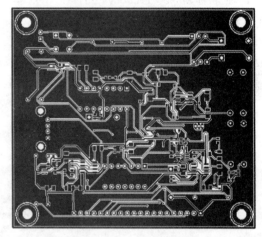

图 19-51　底层走线图

19.3　思考与实践

1．思考题

简述本章综合实例的设计流程。

2．实践题

（1）重做 FSK_Demo 工程，完成原理图和 PCB 绘制。

（2）自己设计一个规模适中的电子项目，完成原理图和 PCB 设计。

参 考 文 献

[1] 王正勇,等. Altium Designer 板级设计与数据管理[M]. 北京:电子工业出版社,2013.
[2] 李瑞,等. Altium Designer 14 电路设计与仿真从入门到精通[M]. 北京:人民邮电出版社,2014.
[3] 周冰. Altium Designer 13 标准教程[M]. 北京:清华大学出版社,2014.
[4] 张睿,等. Altuim Designer Summer 09 基础与实例进阶[M]. 北京:清华大学出版社,2012.
[5] 张义和,等. 电路图设计[M]. 北京:科学出版社,2013.
[6] 张义和,等. 电路板设计[M]. 北京:科学出版社,2013.
[7] 戴绍岗,等. 通信原理实验[M]. 北京:经济科学出版社,2013.
[8] 谢龙汉,等. Altium Designer 原理图与 PCB 设计及仿真[M]. 北京:电子工业出版社,2013.